装备科技译著出版基金 天线前沿技术与应用丛书

机器学习在电磁学和阵列天线处理中的应用

Machine Learning Applications In Electromagnetics and Antenna Array Processing

[美]马内尔·马丁内斯-拉蒙(Manel Martínez-Ramón)
[美]阿琼·古普塔(Arjun Gupta)
[美]何塞·路易斯·罗霍-阿尔瓦雷斯(José Luis Rojo-Álvarez)
[美]克里斯托·克里斯托杜卢(Christos Christodoulou) 著
曾勇虎 贾锐 王川川 朱宁 张宽桥 译

国防工业出版社
·北京·

著作权合同登记　图字:01 - 2023 - 3120 号

图书在版编目(CIP)数据

机器学习在电磁学和阵列天线处理中的应用 / (美)
马内尔·马丁内斯 - 拉蒙等著；曾勇虎等译. -- 北京：
国防工业出版社, 2024. 12. -- ISBN 978 - 7 - 118 - 13326
- 4

Ⅰ. O441;TN82

中国国家版本馆 CIP 数据核字第 2024X53H50 号

Machine Learning Applications in Electromagnetics and Antenna Array Processing

ISBN: 978 - 1 - 63081 - 775 - 6

※

国防工業出版社出版

(北京市海淀区紫竹院南路 23 号　邮政编码 100048)

三河市天利华印刷装订有限公司印刷

新华书店经售

*

开本 710 × 1000　1/16　印张 15¼　字数 295 千字

2024 年 12 月第 1 版第 1 次印刷　印数 1—1500 册　定价 118.00 元

(本书如有印装错误,我社负责调换)

国防书店：(010) 88540777　书店传真：(010) 88540776

发行业务：(010) 88540717　发行传真：(010) 88540762

译者序

本书的英文版由 Artech House 出版社于 2021 年 8 月出版，阅读到这本书是在半年之后，本书与其他机器学习相关的图书内容很不一样，它不仅把重点放在系统翔实的基础理论上，而且更注重与工程实践的有机结合。目前，国内许多高等学校开设机器学习或人工智能相关专业课程，但如何将机器学习应用于电磁学和阵列天线处理领域，还需要大力探索。因此，急需一本能够将机器学习与这些领域相结合的实用书籍。本书的出版恰逢其时，能够帮助相关专业学生或广大读者了解机器学习基础理论及其在电磁学和阵列天线处理工程领域应用的最新进展。

本书较全面地介绍了当前主流机器学习算法的发展状况，以及其在电磁学和阵列天线处理中的应用方法。本书共有 9 章，分为两个部分。前 5 章为第一部分，内容包括线性支持向量机、用于信号处理的线性高斯处理、用于阵列天线的核方法、神经网络以及用于计算电磁学的深度学习方法等主流机器学习框架和算法的基本原理。每一章都从基本原理开始，并延伸到特定机器学习算法和框架的最新进展。每章都给出了几个具体实例，以便帮助读者在了解每种机器学习算法技术细节的同时，获得将其成功应用于具体工程问题的实践经验。第二部分由第 6 ~ 9 章组成，内容包括第一部分所涉及的算法在多种电磁学和阵列天线处理中的应用，如波达方向估计、阵列天线波束成形、计算电磁学、天线优化、可重构天线和认知无线电等，特别是对机器学习算法在该领域的新应用进行了前沿性探索。第 9 章还通过实例介绍了如何在多种微处理器中实现机器学习算法。

作者力求在不沉湎于理论概念原则下，通过丰富的实例系统地阐述机器学习在电磁学和阵列天线处理领域的应用方法，很好地将机器学习、电磁学以及阵列天线处理领域有机地结合起来，全面讲述了多种机器学习算法的基本原理及其在电磁学和阵列天线处理领域的应用实例。本书有助于我国人工智能、电磁学以及阵列天线处理领域相关研究人员掌握国外同行业领域的最新进展，提高其在相关领域中找准研究方向、破解技术难题的能力。

全书翻译工作由曾勇虎负责。第 1、2 章由曾勇虎翻译；第 3、4 章由贾锐翻译；第5、6章由王川川翻译；前言和第7章由朱宁翻译；作者简介、第8、9章由张宽桥翻译。本书的翻译出版，得到了单位领导和同事们的大力支持和帮助，在此一并表示衷心的感谢。

本书覆盖面广，内容新颖，由于译者技术水平和翻译水平有限，书中难免存在疏漏与不足之处，敬请读者批评指正。

译者

2024年1月

前言

机器学习(ML)是一类能够从先前数据中学到经验,不断提高学习准确性并改进决策效果的算法。机器学习已经在诸多领域得到应用,特别是在涉及数据分析的工程和计算机科学领域以及缺少闭合形式数学解的领域。这些领域主要依靠机器学习算法来实现其他方法无法实现的特定设备功能。如今,机器学习算法已经在机器人、无人机、自动驾驶汽车、数据挖掘、人脸识别、股市预测以及安全和监视的目标分类等方面得到了实际应用。此外,机器学习还可用于优化各种工程产品的设计,并呈现出自主、可靠和高效的优势。

机器学习这门学科创立之初,各种经典的算法就应用于信号处理和通信工程领域,随着研究的深入开展,其也在电磁学中得到充分应用,如阵列天线处理和微波电路设计、遥感和雷达领域等。机器学习在最近20年中得到快速发展,特别是在核方法和深度学习方面,加上商用计算及相关软件在计算能力方面的进步,大大提高了机器学习算法和架构在各类场景中得到实际应用的可能性。

本书旨在对机器学习方法的最新进展进行全面介绍,以便读者可以了解这些算法的基础原理,然后利用公开的MATLAB®和Python机器学习算法库来学习。

本书共有9章,分为两个部分。第一部分包含前五章,讲述了当今电磁学和其他应用中最常见的机器学习架构和算法的基本原理。这些算法包括支持向量机、用于信号处理的高斯处理、用于阵列天线的核方法、神经网络以及用于计算电磁学的深度学习。每章都从基本原理开始,并延伸到特定机器学习算法和架构领域的最新进展。这些章节都由几个实例支持,以便读者了解每种机器学习算法的技术细节,并找到解决其他工程问题的方法。

第二部分由四章组成,详细讲述了第一部分所涉及的算法在多种电磁问题中的应用,如阵列天线波束成形、波达方向估计、计算电磁学、天线优化、可重构天线、认知无线电以及电磁设计的其他方面。在最后一章中,还介绍了一些如何在微处理器中实现相关算法的示例。这些章节介绍了在电磁学领域尚未应用的机器学习算法。

本书既可以作为电磁学领域的学生、工程师和研究人员的实用指南,帮助他们将机器学习方法应用于各自的研究领域,又可以作为一些领域课程的基本参考书,如机器学习算法、高等电磁学等。

作者简介

马内尔·马丁内斯-拉蒙(Manel Martínez-Ramón)于1999年获得西班牙马德里卡洛斯三世大学电信工程博士学位。2013年,他不仅担任新墨西哥大学电气与计算机工程系正教授,还担任新墨西哥大学费利佩六世国王讲座教授。他的研究项目和出版物主要集中于智能电网、天线阵列处理、网络-人系统和科学粒子加速器中的机器学习应用方面。他也从事核学习和深度学习等方面的人工智能教学活动。

阿琼·古普塔(Arjun Gupta)于2020获得新墨西哥大学电气工程博士学位。他的研究领域是有监督学习、半监督学习和无监督学习,深度学习算法及其在信号处理、电磁学以及工程和基础科学中的应用。

何塞·路易斯·罗霍-阿尔瓦雷斯(José Luis Rojo-Álvarez)于2000年获得西班牙马德里理工大学电信工程博士学位。2016年至今,他一直担任西班牙马德里胡安卡洛斯国王大学信号理论与通信系正教授。他在著名数据库收录期刊上发表了140多篇论文和160多篇国际会议通讯稿。他参与了超过55个科研项目(公共和私人资助),并担任10多个项目的负责人,包括国家研究和基础科学计划中的多个项目。他的主要研究领域包括统计学习理论、数字信号处理、应用于数字通信和心脏信号的复杂系统建模,以及图像处理。

克里斯托·克里斯托杜卢(Christos Christodoulou)于1985年获得北卡罗来纳州立大学电气工程博士学位。目前,他担任新墨西哥大学工程学院院长。他入选为IEEE会员、URSI美国国家委员会(USNC)B委员会成员、UNM特聘教授。他在期刊和会议上发表了550多篇论文,撰写了17个专著章节,合著了8本书,并拥有多项专利。他的研究领域是智能天线、机器学习在电磁学中的应用、认知无线电、可重构天线、射频/光子天线和高功率微波天线。

目 录

第1章 线性支持向量机

1.1 引 言

本章以支持向量机(support vector machine, SVM)算法为例介绍了线性机器学习。本章首先介绍理解、构造和应用学习机所需的机器学习要素,以及适用于任意学习问题要素的一般定义,如什么是学习机,如何理解学习机结构等。为了厘清涉及的概念,机器学习相应专业的学生或从业者必须了解学习准则,以便将其与算法的概念区分开。这些概念是相互关联的,本章将依次解释它们。

为清晰起见,首先阐明模式和目标的概念。粗略地说,可以将模式定义为由表示物理观测的一组测量值的实标量或复标量组成的向量。本书将这些标量表示为 D 维的列向量,并记作 $\boldsymbol{x} \in \mathbb{R}^D$。这些向量是函数 $f(\boldsymbol{x})$ 的输入,其输出通常是标量。模式 $\boldsymbol{x}_i(1 \leqslant i \leqslant N)$ 用于训练 $f(\boldsymbol{x})$,再根据先前确定的准则得出 $f(\boldsymbol{x})$ 的一组最优参数。利用该准则和学习机的特定结构可以构造一个算法估计这组最优参数。

如果函数还有一组期望输出 y_i,那么它们也将被包含在准则中。使用模式和期望输出的算法称为有监督算法,其他的算法称为无监督算法。

当函数(学习函数或估计器)的域是离散时,它的期望输出通常称为目标。在这种情况下,该函数称为分类器。如果期望输出连续值,则称为回归量,该函数通常称为回归机。

支持向量机可以看作为分类或回归(或无监督学习)量身定制的一组准则,是对最大间距准则的修改。本章有了这些准则,可以构造线性有监督和无监督学习的算法,这些算法会在对偶空间中表示。本章将介绍在对偶空间中表示任何算法的理论基础。这一特点允许用户构造这些学习机的非线性形式。这些必要的泛化将在第 3 章中介绍。

1.2 节给出了有监督学习机的介绍性示例。通过这些示例将介绍和区分学习机的结构、最优化学习准则和算法等概念,同时还直观地介绍了线性机的对偶空间和对偶表示的概念。1.3 节介绍了经验风险和结构风险。1.4 节和 1.5 节全面介绍了支持向量机。

1.2 学习机

学习机是一种用来处理数据以提取信息并从中推断知识的函数。如果用机器学习来判断一个人是否有特定的健康问题，来自患者的观测数据是不同生理指标的时间序列，如血压、体温、心率等。这些观测值可作为学习机的输入，输出是与被测疾病相关的分类（阳性或阴性）。根据患者数据，相关人员可以提取进一步特征，如均值、方差、最大值和最小值等。在这种情况下知识将作为学习机的输出，可推断出无法直接观察到的潜在变量（健康问题）。

为了学习如何提取知识，学习机需要输入训练数据。上例中训练数据来自患者（或患有已知疾病的受试者）和健康或对照受试者的生理指标。该学习机具有给定的结构，是从特定的函数族中通过学习将函数的参数固化来选择的。学习过程包括选择优化准则和能够得出满足该准则的参数的算法。本节通过示例说明线性机中的这些概念。选择线性结构是因为支持向量机本质上是线性的，尽管非线性特性可以使用核点积添加到这些学习机中，在第 3 章会进行详细说明。

1.2.1 学习机的结构

设置学习机的第一步是确定要解决的问题需要什么样的结构，是分类、回归，还是其他类型的无监督学习问题。该结构由处理观测值的函数或函数族的数学表达式定义。有多种不同的实现结构，但支持向量机有其特点，即用于分类或回归任务的函数族始终是线性的。

现在构造一个能够区分两个类的学习机。假定某个社区里的房子都配有空调系统和室外温度、湿度传感器。现构造一个系统可通过屋外的天气状况来了解住户是否想要打开空调，首先会收集温度和湿度以及空调开关状态的数据。图 1.1 中，数据点对应于外部温度和湿度。如果空调已打开，则它们标记为 $y=1$（灰色）；如果空调关闭，则它们标记为 $y=-1$（黑色）。

图 1.1 中的数据具有给定的结构，即数据聚集在两个不同的组中。用于自动控制空调的系统只需要在两个类之间放置一条分隔线，每个向量都可以写成一个随机变量 $\boldsymbol{x}\in\mathbb{R}^2$，其中一个分量是传感器测得的温度，另一个分量是传感器测得的湿度。

用作分类器的线可以定义为

$$w_1x_1+w_2x_2+b=0 \tag{1.1}$$

或者，以更紧凑的方式定义为

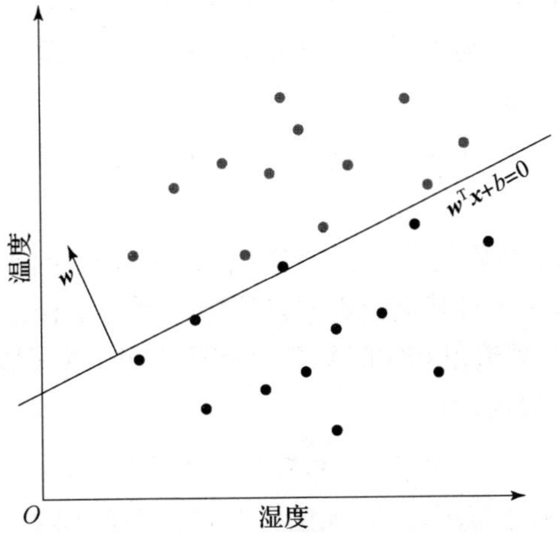

图 1.1　社区房子外的天气传感器测量值

灰点和黑点分别对应于在给定的温度和湿度组合下住户打开和关闭空调的情况

$$\boldsymbol{w}^{\mathrm{T}}\boldsymbol{x} + b = 0 \tag{1.2}$$

式中:T 为转置运算符。

向量 $\boldsymbol{w}$ 垂直于分隔线。设置 $b=0$ 可以清楚地看到包含在分隔线中的所有向量 $\boldsymbol{x}$ 与 $\boldsymbol{w}$ 的点积均为 0(图 1.1)。

向量 $\boldsymbol{w}$ 指向所有灰点,这意味着分隔线上方的点将在下式中产生正值:

$$f(\boldsymbol{x}) = \boldsymbol{w}^{\mathrm{T}}\boldsymbol{x} + b \tag{1.3}$$

下方点的结果将为负值。只需通过观测值对应函数结果的符号便可做出决定。

在这个例子中,分类器结构只是简单的一个线性函数加上偏差,数据位于二维空间中以进行可视化表示。

回归是一种结构相同但用途不同的机器学习方法。在回归中,目标 y_i 是一个实数(或复数),表示要估计的潜在数值。例如,考虑给定观测值的时间序列(如温度)。其中向量 $\boldsymbol{x}_i$ 包含上述观测序列,而目标 y_i(通常称为回归量)包含在若干天前观测基础上次日给定时刻的小时负荷,所用估计器的表达式与分类相同。

1.2.2　学习准则

1.2.1 节介绍了两个使用相同结构的分类和回归示例,该结构为线性函数。线性函数具有一组任意参数 $\boldsymbol{w}$。为了得到令人满意的分类或回归结果,需要优化学习机。

定义“优化”是设置学习机的另一个重要步骤,这意味着需要选择一个调整参数的学习准则。有几个学习准则具体说明了如何对优化进行定义。在这些示例中,可用数据由一组观测值 $\boldsymbol{x}_i$ 和相应的目标 y_i 组成。在分类中这些目标通常称为标签,它们的值为 1 或 -1。问题的精确解可通过最小化错误概率获得,这可以转化为以下问题:

$$\min_{\boldsymbol{w},b} E(\mathbf{I}(\mathrm{sign}(\boldsymbol{w}^{\mathrm{T}}\boldsymbol{x}_i + b) = y_i)) \tag{1.4}$$

式中:$\mathbf{I}$ 为指示函数。

因为要最小化的函数是非凸且非连续的,所以这个问题是不合适的。因此,必须通过凸光滑函数对其进行更改以消除问题的不合适部分[1]。一个可行的准则是最小化分类器输出和实际标签之间的误差 $e_i = \boldsymbol{w}^{\mathrm{T}}\boldsymbol{x}_i + b - y_i$ 的平方值的期望。该准则可以表示为

$$\min_{\boldsymbol{w},b} E(|\boldsymbol{w}^{\mathrm{T}}\boldsymbol{x}_i + b - y_i|^2) \tag{1.5}$$

由于误差的概率分布不可用,无法计算此误差的期望值;不能一成不变地应用此准则,假设误差样本是独立同分布的,那么就可以应用弱大数定律。该定律指出,在独立同分布条件下,当样本数量增加时,随机变量 e^2 的样本均值在概率上趋向于实际期望值,即

$$\lim_{n\to\infty} \frac{1}{N}\sum_{i=1}^{N} e_i^2 = E(e^2) \tag{1.6}$$

因此,学习准则可替换为[2]

$$\min_{\boldsymbol{w},b} L(\boldsymbol{w},b) = \sum_{i=1}^{N} E(|\boldsymbol{w}^{\mathrm{T}}\boldsymbol{x}_i + b - y_i|^2) \tag{1.7}$$

只有当可用于计算样本均值的样本数量足够多时,即当平均值与实际期望之间的偏差很小时,此准则才适用;反之,学习机会倾向于过拟合,这个问题在后面处理。这里,假设样本数量足以产生良好近似。注意,因为$\frac{1}{N}$项不会对最优准则产生任何影响,所以已忽略$\frac{1}{N}$项。

上述表达式可以写成矩阵形式。假定矩阵 $\boldsymbol{X}$ 和向量 $\boldsymbol{y}$ 包含所有观测值,其形式为

$$\boldsymbol{X} = [x_1, x_2, \cdots, x_N] \in \mathbb{R}^{D\times N},\ \boldsymbol{y} = [y_1, y_2, \cdots, y_N] \tag{1.8}$$

式中:$\boldsymbol{X}$ 为 D 行和 N 列的矩阵,包含 D 维的所有列向量 $\boldsymbol{x}_i$;$\boldsymbol{y}$ 为有 N 个元素的列向量。

上述准则可以重写为

$$\min_{\boldsymbol{w},b} L(\boldsymbol{w},b) = \|\boldsymbol{X}^{\mathrm{T}}\boldsymbol{w} + b\mathbf{1} - \boldsymbol{y}\|^2 = \sum_{i=1}^{N} (|\boldsymbol{w}^{\mathrm{T}}\boldsymbol{x}_i + b - \boldsymbol{y}_i|^2) \tag{1.9}$$

式中:$\mathbf{1}$ 为一个由 N 个 1 组成的列向量。

这就是著名的最小均方误差准则。函数 $L(\cdot)$ 通常称为代价函数。

还有其他准则可用于优化参数集,其中有:推导出 SVM 族的最大间距准则(maximum margin criterion,MMC),它基于误差函数的最小化;最大似然(maximum likelihood, ML)准则和最大后验概率(maximum a posteriori,MAP)准则,是基于观测值的概率建模和贝叶斯定理的应用;等等。这类准则引出了高斯过程回归和分类,将在第 2 章中介绍。

1.2.3 算法

为了应用最小均方误差准则,需要开发一种算法,以生成一组符合该准则的参数。可以使用多种不同的算法来满足最小均方误差准则,最直接的算法是参数的分块求解,也存有迭代算法。下面介绍两个算法示例。

式(1.7)中的最小均方误差准则是二次的,因此它有一个最小值,可以通过计算表达式相对于参数 $\boldsymbol{w}$ 的梯度并将其置零来得到。简便起见,通常用常数 1 扩展向量 $\boldsymbol{x}$,通过这种方程变换在参数向量中包含偏差,即

$$\tilde{\boldsymbol{w}}=\begin{pmatrix}\boldsymbol{w}\\ b\end{pmatrix},\quad \tilde{\boldsymbol{x}}=\begin{pmatrix}\boldsymbol{x}\\ 1\end{pmatrix}$$

可得

$$\tilde{\boldsymbol{w}}^{\mathrm{T}}\tilde{\boldsymbol{x}}=\boldsymbol{w}^{\mathrm{T}}\boldsymbol{x}+b$$

那么该准则可以写为

$$L(\boldsymbol{w})=\|\tilde{\boldsymbol{X}}^{\mathrm{T}}\tilde{\boldsymbol{w}}-\boldsymbol{y}\|^2=\|\boldsymbol{y}\|^2+\tilde{\boldsymbol{w}}^{\mathrm{T}}\tilde{\boldsymbol{X}}\tilde{\boldsymbol{X}}^{\mathrm{T}}\tilde{\boldsymbol{w}}-2\tilde{\boldsymbol{w}}^{\mathrm{T}}\tilde{\boldsymbol{X}}\boldsymbol{y} \tag{1.10}$$

可以观察到这个函数方程是二次的。实际上,$\tilde{\boldsymbol{X}}\tilde{\boldsymbol{X}}^{\mathrm{T}}$ 是正定或半定矩阵,因此 $\tilde{\boldsymbol{w}}^{\mathrm{T}}\tilde{\boldsymbol{X}}\tilde{\boldsymbol{X}}^{\mathrm{T}}\tilde{\boldsymbol{w}}$ 是非负的。这个表达式加上了一个权重的线性函数。该式最小值确保了其最优解存在且唯一。

通过计算 $L(\boldsymbol{w})$ 相对于参数 $\boldsymbol{w}$ 的梯度,并将其置零实现最优化。梯度为

$$\nabla_{w}L(\boldsymbol{w})=\tilde{\boldsymbol{X}}\tilde{\boldsymbol{X}}^{\mathrm{T}}\tilde{\boldsymbol{w}}-\tilde{\boldsymbol{X}}\boldsymbol{y} \tag{1.11}$$

因此

$$\boldsymbol{w}_0=(\tilde{\boldsymbol{X}}\tilde{\boldsymbol{X}}^{\mathrm{T}})^{-1}\tilde{\boldsymbol{X}}\boldsymbol{y} \tag{1.12}$$

这就是最小均方误差准则的解。式(1.12)就是优化算法。

使用相同准则的另一种算法是最小均方(least mean squares, LMS)[3-4]。该算法使用矩阵 $\tilde{\boldsymbol{X}}\tilde{\boldsymbol{X}}^{\mathrm{T}}$ 的秩一估计,从而避免计算该矩阵及其逆矩阵,以便可以使用迭代算法求解。这个想法是从参数向量的任意值开始的,在与其梯度相反的方向上进行更新。这通常称为梯度下降法(图 1.2)。如果存在单个最小值,则通过沿与梯度相反的方向下降,预计将达到该最小值。

已知偏差包含在参数集中,因此此处删除了变量上的波浪线。假设参数的初始值为 $\boldsymbol{w}^0$,则递归地,$k+1$ 次迭代处的梯度下降为

$$\boldsymbol{w}^{k+1} = \boldsymbol{w}^k - \mu(\boldsymbol{X}\boldsymbol{X}^{\mathrm{T}}\boldsymbol{w} - \boldsymbol{X}\boldsymbol{y}) \tag{1.13}$$

式中:μ 为一个较小的正标量。

梯度可以写为

$$\boldsymbol{X}\boldsymbol{X}^{\mathrm{T}}\boldsymbol{w} - \boldsymbol{X}\boldsymbol{y} = \sum_{i=1}^{N}(\boldsymbol{x}_i\boldsymbol{x}_i^{\mathrm{T}}\boldsymbol{w} - \boldsymbol{x}_i y_i) = \sum_{i=1}^{N}\boldsymbol{x}_i(\boldsymbol{x}_i^{\mathrm{T}}\boldsymbol{w} - y_i) = \sum_{i=1}^{N}\boldsymbol{x}_i e_i \tag{1.14}$$

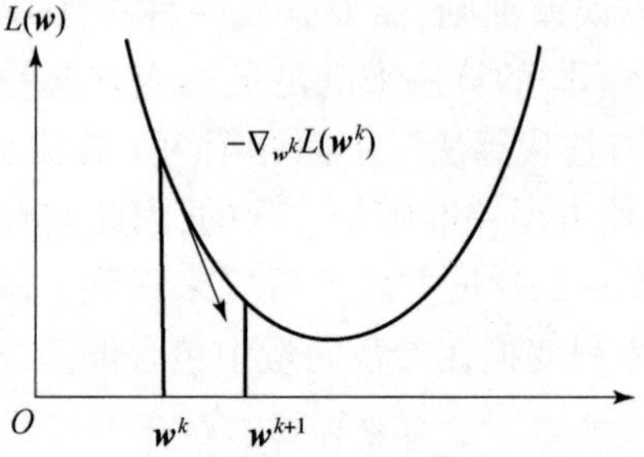

图 1.2　梯度下降过程的示意图

注:代价函数相对于参数是凸的,如果它们沿着与代价梯度相反的方向小步更新,它们就会收敛到函数的最小值。

式(1.13)应用梯度下降避免了矩阵的计算,而且可以支持单样本近似,每次只使用一个样本进行更新,最小均方算法简单写为

$$\boldsymbol{w}^{k+1} = \boldsymbol{w}^k - \mu\boldsymbol{x}_k e_k \tag{1.15}$$

这是能够编写的最简单的机器学习算法,其中更新量与数据和观测误差的乘积成比例。

1.2.4　示例

通过构造线性回归来估计线性函数,表达式为

$$f(\boldsymbol{x}) = \boldsymbol{w}^{\mathrm{T}}\boldsymbol{x} + b \tag{1.16}$$

式中:$\boldsymbol{w} = [0.3, 0.5, 1, 0.3, 0.2]^{\mathrm{T}}$;$b = 1$,且输入数据取自均值为零和单位方差的多元高斯分布。

观测值为 $y_i = f(\boldsymbol{x}_i) + e_i$,式中 e_i 是方差为 1 的高斯噪声独立样本。训练数据由 100 个样本组成。使用最小均方误差准则,应用式(1.12)中的块算法和式(1.15)中的迭代最小均方算法。

图 1.3 将最小均方误差解与各种 μ 值的结果进行了对比。由图可以看出,参数 μ 的值越大,收敛速度越快,但超过阈值算法将不稳定。

1.2.5　对偶表示和对偶解

对偶表示在机器学习中很重要,因为提供了在 N(N 为用于训练的数据量)

维空间中运算的工具。在高维希尔伯特空间中运算时这一点尤其重要。无论空间的维数如何，学习机都是在 N 维的对偶空间中构造的。此处仅对欧几里得空间（有限维）进行概念性解释，更一般的定义见第 3 章。

只有向量空间中内积或点积运算的一组向量才能在对偶空间中表示。假设有 N 个向量 $\boldsymbol{x}_i \in \mathbb{R}^D$ 组成的集合 D，则对于任意向量 $\boldsymbol{x} \in \mathbb{R}^D$，可以通过计算该向量在该集合上的投影获得其对偶表示。因此，对于给定向量 $\boldsymbol{x}$，该向量在空间 $\mathbb{R}^N$ 中的对偶表示 $\boldsymbol{k}(\boldsymbol{x})$ 具有分量 i，即

$$\boldsymbol{k}(\boldsymbol{x})_i = \langle \boldsymbol{x}_i, \boldsymbol{x} \rangle \tag{1.17}$$

式中：$\langle , \rangle$ 为内积运算符。

在欧几里得空间 $\mathbb{R}^D$ 中，内积可以写为 $\boldsymbol{x}_i^{\mathrm{T}}\boldsymbol{x}$，此时这个向量的对偶表示就是线性变换。

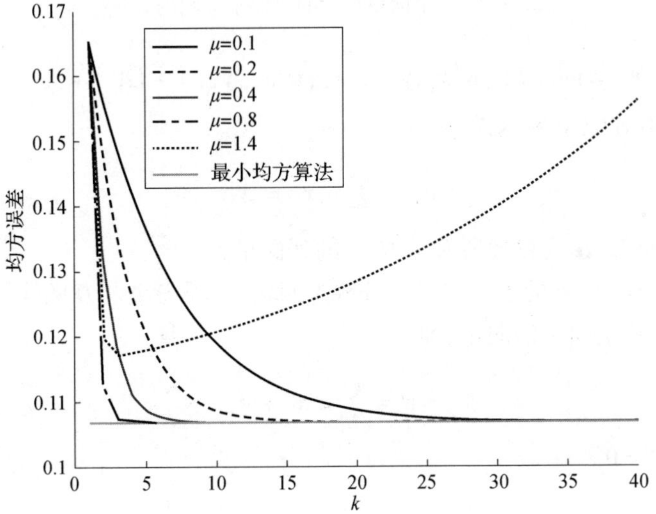

图 1.3　在 1.2.4 节的示例中参数 μ 取各种值时最小均方误差和最小均方算法的比较

注：增大此参数的值会提高收敛速度，但超过阈值时算法会变得不稳定。

$$\boldsymbol{k}(\boldsymbol{x}) = \boldsymbol{X}^{\mathrm{T}}\boldsymbol{x} \tag{1.18}$$

式中：集合 D 的向量作为 $\boldsymbol{X}$ 的列向量。

因此，$\boldsymbol{k}(\boldsymbol{x})$ 是包含所有点积的 N 维列向量。结果如图 1.4 所示。

可以在 N 维对偶空间中生成估计函数的表示。在机器学习中很有用，这种表示估计函数仅用数据之间的点积表征。对偶空间中学习机的对偶表示由表示定理 1.1 给出。

定理 1.1　表示定理[5-6]。假设向量 $\boldsymbol{H}$ 空间赋有点积 $\langle \cdot , \cdot \rangle$，向量 $\boldsymbol{x}_i \in \boldsymbol{H}$ $(1 \leqslant i \leqslant N)$，$f(\boldsymbol{x}) = <\boldsymbol{w}, \boldsymbol{x}>$ 为线性估计值，Ω 为严格单调函数，L 为代价函数，若估计值被优化为

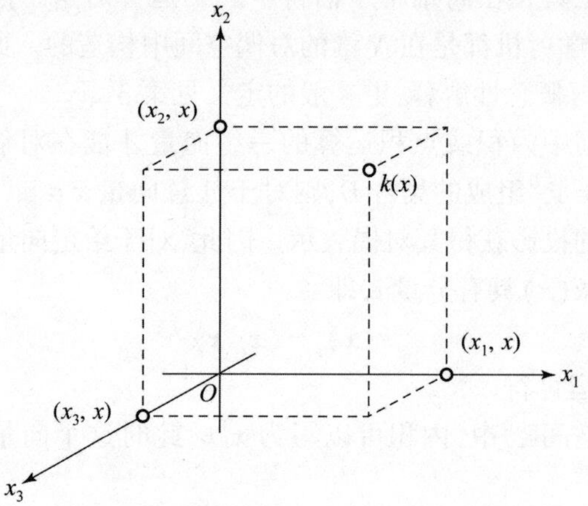

图 1.4　3 个向量集合的对偶子空间的表示

$$\boldsymbol{w}_0 = \min_{\boldsymbol{w}} \{ L(\{\boldsymbol{w}^{\mathrm{T}}\boldsymbol{x}_1, \boldsymbol{y}_1\}, \cdots, \{\boldsymbol{w}^{\mathrm{T}}\boldsymbol{x}_N, \boldsymbol{y}_N\}) + \boldsymbol{\Omega}(\|\boldsymbol{w}\|) \} \tag{1.19}$$

那么,存在以下表达式:

$$w_0 = \sum_{i=1}^{N} \alpha_i \boldsymbol{x}_i = \boldsymbol{X\alpha} \tag{1.20}$$

式中:α_i 为标量;$\boldsymbol{\alpha}$ 为包含所有系数 α_i 的列向量。

证明:权向量 $\boldsymbol{w}$ 的表达式可以分解为两项,一项为集合 D 的线性组合,另一项为正交互补空间中的向量,即

$$\boldsymbol{w} = \sum_{i=1}^{N} \alpha_i \boldsymbol{x}_i + \boldsymbol{v} \tag{1.21}$$

式中:$\langle \boldsymbol{v}, \boldsymbol{x} \rangle = 0$。

则

$$f(\boldsymbol{x}) = \langle \boldsymbol{w}, \boldsymbol{x} \rangle = \left\langle \sum_{i=1}^{N} \alpha_i \boldsymbol{x}_i + \boldsymbol{v}, \boldsymbol{x} \right\rangle \tag{1.22}$$

应用于参数集的函数 $\Omega(\|\boldsymbol{w}\|)$ 验证如下:

$$\begin{aligned} \Omega(\|\boldsymbol{w}\|) &= \Omega\left\{ \left(\left\| \sum_{i=1}^{N} \alpha_i \boldsymbol{x}_i \right\|^2 + \|\boldsymbol{v}\|^2 + 2\left\langle \sum_{i=1}^{N} \alpha_i \boldsymbol{x}_i, \boldsymbol{v} \right\rangle \right)^{\frac{1}{2}} \right\} \\ &= \Omega\left(\left(\left\| \sum_{i=1}^{N} \alpha_i \boldsymbol{x}_i \right\|^2 + \|\boldsymbol{v}\|^2 \right)^{\frac{1}{2}} \right) \\ &\geqslant \Omega\left(\left(\left\| \sum_{i=1}^{N} \alpha_i \boldsymbol{x}_i \right\|^2 \right)^{\frac{1}{2}} \right) \end{aligned} \tag{1.23}$$

证明过程:互补空间和 $\boldsymbol{x}$ 是正交的,以及 Ω 是单调递增函数。此外,式(1.23)说明正交空间对代价函数 $L(\cdot)$ 没有影响。因此,式(1.19)中的解必然存在

式(1.20)中的表示。

推论 1.1　可以在对偶空间投影 $\boldsymbol{k}(\boldsymbol{x})$ 中构造线性估计器,其表达式如下:

$$f(\boldsymbol{x}) = \sum_{i=1}^{N} \alpha_i \boldsymbol{x}_i \boldsymbol{x} = \boldsymbol{\alpha}^{\mathrm{T}} \boldsymbol{X}^{\mathrm{T}} \boldsymbol{x} = \boldsymbol{\alpha}^{\mathrm{T}} \boldsymbol{k}(\boldsymbol{x}) \tag{1.24}$$

式(1.12)中的最小均方误差解有以下对偶表示:

$$\boldsymbol{\alpha} = (\boldsymbol{X}^{\mathrm{T}} \boldsymbol{X})^{-1} \boldsymbol{y} \tag{1.25}$$

证明:利用表示定理,估计器的参数可以表示为

$$\boldsymbol{w} = \sum_{i=1}^{N} \alpha_i \boldsymbol{x}_i = \boldsymbol{X}\boldsymbol{\alpha} \tag{1.26}$$

原空间中的最小均方误差解为

$$\boldsymbol{w} = (\boldsymbol{X}^{\mathrm{T}} \boldsymbol{X})^{-1} \boldsymbol{X}\boldsymbol{y} \tag{1.27}$$

可知式(1.26)和式(1.27)可得到

$$\boldsymbol{X}\boldsymbol{\alpha} = (\boldsymbol{X}^{\mathrm{T}} \boldsymbol{X})^{-1} \boldsymbol{X}\boldsymbol{y} \tag{1.28}$$

隔离向量 $\boldsymbol{\alpha}$ 由式(1.25)给出。注意,矩阵 $\boldsymbol{X}^{\mathrm{T}}\boldsymbol{X}$ 是用于训练的观测值之间点积的格拉姆矩阵。在这种情况下,单调函数可以认定为 $\Omega = 0$。

推论 1.2　优化泛函

$$L(\boldsymbol{w}, \boldsymbol{X}, \boldsymbol{y}) = \| \boldsymbol{X}^{\mathrm{T}} \boldsymbol{w} - \boldsymbol{y} \|^2 + \gamma \|\boldsymbol{w}\|^2 \tag{1.29}$$

得到的最优参数集通常称为岭回归准则[7],其对偶表示为

$$\boldsymbol{\alpha} = (\boldsymbol{X}^{\mathrm{T}} \boldsymbol{X} + \gamma \boldsymbol{I})^{-1} \boldsymbol{y} \tag{1.30}$$

式中:γ 为标量,而 $\gamma\boldsymbol{I}$ 可以视为数值正则项。

证明:式(1.29)所示的泛函可以通过计算其相对于参数的梯度来优化,其解为

$$\boldsymbol{w}_0 = (\boldsymbol{X}\boldsymbol{X}^{\mathrm{T}} + \gamma \boldsymbol{I})^{-1} \boldsymbol{X}\boldsymbol{y} \tag{1.31}$$

泛函的第一项可以认为代价函数,它是二次型的,因此是凸的;第二项是 $\Omega(\|\boldsymbol{w}\|) = \|\boldsymbol{w}\|^2$,它随着 $\boldsymbol{w}$ 的范数单调递增。因此,使用式(1.20)和式(1.31)中的解可证明定理 1.1 成立。

另外,由于定理成立,将式(1.20)代入式(1.29),得出另一种对偶泛函:

$$L(\boldsymbol{w}, \boldsymbol{X}, \boldsymbol{y}) = \| \boldsymbol{X}^{\mathrm{T}} \boldsymbol{X}\boldsymbol{\alpha} - \boldsymbol{y} \|^2 + \gamma \| \boldsymbol{X}\boldsymbol{\alpha} \|^2 \tag{1.32}$$

展开为

$$L(\boldsymbol{w}, \boldsymbol{X}, \boldsymbol{y}) = \boldsymbol{\alpha}^{\mathrm{T}} \boldsymbol{X}^{\mathrm{T}} \boldsymbol{X}\boldsymbol{X}^{\mathrm{T}} \boldsymbol{X}\boldsymbol{\alpha} - 2\boldsymbol{\alpha}^{\mathrm{T}} \boldsymbol{X}^{\mathrm{T}} \boldsymbol{X}\boldsymbol{y} + \|\boldsymbol{y}\|^2 + \gamma \boldsymbol{\alpha}^{\mathrm{T}} \boldsymbol{X}^{\mathrm{T}} \boldsymbol{X}\boldsymbol{\alpha} \tag{1.33}$$

将梯度置零,可得

$$\begin{cases} \boldsymbol{X}^{\mathrm{T}} \boldsymbol{X}\boldsymbol{X}^{\mathrm{T}} \boldsymbol{X}\boldsymbol{\alpha} - \boldsymbol{X}^{\mathrm{T}} \boldsymbol{X}\boldsymbol{y} + \gamma \boldsymbol{X}^{\mathrm{T}} \boldsymbol{X}\boldsymbol{\alpha} = 0 \\ \boldsymbol{X}^{\mathrm{T}} \boldsymbol{X}\boldsymbol{\alpha} - \boldsymbol{y} + \gamma \boldsymbol{I}\boldsymbol{\alpha} = 0 \\ (\boldsymbol{X}^{\mathrm{T}} \boldsymbol{X} + \gamma \boldsymbol{I})\boldsymbol{\alpha} = \boldsymbol{y} \\ \boldsymbol{\alpha} = (\boldsymbol{X}^{\mathrm{T}} \boldsymbol{X} + \gamma \boldsymbol{I})^{-1} \boldsymbol{y} \end{cases} \tag{1.34}$$

1.3 经验风险和结构风险

前文给出了最优化准则的一个简单示例。该准则是将凸算子 $\|\cdot\|^2$ 应用于可训练分类器样本的期望输出和实际输出间距离测度的一个例子。由于该函数是凸函数,当其用于线性估计器时,会给出要估计参数的最小值。

可以将风险视为凸函数(通常称为损失函数)的期望,应用于距离测度,更一般地说,应用于测度观测值估计器的期望目标与输出之间相似性或相异性。

为了定义风险,假设存在观测值 $\boldsymbol{x}$ 和目标 $\boldsymbol{y}$ 的联合累积分布 $F(\boldsymbol{x},\boldsymbol{y})$,并且构造函数 $f(\boldsymbol{x},\boldsymbol{\alpha})$ 以估计目标(图 1.5),其中 $\boldsymbol{\alpha}$ 是一组需要根据给定准则进行优化的(对偶)参数。

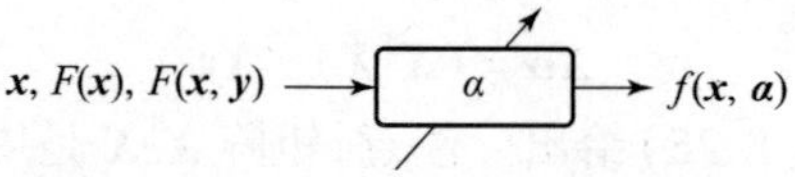

图 1.5 学习机是能够构造一组参数估计函数 $f(\boldsymbol{x},\boldsymbol{\alpha})$ 的机器

风险是 $f(\boldsymbol{x},\boldsymbol{\alpha})$ 和目标 $\boldsymbol{y}$ 之间距离的期望。假设

$$y_i = f(\boldsymbol{x}_i,\boldsymbol{\alpha}) + e_i \tag{1.35}$$

距离就是测量训练数据的期望响应和实际响应之间的误差。据此,风险可以定义为

$$R(\boldsymbol{\alpha}) = \int_{\boldsymbol{x},\boldsymbol{y}} L(f(\boldsymbol{x},\boldsymbol{\alpha}),\boldsymbol{y})\,\mathrm{d}F(\boldsymbol{x},\boldsymbol{y}) \tag{1.36}$$

在理想情况下,如果数据的分布是已知的,那么最佳学习机会产生最小可能风险。这可以视为在测试阶段,学习机使用未在训练阶段使用的样本 $\boldsymbol{x}$ 进行测试时,可以实现的期望误差。

由于数据的分布是未知的,因此无法应用该准则。通常使用该风险的样本期望来近似该风险。例如,在 1.2.3 节最小均方误差算法的推导中就应用了这种近似,其中损失函数是二次误差。由于数据的分布未知,因此需要通过误差的样本均值来近似。这是经验风险的一个示例[8]。一般来说,经验风险可以定义为

$$R_{\mathrm{emp}}(\boldsymbol{\alpha}) = \frac{1}{N}\sum_{i=1}^{N} L(f(\boldsymbol{x},\boldsymbol{\alpha}),\boldsymbol{y})\,\mathrm{d}F(\boldsymbol{x},\boldsymbol{y}) \tag{1.37}$$

经验风险不同于实际风险,在给定概率下经验风险将低于实际风险,因此在给定概率下学习机将表现出高于经验误差的测试误差。学习机的泛化能力可以定义为在最小化两类误差之间的界限的同时最小化经验误差的能力[9]。这两类误差之间的差异是过拟合现象造成的。如果数据数量较少,不足以代表

其概率分布,则学习机倾向于从用于训练的特殊数据中学习,因此不会根据数据的真实概率分布进行正确分类。

统计学习理论中的概率界限是由 Vapnik 和 Chervonenkis 提出的[10-12],虽然它们并不是建设性的,但也有助于理解机器学习过程,利用概率界限可以构造出最小化经验风险和实际风险间差异的学习机。经验风险和实际风险之间的界限通常称为结构风险,正是它们促使了支持向量机的发展。

为了解释 Vapnik - Chervonenkis 界,引入 VC(Vapnik - Chervonenkis)维的概念,它是对二元分类机复杂度的衡量,其定义为:二元分类器的 VC 维 h 等于它在 D 维的空间中可以分解的最大点数。假设输出 -1 或 $+1$ 的函数族用于对 D 维空间中的一组点进行分类,可以修改此函数的参数,以便能够以任何方式对数据点进行分类,也就是说,标签 -1 和 $+1$ 的任意组合,函数族的 VC 维等于可以任意方式分类的最大点数。

需特别关注的是在空间$\mathbb{R}^D$中定义的线性函数。如果空间的维度为 2,则以任意方式分类的最大点数为 3。图 1.6 给出对空间中的 3 个点进行分类的可能方式(也可以将它们分类为全部 -1 或全部 $+1$)。如果添加第四个点,则可以得到线性分类器无法分解的标签组合。D 维空间中线性函数的 VC 维由以下定理给出。

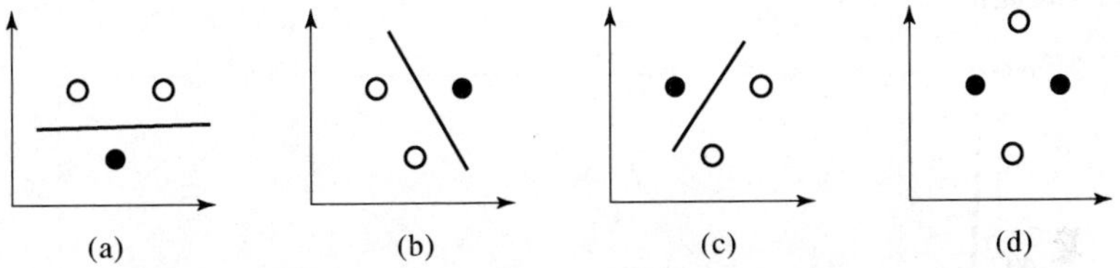

图 1.6　二维空间中含 3 个点的集合可以被线性分类器分类

定理 1.2　假设空间$\mathbb{R}^D$中有一个由 N 个向量组成的集合,并选择这些点中的任何一个作为坐标中心,那么,当且仅当剩余向量线性独立时,N 个向量才能被分解。此定理的证明见文献[13]。

推论 1.3　空间$\mathbb{R}^D$中线性函数族的 VC 维为 $h=D+1$。

证明:根据定理 1.2,当且仅当 $N-1$ 个向量是线性独立的,并且空间 D 由 D 个线性独立向量组成时,N 个向量可以被分类,因此,$N\leqslant D+1$。

需要注意的是,如果学习机的 VC 维高于数据的维数,那么最小化损失函数的学习算法就会过拟合,产生零训练误差,很可能产生远高于给定损失函数最小可能风险的测试误差。

下面给出的定理表明经验风险和实际风险之间的 VC 界限。

定理 1.3　考虑二元函数族(分类函数 $f(\boldsymbol{x}_i,\boldsymbol{\alpha})$,其值仅为 ±1)并定义错误率损失函数为

$$L(\boldsymbol{\alpha}) = \frac{1}{2N}\sum_{i=1}^{N} |y_i - f(\boldsymbol{x}_i, \boldsymbol{\alpha})| \tag{1.38}$$

上式用于计算数据 $\boldsymbol{x}_i$ 相对于标签 y_i 的分类错误率。那么,

$$R(\boldsymbol{\alpha}) \leqslant R_{\text{emp}}(\boldsymbol{\alpha}) + \sqrt{\frac{h(\log(2N/h)+1) - \log(\eta/4)}{N}} \tag{1.39}$$

以下界限成立的概率为 $1-\boldsymbol{\eta}$。

该定理的证明见文献[11]。

式(1.39)称为 VC 泛化界,它是支持向量机的理论基础。不等式右边的第二项称为结构风险。

一方面,结构风险项随着分类器的 VC 维 h 的增加而增加,并且随着训练期间使用的数据量 N 的增大而减小。另一方面,对于固定数量的数据,经验风险随着 VC 维的增加而降低,事实上,如果 VC 维接近 N,训练错误率就会极大降低,在 $h > N$ 时达到零错误,见定理 1.2,图 1.7 说明了这一点。鉴于弱大数定律,如果训练中使用的数据量增加,则经验误差和实际误差逼近,界限减小。因此,学习机需要控制复杂度以便在给定数量的训练模式下产生良好的泛化结果。如果 VC 维太低,经验风险就会很高,实际风险也会很高;如果 VC 维太高,结构风险会增大,实际风险也会很高。这表明,对于任何分类问题和函数族,都存在 h 的最优值。

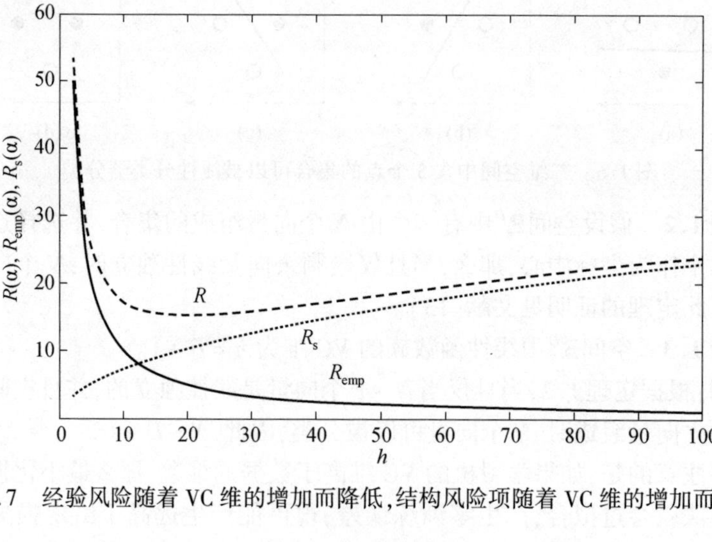

图 1.7　经验风险随着 VC 维的增加而降低,结构风险项随着 VC 维的增加而增加

1.4　用于分类的支持向量机

如前面所述,概率界限有助于解释学习机的行为,但它们并不具有建设性,

一般来说概率界限不能计算函数族的 VC 维,也不能直接控制该维度。但可间接控制线性机的 VC 维。这一策略将在下文得到证明,可以设计建设性的准则来优化分类器,并仿照定理 1.3 中 VC 界的行为。这是支持向量分类器(support vector classifier, SVC)[14]。

1.4.1 支持向量分类器的准则

空间$\mathbb{R}^D$中线性分类器的 VC 维为 $h = D + 1$。支持向量分类器的目的是构造一种算法,能够将学习机的 VC 维的值限制在小于 $D + 1$。这可以解释为将参数向量 $\boldsymbol{w}$ 限制在空间$\mathbb{R}^D$内小于 D 维的子空间中。它是通过简单地最小化参数向量的范数来实现的。也称为最大分类间隔准则。支持向量分类器是为数不多的最大间隔分类器之一。

支持向量机是线性学习机,其优化的理论都可以线性推导出来。为了产生具有非线性特性的学习机,这里使用核技巧,允许通过数据的非线性变换,将定理 1.1 所得准则进行训练的线性学习机的表达式扩展到更高维的希尔伯特空间中。这些学习机的表达式很直观,并且一般化了支持向量机。

最小化线性分类器 VC 维的一种间接方法是最大化其间隔。假设分类超平面定义为

$$f(\boldsymbol{x}) = \boldsymbol{w}^{\mathrm{T}}\boldsymbol{x} + b = 0 \tag{1.40}$$

分类间隔是平行于分类超平面的两个超平面的集合,定义为

$$\begin{cases} \boldsymbol{w}^{\mathrm{T}}\boldsymbol{x} + b = 1 \\ \boldsymbol{w}^{\mathrm{T}}\boldsymbol{x} + b = -1 \end{cases} \tag{1.41}$$

间隔超平面和分类超平面之间的距离为 d,如图 1.8 所示。容易证明,最大化 d 等于最小化参数向量 $\boldsymbol{w}$ 的范数。实际上,分离超平面的法线,其与该超平面有交点 $\boldsymbol{x}_0$(图 1.9):

$$\boldsymbol{x} = \boldsymbol{x}_0 + \rho\boldsymbol{w} \tag{1.42}$$

式中:ρ 为标量。对于给定值 ρ,该线在点 $\boldsymbol{x}_1 = \boldsymbol{x}_0 + \rho\boldsymbol{w}$ 处与其中一个间隔超平面相交,并且线段的长度 $d = \|\boldsymbol{x}_0 - \boldsymbol{x}_1\| = \rho\|\boldsymbol{w}\|$。将 ρ 从其中一个间隔超平面及其法线的方程组中分离出来:

$$\begin{cases} \boldsymbol{w}^{\mathrm{T}}\boldsymbol{x}_1 + b = 1 \\ \boldsymbol{x}_1 = \boldsymbol{x}_0 + \rho\boldsymbol{w} \end{cases} \tag{1.43}$$

可得 $\rho = \dfrac{1}{\|\boldsymbol{w}\|^2}$。由于 $d = \rho\|\boldsymbol{w}\|$,因此有

$$d = \frac{1}{\|\boldsymbol{w}\|} \tag{1.44}$$

这证明了最小化参数的范数等同于最大化间隔。以下定理证明最小化参数的范数等于最小化 VC 维。

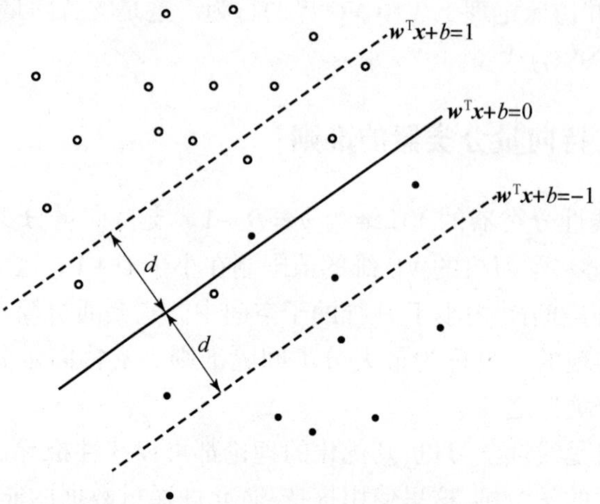

图 1.8　距离 d 的分类间隔

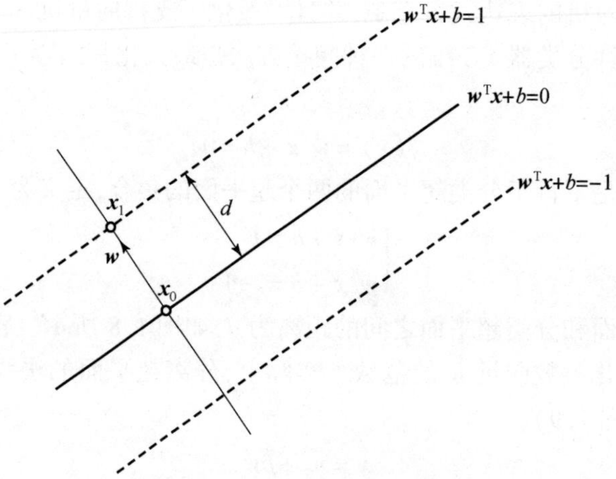

图 1.9　作为参数向量函数的间隔的计算

定理 1.4[11]　考虑一组样本 $\boldsymbol{x}_i$ 和一个间隔距离为 d 的分类器。设 R 为包围数据的球体的半径。间隔为 d 的分离超平面族的 VC 维为

$$h \leqslant \min\left\{\left[\frac{R^2}{d^2}\right], N\right\} + 1 \tag{1.45}$$

也就是说,最大化间隔会最小化 VC 维。

定理 1.4 给出了一种控制 VC 维的实用方法,定理 1.3 描述了通过最小化经验风险(取决于分类器参数)和结构风险(随 VC 维增加)来优化分类器的理论准则,这两项都无法被优化。风险被定义为错误率,它对于参数是不可微分

的，对于结构风险，VC 维通常不可计算。因此，需要应用一个行为与定理相容的实用泛函。该泛函需要一个衡量随经验风险单调增加的风险项，以及一个随着结构风险单调增加的项。

文献[14－18]提供的解决方案如下：

$$\min_{w,b,\xi_i} \frac{1}{2}\|\boldsymbol{w}\|^2 + C\sum_{i=1}^{N}\xi_i \tag{1.46}$$

$$\text{s.t.}\begin{cases} y_i(\boldsymbol{w}^{\mathrm{T}}\boldsymbol{x}+b) \geqslant 1-\xi_i \\ \xi_i \geqslant 0 \end{cases}$$

泛函的第一项与结构风险有关。该范数的最小化等于分类器 VC 维的最小化，结构风险随着该维数单调增加。在这一点上，最小化参数的范数等同于最大化间隔。

泛函的第二项是误差的线性代价函数，其中 ξ_i 通过上述约束条件定义，通常被称为损失变量或松弛变量，必须为非负数。如果样本 $\boldsymbol{x}_i$ 的松弛变量 ξ_i 位于区间(0,1)中，则该样本在间隔内，且被正确分类。此时，分类器输出和所需标签之间的乘积为 $0<y_i(\boldsymbol{w}^{\mathrm{T}}\boldsymbol{x}+b)<1$，因此标签的符号和分类器的符号一致。如果 $1<\xi_i<2$，则该样本在间隔内，但被错误分类，分类器输出的符号与标签不符，乘积是负数。图 1.10 给出了这一概念，其中 ξ_2 和 ξ_4 的值都小于 1，相应的样本被正确分类；但 ξ_1 和 ξ_3 被错误分类，它们的值都大于 1。

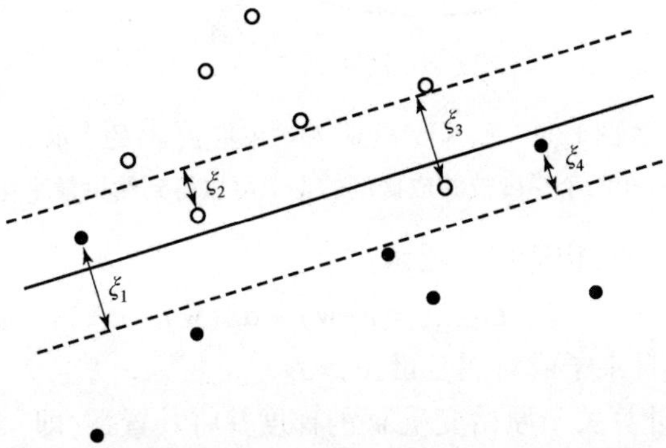

图 1.10　分类间隔的示例(其中一些样本位于间隔内)

注：松弛变量是在给定间隔内样本观测值 $\boldsymbol{x}_i$ 的情况下，期望目标 y_i 与所获得的输出之间的绝对差。

该约束集和优化泛函中计算松弛变量之和的第二项构成了经验风险项。事实上，如果此项最小化，就意味着在间隔内有更少的样本。因此，最小化松弛变量之和可以最小化间隔，从而增加 VC 维。

由上述分析可知，式(1.46)中的两项关系相反。最小化 $\|\boldsymbol{w}\|$ 可以最小化 VC 维，而最小化 $\sum_{i=1}^{N}\xi_i$ 会导致最大化 VC 维。那么，泛函具有类似定理 1.3 中的

泛化界性质。该定理和式(1.46)中的两项具有相同的趋势,但这些项的重要性并不相同,因此需要使用式(1.46)中的自由参数 C 为每个项的重要性赋权。如果 C 很小,那么最小化将主要考虑参数向量,在不考虑经验误差的情况下,导致 VC 维最小化;如果 C 很大,那么学习机将主要最小化误差,导致 VC 维最大化。

1.4.2 支持向量机优化

式(1.46)中约束泛函的最小化需要使用拉格朗日优化[19],为所有约束条件添加拉格朗日乘子。粗略地说,拉格朗日最优化为考虑以下约束条件的最小化:

图 1.11 给出了凸函数 $F(\boldsymbol{w})$ 和约束集 $g(\boldsymbol{w})$ 的表示。最优点位于两个梯度成比例的位置。

$$\text{minimize} F(\boldsymbol{w}) \quad \text{s.t.}\ g(\boldsymbol{w}) = 0 \tag{1.47}$$

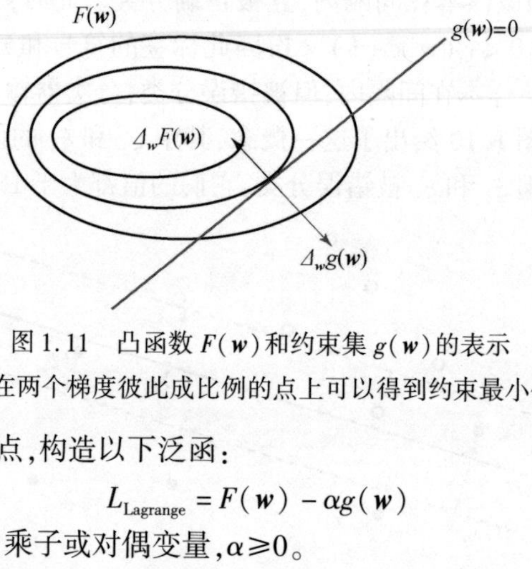

图 1.11 凸函数 $F(\boldsymbol{w})$ 和约束集 $g(\boldsymbol{w})$ 的表示

注:在两个梯度彼此成比例的点上可以得到约束最小化。

为了得到最优点,构造以下泛函:

$$L_{\text{Lagrange}} = F(\boldsymbol{w}) - \alpha g(\boldsymbol{w}) \tag{1.48}$$

式中:α 为拉格朗日乘子或对偶变量,$\alpha \geqslant 0$。

最优化包括计算关于原始变量 $\boldsymbol{w}$ 的梯度并将其置零,即

$$\boldsymbol{\Delta}_w F(\boldsymbol{w}) - \alpha g(\boldsymbol{w}) = 0 \tag{1.49}$$

此过程将推导出卡罗需 - 库恩 - 塔克(Karush Kuhn Tucker, KKT)条件。求解得到的方程组会得到一个泛函,该泛函是对偶变量的函数。

针对支持向量机的情况,初始问题如式(1.46)所述:

$$\text{minimize}\ L_p(\boldsymbol{w}, \xi_n) = \frac{1}{2}\|\boldsymbol{w}\|^2 + C\sum_{n=1}^{N}\xi_n$$

$$\text{s.t.}\begin{cases} y_n(\boldsymbol{w}^{\text{T}}\boldsymbol{x}_n + b) - 1 + \xi_n \geqslant 0 \\ \xi_n \geqslant 0 \end{cases}$$

由于有 $2N$ 个约束条件,因此需要 $2N$ 个乘数,即第一个集合的 α_n 和第二个集合的 μ_n。通过向初始函数添加约束条件,得到以下拉格朗日泛函:

$$L_p(\boldsymbol{w},\xi_n,\alpha_n,\mu_n)=\frac{1}{2}\|\boldsymbol{w}\|^2+C\sum_{n=1}^{N}\xi_n-\sum_{n=1}^{N}\alpha_n(y_n(\boldsymbol{w}^{\mathrm{T}}\boldsymbol{x}_n+b)-1+\xi_n)-\sum_{n=1}^{N}\mu_n\xi_n \tag{1.50}$$

约束条件 $\alpha_n,\mu_n\geqslant 0$,其中原始变量为 $\boldsymbol{w}_i$ 和 ξ_n。

将关于 $\boldsymbol{w}$ 的梯度置零:

$$\Delta_w L_p(\boldsymbol{w},\xi_n,\alpha_n,\mu_n)=\boldsymbol{w}-\sum_{n=1}^{N}\alpha_n y_n\boldsymbol{x}_n=0 \tag{1.51}$$

则

$$\boldsymbol{w}=\sum_{n=1}^{N}\alpha_n y_n\boldsymbol{x}_n \tag{1.52}$$

或者用矩阵表示:

$$\boldsymbol{w}=\boldsymbol{XY\alpha} \tag{1.53}$$

式中:$\boldsymbol{Y}$ 为包含所有标签的对角矩阵;$\boldsymbol{\alpha}$ 包含所有乘数。

关于松弛变量 ξ_n 和 b 的导数置零:

$$\frac{\partial}{\partial\xi_n}L_p(\boldsymbol{w},\xi_n,\alpha_n,\mu_n)=C-\alpha_n-\mu_n=0 \tag{1.54}$$

$$\frac{\mathrm{d}}{\mathrm{d}b}L_p(\boldsymbol{w},\xi_n,\alpha_n,\mu_n)=-\sum_{n=1}^{N}\alpha_n y_n=0 \tag{1.55}$$

此外,还必须保证约束条件的互补松弛性。为了使式(1.50)中的初始函数和拉格朗日函数收敛到相同的解,令

$$\sum_{n=1}^{N}\alpha_n[y_n(\boldsymbol{w}^{\mathrm{T}}\boldsymbol{x}_n+b)-1+\xi_n]=0$$

由于 α_n、μ_n、$\boldsymbol{x}_n$、$y_n(\boldsymbol{w}^{\mathrm{T}}\boldsymbol{x}_n+b)-1+\xi_n\leqslant 0$,因此必须使

$$\mu_n\xi_n=0,\alpha_n[y_n(\boldsymbol{w}^{\mathrm{T}}\boldsymbol{x}_n+b)-1+\xi_n]=0$$

KKT 条件如下:

$$\boldsymbol{w}=\sum_{n=1}^{N}\alpha_n y_n\boldsymbol{x}_n \tag{1.56}$$

$$C-\alpha_n-\mu_n=0 \tag{1.57}$$

$$\sum_{n=1}^{N}\alpha_n y_n=0 \tag{1.58}$$

$$\mu_n\xi_n=0 \tag{1.59}$$

$$\alpha_n[y_n(\boldsymbol{w}^{\mathrm{T}}\boldsymbol{x}_n+b)-1+\xi_n]=0 \tag{1.60}$$

$$\alpha_n\geqslant 0,\ \mu_n\geqslant 0,\ \xi_n\geqslant 0 \tag{1.61}$$

分别重写式(1.57)和式(1.59)可得

$$C-\alpha_n-\mu_n=0 \tag{1.62}$$

$$\mu_n\xi_n=0 \tag{1.63}$$

如果 $\xi_n>0$（样本在间隔内或分类错误），则 $\alpha_n=C$。由式(1.60)可以看出，如果样本在间隔上，则 $0<\alpha_n<C$。如果样本分类良好且在间隔之外，则 $\xi_n=0$，并且由式(1.60)确定 $\alpha_n=0$。由于对于间隔上的所有样本 $\xi_i=0$，则通过将其与式(1.60)分离出来，得出偏差 b 的值，在式(1.60)中，$\boldsymbol{x}_n$ 是间隔上的任意向量。

估计器 $y_k=\boldsymbol{w}^{\mathrm{T}}\boldsymbol{x}_k+b$ 可以由式(1.56)重写为

$$y_k=\sum_{n=1}^{N}y_n\alpha_n\boldsymbol{x}_n^{\mathrm{T}}\boldsymbol{x}_k+b \tag{1.64}$$

或者用矩阵表示为

$$y_k=\boldsymbol{\alpha}^{\mathrm{T}}\boldsymbol{Y}\boldsymbol{X}^{\mathrm{T}}\boldsymbol{x}_k+b \tag{1.65}$$

将式(1.56)代入式(1.50)的拉格朗日函数，可得

$$\begin{cases}(\mathrm{A}):\|\boldsymbol{w}\|^2=\sum_{n=1}^{N}\sum_{n'=1}^{N}y_{n'}\boldsymbol{\alpha}_{n'}\boldsymbol{x}_{n'}\boldsymbol{x}_n\boldsymbol{\alpha}_n y_n\\ (\mathrm{B}):-\sum_{n=1}^{N}\boldsymbol{\alpha}_n(y_n(\boldsymbol{w}^{\mathrm{T}}\boldsymbol{x}_n+b)-1+\xi_n)=-\sum_{n=1}^{N}\boldsymbol{\alpha}_n\left(y_n\left(\sum_{n'=1}^{N}\boldsymbol{\alpha}_{n'}\boldsymbol{x}_{n'}^{\mathrm{T}}\boldsymbol{x}_n+b\right)-1+\xi_n\right)\\ \quad=-\sum_{n=1}^{N}\sum_{n'=1}^{N}\boldsymbol{\alpha}_{n'}y_{n'}\boldsymbol{x}_{n'}^{\mathrm{T}}\boldsymbol{x}_n\boldsymbol{\alpha}_n y_n-\sum_{n=1}^{N}\boldsymbol{\alpha}_n y_n b+\sum_{n=1}^{N}\boldsymbol{\alpha}_n-\sum_{n=0}^{N}\boldsymbol{\alpha}_n\xi_n\\ (\mathrm{C}):-\sum_{n=1}^{N}\mu_n\xi_n\\ (\mathrm{D}):C\sum_{n=1}^{N}\xi_n\end{cases} \tag{1.66}$$

根据式(1.59)的 KKT 条件，可以删除(C)项，然后添加(A)项、(B)项和(D)项到

$$L_d(\boldsymbol{\alpha}_n,\xi_n)=-\frac{1}{2}\sum_{n=1}^{N}\sum_{n'=1}^{N}\boldsymbol{\alpha}_{n'}y_{n'}\boldsymbol{x}_{n'}^{\mathrm{T}}\boldsymbol{x}_n\boldsymbol{\alpha}_n y_n-\sum_{n=1}^{N}\boldsymbol{\alpha}_n y_n b+\sum_{n=1}^{N}\boldsymbol{\alpha}_n-\sum_{n=0}^{N}\boldsymbol{\alpha}_n\xi_n+C\sum_{n=1}^{N}\xi_n \tag{1.67}$$

式(1.58)中的 KKT 条件使项 $\sum_{n=1}^{N}\boldsymbol{\alpha}_n y_n b$ 为零，因此

$$L_d(\boldsymbol{\alpha}_n,\xi_n)=-\frac{1}{2}\sum_{n=1}^{N}\sum_{n'=1}^{N}\boldsymbol{\alpha}_{n'}y_{n'}\boldsymbol{x}_{n'}^{\mathrm{T}}\boldsymbol{x}_n\boldsymbol{\alpha}_n y_n+\sum_{n=1}^{N}\boldsymbol{\alpha}_n-\sum_{n=0}^{N}\boldsymbol{\alpha}_n\xi_n+C\sum_{n=1}^{N}\xi_n \tag{1.68}$$

则有

$$-\sum_{n=0}^{N}\boldsymbol{\alpha}_n\xi_n+C\sum_{n=1}^{N}\xi_n=0$$

如果 $0 \leqslant \alpha_n < C$，则 $\xi_n = 0$，因此，式(1.68)后两项的和可以重写为

$$-\sum_{\xi_n > 0} \boldsymbol{\alpha}_n \xi_n + C \sum_{\xi_n > 0} \xi_n \tag{1.69}$$

当 $\xi_n > 0$ 时，相应的拉格朗日乘子 $\alpha_n = C$，因此两项相等，可得

$$L_{\mathrm{d}} = -\frac{1}{2}\sum_{n=1}^{N}\sum_{n'=1}^{N} y_n \boldsymbol{\alpha}_n \boldsymbol{x}_n^{\mathrm{T}} \boldsymbol{x}_{n'} \boldsymbol{\alpha}_{n'} y_{n'} + \sum_{n=1}^{N} \boldsymbol{\alpha}_n \tag{1.70}$$

上式用矩阵可表示为

$$L_{\mathrm{d}} = -\frac{1}{2}\boldsymbol{\alpha}^{\mathrm{T}} \boldsymbol{Y}\boldsymbol{X}^{\mathrm{T}}\boldsymbol{X}\boldsymbol{Y}\boldsymbol{\alpha} + \boldsymbol{\alpha}^{\mathrm{T}}\mathbf{1} \tag{1.71}$$

式中：$\boldsymbol{\alpha} \geqslant 0$。

需使用二次规划[20]优化关于对偶变量的对偶泛函。支持向量机对偶问题的一个具体示例称为序列最小优化(sequential minimal optimization, SMO)[21]，由于其计算效率和保收敛性，被广泛用于支持向量机标准算法包中，如 LIBSVM[22]或 Scikit - learn Python 软件包[23]中的实现。

例 1.1　线性可分情况下的支持向量机分类器。图 1.12 给出了二维问题的支持向量机解，该问题可以线性无误地分类。其中实线为分类线，虚线表示分类间隔。注意间隔上有两个向量，它们的拉格朗日乘子是非空的，并构成了分类器的支持向量(support vectors, SV)。在这个例子中，由于 3 个支持向量位于间隔上，它们相应的拉格朗日乘子是非饱和的，即 $\boldsymbol{\alpha}_n < C$，与 KKT 条件一致，见式(1.56)及其后续条件。

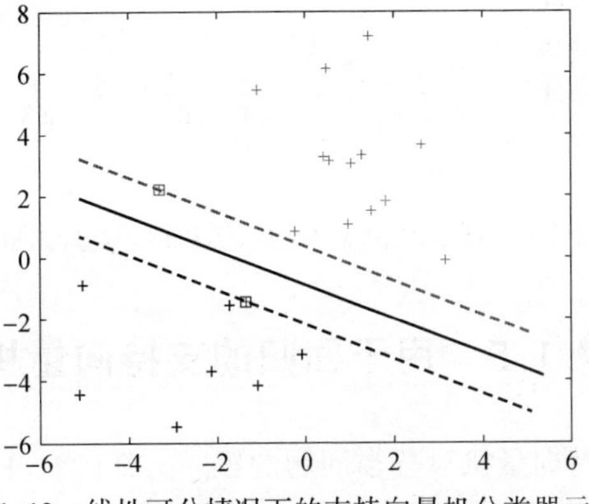

图 1.12　线性可分情况下的支持向量机分类器示例

例 1.2　不可分情况下的 SVM 分类器。不可分情况下的 SVM 分类示例如图 1.13(a)所示，其中 + 对应于带有负标签的样本或模式，黑点对应于正标签。数据显示出明显的重叠，线性分类器无法得到零误差的解。间隔内有样本，间隔外有错误分类，间隔上有向量。图 1.13(b)给出了相应支持向量的拉格朗日乘子。其中 3 个拉格朗日乘子是非饱和的，它们对应于间隔上的 3 个向量。位

于间隔内或间隔外但在分类线错误一侧的 3 个支持向量显示饱和值等于 C。在这种情况下，$\boldsymbol{\alpha}_n = C$。

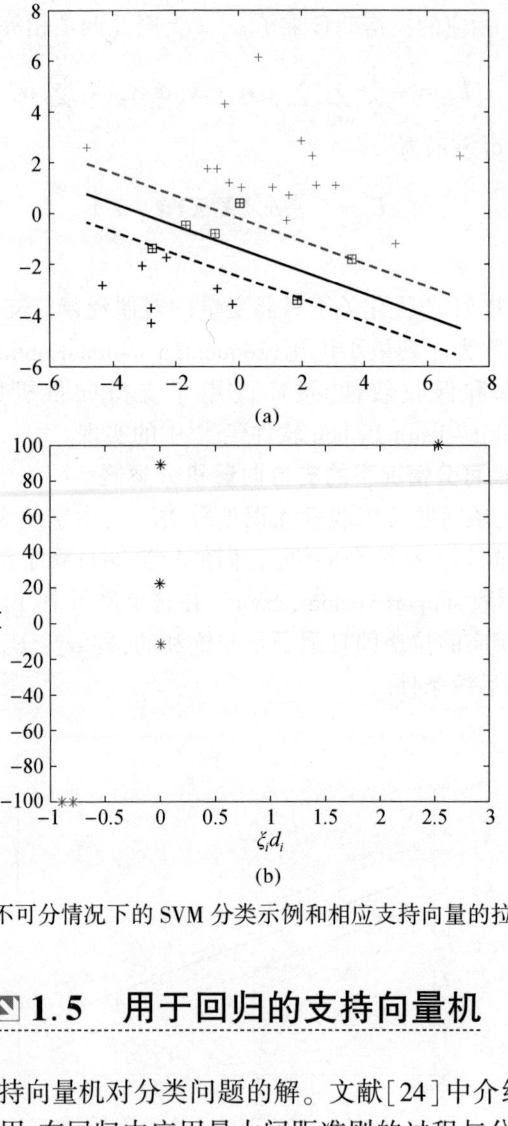

图 1.13　线性不可分情况下的 SVM 分类示例和相应支持向量的拉格朗日乘子

1.5　用于回归的支持向量机

前文给出了支持向量机对分类问题的解。文献[24]中介绍了支持向量机准则在回归中的应用，在回归中应用最大间距准则的过程与分类过程类似，假设有以下形式的线性回归函数：

$$\boldsymbol{y}_n = \boldsymbol{w}^{\mathrm{T}} \boldsymbol{x}_n + b \tag{1.72}$$

式中：$\boldsymbol{y}_n \in \mathbb{R}$ 为回归量或期望输出的集合；e_n 为样本 $\boldsymbol{x}_n$ 的回归误差。误差是$\mathbb{R}$中的连续变量，因此正松弛变量定义为误差范数的函数。

定义正松弛变量，考虑正、负误差情况：

$$\begin{cases} \boldsymbol{y}_n - \boldsymbol{w}^{\mathrm{T}}\boldsymbol{x}_n - b \leqslant \varepsilon + \xi_n \\ -\boldsymbol{y}_n + \boldsymbol{w}^{\mathrm{T}}\boldsymbol{x}_n + b \leqslant \varepsilon + \xi_n^* \\ \xi_n, \xi_n^* \geqslant 0 \end{cases} \tag{1.73}$$

该约束集很直观。ε 间隔或 ε 间隔带定义为误差容限 $\pm\varepsilon$。如果误差小于 $|\varepsilon|$，则松弛变量为零；否则，松弛变量为正值，如图 1.14 所示。通过最小化松弛变量，优化器必须将尽可能多的样本放在间隔内，同时尽量减少间隔外样本的损失。

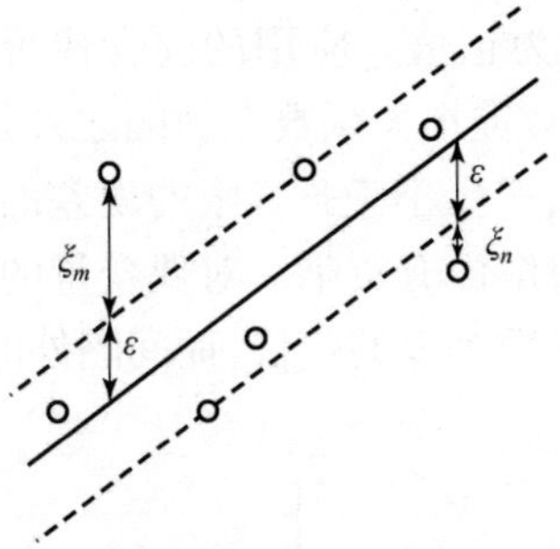

图 1.14　支持向量回归机的松弛变量和 ε 间隔带

支持向量回归(support vector regression, SVR)最初是在上述约束条件限制下，使松弛变量和一个由权向量范数最小化表示的复杂度项的总和最小化，前者是一个线性风险，即

$$\text{minimize } \|\boldsymbol{w}\|^2 + C\sum_{n=1}^{N}(\xi_i + \xi_i^*) \tag{1.74a}$$

$$\text{s.t.} \begin{cases} \boldsymbol{y}_n - \boldsymbol{w}^{\mathrm{T}}\boldsymbol{x}_n - b - \varepsilon - \xi_n \leqslant 0 \\ -\boldsymbol{y}_n + \boldsymbol{w}^{\mathrm{T}}\boldsymbol{x}_n + b - \varepsilon - \xi_n^* \leqslant 0 \\ \xi_n, \xi_n^* \geqslant 0 \end{cases} \tag{1.74b}$$

相应的拉格朗日最优化涉及 4 组正拉格朗日乘子，分别为 α_n、α_n^* 和 $\boldsymbol{\mu}_n$、$\boldsymbol{\mu}_n^*$。根据不等式(1.74)，求解支持向量回归问题，需要最小化(1.74a)中两项之和，并最大化式(1.74b)中的前两项。将约束条件乘拉格朗日乘子并将它们添加到原始函数中，即可得到拉格朗日函数：

$$L_{\mathrm{L}} = \|\boldsymbol{w}\|^2 + C\sum_{n=1}^{N}(\xi_i + \xi_i^*) - \sum_{n=1}^{N}\alpha_i(-\boldsymbol{y}_n + \boldsymbol{w}^{\mathrm{T}}\boldsymbol{x}_n + b + \varepsilon + \xi_n) - \sum_{n=1}^{N}\alpha_i^*(\boldsymbol{y}_n - \boldsymbol{w}^{\mathrm{T}}\boldsymbol{x}_n - b + \varepsilon + \xi_n^*) - \sum_{n=1}^{N}(\boldsymbol{\mu}_n\xi_n + \boldsymbol{\mu}_n^*\xi_n^*) \tag{1.75}$$

类似于支持向量分类过程，考虑乘积约束拉格朗日乘子的 KKT 互补条件，导出下式的最小化：

$$L_{\mathrm{d}} = -\frac{1}{2}(\boldsymbol{\alpha} - \boldsymbol{\alpha}^*)^{\mathrm{T}}K(\boldsymbol{\alpha} - \boldsymbol{\alpha}^*) + (\boldsymbol{\alpha} - \boldsymbol{\alpha}^*)^{\mathrm{T}}y - \varepsilon\mathbf{1}^{\mathrm{T}}(\boldsymbol{\alpha} + \boldsymbol{\alpha}^*) \tag{1.76}$$

式中：$0 \leqslant \boldsymbol{\alpha}_n, \boldsymbol{\alpha}_n^* \leqslant C$。

这是一个二次函数,具有解存在性和唯一性性质。此泛函的最优化几乎等于支持向量分类所需的最优化。因此,参数集是数据的函数:

$$\boldsymbol{w} = \sum_{n=1}^{N} (\boldsymbol{\alpha}_n - \boldsymbol{\alpha}_n^*) \boldsymbol{x}_n \tag{1.77}$$

使用 KKT 条件,以与支持向量分类相同的方式获得偏差。

最优化将 ε 间隔带内的样本的拉格朗日乘子降至零,而间隔带上或间隔带外的样本的拉格朗日乘子为正值。应用的隐含代价函数是线性的,如图 1.15 所示。误差的隐含代价函数或损失函数在间隔之外是线性的,其值与误差减去容限 ε 之间的差值成比例,产生小于此容限的误差的样本被忽略。由于它们的代价函数为零,因此它们对解没有贡献。对偶变量的值是代价函数的导数。实际上,间隔内的样本具有导数为零的代价,而间隔外的导数为 C。

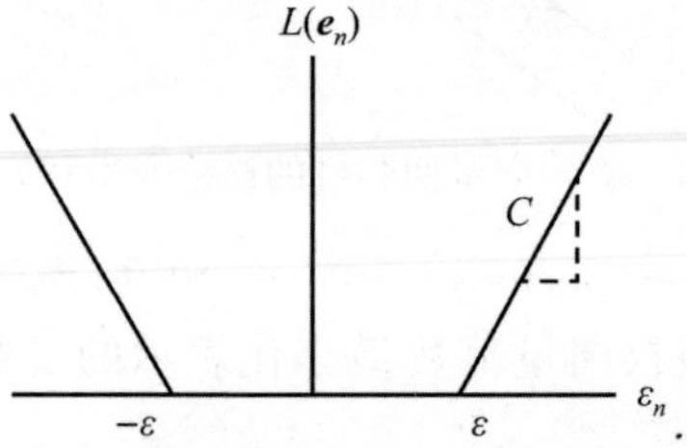

图 1.15　支持向量回归机的隐含代价函数

注:产生小于容限 ε 的误差的样本会被最优化忽略。产生大于该容限的误差 ε_n 的样本应用代价 $C|e-\varepsilon|$。

例 1.3　用于线性回归的支持向量机。图 1.16 给出了在一组样本上应用支持向量机回归的示例。样本由线性模型 $y_n = \alpha x_n + b + g_n$ 生成,其中,$\alpha = 0.2$,$b = 1$,g_n 是方差等于 0.1 的高斯零均值随机变量。图 1.16(a)的实线表示回归函数,虚线表示 ε 间隔带。正方形标记了支持向量,它们要么在 ε 间隔带外,要么在 ε 间隔带上。图 1.16(b)表示支持向量的拉格朗日乘子的值。ε 间隔带外的支持向量有一个拉格朗日乘子,其值为饱和值 C,支持向量的值小于 C。

v - 支持向量回归(ν - SVR)是一种通过添加一个限制支持向量数量的参数来自动调整 ε 的方法[24]。最初的问题变成

$$\text{minimize } \|\boldsymbol{w}\|^2 + C\left[\sum_{n=1}^{N} (\xi_i + \xi_i^*) + Nv\varepsilon\right] \tag{1.78}$$

$$\text{s.t.} \begin{cases} y_n - \boldsymbol{w}^{\mathrm{T}} \boldsymbol{x}_n - b - \varepsilon - \xi_n \leqslant 0 \\ -y_n + \boldsymbol{w}^{\mathrm{T}} \boldsymbol{x}_n + b - \varepsilon - \xi_n^* \leqslant 0 \\ \xi_n, \xi_n^* \geqslant 0 \end{cases}$$

这里引入 ε 作为最优化的一部分。它乘一个常数 Nv,该常数表示选择的样

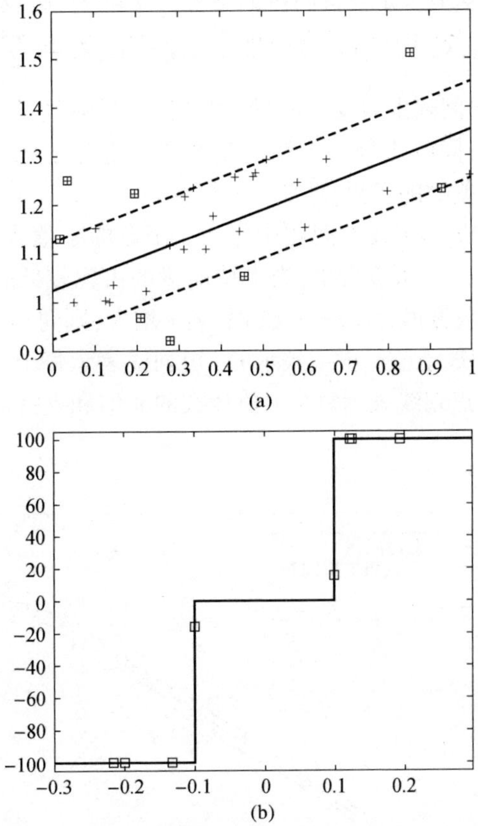

图 1.16　支持向量回归的示例和拉格朗日乘子的值乘相应样本误差的符号

本数量($0 < v < 1$ 是另一个自由参数)。在解决相应的拉格朗日最优化问题后，拉格朗日最优化等同于支持向量回归最优化,其中要最大化的对偶泛函为

$$L_{\mathrm{d}} = -\frac{1}{2}(\boldsymbol{\alpha} - \boldsymbol{\alpha}^*)^{\mathrm{T}} K (\boldsymbol{\alpha} - \boldsymbol{\alpha}^*) + (\boldsymbol{\alpha} - \boldsymbol{\alpha}^*)^{\mathrm{T}} y \tag{1.79}$$

$$\text{s.t.} \begin{cases} \sum_{n \in N_{sv}} (\alpha_n - \alpha_n^*) = 0 \\ \sum_{n \in N_{sv}} (\alpha_n + \alpha_n^*) = CNv \\ 0 \leqslant \alpha_n, \alpha_n^* \leqslant C \end{cases}$$

式中:N_{sv} 为支持向量的数量。

拉格朗日最优化解中的约束条件:

$$\begin{cases} \sum_{n \in N_{sv}} (\alpha_n + \alpha_n^*) = CNv \\ 0 \leqslant \alpha_n, \alpha_n^* \leqslant C \end{cases}$$

此约束条件意味着 v 是支持向量的下界。实际上,假设所有支持向量都在 ε 间隔带之外,那么,对于所有支持向量,$\alpha_n, \alpha_n^* = C$,再由 $\sum_{n \in N_{sv}} (\alpha_n + \alpha_n^*) = CNv$ 可得 $N_{sv} = vN$。如果间隔上有支持向量,则支持向量的数量会更高,即 $N_{sv} \geqslant vN$。在任何一种情况下,间隔之外的支持向量的数量都等于或小于 vN。因此,v 是高于 ε 的绝对值误差数的上界。

例 1.4 图 1.17 为了线性问题中作为 v 函数的 ε 值表现示例。在此示例中,v 的值为 0.1~0.9。可以看出,当支持向量的占比较低时,由 ε 值确定的间隔较高。当 ε 设置较低值,如 $\varepsilon = 0.15$ 时,若 v 增大,则间隔带的尺寸单调减小,并在 $v = 0.9$ 时达到最小值。虚线表示 v。短划线表示每个 v 值计算的总 SV 的值,它总是大于 v。点划线表示每个 v 值计数的非饱和支持向量的占比,它总是小于该参数。

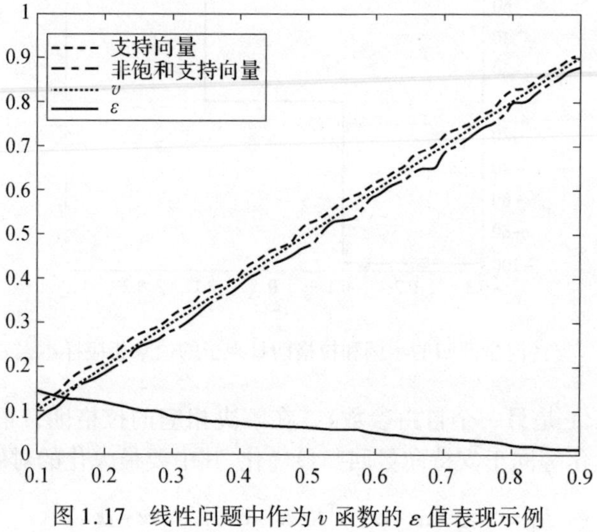

图 1.17　线性问题中作为 v 函数的 ε 值表现示例

参考文献

[1] Tikhonov, A. N., and V. I. Arsenin, *Solutions of Ill-Posed Problems*, Washington, D. C.: Winston, 1977.

[2] Cucker, F., and S. Smale, "On the Mathematical Foundations of Learning," *Bulletin of the American Mathematical Society*, Vol. 39, No. 1, 2002, pp. 1-49.

[3] Haykin, S. S., and B. Widrow, *Least-Mean-Square Adaptive Filters*, New York: Wiley-Interscience, 2003.

[4] Haykin, S. S., *Adaptive Filter Theory*, Pearson Education India, 2005.

[5] Wahba, G., *Spline Models for Observational Data*, Philadelphia, PA: SIAM (Society for Industrial and Applied Mathematics), 1990.

[6] Schölkopf, B., R. Herbrich, and A. J. Smola, "A Generalized Representer Theorem," *International Conference on Computational Learning Theory*, 2001, pp. 416 – 426.

[7] Rifkin, R., et al., "Regularized Least – Squares Classification," *NATO Science Series Sub Series* Ⅲ *Computer and Systems Sciences*, Vol. 190, 2003, pp. 131 – 154.

[8] Vapnik, V. N., "Principles of Risk Minimization for Learning Theory," *Advances in Neural Information Processing Systems*, 1992, pp. 831 – 838.

[9] Bousquet, O., and A. Elisseeff, "Algorithmic Stability and Generalization Performance," *Advances in Neural Information Processing Systems*, 2001, pp. 196 – 202.

[10] Vapnik, V. N., and A. Y. Chervonenkis, "On the Uniform Convergence of Relative Frequencies of Events to Their Probabilities," *Theory of Probability & Its Applications*, Vol. 16, No. 2, 1971, pp. 264 – 280.

[11] Vapnik, V. N., *Statistical Learning Theory*, New York: Wiley – Interscience, 1998.

[12] Vapnik, V. N., *The Nature of Statistical Learning Theory*, New York: Springer Science & Business Media, 2013.

[13] Burges, C. J. C., "A Tutorial on Support Vector Machines for Pattern Recognition," *Data Mining and Knowledge Discovery*, Vol. 2, No. 2, 1998, pp. 121 – 167.

[14] Schölkopf, B., C. Burges, and V. Vapnik, "Extracting Support Data for a Given Task," *Proceedings of the 1st International Conference on Knowledge Discovery & Data Mining*, 1995, pp. 252 – 257.

[15] Boser, B. E., I. M. Guyon, and V. N. Vapnik, "A Training Algorithm for Optimal Margin Classifiers," *Proceedings of the 5th Annual Workshop on Computational Learning Theory*, 1992, pp. 144 – 152.

[16] Cortes, C., and V. Vapnik, "Support – Vector Networks," *Machine Learning*, Vol. 20, No. 3, 1995, pp. 273 – 297.

[17] Schölkopf, B., et al., "Improving the Accuracy and Speed of Support Vector Machines. *Advances in Neural Information Processing Systems*, Vol. 9, 1997, pp. 375 – 381.

[18] Burges, C. J. C., "Simplified Support Vector Decision Rules," *Proceedings of 13th International Conference Machine Learning* (*ICML* '96), 1996, pp. 71 – 77.

[19] Bertsekas, D. P., *Constrained Optimization and Lagrange Multiplier Methods*, New York: Academic Press, 2014.

[20] Nocedal, J., and S. Wright, *Numerical Optimization*, New York: Springer Science & Business Media, 2006.

[21] Platt, J., *Sequential Minimal Optimization: A Fast Algorithm for Training Support Vector Machines*, Technical Report MSR – TR – 98 – 14, Microsoft Research, April 1998.

[22] Chang, C. – C., and C. – J. Lin, "LIBSVM: A Library for Support Vector Machines," *ACM Transactions on Intelligent Systems and Technology*, Article No. 27, May 2011.

[23] Pedregosa, F., et al., "Scikit – learn: Machine Learning in Python," *Journal of Machine Learning Research*, Vol. 12, 2011, pp. 2825 – 2830.

[24] Smola, A. J., and B. Schölkopf, "A Tutorial On Support Vector Regression," *Statistics and Computing*, Vol. 14, No. 3, 2004, pp. 199 – 222.

第②章 线性高斯过程

2.1 引 言

高斯过程(gaussian process, GP)可以看作高斯分布的扩展。一般来说,如果实数序列的任意子集都具有多元高斯分布,则可认为该序列是高斯过程。高斯过程对机器学习非常重要,许多插值或回归方法等同于特定的高斯过程[1]。最小二乘法或岭回归(ridge regression, RR)过程插值可视为高斯过程插值的特殊情况。尤其是样本独立同分布的情况,隐含地假定插值误差是高斯过程。

高斯过程方法给出一个超越误差最小化加上正则项的最优化准则,尽管该准则在高斯过程中是隐式的。事实上,应用于高斯过程的准则植根于贝叶斯推理框架。

高斯过程的第一部分是构造估计误差的概率密度,假定其具有独立同分布的高斯性质。给定一个估计函数 $y = \boldsymbol{w}^{\mathrm{T}}\boldsymbol{x} + e$,高斯过程假设所有误差样本均来自具有相同方差和零均值的高斯分布,并且是独立的。基于这个模型,可以为观测回归量 y 构造一个似然函数,作为预测量 $\boldsymbol{x}$(函数参数)的函数。高斯过程的第二部分是假设估计模型是一个隐函数,并且其参数存在先验概率密度。

高斯过程基于以上两个部分和贝叶斯规则来计算测试样本的后验概率分布。与岭回归相比,该过程有许多优点:首先,严格意义上来说该准则没有需要交叉验证的自由参数,所有参数都可以通过贝叶斯规则推断出来。这提供了更具鲁棒性的参数估计。其次,该准则可以预测后验概率分布。这为用户提供了预测的置信区间,也就是说,估计器会告诉用户能否信任预测或插值,但这取决于训练数据中是否存在能产生近期预测的信息。

与其他机器学习方法一样,高斯过程也有局限性。与最小均方误差、岭回归或支持向量机等算法相比,高斯过程没有必须交叉验证的自由参数。这是一种权衡,因为前者背后没有概率模型,所以除了交叉验证以最小化与它们相关的代价函数之外,没有其他方法估计它们的值。相反,高斯过程的权衡是概率建模本身。这个模型必须是真实的,以便误差为独立同分布的高斯过程。根据这一事实,可以基于贝叶斯理论对所有参数进行优化调整,结果与给定训练数据一样准确。但是如果模型不足以接近现实,也就是说,如果误差不是高斯误差,那么结果可能不准确。此外,高斯过程与支持向量机一样,需要不可忽略的计算资源,因为通常情况下该算法需要对一个维数等于数据数量的方阵进行求逆。

本章介绍了高斯过程回归的线性版本。本章用解决方案的对偶表示来描述该过程,这种对偶表示法支持将算法直接扩展到非线性版本,将在第 3 章中介绍。

由于许多读者不太熟悉贝叶斯推理,本章自成一篇。本章首先介绍贝叶斯规则的推导和条件概率、边际化和条件独立性等定义,然后使用这些定义来介绍贝叶斯推理和机器学习中的高斯过程,最后介绍复高斯过程和多任务高斯过程。

2.2 贝叶斯规则

推导用于机器学习的高斯过程依赖概率准则,概率准则又基于贝叶斯规则。本节介绍了高斯过程推导及其相应算法的基础概念(包括条件概率、贝叶斯规则和边际化运算),同时给出了先验概率和后验概率以及条件似然和边际似然的定义。

2.2.1 条件概率的计算

假设一个可能事件的全集为 Ω,两个子集 $A,B\in\Omega$。事件 A 和事件 B 具有非空关联概率 $P(A)$ 和 $P(B)$,并且假设两者是重叠的。例如,有一个电压表,其测量误差 ε 均匀分布在 -1 ~ 1V 之间。还有一个电压均匀分布在 0 ~ 10V 之间的电压源。那么可以计算电压 V_0 在 3 ~ 5V 之间的概率正好是 20%,因此,将事件 A 定义为 $3\leqslant V_0\leqslant 5$。可以将 $P(A)$ 称为事件 A 的先验概率。现在,将电压表接到电压源,测量结果正好为 $V=5$V。由于量化误差,实际电压为 4 ~ 6V。将此观测事件称为 B,定义为 $B:4\leqslant V_0\leqslant 6$。根据观测值,不能再假设事件 A 的概率为 20%。事实上,新的概率正好为 50%。这里隐式计算的是给定 B 的情况下 A 的条件概率。

事件 A 和事件 B 的条件概率定义为

$$P(A\mid B)=\frac{P(A\cap B)}{P(B)} \tag{2.1}$$

直观的解释是,既然事件 B 发生了,概率全集的其余部分就消失了,因为它的概率为 0。条件概率是 $A\cap B$ 和 B 之间区域的比值,其中 $A\cap B$ 表示两个事件的交集,如图 2.1 所示。

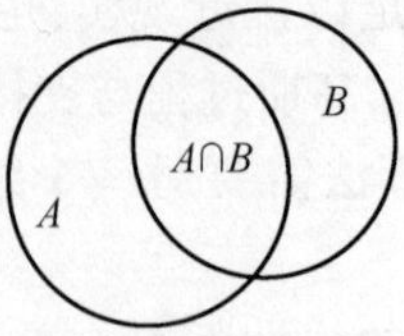

图 2.1　两个事件概率的图形解释

此定义可以在电压表问题中得到验证。事件 A 的先验概率 $P(A)=P(3\leqslant V_0\leqslant 5)=0.2$，事件 B 的先验概率 $P(B)=P(4\leqslant V_0\leqslant 6)=0.2$。交集事件 $A\cap B:\{4\leqslant V_0\leqslant 5\}$，此事件的概率是 1/10。因此，根据式(2.1)，$P(A|B)=0.5$。

2.2.2　条件概率的定义

条件概率还可以看作观测值概率密度的函数。考虑由(平滑)概率密度函数 $p_U(u)$ 和 $p_V(v)$ 以及联合概率 $f_{UV}(\boldsymbol{u},\boldsymbol{v})$ 描述的两个随机变量 U 和 V。将事件 A 和事件 B 视为

$$A:\{u\leqslant U\leqslant u+\Delta_u\}$$
$$B:\{v\leqslant V\leqslant v+\Delta_v\}$$

式中：Δ_u、Δ_v 为无限小量。

也就是说，两个随机变量被定义在一个区间之内，然后使这些区间足够小，便可认为概率分布近似是常数。因此，条件概率为

$$P(A\mid B)=\frac{P(u\leqslant U\leqslant u+\Delta_u,v\leqslant V\leqslant v+\Delta_v)}{P(v\leqslant V\leqslant v+\Delta_v)}$$
$$\approx\frac{p_{UV}(u,v)\Delta_U\Delta_V}{p_V(v)\Delta_V}=\frac{p_{UV}(u,v)\Delta_U}{p_V(v)} \tag{2.2}$$

如果区间足够小，则概率可以通过其在区间中的值来逼近，即 $P(A\mid B)=P(u\leqslant U\leqslant u+\Delta_u\mid v\leqslant V\leqslant v+\Delta_v)\approx p_{U|V}(u\mid v)\Delta_U$

考虑到这一点，当 $\Delta_U\to 0$ 时，应用于概率密度函数的条件概率为

$$p_{U|V}(u\mid v)=\frac{p_{UV}(u,v)}{p_V(v)} \tag{2.3}$$

2.2.3　贝叶斯规则和边际化运算

贝叶斯规则由式(2.3)给出有

$$p_{U|V}(u\mid v)p_V(v)=p_{V|U}(v\mid u)p_U(u)$$
$$p_{V|U}(v\mid u)=\frac{p_{U|V}(u\mid v)p_V(v)}{p_U(u)} \tag{2.4}$$

如果 V 未知且 $U=u$ 是观测值，则以观测值 $U=u$ 为条件的 V 的概率密度是

V 的后验概率,而边缘概率 $p(V)$ 称为先验概率。假设 $V=v$,观测值 $U=u$ 的概率称为条件似然。$p_U(u)$ 称为观测值 u 的边际似然。

当关于潜在变量 v 的先验知识(在概率项中)可用,观测值 u 也可用时,给定关于潜在变量的所有假设,可以用观测值的条件似然推断该潜在变量的后验概率分布。换句话说,如果给定观测值,就可以获得潜在变量的,新的、信息量更大的概率分布。

使用条件概率的定义计算边际似然 $p_U(u)$:

$$\begin{cases} p_{V|U}(v \mid u)p_U(u) = p_{UV}(u,v) & (2.5a) \\ \int p_{V|U}(v \mid u)p_U(u)\mathrm{d}v = \int p_{UV}(u,v)\mathrm{d}v & (2.5b) \\ p_U(u)\int p_{V|U}(v \mid u)\mathrm{d}v = \int p_{UV}(u,v)\mathrm{d}v & (2.5c) \end{cases}$$

式(2.5c)可以简化,因为由概率密度函数的定义知 $\int p_{V|U}(v \mid u)\mathrm{d}v = 1$。考虑到 $p_{UV}(u,v)=p_{U|V}(u \mid v)p_V(v)$,可以将边际化运算写为

$$p_U(u) = \int p_{U|V}(u \mid v)p_V(v)\mathrm{d}v \tag{2.6}$$

2.2.4　独立性和条件独立性

从式(2.3)可以很容易地得出独立性概念。如果 u 和 v 中一个变量不会改变另一个变量的概率分布,这两个变量就是独立的。

$$\text{如果 } u \text{ 独立于 } v \rightarrow p_{U|V}(u \mid v) = p_U(u)$$

根据条件概率的定义上式可以写为

$$p_{U|V}(u \mid v) = \frac{p_{U,V}(u,v)}{p_V(v)} = p_U(u) \tag{2.7}$$

即如果 u 独立于 v,则 $p_{U,V}(u,v)=p_U(u)p_V(v)$。如果 u 独立于 v,则 v 也独立于 u。

假设有两个相关的随机变量 $u,v,p(u \mid v) \neq p(u)$,以及第三个变量 w。简洁起见,省略次标。条件独立性定义如下:

给定变量 w,两个变量 u 和 v 是条件独立的,如果

$$p(u \mid v,w) = p(u \mid w) \tag{2.8}$$

也就是说,如果 v 已知,就会改变 u 的概率;如果 w 已知,不会改变 u 的概率。因此,使用条件变量的定义得到

$$p(u \mid v,w) = \frac{p(u,v \mid w)}{p(v \mid w)} = p(u \mid w) \rightarrow p(u,v \mid w) = p(u \mid w)p(v \mid w) \tag{2.9}$$

这可以推广到任意的随机变量序列 $u_1,u_2,\cdots,u_N$。如果这些变量独立于变量 w,则

$$p(u_1, u_2, \cdots, u_N \mid w) = \prod_{n=1}^{N} p(u_n \mid w) \tag{2.10}$$

2.3 线性估计器中的贝叶斯推理

考虑参数集 $\boldsymbol{w}$ 是具有给定先验概率分布的潜在变量,概率推理可以应用于线性估计器。如果一组观测值可用,并且可以构造其似然函数,则可以得到权向量的后验概率分布。考虑具有以下形式的线性估计器:

$$y_n = \boldsymbol{w}^{\mathrm{T}} \boldsymbol{x}_n + e_n \tag{2.11}$$

假设式(2.11)中 $\boldsymbol{x}_n$、y_n($1 \leqslant n \leqslant N$)都是观测值(训练数据),并且误差 e_n 是具有给定联合概率分布 $p(e)$ 的随机变量,其中 $\boldsymbol{e}$ 是包含所有样本 e_n 的向量。那么,y_n 的所有值都存在概率密度,包含在向量 $\boldsymbol{y} = \{y_1\ y_2 \cdots y_N\}$ 中,这与 $p(\boldsymbol{e})$ 相同,只是值 y_n 移动了一个量 $\boldsymbol{w}^{\mathrm{T}} \boldsymbol{x}_n$。以值 $\boldsymbol{w}$ 和 $\boldsymbol{X} = \{x_1\ x_2 \cdots x_N\}$ 为条件的 $\boldsymbol{y}$ 的联合概率密度为 $p(\boldsymbol{y} \mid \boldsymbol{X}, \boldsymbol{w})$。

进一步假设潜在随机变量 $\boldsymbol{w}$ 具有给定的先验概率分布 $p(\boldsymbol{w})$。设定目标是确定以观测值为条件的潜在变量 $\boldsymbol{w}$ 的概率密度 $p(\boldsymbol{w} \mid \boldsymbol{y}, \boldsymbol{X})$。估计参数的一种方法是选择使这种概率最大化的值,该准则称为最大后验概率(maximum a posteriori, MAP)。

为了得到 $\boldsymbol{w}$ 的后验概率,假设给定一个关于值 $\boldsymbol{w}$、观测值 $\boldsymbol{x}_n$ 和 y_n 的联合概率 $p(\boldsymbol{y}, \boldsymbol{X} \mid \boldsymbol{w})$。根据贝叶斯规则可得

$$p(\boldsymbol{w} \mid \boldsymbol{y}, \boldsymbol{X}) = \frac{p(\boldsymbol{y}, \boldsymbol{X} \mid \boldsymbol{w}) p(\boldsymbol{w})}{p(\boldsymbol{y}, \boldsymbol{X})} \tag{2.12}$$

因为观测值的联合分布不可用,所以式(2.12)没有用。似然 $p(\boldsymbol{y}, \boldsymbol{X} \mid \boldsymbol{w})$ 是唯一可用的数据模型,为了得到包含该似然的表达式,再次对联合分布应用贝叶斯规则,有

$$\begin{cases} p(\boldsymbol{y}, \boldsymbol{X} \mid \boldsymbol{w}) = p(\boldsymbol{y} \mid \boldsymbol{X}, \boldsymbol{w}) p(\boldsymbol{X}) \\ p(\boldsymbol{y}, \boldsymbol{X}) = p(\boldsymbol{y} \mid \boldsymbol{X}) p(\boldsymbol{X}) \end{cases} \tag{2.13}$$

注意,这里将贝叶斯规则应用于条件概率。应用贝叶斯规则在方程两边保持条件 $\boldsymbol{w}$,同时假设 $\boldsymbol{X}$ 和 $\boldsymbol{w}$ 是独立的,那么 $p(\boldsymbol{X} \mid \boldsymbol{w}) = p(\boldsymbol{X})$,

将式(2.13)代入式(2.12)可得

$$p(\boldsymbol{w} \mid \boldsymbol{y}, \boldsymbol{X}) = \frac{p(\boldsymbol{y} \mid \boldsymbol{X}, \boldsymbol{w}) p(\boldsymbol{X}) p(\boldsymbol{w})}{p(\boldsymbol{y} \mid \boldsymbol{X}) p(\boldsymbol{X})} = \frac{p(\boldsymbol{y} \mid \boldsymbol{X}, \boldsymbol{w}) p(\boldsymbol{w})}{p(\boldsymbol{y} \mid \boldsymbol{X})} \tag{2.14}$$

公式分母包含相对于权向量被边际化的似然性,因此它仅构成后验概率具有归一面积所必需的归一化因数。$\boldsymbol{w}$ 的后验概率为

$$p(\boldsymbol{w} \mid \boldsymbol{y}, \boldsymbol{X}) \propto p(\boldsymbol{y} \mid \boldsymbol{X}, \boldsymbol{w}) p(\boldsymbol{w}) \tag{2.15}$$

这将用于在 2.4 节中推导线性回归的高斯过程。

2.4　基于高斯过程的线性回归

2.2 节给出了线性估计器参数 $\boldsymbol{w}$ 后验概率的推导，可以根据 $\boldsymbol{w}$ 的后验概率来估计测试数据。然而，高斯过程也可以为估计器的预测构造后验概率，而不仅仅是为预测生成最大后验概率值。为了实现这一目标，首先考虑估计误差 e 的模型。

为了使线性模型 $y_n = \boldsymbol{w}^{\mathrm{T}}\boldsymbol{x}_n + e_n$ 易于处理，通常假设 e_n 是独立同分布的，具有零均值且方差为 σ^2 的高斯变量序列，即

$$p(e_n) = \frac{1}{\sqrt{2\pi\sigma^2}}\exp\left(-\frac{1}{2\sigma^2}e^2\right) \tag{2.16}$$

观测值 y_n 也是方差为 σ^2 的高斯分布。此时，假设给定 $\boldsymbol{w}$ 和 x_n，则 y_n 的均值为 $\boldsymbol{w}^{\mathrm{T}}\boldsymbol{x}_n$。其后验概率如下：

$$p(y_n \mid \boldsymbol{X}, \boldsymbol{x}_n) = \frac{1}{\sqrt{2\pi\sigma^2}}\exp\left(-\frac{1}{2\sigma^2}(y_n - \boldsymbol{w}^{\mathrm{T}}\boldsymbol{x}_n)^2\right) \tag{2.17}$$

这些观测值独立于 $\boldsymbol{w}^{\mathrm{T}}\boldsymbol{x}$。也就是说，由于 e_n 是独立的，所有关于 y_n 的信息都隐含在 $\boldsymbol{w}^{\mathrm{T}}\boldsymbol{x}$ 中，那么观测值 y_n 独立于其他观测值 y_m。根据式(2.10)，过程 $\boldsymbol{y}$ 的联合分布可以分解为

$$\begin{aligned} p(\boldsymbol{y} \mid \boldsymbol{w}, \boldsymbol{X}) &= \frac{1}{(2\pi\sigma^2)^{N/2}}\prod_{n=1}^{N}\exp\left(-\frac{1}{2\sigma^2}(y_n - \boldsymbol{w}^{\mathrm{T}}\boldsymbol{x}_n)^2\right) \\ &= \frac{1}{(2\pi\sigma^2)^{N/2}}\exp\left(-\frac{1}{2\sigma^2}\|\boldsymbol{y} - \boldsymbol{X}^{\mathrm{T}}\boldsymbol{w}\|^2\right) \\ &= \frac{1}{(2\pi\sigma^2)^{N/2}}\exp\left(-\frac{1}{2\sigma^2}(\|\boldsymbol{y} - \boldsymbol{X}^{\mathrm{T}}\boldsymbol{w}\|)^{\mathrm{T}}\boldsymbol{I}(\|\boldsymbol{y} - \boldsymbol{X}^{\mathrm{T}}\boldsymbol{w}\|)\right) \end{aligned} \tag{2.18}$$

上式是具有均值 $\boldsymbol{X}^{\mathrm{T}}\boldsymbol{w}$ 和协方差函数 $\sigma^{-2}\boldsymbol{I}$ 的多元高斯分布。参数集 $\boldsymbol{w}$ 的先验概率可以设置为具有零均值和任意协方差函数 $\boldsymbol{\Sigma}_p$ 的多元高斯分布：

$$\boldsymbol{p}(\boldsymbol{w}) = \frac{1}{\sqrt{(2\pi)^d|\boldsymbol{\Sigma}_p|}}\exp\left(-\frac{1}{2}\boldsymbol{w}^{\mathrm{T}}\boldsymbol{\Sigma}_p^{-1}\boldsymbol{w}\right) \tag{2.19}$$

计算 $\boldsymbol{w}$ 的后验概率，使用式(2.15)，其中两个概率都是高斯分布

$$\begin{gathered} p(\boldsymbol{w} \mid \boldsymbol{y}, \boldsymbol{X}) \propto p(\boldsymbol{y} \mid \boldsymbol{X}, \boldsymbol{w})p(\boldsymbol{w}) \propto \\ \exp\left(-\frac{1}{2\sigma^2}(\boldsymbol{y} - \boldsymbol{X}^{\mathrm{T}}\boldsymbol{w})^{\mathrm{T}}\boldsymbol{I}(\boldsymbol{y} - \boldsymbol{X}^{\mathrm{T}}\boldsymbol{w})\right)\exp\left(-\frac{1}{2}\boldsymbol{w}^{\mathrm{T}}\boldsymbol{\Sigma}_p^{-1}\boldsymbol{w}\right) \end{gathered} \tag{2.20}$$

由于后验概率与两个高斯分布的乘积呈比例，因此它必须是具有指数的高斯分布

$$-\frac{1}{2\sigma^2}(\boldsymbol{y}-\boldsymbol{X}^{\mathrm{T}}\boldsymbol{w})^{\mathrm{T}}\boldsymbol{I}(\boldsymbol{y}-\boldsymbol{X}^{\mathrm{T}}\boldsymbol{w})-\frac{1}{2}\boldsymbol{w}^{\mathrm{T}}\boldsymbol{\Sigma}_p^{-1}\boldsymbol{w}$$

$$=-\frac{1}{2\sigma^2}(\boldsymbol{y}^{\mathrm{T}}\boldsymbol{y}+\boldsymbol{w}^{\mathrm{T}}\boldsymbol{X}\boldsymbol{X}^{\mathrm{T}}\boldsymbol{w}-2\boldsymbol{y}^{\mathrm{T}}\boldsymbol{X}^{\mathrm{T}}\boldsymbol{w})-\frac{1}{2}\boldsymbol{w}^{\mathrm{T}}\boldsymbol{\Sigma}_p^{-1}\boldsymbol{w}$$

$$=-\frac{1}{2\sigma^2}\boldsymbol{y}^{\mathrm{T}}\boldsymbol{y}-\frac{1}{2\sigma^2}\boldsymbol{w}^{\mathrm{T}}(\boldsymbol{X}\boldsymbol{X}^{\mathrm{T}}+\sigma^2\boldsymbol{\Sigma}_p^{-1}\boldsymbol{w})+\frac{1}{\sigma^2}\boldsymbol{y}^{\mathrm{T}}\boldsymbol{X}^{\mathrm{T}}\boldsymbol{w} \tag{2.21}$$

同时，后验概率必须是具有均值 $\bar{\boldsymbol{w}}$ 和协方差矩阵 $\boldsymbol{A}$ 的高斯分布。因此，它必须与带参数的指数成比例：

$$-\frac{1}{2}(\boldsymbol{w}-\bar{\boldsymbol{w}})^{\mathrm{T}}\boldsymbol{A}^{-1}(\boldsymbol{w}-\bar{\boldsymbol{w}})=-\frac{1}{2}\boldsymbol{w}^{\mathrm{T}}\boldsymbol{A}^{-1}\boldsymbol{w}-\frac{1}{2}\bar{\boldsymbol{w}}^{\mathrm{T}}\boldsymbol{A}^{-1}\bar{\boldsymbol{w}}+\bar{\boldsymbol{w}}\boldsymbol{A}^{-1}\boldsymbol{w} \tag{2.22}$$

将此方程右侧的第一项与式(2.21)最后一行的第二项进行比较，可以看到后验协方差的倒数为

$$\boldsymbol{A}^{-1}=\sigma^{-2}\boldsymbol{X}\boldsymbol{X}^{\mathrm{T}}+\boldsymbol{\Sigma}_p^{-1}\boldsymbol{w} \tag{2.23}$$

比较式(2.21)第三行的最后一项和式(2.22)右侧的最后一项，可以看出：

$$\bar{\boldsymbol{w}}^{\mathrm{T}}\boldsymbol{A}\boldsymbol{w}=\frac{1}{\sigma^2}\boldsymbol{y}^{\mathrm{T}}\boldsymbol{X}^{\mathrm{T}}\boldsymbol{w} \tag{2.24}$$

通过隔离项 $\bar{\boldsymbol{w}}$，得到分布的均值如下：

$$\bar{\boldsymbol{w}}=\sigma^{-2}\boldsymbol{A}\boldsymbol{X}\boldsymbol{y} \tag{2.25}$$

因为分布的均值也是最可能的值，这个结果给出了估计器参数的最优值。根据式(2.23)和式(2.25)，满足最大后验概率的参数集为

$$\hat{\boldsymbol{w}}=\boldsymbol{w}_{\mathrm{MAP}}=(\boldsymbol{X}\boldsymbol{X}^{\mathrm{T}}+\sigma^2\boldsymbol{\Sigma}_p^{-1}\boldsymbol{X}\boldsymbol{y})^{-1} \tag{2.26}$$

也可以通过以下推导得出该解：如果式(2.21)是高斯分布的参数，则该分布的最大后验概率值是使该参数最小化的值。然后，通过求解

$$\nabla_w\left(-\frac{1}{2}\bar{\boldsymbol{w}}^{\mathrm{T}}\boldsymbol{A}^{-1}\bar{\boldsymbol{w}}+\bar{\boldsymbol{w}}\boldsymbol{A}^{-1}\boldsymbol{w}\right)=0 \tag{2.27}$$

得到式(2.26)。

此结果应与式(1.31)给出的岭回归结果进行比较，后者提供了形式为 $\boldsymbol{w}_0=(\boldsymbol{X}\boldsymbol{X}^{\mathrm{T}}+\gamma\boldsymbol{I})^{-1}\boldsymbol{X}\boldsymbol{y}$ 的解。其是该类解的一个特例，其中先验分布协方差 $\boldsymbol{\Sigma}_p$ 被具体化为单位矩阵，且噪声参数 σ^2 由参数 γ 改变。通过比较可知噪声参数和先验协方差的乘积构成了该最优化问题的正则项。此外，解是相同的。然而，与岭回归解相比，高斯过程有两个优点：一是可以为预测值获得预测后验概率分布。这意味着，对于高斯分布的情况，该方法能够在给定测试样本和训练数据以及预测的置信区间的情况下估计最大后验概率预测(参见 2.5 节)。二是噪声参数不需要交叉验证(参见 2.7 节)。

例 2.1　参数后验。线性模型的表达式：

$$y_i=ax_i+b+e_i \tag{2.28}$$

式中：$a=1$，$\sigma^2=1$，并且 $x \in \mathbb{R}$ 具有均匀分布。生成 10 个数据的集合，并使用式(2.23)和式(2.25)得回归模型的后验分布。

为了包含上述模型的偏差，预测数据 $\boldsymbol{x}=[x \quad 1]^{\mathrm{T}}$，权向量 $\boldsymbol{w}=[w_1 \quad w_0]^{\mathrm{T}}$。那么，自然期望 w_1 接近 a、w_0 接近 b。图 2.2(a)所示的先验概率分布是具有零均值和协方差矩阵 $\boldsymbol{\Sigma}_p=\boldsymbol{I}$ 的高斯分布。这意味着，该先验概率分布对权向量的任何维度都没有影响，认为它们是独立的。

图 2.2(b)给出了使用分布在 $-1 \sim 1$ 的数据集计算的后验概率。假设噪声的方差为 1，构建回归函数的信息实际上非常有限。后验分布显示 w_1 方向的分布更广。图 2.2(c)给出了数据分布在 $-6 \sim 6$ 之间时的后验概率。由于数据携带的信息更多，后验分布显示参数的方差较小。

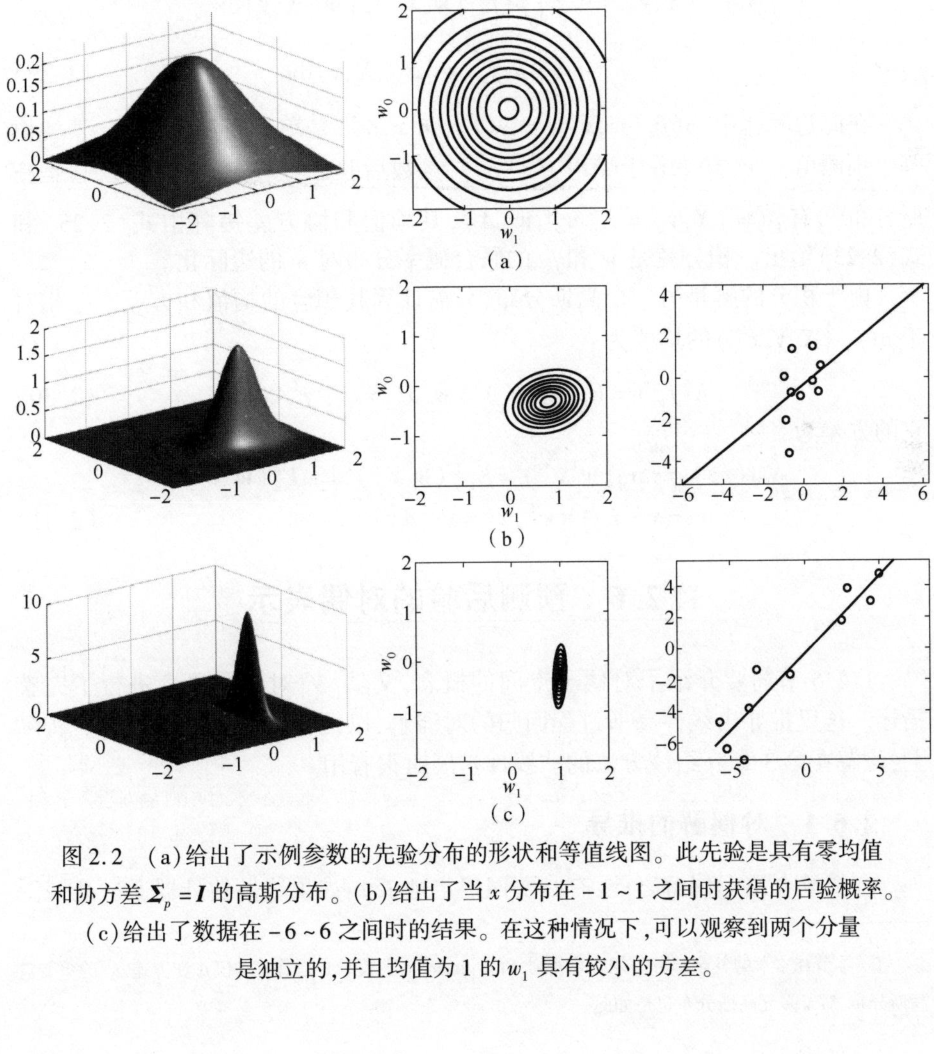

图 2.2　(a)给出了示例参数的先验分布的形状和等值线图。此先验是具有零均值和协方差 $\boldsymbol{\Sigma}_p=\boldsymbol{I}$ 的高斯分布。(b)给出了当 x 分布在 $-1 \sim 1$ 之间时获得的后验概率。(c)给出了数据在 $-6 \sim 6$ 之间时的结果。在这种情况下，可以观察到两个分量是独立的，并且均值为 1 的 w_1 具有较小的方差。

2.5 预测后验推导

预测后验是测试样本预测的概率密度，由于此概率分布是单变量高斯分布，它完全由其均值和方差来表征，均值是预测值本身，方差将给出有关预测值信息。例如，由于高斯分布的95%区域在1.96个标准偏差内，如果高斯假设正确，就可以很容易地给出95%的预测值置信区间。

为了计算预测分布，使用与文献[2]中相同的符号和推导过程，样本 $\boldsymbol{x}^*$ 回归模型的输出 $f(\boldsymbol{x}^*)=f_*$。通过计算 $\boldsymbol{w}$ 后验概率的输出分布的期望可以得到预测后验：

$$
\begin{aligned}
p(f_* \mid \boldsymbol{X},\boldsymbol{y},\boldsymbol{x}^*) &= \int_{\boldsymbol{w}} p(f_* \mid \boldsymbol{w},\boldsymbol{x}^*)\,p(\boldsymbol{w} \mid \boldsymbol{X},\boldsymbol{y})\,\mathrm{d}\boldsymbol{w} \\
&= \int_{\boldsymbol{w}} p(f_*,\boldsymbol{w} \mid \boldsymbol{x}^*,\boldsymbol{X},\boldsymbol{y})\,\mathrm{d}\boldsymbol{w}
\end{aligned}
\tag{2.29}
$$

在此边际化中，$p(f_* \mid \boldsymbol{w},\boldsymbol{x}^*)=N(f_* \mid \boldsymbol{w}^{\mathrm{T}}\boldsymbol{x},\sigma^2)$ 是单变量高斯分布，其均值等于预测值 $\boldsymbol{w}^{\mathrm{T}}\boldsymbol{x}$，方差等于噪声方差 σ^2。参数后验已经在前面计算过，它是高斯分布①，有 $p(\boldsymbol{w} \mid \boldsymbol{X},\boldsymbol{y})=N(\boldsymbol{w} \mid \bar{\boldsymbol{w}},\boldsymbol{A})$，其均值和协方差矩阵由式(2.25)和式(2.23)给出。积分就是 $\boldsymbol{w}$ 和 f_* 的联合概率分布对 $\boldsymbol{w}$ 的边际化。

由于积分的解是另一个高斯分布，只需计算其相应的均值和方差。f_* 相对于 $p(f_* \mid \boldsymbol{X},\boldsymbol{y},\boldsymbol{x}^*)$ 的均值为

$$
E(f_*)=E_{\boldsymbol{w}}(\boldsymbol{w}^{\mathrm{T}}\boldsymbol{x}^*)=\bar{\boldsymbol{w}}^{\mathrm{T}}\boldsymbol{x}^*=\sigma^{-2}\boldsymbol{y}^{\mathrm{T}}\boldsymbol{A}\boldsymbol{x}* \tag{2.30}
$$

它的方差为

$$
\begin{aligned}
\operatorname{var}(f_*) &= \operatorname{var}_{\boldsymbol{w}}(\boldsymbol{w}^{\mathrm{T}}\boldsymbol{x}^*)=E_{\boldsymbol{w}}[(\boldsymbol{w}^{\mathrm{T}}\boldsymbol{x}^*)^2]-E_{\boldsymbol{w}}^2(\boldsymbol{w}^{\mathrm{T}}\boldsymbol{x}^*) \\
&= \boldsymbol{x}^{*\mathrm{T}}E_{\boldsymbol{w}}(\boldsymbol{w}\boldsymbol{w}^{\mathrm{T}})\boldsymbol{x}^*=\boldsymbol{x}^{*\mathrm{T}}\boldsymbol{A}\boldsymbol{x}^*
\end{aligned}
\tag{2.31}
$$

2.6 预测后验的对偶表示

1.2.5节简要介绍了对偶子空间的概念，文献[3]对这一概念进行了完整描述。这里推导出线性高斯过程回归的对偶解，以便于对该解进行讨论。实际上，该解在第3章介绍该方法的非线性扩展时很有用。

2.6.1 对偶解的推导

在继续介绍对偶解之前，有必要回忆定理1.1：如果线性估计器通过某一泛

① 本节和本章的其余部分采用标准符号 $N(u \mid \mu,\sigma^2)$，它表示 u 是具有均值 μ 和方差 σ^2 的单变量高斯分布，对于多元高斯分布也是如此。

函进行优化,该泛函由误差的凸函数和权向量范数的严格单调函数线性组合而成,则该权向量可以表示为数据的线性组合。这里介绍的高斯过程模型支持这种表示。实际上,权向量 $\boldsymbol{w}$ 的最优化准则包括最大化式(2.21)中的后验。由于对数是单调的,下面的最优化等同于该最优化:

$$\begin{aligned}\boldsymbol{w}_{\mathrm{MAP}} &= \hat{\boldsymbol{w}} = \arg\max_{\boldsymbol{w}}\{\log p(\boldsymbol{w} \mid \boldsymbol{y},\boldsymbol{x})\} \\ &= \arg\min_{\boldsymbol{w}}\left\{\frac{1}{2\sigma^2}\|\boldsymbol{y}-\boldsymbol{X}^{\mathrm{T}}\boldsymbol{w}\|^2+\frac{1}{2}\boldsymbol{w}^{\mathrm{T}}\boldsymbol{\Sigma}_p^{-1}\boldsymbol{w}\right\}\end{aligned} \tag{2.32}$$

最优化符合定理 1.1,因为它包含一个误差凸函数项和一个相对于权重范数严格单调项。矩阵 $\boldsymbol{\Sigma}_p$ 定义为协方差矩阵,是半正定的,确保了 $\boldsymbol{w}^{\mathrm{T}}\boldsymbol{\Sigma}_p^{-1}\boldsymbol{w}\geqslant 0$。如果矩阵是严格正定的,则解的对偶表示可写成 $\hat{\boldsymbol{w}}=\boldsymbol{\Sigma}_p\boldsymbol{X}\boldsymbol{\alpha}$,这可以通过矩阵是可逆的来证明。

通过求解方程组得到了后验均值的对偶表示:

$$\hat{\boldsymbol{w}}=(\boldsymbol{X}\boldsymbol{X}^{\mathrm{T}}+\sigma^2\boldsymbol{\Sigma}_p^{-1})^{-1}\boldsymbol{X}\boldsymbol{y} \tag{2.33}$$

$$\hat{\boldsymbol{w}}=\boldsymbol{\Sigma}_p\boldsymbol{X}\boldsymbol{\alpha} \tag{2.34}$$

通过矩阵运算可以得到对偶解:

$$\boldsymbol{\alpha}=(\boldsymbol{X}^{\mathrm{T}}\boldsymbol{\Sigma}_p\boldsymbol{X}+\sigma^2\boldsymbol{I})^{-1}\boldsymbol{y} \tag{2.35}$$

注意,矩阵 $\boldsymbol{X}^{\mathrm{T}}\boldsymbol{\Sigma}_p\boldsymbol{X}$ 是数据之间点积的格拉姆矩阵,其中该矩阵的元素 i、j 为 $\langle x_i,x_j\rangle = x_i^{\mathrm{T}}\boldsymbol{\Sigma}_p\boldsymbol{x}_j$。联立式(2.30)、式(2.34)和式(2.35),可以得到预测后验的解:

$$E(f_*)=\boldsymbol{y}^{\mathrm{T}}(\boldsymbol{X}^{\mathrm{T}}\boldsymbol{\Sigma}_p\boldsymbol{X}+\sigma^2\boldsymbol{I})^{-1}\boldsymbol{X}\boldsymbol{\Sigma}_p\boldsymbol{x}^* \tag{2.36}$$

代表有限维空间的符号:

$$E(f_*)=\boldsymbol{y}^{\mathrm{T}}(\boldsymbol{K}+\sigma^2\boldsymbol{I})^{-1}\boldsymbol{k}_* \tag{2.37}$$

计算对偶表示法中的预测方差,只需对矩阵 $\boldsymbol{A}$ 应用矩阵求逆引理,表达式如下:

$$\boldsymbol{A}=(\sigma^{-2}\boldsymbol{X}\boldsymbol{X}^{\mathrm{T}}+\boldsymbol{\Sigma}_p^{-1})^{-1}=\boldsymbol{\Sigma}_p-\boldsymbol{\Sigma}_p\boldsymbol{X}(\boldsymbol{X}^{\mathrm{T}}\boldsymbol{\Sigma}_p\boldsymbol{X}+\sigma^2\boldsymbol{I})^{-1}\boldsymbol{X}^{\mathrm{T}}\boldsymbol{\Sigma}_p \tag{2.38}$$

将式(2.38)代入式(2.31),得到方差的表达式如下:

$$\mathrm{var}(f_*)=\boldsymbol{x}^{*\mathrm{T}}\boldsymbol{A}\boldsymbol{x}^*=\boldsymbol{x}^{*\mathrm{T}}\boldsymbol{\Sigma}_p\boldsymbol{x}^*-\boldsymbol{x}^{*\mathrm{T}}\boldsymbol{\Sigma}_p\boldsymbol{X}(\boldsymbol{X}^{\mathrm{T}}\boldsymbol{\Sigma}_p\boldsymbol{X}+\sigma^2\boldsymbol{I})^{-1}\boldsymbol{X}^{\mathrm{T}}\boldsymbol{\Sigma}_p\boldsymbol{x}^* \tag{2.39}$$

使用与期望相同的符号重写式(2.39),从而得到最终表达式:

$$\mathrm{var}(f_*)=k_{**}-\boldsymbol{k}_*^{\mathrm{T}}(\boldsymbol{K}+\sigma^2\boldsymbol{I})^{-1}\boldsymbol{k}_* \tag{2.40}$$

式中

$$k_{**}=\langle\boldsymbol{x}^*,\boldsymbol{x}^*\rangle=\boldsymbol{x}^{\mathrm{T}}\boldsymbol{\Sigma}_p\boldsymbol{x}^*$$

注意,这是无噪声过程的方差。为了估计预测值的置信区间,需要考虑噪声过程,并且相应的方差为

$$\mathrm{var}(y_*)=k_{**}-\boldsymbol{k}_*^{\mathrm{T}}(\boldsymbol{K}+\sigma^2\boldsymbol{I})^{-1}\boldsymbol{k}_*+\sigma^2 \tag{2.41}$$

下面介绍另一种获得相同结果的方法。

属性2.1　高斯过程的边际似然。 假设有一组观测值 $\boldsymbol{X}$、$\boldsymbol{y}$ 和一组测试样本 $\boldsymbol{X}^*$。联合过程的边际似然函数 $p(\boldsymbol{y},\boldsymbol{f}_*)$ 是具有零均值和由式(2.42)定义的协方差函数的高斯分布：

$$\mathrm{cov}(\boldsymbol{y},\boldsymbol{f}_*)=\begin{bmatrix}\boldsymbol{K}+\sigma^2\boldsymbol{I} & \boldsymbol{K}_* \\ \boldsymbol{K}_*^{\mathrm{T}} & \boldsymbol{K}_{*,*}\end{bmatrix} \tag{2.42}$$

式中：$\boldsymbol{K}_*$、$\boldsymbol{K}_{*,*}$ 为核矩阵，$\boldsymbol{K}_*=\boldsymbol{X}^{\mathrm{T}}\boldsymbol{\Sigma}_p\boldsymbol{X}^*$，$\boldsymbol{K}_{*,*}=\boldsymbol{X}^{*\mathrm{T}}\boldsymbol{\Sigma}_p\boldsymbol{X}^*$，其分量可以分别表示为 $[\boldsymbol{K}_*]_{i,j}=k(\boldsymbol{x}_i,\boldsymbol{x}_j^*)$，$[\boldsymbol{K}_{*,*}]_{i,j}=k(\boldsymbol{x}_i^*,\boldsymbol{x}_j^*)$。

证明： 为了得到此边际分布，对以原始参数 $\boldsymbol{w}$ 为条件的分布与这些参数的先验的乘积进行积分。由于两者都是高斯分布，结果是具有以下均值的高斯分布：

$$\begin{cases}E_{\boldsymbol{w}}(\boldsymbol{y})=0 \\ E_{\boldsymbol{w}}(*)=\boldsymbol{X}^{*\mathrm{T}}E_{\boldsymbol{w}}(\boldsymbol{w})=0\end{cases} \tag{2.43}$$

考虑 $y_i=\boldsymbol{w}^{\mathrm{T}}\boldsymbol{x}+e_n$ 和 $f(\boldsymbol{x}_j^*)=\boldsymbol{x}_j^*$，协方差矩阵表达式如下：

$$\begin{aligned}\mathrm{cov}(y_i,y_j)&=E_{\boldsymbol{w}}[(\boldsymbol{x}_i^{\mathrm{T}}\boldsymbol{w}+e_i)^{\mathrm{T}}(\boldsymbol{x}_j^{\mathrm{T}}(\boldsymbol{w}+e_j)]+\sigma^2\delta(i-j) \\ &=\boldsymbol{x}_i^{\mathrm{T}}E_{\boldsymbol{w}}(\boldsymbol{w}\boldsymbol{w}^{\mathrm{T}})\boldsymbol{x}_j=x_i^{\mathrm{T}}\boldsymbol{\Sigma}_p x_j \\ &=k(\boldsymbol{x}_i,\boldsymbol{x}_j)+\sigma^2\delta(i-1)\end{aligned} \tag{2.44}$$

式中 δ 函数的出现是由于误差过程 e_n 的独立性，该误差过程是方差为 σ^2 的高斯噪声。因此，过程的协方差为

$$\mathrm{cov}(\boldsymbol{y},\boldsymbol{y})=\boldsymbol{K}+\sigma^2\boldsymbol{I} \tag{2.45}$$

利用相同的计算方法可以得到协方差 $\mathrm{cov}(\boldsymbol{y},\boldsymbol{f}_*)=\boldsymbol{K}_*$ 和 $\mathrm{cov}(\boldsymbol{f}_*,\boldsymbol{f}_*)=\boldsymbol{K}_{*,*}$。

属性2.2　预测后验的推导。 可以从上面的联合似然推断“∗”的预测后验为具有均值和协方差的高斯分布：

$$\begin{cases}E(f_*)=\boldsymbol{y}^{\mathrm{T}}(\boldsymbol{K}+\sigma^2\boldsymbol{I})^{-1}\boldsymbol{K}_* \\ \mathrm{cov}(\boldsymbol{Y}_*)=\boldsymbol{K}_{**}-\boldsymbol{K}_*^{\mathrm{T}}(\boldsymbol{K}+\sigma^2\boldsymbol{I})^{-1}\boldsymbol{K}_*\end{cases} \tag{2.46}$$

注意，该协方差的对角线是式(2.41)中的一组预测方差。

练习2.1　利用计算概率 $p(\boldsymbol{f}_*\mid\boldsymbol{y})$ 和高斯分布的性质证明式(2.46)。

2.6.2　方差项的解释

首先计算训练数据过程的协方差：

$$\mathrm{cov}(y_n y_m)=E((\boldsymbol{w}^{\mathrm{T}}\boldsymbol{x}_n+e_n)(\boldsymbol{w}^{\mathrm{T}}\boldsymbol{x}_m+e_m)) \tag{2.47}$$

假设数据和误差过程独立，则

$$\begin{aligned}\mathrm{cov}(y_n y_m)&=\boldsymbol{x}^{\mathrm{T}}E(\boldsymbol{w}\boldsymbol{w}^{\mathrm{T}})\boldsymbol{x}+\sigma^2\delta(n-m) \\ &=\boldsymbol{x}_n^{\mathrm{T}}\boldsymbol{\Sigma}_p\boldsymbol{x}+\sigma^2\delta(n-m) \\ &=k(\boldsymbol{x}_n,\boldsymbol{x}_m)+\sigma^2\delta(n-m)\end{aligned} \tag{2.48}$$

式中：$k(\boldsymbol{x}_n,\boldsymbol{x}_m)=\langle\boldsymbol{x}_n,\boldsymbol{x}_m\rangle=\boldsymbol{x}_n^{\mathrm{T}}\boldsymbol{\Sigma}_p\boldsymbol{x}_m$ 只是数据之间的点积，并且假设 $E(\boldsymbol{w}\boldsymbol{w}^{\mathrm{T}})=\boldsymbol{\Sigma}_p$ 是参数的先验分布的协方差，而这些参数反过来定义了点积。因此，训练过程 $\boldsymbol{y}$ 的协方差矩阵可以写为

$$\mathrm{cov}(\boldsymbol{y}\boldsymbol{y}^{\mathrm{T}})=\boldsymbol{K}+\sigma^2\boldsymbol{I} \tag{2.49}$$

类似地，可以计算预测的先验协方差：

$$E[(\boldsymbol{w}^{*\mathrm{T}}\boldsymbol{x}^*)^2]=\boldsymbol{x}^{*\mathrm{T}}\boldsymbol{\Sigma}_p\boldsymbol{x}^*=k_{**} \tag{2.50}$$

这是式(2.40)中给出的预测后验协方差的第一项。式(2.40)第二项是 $-\boldsymbol{k}_*^{\mathrm{T}}(\boldsymbol{K}+\sigma^2\boldsymbol{I})^{-1}\boldsymbol{k}_*$，其中包含训练过程协方差矩阵的逆。由于该矩阵是正定矩阵，该项严格为负，它表示由训练样本 $\boldsymbol{x}_n$ 所传递信息而带来的预测方差的改进。为了深入了解该项的行为，这里考虑噪声项非常高的情况下，$\lim\limits_{\sigma^2\to\infty}(\boldsymbol{K}+\sigma^2\boldsymbol{I})^{-1}=0$，预测后验的第二项不会对预测方差产生任何影响。另外，如果噪声方差趋于零，则

$$\begin{aligned}\lim_{\sigma^2\to 0}(k_{**}-\boldsymbol{k}_*^{\mathrm{T}}(\boldsymbol{K}+\sigma^2\boldsymbol{I})^{-1}\boldsymbol{k}_*)&=k_{**}-\boldsymbol{k}_*^{\mathrm{T}}\boldsymbol{K}^{-1}\boldsymbol{k}_*\\&=k_{**}-\boldsymbol{x}_*^{\mathrm{T}}\boldsymbol{\Sigma}_p\boldsymbol{X}(\boldsymbol{X}^{\mathrm{T}}\boldsymbol{\Sigma}_p\boldsymbol{X})^{-1}\boldsymbol{X}^{\mathrm{T}}\boldsymbol{\Sigma}_p\boldsymbol{x}_*\\&=k_{**}-\boldsymbol{x}_*^{\mathrm{T}}\boldsymbol{\Sigma}_p\boldsymbol{x}_*=k_{**}-k_{**}=0\end{aligned} \tag{2.51}$$

式中

$$\boldsymbol{X}(\boldsymbol{X}^{\mathrm{T}}\boldsymbol{\Sigma}_p\boldsymbol{X})^{-1}\boldsymbol{X}^{\mathrm{T}}=\boldsymbol{\Sigma}_p^{-1}$$

这表明，如果训练误差的方差为零，那么预测方差也为零，因此预测中没有误差。

例 2.2　线性高斯过程回归。此例说明了高斯过程估计预测值方差的能力。考虑从模型

$$y_i=ax_i+b+e_i \tag{2.52}$$

生成数据集，式(2.52)中，$a=1$，误差用方差 $\sigma^2=1$ 的高斯噪声模拟。生成训练集 $\boldsymbol{X}$、$\boldsymbol{y}$，然后，对于从 $-6\sim6$ 之间的任何值 x，使用式(2.37)和式(2.41)计算预测均值和方差，其中先验协方差选择 $\boldsymbol{\Sigma}_p=\boldsymbol{I}$。在此例中，假设 σ^2 的值已知。2.7 节介绍了对该参数和似然函数的任何其他参数进行推断的方法。例 2.3 给出了对本例模型的 σ^2 值的推导过程。

图 2.3 给出了两种情况：第一种情况如图 2.3(a)所示，在此实验中，由模型生成了 10 个样本的集合，其中 x 均匀分布在 $-1\sim1$ 之间。实线表示线性回归模型，即 $-6\sim6$ 之间的任何值 x 对应 f_* 值。虚线表示预测值的 2σ（约 95%）置信区间。注意：对于接近训练数据的 x 值，置信区间更紧密；对于远离训练数据的值，置信区间会增大。由于计算回归的信息减少，随着 x 远离训练数据，高斯

过程会增加。

另一种情况如图 2.3(b)给出了一组 200 个测试数据。由图可以看出,大约 95% 数据在置信区间内。

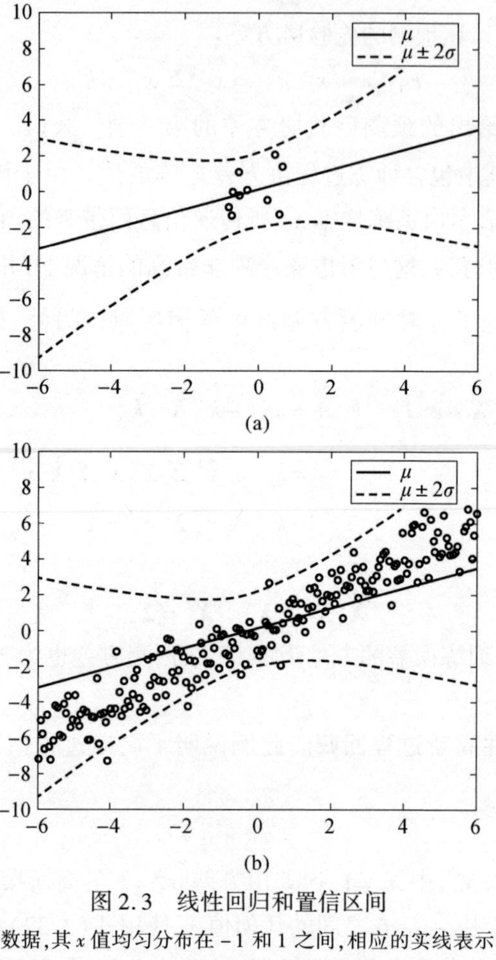

图 2.3　线性回归和置信区间

(a)显示了一组训练数据,其 x 值均匀分布在 -1 和 1 之间,相应的实线表示得到的回归模型,虚线表示 2σ 置信区间,它们在远离训练数据的区域更宽,因为没有构建回归的信息;(b)显示了位于置信区间内的测试集。

图 2.4(a)中生成了不同的训练数据集,它由 10 个均匀分布在 $-6 \sim 6$ 之间的数据组成。由于回归算法在其中包含信息,因此其 95% 置信区间更加稳定。图 2.4(b)给出了 200 个测试数据的拟合。可以看出,回归线更加准确,大约 95% 的数据位于 2σ 区间内。

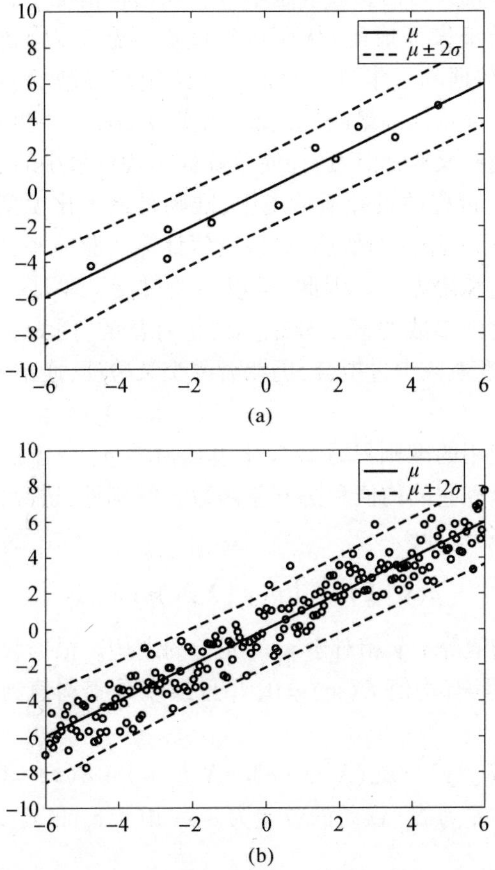

图 2.4　受回归算法影响的线性回归和置信区间

(a)显示了 10 个训练数据分布在整个区间内的实验，由于这一次回归具有可用信息来执行参数的推断，两侧的置信区间更紧密；(b)显示了测试数据与置信区间的符合情况，在这两种情况下，区间内的数据约为 95%，通过该实验验证了这一点

2.7　似然参数的推断

高斯过程及其对偶表示提供了给定测试观测值情况下预测值的后验分布。预测后验的均值和方差都有正则项 $\sigma^2 \boldsymbol{I}$ 和由表达式 $k(\boldsymbol{x}_i, \boldsymbol{x}_j) = \boldsymbol{x}_i^{\mathrm{T}} \boldsymbol{\Sigma}_p \boldsymbol{x}_j$ 定义的点积。参数 σ^2 定义了噪声模型，来自参数先验的协方差矩阵 $\boldsymbol{\Sigma}_p$ 定义了点积。这两个参数都使用一些最优化准则进行调整，这些准则可以由贝叶斯规则推导出来。第 3 章介绍了点积的注意事项，在那里点积是以更一般的方式处理的。本节重点介绍噪声参数(通常称为似然参数，因为它出现在数据似然中)的推导。

此类参数通常视为自由参数或超参数。在这种情况下,最优化是通过在给定准则上的交叉验证来完成的,从而得到代价函数。为了最小化过拟合的影响,必须保留训练数据的子集进行验证。在给定超参数的固定值的情况下,剩余的训练样本用于寻找权向量的最优值,测实验证样本并度量代价函数。对一系列超参数值重复此操作,然后选择使验证样本代价最小的值。

在应用于高斯过程的贝叶斯情境中,准则是最大化模型存在的概率分布。特别地,对观测数据采用高斯似然,对预测值计算后验概率,两者均具有取决于上述超参数的均值和协方差。因此,可以不通过交叉验证,而是将参数的导数置零来直接最大化该参数的概率分布。这是有益的,因为它不需要遍历参数。然而,为了最大限度地减少过拟合,仍然需要交叉验证,通常采用留一(leave one unit, LOO)法。

高斯过程中使用的准则只是最大化边际似然 $p(\boldsymbol{y} \mid \boldsymbol{X})$。这是一个高斯函数,描述它,只需计算它的均值和协方差函数。特别地,边际似然定义为条件似然乘参数先验的积分,即

$$p(\boldsymbol{y} \mid \boldsymbol{X}) = \int_{\boldsymbol{w}} p(\boldsymbol{y} \mid \boldsymbol{X}, \boldsymbol{w}) p(\boldsymbol{w}) \mathrm{d}\boldsymbol{w} \tag{2.53}$$

式(2.53)的均值等于 $\boldsymbol{y}$ 相对于 $\boldsymbol{w}$ 的先验的期望。根据数据的线性模型 $\boldsymbol{y} = \boldsymbol{X}^{\mathrm{T}}\boldsymbol{w} + \boldsymbol{e}$,$\boldsymbol{w}$ 的先验具有均值 $E(\boldsymbol{w}) = 0$,并且误差是零均值独立同分布变量。$\boldsymbol{y}$ 的均值为

$$E_{\boldsymbol{w}}(\boldsymbol{y}) = E_{\boldsymbol{w}}(\boldsymbol{X}^{\mathrm{T}}\boldsymbol{w} + \boldsymbol{e}) = \boldsymbol{X}^{\mathrm{T}}E(\boldsymbol{w}) + E(\boldsymbol{e}) = 0 \tag{2.54}$$

$\boldsymbol{w}$ 的先验协方差为 $\boldsymbol{\Sigma}_p$,误差的方差为 σ^2。由于 $\boldsymbol{e}_n$ 和 $\boldsymbol{x}_n$ 也是独立的,因此 $\boldsymbol{y}$ 的协方差为

$$\begin{aligned} \mathrm{cov}(\boldsymbol{y}) &= E_{\boldsymbol{w}}(\boldsymbol{y}\boldsymbol{y}^{\mathrm{T}}) = E_{\boldsymbol{w}}(\boldsymbol{X}^{\mathrm{T}}\boldsymbol{w}\boldsymbol{w}^{\mathrm{T}}\boldsymbol{X} + \boldsymbol{e}\boldsymbol{e}^{\mathrm{T}} - 2\boldsymbol{w}^{\mathrm{T}}\boldsymbol{X}\boldsymbol{e}) \\ &= \boldsymbol{X}^{\mathrm{T}}E_{\boldsymbol{w}}(\boldsymbol{w}\boldsymbol{w}^{\mathrm{T}})\boldsymbol{X} + E_{\boldsymbol{w}}(\boldsymbol{e}\boldsymbol{e}^{\mathrm{T}}) - 2E_{\boldsymbol{w}}(\boldsymbol{w}^{\mathrm{T}}\boldsymbol{X}\boldsymbol{e})E_{\boldsymbol{w}}(\boldsymbol{e}) \\ &= \boldsymbol{X}^{\mathrm{T}}\boldsymbol{\Sigma}_p\boldsymbol{X} + \sigma^2\boldsymbol{I} = \boldsymbol{K} + \sigma^2\boldsymbol{I} \end{aligned} \tag{2.55}$$

因此,所需的边际似然具有以下形式:

$$p(\boldsymbol{y} \mid \boldsymbol{X}) = \frac{1}{\sqrt{(2\pi)^N \left| \boldsymbol{K} + \sigma^2\boldsymbol{I} \right|}} \exp\left(-\frac{1}{2} y^{\mathrm{T}} (\boldsymbol{K} + \sigma^2\boldsymbol{I})^{-1} \boldsymbol{y} \right) \tag{2.56}$$

参数 σ^2 的最优化在概念上很简单。为了去除指数,需要计算表达式的对数,然后把得到的对数概率的导数置零。由于此过程不会产生 σ^2 的闭式表达式,因此必须应用梯度下降法来递归地逼近解。此解对于训练数据来说是最优的,但是它可能会受到过拟合的影响。

为了减少过拟合,更倾向于优化关于训练集的验证样本的似然性。在此推导中使用 2.5 节中的结论。假设从训练集中取出观测值 y_i 作为验证样本。在排除作为验证样本的 y_i 后,使用标准符号 y_{-i} 来表示剩余观测值的集合。可以

计算它的似然性,这将是具有均值 μ_i 和方差 σ_i^2 的单变量高斯分布:

$$p(y_i \mid \boldsymbol{X}_{-i},\boldsymbol{y}_{-y}) = \frac{1}{\sqrt{2\pi\sigma_i^2}}\exp\left(-\frac{1}{2\sigma_i^2}(y_i-\mu_i)^2\right) \tag{2.57}$$

已从训练集中取出样本 y_i,因此可以使用式(2.37)和式(2.40)中的预测后验均值和方差来计算其均值和方差,但不使用测试样本 $\boldsymbol{x}^*$ 而是使用 $\boldsymbol{x}_i$。这一过程称为超参数推断的预测方法[4]。式(2.57)的均值和方差分别如下:

$$\begin{cases}\mu_i = \boldsymbol{y}_{-i}^{\mathrm{T}}(\boldsymbol{K}_{-i}+\sigma^2\boldsymbol{I})^{-1}\boldsymbol{k}_i \\ \sigma_i^2 = k_{ii} - \boldsymbol{k}_i(\boldsymbol{K}_{-i}+\sigma^2\boldsymbol{I})^{-1}\boldsymbol{k}_i\end{cases} \tag{2.58}$$

式中

$$\boldsymbol{k}_{ii} = \boldsymbol{x}_i^{\mathrm{T}}\boldsymbol{\Sigma}_p\boldsymbol{x}_i,\ \boldsymbol{k}_i = \boldsymbol{X}_{-i}\boldsymbol{\Sigma}_p\boldsymbol{x}_i,\ \boldsymbol{K}_{-i} = \boldsymbol{X}^{\mathrm{T}}\boldsymbol{\Sigma}_p\boldsymbol{x}_i$$

留一法要求每次提取一个样本,计算所有样本的联合似然性。相应的对数似然为

$$L(\boldsymbol{X},\boldsymbol{y},\boldsymbol{\theta}) = -\frac{1}{2}\log 2\pi - \frac{1}{2N}\sum_{i+1}^{N}\left(\log\sigma_i^2 + \frac{(y_i-\mu_i)^2}{\sigma_i^2}\right) \tag{2.59}$$

式中:θ 为包含所有函数参数的向量。现在假设只存在参数 $\theta=\sigma^2$,但为了通用性,在式(2.59)中还考虑点积中可能存在的任何参数。

定理 2.1[4]　式(2.59)中的留一法对数似然可以表示为

$$L(\boldsymbol{X},\boldsymbol{y},\boldsymbol{\theta}) = -\frac{1}{2}\log 2\pi + \frac{1}{2N}\sum_{i=1}^{N}\log\left[\boldsymbol{K}+\sigma^2\boldsymbol{I}\right]_{ii}^{-1} - \frac{1}{2N}\sum_{i=1}^{N}\frac{\left[(\boldsymbol{K}+\sigma^2\boldsymbol{I})^{-1}\boldsymbol{y}\right]_i^2}{\left[\boldsymbol{K}+\sigma^2\boldsymbol{I}\right]_{ii}^{-1}} \tag{2.60}$$

式中:次标 i 表示在相应的表达式中仅使用向量的元素 i;ii 表示选择矩阵对角线的元素 i。

利用这个结果,任何参数的对数似然的求导变得相对轻松。这一结果稍后用于扩展高斯过程的概念。这里,只需计算此函数对似然参数 σ^2 的导数。此函数对任何参数的导数为

$$\frac{\partial L(\boldsymbol{X},\boldsymbol{y},\boldsymbol{\theta})}{\partial\theta_j} = \frac{2\sum\limits_{i=1}^{N}\alpha_i\boldsymbol{r}_{ij} + \sum\limits_{i=1}^{N}\left(1+\frac{\alpha_i^2}{\left[\boldsymbol{K}_{lik}\right]_{ii}^{-1}}\right)\boldsymbol{s}_{ij}}{2N\left[\boldsymbol{K}_{lik}\right]_{ii}^{-1}} \tag{2.61}$$

式中:$\boldsymbol{\alpha} = (\boldsymbol{K}+\sigma_i^2\boldsymbol{I})^{-1}\boldsymbol{y}$,$\alpha_i$ 是 α 的第 i 个分量;$\boldsymbol{K}_{lik} = \boldsymbol{K}+\sigma_i^2\boldsymbol{I}$;$\boldsymbol{r}_{ij} = -\left[\boldsymbol{K}_{lik}^{-1}\frac{\partial\boldsymbol{K}_{lik}}{\partial\theta_j}\alpha\right]_i$,$\boldsymbol{s}_{ij} = \left[\boldsymbol{K}_{lik}^{-1}\right]_i^{\mathrm{T}}\frac{\partial\boldsymbol{K}_{lik}}{\partial\theta_j}\left[\boldsymbol{K}_{lik}^{-1}\right]_i$。

式(2.61)是参数的对数似然梯度的分量 j。根据式(2.61),可以使用梯度下降过程来推断最优参数集。特别是,它可用于推断噪声或似然参数 σ^2。例 2.3 囊括了上述理论推导过程,并提供了一段代码来阐明在高斯过程中通常

使用的过程。

例 2.3　线性高斯过程回归中参数 σ^2 的推断。 在例 2.2 中调整了线性回归模型并计算了预测值的均值和标准偏差。在该例中假设噪声或似然参数的值是已知的，该参数是计算预测后验方差的基础，后验方差又用于给出置信区间。

利用式(2.61)迭代调整 σ 的值。式(2.61)所需的矩阵导数的特定值为

$$\frac{\partial \boldsymbol{K}_{lik}}{\partial \sigma^2} = \frac{\partial(\boldsymbol{K} + \sigma^2 \boldsymbol{I})}{\partial \sigma^2} = \boldsymbol{I}$$

这使算法的实现相对容易。参数 σ^2 被随机初始化了几次，递归式为

$$\sigma_k^2 = \sigma_{k-1}^2 - \lambda \frac{\partial \boldsymbol{K}_{lik}}{\partial \sigma^2}$$

迭代地用于更新参数值直到收敛，其中 $\lambda = 0.25$。

实验结果如图 2.5 所示。由图可以看出，此例中算法收敛到一个与实际值相当接近的值。一般来说，似然可能有多个相对于其参数的最大值，因此有必要使用参数的多个初始值重新初始化算法。如果得到多个解，则选择具有最大似然的解。同样地，可以计算负对数似然(negative log likelihood, NLL)，其表达式如下：

$$\text{NLL} = -\log p(\boldsymbol{y} \mid \boldsymbol{X}, \boldsymbol{y}) = \frac{N}{2}\log 2\pi + \frac{1}{2}\log\left|\boldsymbol{K} + \sigma^2 \boldsymbol{I}\right| + \frac{1}{2}\boldsymbol{y}^{\mathrm{T}}(\boldsymbol{K} + \sigma^2 \boldsymbol{I})^{-1}\boldsymbol{y}$$

高斯过程软件包包含了这类最优化以及对许多其他似然参数的推导。文献[2]介绍了 gp 包和库 Scikit - learn 中用于 Python 的高斯过程函数。

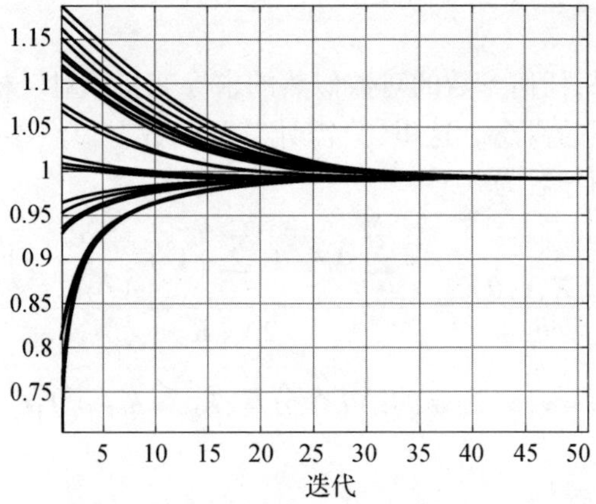

图 2.5　例 2.2 中多种随机初始化下的参数 σ^2 的梯度下降推断

注：此实验的最终结果为 $\sigma^2 = 0.9827$，非常接近数据的实际噪声方差。

2.8　多任务高斯过程

多任务高斯过程(multitask GP, MTGP)由下式给出:

$$\boldsymbol{y}_n = \boldsymbol{W}^{\mathrm{T}}\boldsymbol{x}_n + \boldsymbol{e}_n \tag{2.62}$$

式中:$\boldsymbol{y}_n$ 为$\mathbb{R}^T$中的向量;$\boldsymbol{W}\in\mathbb{R}^{D\times T}$产生从$\mathbb{R}^D$到$\mathbb{R}^T$的线性函数。也就是说,在多任务高斯构成中,该函数同时预测 T 个任务。

预测多个任务最直接方法是假设它们都是互相独立的。最简单的方法就是假设 $p(\boldsymbol{y}\mid\boldsymbol{x})=\prod_{t=1}^{T}p(y_t\mid\boldsymbol{x})$,如果假设成立,独立优化 T 个不同的高斯过程就是可行的。但是,在实际中这不一定是正确的,需要向模型中添加两个新概念:一是假设任务非独立高斯分布,在这种情况下它们将是相关的,并且存在必须模型化的任务协方差矩阵 $\boldsymbol{C}$;二是假设噪声跨任务相关,则存在噪声协方差矩阵 $\boldsymbol{\Sigma}$。

文献[5-8]介绍了多任务高斯过程中的建模和推导方法。这里总结了文献[9]的工作,它为文献[2]直接抽象出的原始高斯过程问题提供了非常直观的解。

文献[9]中提出的多任务高斯过程使用由噪声模型构造的似然函数,该模型假设噪声为一种结构化噪声,即在任务之间具有依赖性,并且在样本中是独立同分布的。因此,相应的噪声密度可以写为

$$p(\boldsymbol{e}_n)=\prod_{i=1}^{N}N(\boldsymbol{e}_n\mid 0,\boldsymbol{\Sigma}) \tag{2.63}$$

它被构造为服从高斯分布,其噪声协方差矩阵包含任务间噪声的依赖性。由此,可以构造回归量 $\boldsymbol{y}_n$ 的似然。任务间依赖性在参数矩阵的先验中是强制的,其形式为

$$p(\mathrm{vect}\boldsymbol{W}) = p\prod_{d=1}^{D}N(\boldsymbol{w}_d\mid 0,\boldsymbol{C}) \tag{2.64}$$

式中:$\boldsymbol{w}_d\in\mathbb{R}^T$是矩阵 $\boldsymbol{W}$ 的一行,它将向量 $\boldsymbol{x}_n$ 的特征 d 映射到 $\boldsymbol{y}_n$ 的 T 个任务中的每一个,其中向量 $\boldsymbol{W}$ 表示该矩阵的向量化。

根据这一点并使用克罗内克积“$\otimes$”,得到下列形式的回归量 $\boldsymbol{y}_n$ 的似然函数:

$$p(\mathrm{vect}\boldsymbol{Y}\mid\boldsymbol{C},\boldsymbol{\Sigma},\boldsymbol{K}) = N(\mathrm{vect}\boldsymbol{Y}\mid 0,\boldsymbol{C}\otimes\boldsymbol{K},\boldsymbol{\Sigma}\otimes\boldsymbol{I}) \tag{2.65}$$

式中:$\boldsymbol{K}$ 为训练数据之间的点积矩阵,$\boldsymbol{K}=\boldsymbol{X}^{\mathrm{T}}\boldsymbol{X}$;$\boldsymbol{I}$ 为单位矩阵,它的维度为 $N\times N$。

预测值的后验分布的推导过程与单变量相同。该分布是正态分布:

$$p(\mathrm{vect}\boldsymbol{Y}^*) = N(\mathrm{vect}\boldsymbol{Y}^*\mid\boldsymbol{M}^*,\boldsymbol{V}^*) \tag{2.66}$$

具有均值和协方差：

$$\begin{aligned}\boldsymbol{M}^{*}&=\boldsymbol{C}\otimes\boldsymbol{K}^{*}(\boldsymbol{C}\otimes\boldsymbol{K}+\boldsymbol{\Sigma}\otimes\boldsymbol{I})^{-1}\mathrm{vect}\boldsymbol{Y}\\ \boldsymbol{V}^{*}&=\boldsymbol{C}\otimes\boldsymbol{K}^{**}-\boldsymbol{C}\otimes\boldsymbol{K}^{**}(\boldsymbol{C}\otimes\boldsymbol{K}+\boldsymbol{\Sigma}\otimes\boldsymbol{I})^{-1}\boldsymbol{C}\otimes\boldsymbol{K}^{**\mathrm{T}}\end{aligned} \tag{2.67}$$

式中：$\boldsymbol{K}^{*}$、$\boldsymbol{K}^{**}$分别为测试数据和训练数据之间以及测试数据与其自身之间的点积矩阵，$\boldsymbol{K}^{*}=\boldsymbol{X}^{*\mathrm{T}}\boldsymbol{X}$，$\boldsymbol{K}^{**}=\boldsymbol{X}^{*\mathrm{T}}\boldsymbol{X}^{*}$。

注意，式(2.67)的多任务均值和协方差与式(2.37)和式(2.40)中相应的单变量版本之间存在对称性。事实上，如果只有一个任务，那么矩阵$\boldsymbol{C}$和矩阵$\boldsymbol{\Sigma}$变成标量，并且两组表达式相同。

原则上这些矩阵是任意的，但可以使用与单变量情况完全相同的过程，即通过最大化数据的对数似然来优化它们。然而，这里要优化的参数数量是T^2阶，如果T很高，则会使最优化过程过于复杂。文献[9]给出了用于推理的低秩逼近和似然梯度的过程。

参考文献

[1] MacKay, D. J. C., *Information Theory, Inference and Learning Algorithms*, New York: Cambridge University Press, 2003.

[2] Rasmussen, C. E., and C. K. I. Williams, *Gaussian Processes for Machine Learning* (*Adaptive Computation and Machine Learning*), Cambridge, MA: MIT Press, 2005.

[3] Rudin, W., *Functional Analysis*, New York: Tata McGraw - Hill, 1974.

[4] Sundararajan, S., and S. S. Keerthi, "Predictive Approaches for Choosing Hyperparameters in Gaussian Processes," *Advances in Neural Information Processing Systems*, 2000, pp. 631 - 637.

[5] Boyle, P., and M. Frean, "Dependent Gaussian Processes," *Advances in Neural Information Processing Systems*, Vol. 17, Cambridge, MA: MIT Press, 2005, pp. 217 - 224.

[6] Bonilla, E. V., K. M. Chai, and C. Williams, "Multi - Task Gaussian Process Prediction," *Advances in Neural Information Processing Systems*, Vol. 20, 2008, pp. 153 - 160.

[7] Álvarez, M. A., and N. D. Lawrence, "Computationally Efficient Convolved Multiple Output Gaussian Processes," *Journal of Machine Learning Research*, Vol. 12, May 2011, pp. 1459 - 1500.

[8] Gómez - Verdejo, V., Ó. García - Hinde, and M. Martínez - Ramón, "A Conditional One - Output Likelihood Formulation for Multitask Gaussian Processes," arXiv preprint arXiv:2006.03495, 2020.

[9] Rakitsch, B., et al., "It Is All in the Noise: Efficient Multi - Task Gaussian Process Inference with Structured Residuals," *Advances in Neural Information Processing Systems*, Vol. 26, 2013, pp. 1466 - 1474.

第3章

用于信号和阵列处理的核

3.1 引言

第1章、第2章分别详细介绍了支持向量机和高斯过程两类机器学习方法,它们可以看作是从不同的基本原理中推导出来的,其中支持向量机可视为几何性概念(如最大间隔、在分类中产生力平衡的支持向量,或用于误差不敏感的 ε 间隔带),而高斯过程本质上是概率性的,并且依赖数据的多维分布假设。

不同的机器学习算法都可以利用核的概念得出新的性能更优的算法。支持向量机的非线性算法可以使用适当类型的核来证明。高斯过程的多元高斯协方差矩阵通过选择不同的核作为协方差也可得到证明。

此外,在充分了解核函数的基本原理的基础上可以很容易地调整机器学习算法,以处理数据的非线性,最具说明性的一个示例是主成分分析(principal component analysis, PCA)。在主成分分析中,几何和统计解释都与数据遵循多元高斯分布的假设有关,这会产生一组与数据紧密相关的基函数。将传统的主成分分析转换成其核化版本,为特征提取提供了一种全新的算法。

可以考虑其他类型的情况,其中要分析的数据具有不同的内在结构,而数据模型并不像前面提到的那样自然地支持其内在结构。特别是存在时间或空间相关过程的情况下,短期和长期相关性存在于时间或空间中,需要通过适当的信号模型来解释,以适用于正在分析的数据。在这些情况下,使用来自数字信号处理的数据模型可以根据空间和时间特性的核来处理,这与分类、回归或特征提取有很大不同。在信号处理领域,有正弦数据模型、卷积数据模型、自回归数据模型等数据模型。

本章首先介绍核的基本概念,包括 Mercer 核的表征及其经典实例的描述,以及如何创建核,如何在定义和使用中引入复代数;然后将这些知识用于构建支持向量机和高斯过程的核版本;最后从支持向量机和高斯过程的双重视角重新审视信号模型中核估计的框架。

总的来说,本章旨在为读者提供能够使用包括几何、统计、非线性及信号相关元素等一系列工具的知识和技能,这些工具适合各种各样的问题,尤其是与天线相关的数据问题,其中这些元素可能单独存在,更多的是多类并存。

3.2 核基础和理论

广义上讲,从纯数学的角度来看,核是一个连续函数,它取两个参数(实数或复数、函数、向量或其他),并将它们映射到一个单变量(实数或复数),与所述参数的顺序无关。从机器学习的角度来看,核函数提供了量化两个输入参数之间相似性或距离的方法,可以根据数据的拓扑结构或代数结构进行调整,包括高维向量、字符串向量、复数据、时间信号、静止彩色图像等。

使用特定类型的核,尤其是 Mercer 核,有许多好处,其中最重要的一点是能够用公式表示机器学习算法,这样就可以毫无歧义地得到特定观测值集的解的系数,最优化问题只有一个极值和一个解。

3.2.1 再生核希尔伯特空间

在正式定义 Mercer 核之前先介绍再生核希尔伯特空间(reproducing kernel Hilbert spaces, RKHS)的概念。

前几章提供了两种算法的基本原理,即线性分类和线性回归,它们由线性解组成;也就是说,分离超平面在由待分类的输入向量空间表示的类之间绘制全局线性边界,而逼近超平面对线性相关的输入向量空间的数据集给出多维线性逼近。前两章中介绍的算法旨在得到一组特征 $\boldsymbol{x}_n$ 和一个变量(称为标记或回归量)之间的线性关系,并遵循下面的估计数据模型:

$$y_n = \boldsymbol{w}^{\mathrm{T}}\boldsymbol{x}_n + b + e_n \tag{3.1}$$

式中:有 N 个成对的观测值,$\{(\boldsymbol{x}_n, \boldsymbol{y}_n), \boldsymbol{n} = 1, 2, \cdots, N\}$;$e_n$ 为模型拟合后的残差;$\boldsymbol{w}$ 为回归超平面。一些问题很适合这种数据结构,但另一些问题则在很多情况下都不适合,因为问题中变量之间的实际关系是非线性的,它们不能用超平面来充分表达。

到目前为止,前面介绍的算法可能会在不同情况下受到限制。在现实生活中可以找到很多这样的例子。例如,考虑施加在石英晶体上的压力与电压之间的关系,这种关系在低压下是线性的,在高压下电势会饱和而呈现出非线性特征。在日常场景(电子设备;交通流量,尤其是在拥堵情况下的交通流量;天气预报)和高级应用(卫星电子和通信,车辆自动控制,互联网中的大型搜索引擎)中可以找到许多非线性的例子。另外,由于二极管上的整流行为,二极管中的电流—电压关系也是高度非线性的。

解决非线性问题的其中一个方法是从现有的输入特征中创建额外的输入特征,可以包括一些原始输入特征的幂,或其中几个幂的交叉乘积。如果输入变量很少,则可以手动加入这种幂和乘积。

使用沃尔泰拉(Volterra)模型对数据进行非线性建模是另一种经典方法。对于一维输入向量 x_n,沃尔泰拉模型可以写成以下形式:

$$\hat{y}_n = \sum_{k=0}^{K} a_k x^k \tag{3.2}$$

式中:a_k 为不同项的系数。由上式可以看到沃尔泰拉项是输入特征的 k 次幂。在这个问题中,只需决定多项式的幂 k,并预先选择它,使其不会太低,以使模型具有足够的灵活性,但也不应太高,否则过多的模型灵活性需要多项式插值,进而造成过拟合导致估计器中的方差太大。可以使用最优化准则得到系数 a_k,如最小二乘法或其 L_1 正则化。

此处给出一个示例,这是机器学习和通信文献中的经典示例。

例 3.1　数字通信信道。有限长单位冲击响应(finite impulse response, FIR)的数字通信信道如下:

$$h[n] = \delta[n] + a\delta[n-1] \tag{3.3}$$

式中:$[n]$为离散时间;$\delta[n]$为克罗内克(Kronecker)δ 函数;a 为信道的第一个回波系数,发生在下一个离散时刻。

为了表征信道,输入一组 N 个已知的二进制数据 $d[n] \in [-1,1]$。在这个例子中,信道在每个离散时刻的输出如下:

$$x[n] = d[n] + ad[n-1] + g[n] \tag{3.4}$$

式中:$g[n]$为加性高斯噪声。

从数字通信问题的目标是获得估计系数 a 的值,并且有大量可用于此目的的估计理论工具。但是,可以从机器学习的角度给出另一种观点,如果取两个样本的向量来表示二维状态空间上的估计器输入,则它可以表示为

$$\boldsymbol{x}_n = [x[n], x[n-1]]^{\mathrm{T}} \tag{3.5}$$

图 3.1 给出了数字通信信道例子中 $a=0.2$ 和 $a=1.5$ 的 100 个数据样本,可以通过机器学习工具获得线性分类器以解决符号识别问题,但如果 $a=1.5$,则不能对数据进行分类。在数字通信领域,使用维特比算法,这个示例就可以从另一个不同于机器学习的角度线性求解。

假设只知道机器学习算法的线性方法,在这种情况下可以对数据做非线性变换,然后对其进行线性处理,考虑第一和第二分量的幂及其可能的组合。经典的系统方法是由输入空间的沃尔泰拉展开给出的。

例 3.2　非线性和沃尔泰拉展开。可以用分量之间的乘积构造一个非线性变换,这样它们就是三阶变换的分量:

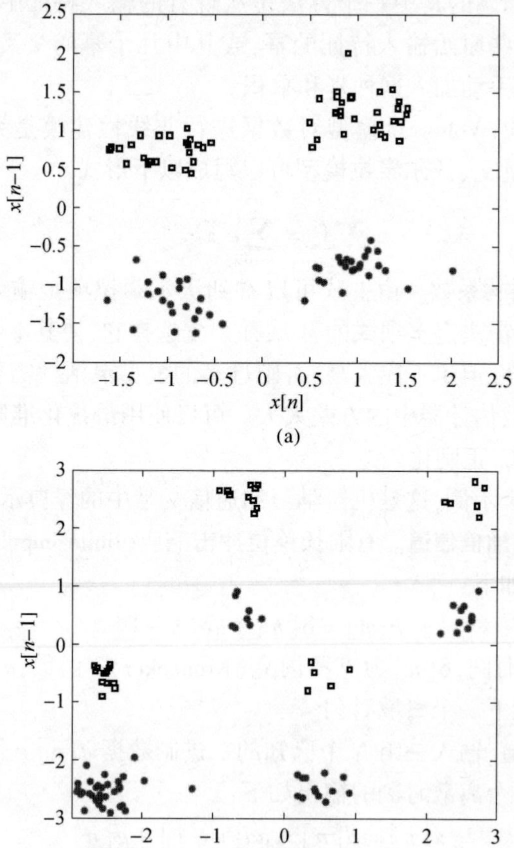

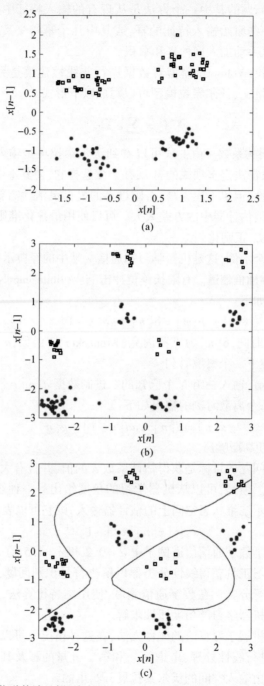

图 3.1　数字信道估计示例,给出了(a)$a=0.2$ 和(b)$a=1.5$ 的 100 个数据样本。(c)对于 a 的大多数值,沃尔泰拉分类器可从训练数据构建非线性机器学习模型

0 阶：　　1

第一阶：　$x[n]$　$x[n-1]$

第二阶：　$x^2[n]$　$x^2[n-1]$　$x[n]x[n-1]$

第三阶：　$x^3[n]$　$x^3[n-1]$　$x^2[n]x[n-1]$　$x[n]x^2[n-1]$　(3.6)

现在将这些分量放入一个新的 10 维向量中，记为 $\boldsymbol{\varphi}(x_n)\in\mathbb{R}^{10}$，便进入了一个 10 维空间。命名时，可以将原始的二维(2D)空间称为输入空间，而 10 维空间称为特征空间。在机器学习应用中这是一种典型的命名方式。可构建一个线性分类器，它不作用于原始空间和输入空间，而是作用于维度增加的特征空间。构造的线性估计器为

$$\hat{y}[n]=\boldsymbol{w}^{\mathrm{T}}\boldsymbol{\varphi}(\boldsymbol{x}_n) \tag{3.7}$$

此函数对 $\boldsymbol{w}$ 是线性的，对 $\boldsymbol{x}_n$ 是非线性的。使用最小均方误差方法调整参数：

$$\boldsymbol{w}=(\boldsymbol{\Phi}\boldsymbol{\Phi}^{\mathrm{T}})^{-1}\boldsymbol{\Phi}\boldsymbol{y} \tag{3.8}$$

式中：$\boldsymbol{\Phi}$ 为 $N\times 10$ 矩阵，包含 $\boldsymbol{\varphi}(\boldsymbol{x}_n)$ 的所有值；$\boldsymbol{y}$ 包含 $y[n]$ 中的所有实际比特。一列比特对于接收机是已知的，因此可以将其用作训练序列。

图 3.1 给出了沃尔泰拉解，按照该算法调整参数并由下式给出：

$$\boldsymbol{w}^{\mathrm{T}}\boldsymbol{\varphi}(\boldsymbol{x}_n)=0 \tag{3.9}$$

可以看出，线上的点是对几乎所有点进行非线性分类的边界，因此可以建立二元决策来识别实际传输的比特。

如果几乎没有输入变量，但有足够的多项式次数和组合，那么它可能是有效的解。然而，很多情况并非如此。如果将多项式的幂 K 增加太多，由于多项式的灵活性，将容易过拟合。此外，即使输入变量的数量不多，要探索的组合数量也会变得太大。这只是维数灾难的另一种表现。示例中的数学运算很简单：这里使用下式，从$\mathbb{R}^2$到$\mathbb{R}^p$，有

$$p=\binom{2+3}{3}=10 \tag{3.10}$$

这样，所需的特征为

$$1,x_1,x_2,x_1^2,x_2^2,x_1x_2,x_1^2x_2,x_1x_2^2,x_1^3,x_2^3 \tag{3.11}$$

假设只考虑二维的输入空间，并且对 5 阶的沃尔泰拉展开，则需要多达

$$p=\binom{2+5}{5}=56(\text{个}) \tag{3.12}$$

元素。

至此，这个简单的例子仍无法使用线性分类器解决。非线性估计器可以通过向更高维的非线性变换来构造，但这种解存在维数灾难。解决这个问题，不仅仅是为了求解该示例，而是因为这将是数据分析道路上一个非常典型的情况。

3.2.2 核技巧

从这里开始,将转向介绍使用数学工具产生的解,通常被称为核技巧。希望找到一种方法,可以仅根据输入空间向量来使用表达式。

为此,再次仔细研究表示定理(定理 1.1)。假设有一组解决线性问题的算法,也就是说,这些算法的解可以表示为估计向量(分类超平面、回归超平面或许多其他超平面)的点积。然而,使用超平面会得出一个偏差解(线性分类边界或线性估计超曲面不适合输入空间中变量之间的关系)。现在设计一个分为两步的方法。

- 步骤 1:找到从输入空间到高维特征空间的非线性映射,其中线性算法将提供合适解。
- 步骤 2:在变换空间而不是输入空间中应用线性算法。

这似乎是沃尔泰拉示例中尝试的方法,但这里采用的是启发式方法。可以利用步骤 1 的 Mercer 定理和步骤 2 的表示定理。

在这里回顾第 1 章中的表示定理是因为它是使这一过程系统化并在理论上有充分根据的工具之一。

定理 3.1 表示定理。假设 $\boldsymbol{\varphi}(\boldsymbol{x}_n)=\boldsymbol{\varphi}_n\in H$ 是一个将输入向量空间转换为希尔伯特空间的非线性映射。如果该希尔伯特空间可以用点积展开

$$\langle\boldsymbol{\varphi}_i,\boldsymbol{\varphi}_j\rangle=K(\boldsymbol{x}_i,\boldsymbol{x}_j)\tag{3.13}$$

使用严格单调递增函数

$$\Omega:[0,\infty)\rightarrow\mathbb{R}\tag{3.14}$$

使用任意损失函数

$$V:(X\times\mathbb{R}^2)^N\rightarrow\mathbb{R}\cup\{\infty\}\tag{3.15}$$

那么函数

$$f*=\min_{f\in H}\{V((f(\boldsymbol{\varphi}_1),\boldsymbol{\varphi}_1,y_1),\cdots,(f(\boldsymbol{\varphi}_N),\boldsymbol{\varphi}_N,y_N))+\Omega(\|f\|_2^2)\}\tag{3.16}$$

可表示为

$$f^*(\cdot)=\sum_{i=1}^{N}\alpha_iK(\cdot,x_i)(\alpha_i\in\mathbb{R},\ \boldsymbol{\alpha}\in\mathbb{R}^N)\tag{3.17}$$

当在$\mathbb{C}$中使用复函数和向量空间,而不仅仅是处理实函数和向量时,这个结果也是有效的。

如果算法符合表示定理,则可以将对偶表达式构造为输入向量之间的点积函数。另外,在高维希尔伯特空间中存在点积函数。核技巧就是将这两个事实结合起来使用。但是,仍然需要定义在步骤 2 中更适合用作核的二元函数类型。为此,利用 Mercer 定理,这是詹姆斯·默瑟(James Mercer,1883—1932 年)著名的成果之一,并且它对核方法来说至关重要。它是核技巧背后的关键思

想,允许通过线性算法的核化来解决非线性优化问题。

定理 3.2　Mercer 定理[3]。设 $K(x,x')$ 为满足 Mercer 条件的二元函数,即

$$\int_{\mathbb{R}^{N_r}\times\mathbb{R}^{N_r}} f(x)K(x,x')f(x')\,\mathrm{d}x\mathrm{d}x' \geqslant 0 \tag{3.18}$$

如果函数满足

$$\int f^2(x)\,\mathrm{d}x < \infty \tag{3.19}$$

那么,存在一个再生核希尔伯特空间 $\boldsymbol{H}$ 和一个映射函数 $\phi(\cdot)$,使得

$$K(x,x') = \langle \boldsymbol{\varphi}(x), \boldsymbol{\varphi}(x') \rangle \tag{3.20}$$

进一步解释 Mercer 定理。如果对积分进行采样,则不等式保持

$$\int_{\mathbb{R}^{N_r}\times\mathbb{R}^{N_r}} f(x)K(x,x')f(x')\,\mathrm{d}x\mathrm{d}x' \geqslant 0 \Leftrightarrow \sum_{i,j=1}^{N} f(x_i)K(x_i,x_j)f(x_j) \geqslant 0 \tag{3.21}$$

令 $f(x_i)=\alpha_i$,当且仅当下式成立时,$K(x_i,x_j)$ 是给定 $\boldsymbol{H}$ 的点积:

$$\sum_{i,j=1}^{N} \alpha_i K(x_i,x_j)\alpha_j = \boldsymbol{\alpha}^{\mathrm{T}}\boldsymbol{K}\boldsymbol{\alpha} \geqslant 0 \tag{3.22}$$

式中:$\boldsymbol{K}$ 为应用于观测值集 x_i 和 x_j 的核矩阵。

例 3.3　使用表示表达式和核重新研究沃尔泰拉示例。

在特征空间中的线性估计器为

$$y[n] = \boldsymbol{w}^{\mathrm{T}}\boldsymbol{\varphi}(\boldsymbol{x}_n) \tag{3.23}$$

在这种情况下明确定义了非线性映射函数的显式表达式,可得到最小均方误差解,并以其矩阵向量形式表示如下:

$$\boldsymbol{w} = (\boldsymbol{\Phi}\boldsymbol{\Phi}^{\mathrm{T}})^{-1}\boldsymbol{\Phi}\boldsymbol{y} \tag{3.24}$$

式中:$\boldsymbol{\Phi}$ 为包含所有列向量 $\boldsymbol{\varphi}(\boldsymbol{x}_n)$ 的矩阵。

考虑到向量 $\boldsymbol{w}$ 是特征数据的线性函数:

$$\boldsymbol{w} = \sum_{n=1}^{N} \alpha_n \boldsymbol{\varphi}(\boldsymbol{x}_n) = \boldsymbol{\Phi}\boldsymbol{\alpha} \tag{3.25}$$

式中:$\boldsymbol{\alpha}$ 为表示函数的系数集的向量形式。

由式(3.13)~式(3.25)得到

$$\boldsymbol{\Phi}\boldsymbol{\alpha} = (\boldsymbol{\Phi}\boldsymbol{\Phi}^{\mathrm{T}})^{-1}\boldsymbol{\Phi}\boldsymbol{y} \tag{3.26}$$

经过矩阵运算可得

$$\boldsymbol{\alpha} = (\boldsymbol{\Phi}\boldsymbol{\Phi}^{\mathrm{T}})^{-1}\boldsymbol{y} = \boldsymbol{K}^{-1}\boldsymbol{y} \tag{3.27}$$

式中:矩阵 $\boldsymbol{K}=\boldsymbol{\Phi}^{\mathrm{T}}\boldsymbol{\Phi}$ 包含观测数据之间的所有点积。

此外,由于 $\boldsymbol{w}=\boldsymbol{\Phi}\boldsymbol{\alpha}$,估计器

$$y[m] = \boldsymbol{w}^{\mathrm{T}}\boldsymbol{\varphi}(\boldsymbol{x}_m) \tag{3.28}$$

变成

$$y[m]=\boldsymbol{\alpha}^{\mathrm{T}}\boldsymbol{\Phi}^{\mathrm{T}}\boldsymbol{\varphi}(\boldsymbol{x}_m) \tag{3.29}$$

在标量表示法中,有

$$y[m]=\sum_{n=1}^{N}\alpha_n\langle\boldsymbol{\varphi}(\boldsymbol{x}_n),\boldsymbol{\varphi}(\boldsymbol{x}_m)\rangle \tag{3.30}$$

式中:$\langle\cdot,\cdot\rangle$为向量之间的点积。

在高维空间中找到只能表示为输入空间的函数的点积。

对于三阶沃尔泰拉展开,该点积为

$$\langle\boldsymbol{\varphi}(\boldsymbol{x}_n),\boldsymbol{\varphi}(\boldsymbol{x}_m)\rangle=(\boldsymbol{x}_n^{\mathrm{T}}\boldsymbol{x}_m+1)^3 \tag{3.31}$$

因为括号内的项只是标量,所以有一个避免维数灾难的紧凑表示。

证明:设 $\boldsymbol{x}=[x_1,x_2]^{\mathrm{T}}$ 和 $\boldsymbol{x}'=[x_1',x_2']^{\mathrm{T}}$,那么

$$\begin{aligned}(\boldsymbol{x}^{\mathrm{T}}\boldsymbol{x}'+1)^3&=(x_1x_1'+x_2x_2'+1)^3\\&=x_1^3x_1'^3+x_2^3x_2'^3+3x_1^2x_2x_1'^2x_2'+3x_1x_2^2x_1'x_2'^2\\&\quad+3x_1^2x_1'^2+3x_2^2x_2'^2+6x_1x_1'x_2x_2'+3x_1x_1'+3x_2x_2'+1\\&=[x_1^3,x_2^3,\sqrt{3}x_1^2x_2,\sqrt{3}x_1x_2^2,\sqrt{3}x_1^2,\sqrt{3}x_2^2,\sqrt{6}x_1x_2,\sqrt{3}x_1,\sqrt{3}x_2,1]\\&\quad\cdot[x_1'^3,x_2'^3,\sqrt{3}x_1^2x_2',\sqrt{3}x_1'x_2'^2,\sqrt{3}x_2'^2,\sqrt{6}x_1'x_2',\sqrt{3}x_1',\sqrt{3}x_2',1]^{\mathrm{T}}\end{aligned} \tag{3.32}$$

因此,$(\boldsymbol{x}^{\mathrm{T}}\boldsymbol{x}'+\mathbf{1})^3$ 是两个向量加上某些常量的沃尔泰拉展开的点积。

上面为使用线性分类器无法解决的简单问题的示例。对高维空间的非线性变换可以构造非线性估计器且该解存在维数灾难。然而,利用 Mercer 定理和表示定理在该空间中找到一个核点积,可解决该问题。

3.2.3 点积性质

核方法依赖核函数的性质。它们简化为通过隐含(且不必知道)的映射函数来计算映射到希尔伯特空间的向量的点积。这只是朝着在各种问题中使用核机器的广泛的理论和实践工具迈出的第一步。在核相关文献中往往会继续执行两个步骤。首先,可以重新讨论并整理核的基本性质,只需依赖 3.2.2 节中描述的概念。虽然它们之间没有必然联系,但它们可用于构建大量不同的核。本节重点总结核基本性质,为在 3.2.4 节中使用这些基本性质创建适用于特定问题的核铺平了道路。

标量积空间(或前希尔伯特空间)是一个带有标量积的空间,如果空间是完备的(每个柯西序列都在该空间内收敛),则称为希尔伯特空间。首先通过一些点积示例简要回顾希尔伯特空间的关系;其次陈述柯西-施瓦茨不等式;最后检查使用核矩阵时在前面解释的概念中应用半正定矩阵的结果。

如果存在满足下式的实值对称双线性映射$\langle\cdot,\cdot\rangle$,即

$$\langle \boldsymbol{x},\boldsymbol{x}\rangle \geqslant 0 \tag{3.33}$$

则实数$\mathbb{R}^D$上的向量空间 $\boldsymbol{X}$ 是内积空间。

该映射是内积,也称点积。如果等式仅对 $\boldsymbol{x}=\boldsymbol{0}$ 成立,则严格满足点积。如果点积是严格的,那么可以定义由 $\|\boldsymbol{x}\|_2=\sqrt{\langle \boldsymbol{x},\boldsymbol{x}\rangle}$ 给出的范数和由 $\|\boldsymbol{x}-\boldsymbol{z}\|_2$ 给出的度量。希尔伯特空间 $\boldsymbol{F}$ 是一个可分且完备的严格内积空间。完备性意味着每个柯西序列 h_n 收敛到元素 $h\in\boldsymbol{F}$。柯西序列是一个满足下式的序列:

$$\lim_{n\to\infty}\sup_{m>n}\| h_n-h_m \| \to 0 \tag{3.34}$$

然而,可分性意味着在 $\boldsymbol{F}$ 中存在一组可数的元素 $h_1\ h_2\cdots h_n$,使得对于所有 $h\in\boldsymbol{F}$ 和 $\varepsilon>0$,有 $\| h_i-h \| <\varepsilon$。一个广泛使用的概念是 e^2 空间,它是所有实数 $\boldsymbol{x}=x_1,x_2,\cdots,x_n,\cdots$的可数序列的空间, $\sum_{i=1}^{\infty}x_i^2<\infty$。其点积如下:

$$\langle \boldsymbol{x},\boldsymbol{z}\rangle=\sum_{i=0}^{\infty}x_iz_i \tag{3.35}$$

考虑到以上内容,现在可研究几个可用于不同问题的点积示例。

例 3.4　具有缩放维度的点积, 设 $\boldsymbol{X}=\Re^n$。点积如下:

$$\langle \boldsymbol{x},\boldsymbol{z}\rangle=\sum_{i=1}^{n}\lambda_ix_iz_i=\boldsymbol{x}^{\mathrm{T}}\boldsymbol{\Lambda z} \tag{3.36}$$

式中:λ_i 为实标量。

其等于转换后的向量 $\boldsymbol{\Lambda}^{\frac{1}{2}}\boldsymbol{x}$ 和 $\boldsymbol{\Lambda}^{\frac{1}{2}}\boldsymbol{z}$ 上的标准点积。对于这个表示真点积的表达式,标量 λ_i 必须为正;如果 λ_i 的一个值或多个值为零,则点积不是严格的。

许多多元统计方法是基于特征分解的,因此使用具有缩放维度的点积可以表示逼近它们的一个实用的基础。

例 3.5　函数之间的点积。 函数是希尔伯特空间的元素,这表明只要继续使用点积,就可以使用实用点积作为创建解决带有函数问题的方法基础。设 $\boldsymbol{F}=L_2(\boldsymbol{X})$是 $\boldsymbol{X}$ 的紧子集上的平方可积函数空间。对于 $f,g\in\boldsymbol{F}$,点积可以定义为

$$\langle f,g\rangle=\int_X f(\boldsymbol{x})g(\boldsymbol{x})\mathrm{d}\boldsymbol{x} \tag{3.37}$$

当函数在$\mathbb{C}$中定义时,存在一个等价表达式,其中一个函数是共轭的。

当使用点积和核时,另一个基本的性质是柯西 - 施瓦茨不等式。在内积空间中,有许多与点积有关的性质。例如,可以证明:

$$\langle \boldsymbol{x},\boldsymbol{z}\rangle^2\leqslant \|\boldsymbol{x}\|^2\|\boldsymbol{z}\|^2 \tag{3.38}$$

内积空间中两个向量之间的角度定义为

$$\cos\theta=\frac{\langle \boldsymbol{x},\boldsymbol{z}\rangle}{\|\boldsymbol{x}\|\|\boldsymbol{z}\|} \tag{3.39}$$

它显式(分子)和隐式(分母)地取决于两个向量之间的点积。显然,如果余弦为 1,那么两个向量平行;而如果余弦为 0,那么两个向量正交。能够通过点积计算的距离来进行比较,并利用点积计算向量之间的方向角。正如后面将看到的,这是在高维希尔伯特空间中创建基于核处理几何问题的方法基础。

第三组有用且使用过的点积性质与使用半正定矩阵相关,这些性质在使用核描述机器学习算法时起着关键作用。如果对称矩阵 $\boldsymbol{A}$ 的特征值都是非负的,则称其为半正定矩阵。Courant - Fisher 定理指出,对称矩阵的最小特征值为

$$\lambda_m(\boldsymbol{A}) = \min_{0\neq v\in\mathbb{R}^n} = \frac{\boldsymbol{v}^{\mathrm{T}}\boldsymbol{A}\boldsymbol{v}}{\boldsymbol{v}^{\mathrm{T}}\boldsymbol{v}} \tag{3.40}$$

那么,当且仅当 $\boldsymbol{v}^{\mathrm{T}}\boldsymbol{A}\boldsymbol{v}\geqslant 0$ 时,对称矩阵 $\boldsymbol{A}$ 是半正定的。格拉姆矩阵和核矩阵都是半正定矩阵。为了证明这一事实,首先将核正式定义为函数 $k(\cdot,\cdot)$,这样就有

$$k(\boldsymbol{x},\boldsymbol{z}) = \langle \boldsymbol{\varphi}(\boldsymbol{x}),\boldsymbol{\varphi}(\boldsymbol{z})\rangle \tag{3.41}$$

式中:$\boldsymbol{\varphi}(\cdot)$ 为从空间 $\boldsymbol{X}$ 到希尔伯特空间 $\boldsymbol{F}$ 的映射,即 $\boldsymbol{\varphi}:\boldsymbol{x}\rightarrow\boldsymbol{\varphi}(\boldsymbol{x})\in\boldsymbol{F}$。

将核矩阵定义为 $\boldsymbol{K}_{ij}=k(\boldsymbol{x}_i,\boldsymbol{x}_j)$,可以证明 $\forall\,\boldsymbol{v}$,乘积 $\boldsymbol{v}^{\mathrm{T}}\boldsymbol{K}\boldsymbol{v}$ 是非负的,具体如下:

$$\begin{aligned}\boldsymbol{v}^{\mathrm{T}}\boldsymbol{K}\boldsymbol{v} &= \sum_i\sum_j v_iv_jk(\boldsymbol{x}_i,\boldsymbol{x}_j) = \sum_i\sum_j v_iv_j\langle\boldsymbol{\varphi}(\boldsymbol{x}_i),\boldsymbol{\varphi}(\boldsymbol{x}_j)\rangle \\ &= \left\langle \sum_i v_i\boldsymbol{\varphi}(x_i),\sum_i v_i\boldsymbol{\varphi}(\boldsymbol{x}_i)\right\rangle = \left\| \sum_i v_i\boldsymbol{\varphi}(\boldsymbol{x}_i)\right\|^2 \geqslant 0\end{aligned} \tag{3.42}$$

注意,此表达式对于向量元素 v_i 的任何序列都是非负的。

当且仅当 $\boldsymbol{A}=\boldsymbol{B}^{\mathrm{T}}\boldsymbol{B}$ 时,矩阵 $\boldsymbol{A}$ 是半正定的。假设 $\boldsymbol{A}=\boldsymbol{B}^{\mathrm{T}}\boldsymbol{B}$ 并且计算 $\boldsymbol{v}^{\mathrm{T}}\boldsymbol{A}\boldsymbol{v}$ 如下:

$$\boldsymbol{v}^{\mathrm{T}}\boldsymbol{A}\boldsymbol{v} = \boldsymbol{v}^{\mathrm{T}}\boldsymbol{B}^{\mathrm{T}}\boldsymbol{B}\boldsymbol{v} = \|\boldsymbol{B}\boldsymbol{v}\|^2 \tag{3.43}$$

在给定坐标的空间中,$\boldsymbol{B}^{\mathrm{T}}\boldsymbol{B}$ 为点积矩阵。由于 $\boldsymbol{F}$ 和 ℓ^2 或$\mathbb{R}^n$之间存在等距同构,这个结果和前面的结果是相等的。

已知核是一个函数 $k:\boldsymbol{X}\times\boldsymbol{X}\rightarrow\mathbb{R}$,它可以分解为 $k(\boldsymbol{x},\boldsymbol{z})=\langle\boldsymbol{\varphi}(\boldsymbol{x}),\boldsymbol{\varphi}(\boldsymbol{z})\rangle$,其中 $\boldsymbol{\varphi}(\cdot)$ 是到希尔伯特空间的映射。根据 Mercer 定理,当且仅当 $k(\cdot,\cdot)$ 半正定时,这一点成立。假设核是半正定的,可以推导出映射 $\boldsymbol{\varphi}(\cdot)$ 的性质,其中 $\boldsymbol{\varphi}(\cdot)$ 是相关的核。根据 $k(\boldsymbol{x},\boldsymbol{z})=\boldsymbol{\varphi}(\boldsymbol{x})^{\mathrm{T}}\boldsymbol{\varphi}(\boldsymbol{z})$,令空间 $\boldsymbol{F}$ 是一个具有核点积的希尔伯特空间,那么根据表示定理的基础将函数定义为

$$f(\boldsymbol{x}) = \sum_{n=1}^{N}\alpha_nk(\boldsymbol{x}_n,\boldsymbol{x}) \tag{3.44}$$

映射以坐标系表示为

$$\boldsymbol{\varphi}(\boldsymbol{x}) = [\varphi_1(\boldsymbol{x}),\varphi_2(\boldsymbol{x}),\cdots]^{\mathrm{T}} \tag{3.45}$$

核可以表示为

$$k(\boldsymbol{x},z) = \sum_{i} \varphi_i(\boldsymbol{x})\varphi_i(z) \tag{3.46}$$

用核函数来表示的向量 $\boldsymbol{\varphi}(\boldsymbol{x})$ 常用的抽象符号是 $\boldsymbol{\varphi}(\boldsymbol{x}) = k(\boldsymbol{x},\cdot)$，它是包含所有元素 $\varphi_i(\boldsymbol{x})$ 的希尔伯特空间的向量。函数

$$f(\boldsymbol{x}) = \sum_{n=1}^{N} \alpha_n k(\boldsymbol{x}_n,\boldsymbol{x})$$

通常表示为

$$f(\cdot) = \sum_{n=1}^{N} \alpha_n k(\boldsymbol{x}_n,\cdot) \tag{3.47}$$

可以认为它是 $\boldsymbol{\varphi}(\boldsymbol{x})$ 与函数 $f(\cdot)$ 的点积，可以将 $\boldsymbol{F}$ 视为函数空间。换句话说，特征空间 $\boldsymbol{F}$ 的元素实际上是函数。假设一组向量 $\boldsymbol{x}_n (1 \leqslant n \leqslant N)$，定义了 $\boldsymbol{F}$ 中的子空间，那么该子空间中的任何向量都有坐标 $\alpha_n k(\boldsymbol{x}_n,\boldsymbol{x})$。特征空间可以定义为

$$\boldsymbol{F} = \left\{ \sum_{n=1}^{N} \alpha_n k(\boldsymbol{x}_i,\cdot) \right\} \tag{3.48}$$

式中：点符号“$(\cdot)$”用于标记参数的位置。

在空间中定义以下两个特定函数：

$$f(\boldsymbol{x}) = \sum_{n=1}^{N} \alpha_n k(\boldsymbol{x}_n,\boldsymbol{x}) \tag{3.49}$$

$$g(\boldsymbol{x}) = \sum_{n=1}^{N} \beta_n k(\boldsymbol{x}_n,\boldsymbol{x}) \tag{3.50}$$

由于 $\langle k(\boldsymbol{x}_n,\cdot), k(\boldsymbol{x}_m,\cdot)\rangle = k(\boldsymbol{x}_n,\boldsymbol{x}_m)$，可以定义 $f(\cdot)$ 和 $g(\cdot)$ 之间的点积如下：

$$\langle f,g\rangle = \sum_{n=1}^{N}\sum_{m=1}^{N} \alpha_n\beta_n k(\boldsymbol{x}_n,\boldsymbol{x}_m) = \sum_{n=1}^{N} \alpha_n g(\boldsymbol{x}_n) = \sum_{n=1}^{N} \beta_n f(\boldsymbol{x}_n) \tag{3.51}$$

由 f_n 可以将柯西序列定义为

$$[f_n(\boldsymbol{x}) - f_m(\boldsymbol{x})]^2 = \langle f_n(\boldsymbol{x}) - f_m(\boldsymbol{x}), k(\boldsymbol{x},\cdot)\rangle \leqslant \| f_n(\boldsymbol{x}) - f_m(\boldsymbol{x}) \|^2 k(\boldsymbol{x},\boldsymbol{x}) \tag{3.52}$$

根据 3.2.2 节，这证明空间是完备的。

例 3.6　函数与其自身和核的点积。作为上述函数点积的一个特别应用案例，可以计算 $\langle f,f\rangle$：

$$\langle f,f\rangle = \sum_{n=1}^{N}\sum_{m=1}^{N} \alpha_n k(\boldsymbol{x}_n,\boldsymbol{x}_m)\alpha_n = \boldsymbol{\alpha}^{\mathrm{T}}\boldsymbol{K}\boldsymbol{\alpha} \geqslant 0 \tag{3.53}$$

如果 $g = k(\boldsymbol{x},\cdot)$，则有

$$\langle f, k(\boldsymbol{x},\cdot)\rangle = \sum_{m=1}^{N} \alpha_n k(\boldsymbol{x},\cdot) = f(\boldsymbol{x}) \tag{3.54}$$

3.2.4 点积在核构建中的用途

3.2.3 节介绍了希尔伯特空间的定义以及希尔伯特空间的一些重要特点，包括完备性、可分性和 ℓ^2 空间，并给出了点积示例、一般情况下的格拉姆矩阵以及特别情况下的核矩阵的半正定性质。更进一步地，利用希尔伯特空间中点积形式表示的核的性质，选择构建能很好地适应特定应用的核。本节整理了 Mercer 核的性质，这些性质可解决某些特定的问题或者启发感兴趣的读者探索其他尚未提出的核。

以下性质称为核的闭包性质。理解了这些性质，就可以组合简单核来创建新的核。其中的几个示例提供了证明，其他的则作为练习留给感兴趣的读者。

性质 3.1　希尔伯特空间的直和。 Mercer 核的线性组合

$$k(\boldsymbol{x},z) = ak_1(\boldsymbol{x},z) + bk_2(\boldsymbol{x},z)\,(a,b \geqslant 0) \tag{3.55}$$

也是 Mercer 核。

证明： 设 $x_1, x_2, \cdots, x_N$ 是一组点，$\boldsymbol{K}_1$ 和 $\boldsymbol{K}_2$ 是由 $k_1(\cdot,\cdot)$ 和 $k_2(\cdot,\cdot)$ 构造的相应核矩阵。由于这些矩阵都是正定的，用 $k(\cdot,\cdot)$ 构造的 $\boldsymbol{K}$ 也是正定的。此外，任何向量 $\boldsymbol{\alpha} \in \mathbb{R}^n$ 满足

$$\boldsymbol{\alpha}^{\mathrm{T}}\boldsymbol{K}\boldsymbol{\alpha} = a\boldsymbol{\alpha}^{\mathrm{T}}\boldsymbol{K}_1\boldsymbol{\alpha} + b\boldsymbol{\alpha}^{\mathrm{T}}\boldsymbol{K}_2\boldsymbol{\alpha} \geqslant 0 \tag{3.56}$$

以上性质也可以如下证明：

设 $\boldsymbol{\varphi}_1(\boldsymbol{x})$ 和 $\boldsymbol{\varphi}_2(\boldsymbol{x})$ 分别是对赋予点积 $k_1(\cdot,\cdot)$ 和 $k_2(\cdot,\cdot)$ 的再生核希尔伯特空间 $\boldsymbol{H}_1$ 和 $\boldsymbol{H}_2$ 的变换。复合或嵌入希尔伯特空间 $\boldsymbol{H}$ 中的向量可以构造为

$$\boldsymbol{\varphi}(\boldsymbol{x}) = \begin{pmatrix} \sqrt{a}\boldsymbol{\varphi}_1(\boldsymbol{x}) \\ \sqrt{b}\boldsymbol{\varphi}_2(\boldsymbol{x}) \end{pmatrix} \tag{3.57}$$

空间 $\boldsymbol{H}$ 中的相应核为

$$\begin{aligned} k(\boldsymbol{x},z) &= \begin{pmatrix} \sqrt{a}\boldsymbol{\varphi}_1(\boldsymbol{x}) \\ \sqrt{b}\boldsymbol{\varphi}_2(\boldsymbol{x}) \end{pmatrix}^{\mathrm{T}} \begin{pmatrix} \sqrt{a}\boldsymbol{\varphi}_1(z) \\ \sqrt{b}\boldsymbol{\varphi}_2(z) \end{pmatrix} \\ &= a\boldsymbol{\varphi}_1^{\mathrm{T}}(\boldsymbol{x})\boldsymbol{\varphi}_1(z) + b\boldsymbol{\varphi}_2^{\mathrm{T}}(\boldsymbol{x})\boldsymbol{\varphi}_2(z) \\ &= ak_1(\boldsymbol{x},z) + bk_2(\boldsymbol{x},z) \end{aligned} \tag{3.58}$$

因此，两个核的线性组合对应空间 $\boldsymbol{H}$ 中的一个核，该核嵌入了两个核的相应再生核希尔伯特空间。这一证明过程说明了 Mercer 核的线性组合通常称为希尔伯特空间的直和。

性质 3.2　核的张量积。 两个 Mercer 核的乘积

$$k(\boldsymbol{x},z) = k_1(\boldsymbol{x},z) \cdot k_2(\boldsymbol{x},z) \tag{3.59}$$

也是 Mercer 核。

证明：设 $\boldsymbol{K}=\boldsymbol{K}_1 \otimes \boldsymbol{K}_2$ 为核矩阵之间的张量积，其中矩阵 $\boldsymbol{K}_1$ 的每个元素 $k_1(\boldsymbol{x}_i,\boldsymbol{x}_j)$ 被乘积 $k_1(\boldsymbol{x}_i,\boldsymbol{x}_j)\boldsymbol{K}_2$ 替换。张量积的特征值是两个矩阵的特征值的所有乘积。那么，对于任何 $\boldsymbol{\alpha} \in \mathbb{R}^{N \cdot N}$，有

$$\boldsymbol{\alpha}^{\mathrm{T}} \boldsymbol{K} \boldsymbol{\alpha} \geqslant 0 \tag{3.60}$$

特别地，具有元素 $H_{i,j}=k_1(\boldsymbol{x}_i,\boldsymbol{x}_j)$ 的 Schur 积矩阵 $\boldsymbol{H}$ 是由一组列和同一组行定义的 $\boldsymbol{K}$ 的子矩阵。假设存在一个向量 $\boldsymbol{\alpha}$，在这些位置有非空元素，其余位置为零，那么有

$$\boldsymbol{\alpha}^{\mathrm{T}} \boldsymbol{K} \boldsymbol{\alpha} = \alpha'^{\mathrm{T}} \boldsymbol{H} \boldsymbol{\alpha}' \geqslant 0 \tag{3.61}$$

式中：$\alpha' \in \mathbb{R}^N$为由 $\boldsymbol{\alpha}$ 的非空分量构造的向量。

注意，前面的两个性质可以很容易地从两个推广到任意数量的核函数的直和或乘积。

性质 3.3　具有可分函数的核。如果有一个函数 $f(\boldsymbol{x})$，对于一个二元函数而言，根据 $k(\boldsymbol{x},z)=f(\boldsymbol{x})\cdot f(z)$，其组成是 Mercer 核。简单地说，函数 $f(\boldsymbol{x})$ 是到 $\alpha' \in \mathbb{R}^N$的一维映射。

性质 3.4　非线性变换输入空间的核。对于给定的非线性映射 $\boldsymbol{\varphi}(\boldsymbol{x})$，$k(\boldsymbol{\varphi}(\boldsymbol{x}), \boldsymbol{\varphi}(z))$ 是 Mercer 核。

性质 3.5　矩阵诱导核。如果 $\boldsymbol{B}$ 是半正定的，则 $\boldsymbol{x}^{\mathrm{T}}\boldsymbol{B}z$ 是 Mercer 核。

性质 3.6　多项式和指数变换。设 $k_1(\boldsymbol{x},z)$ 为 Mercer 核，下列变换也是 Mercer 核：

$$k(\boldsymbol{x},z)=p(k_1(\boldsymbol{x},z)) \tag{3.62}$$

$$k(\boldsymbol{x},z)=\exp(k_1(\boldsymbol{x},z)) \tag{3.63}$$

$$k(\boldsymbol{x},z)=\exp\left(\frac{-\|\boldsymbol{x}-z\|_{\boldsymbol{H}}^2}{2\sigma^2}\right) \tag{3.64}$$

式中：$p(\boldsymbol{v})$ 为具有正系数的多项式函数，$v \in \mathbb{R}$；$\|\boldsymbol{x}-z\|_{\boldsymbol{H}}^2=\langle \boldsymbol{\varphi}(\boldsymbol{x})-\boldsymbol{\varphi}(z), \boldsymbol{\varphi}(\boldsymbol{x})-\boldsymbol{\varphi}(z)\rangle$。

证明：对于第一个变换，考虑到性质 3.2，有 $k_p(\boldsymbol{x},z)=k(\boldsymbol{x},z)^p$，其中 $p \in N$ 是 Mercer 核。那么，根据性质 3.1，对于 $a_p \geqslant 0$，如果构建

$$k(\boldsymbol{x},z)=\sum_{p=1}^{P} \alpha_p k(\boldsymbol{x},z)^p + \boldsymbol{a}_0 \tag{3.65}$$

那么它也是 Mercer 核。

对于第二个变换，指数函数的泰勒级数展开如下：

$$\exp(v)=\sum_{k=0}^{\infty} \frac{1}{k!} v^k \tag{3.66}$$

由于它是一个具有正系数的多项式，它显然也是 Mercer 核。

对于最后一个性质,可以将距离向量的范数展开如下:

$$\|\boldsymbol{x}-\boldsymbol{z}\|_{\boldsymbol{H}}^{2}=\langle\boldsymbol{\varphi}(\boldsymbol{x})-\boldsymbol{\varphi}(\boldsymbol{z}),\boldsymbol{\varphi}(\boldsymbol{x})-\boldsymbol{\varphi}(\boldsymbol{z})\rangle=k_{1}(\boldsymbol{x},\boldsymbol{x})+k_{1}(\boldsymbol{z},\boldsymbol{z})-2k_{1}(\boldsymbol{x},\boldsymbol{z}) \tag{3.67}$$

该范数的平方指数由以下运算给出:

$$\begin{aligned}
k(\boldsymbol{x},\boldsymbol{z}) &= \exp\left(\frac{-\|\boldsymbol{x}-\boldsymbol{z}\|_{\boldsymbol{H}}^{2}}{2\sigma^{2}}\right)\\
&= \exp\left(-\frac{k_{1}(\boldsymbol{x},\boldsymbol{x})}{2\sigma^{2}}-\frac{k_{1}(\boldsymbol{z},\boldsymbol{z})}{2\sigma^{2}}+\frac{k_{1}(\boldsymbol{x},\boldsymbol{z})}{\sigma^{2}}\right)\\
&= \frac{\exp\left(\dfrac{k_{1}(\boldsymbol{x},\boldsymbol{z})}{\sigma^{2}}\right)}{\exp\left(\dfrac{k_{1}(\boldsymbol{x},\boldsymbol{x})}{2\sigma^{2}}\right)\exp\left(\dfrac{k_{1}(\boldsymbol{z},\boldsymbol{z})}{2\sigma^{2}}\right)}\\
&= \frac{\exp\left(\dfrac{k_{1}(\boldsymbol{x},\boldsymbol{z})}{\sigma^{2}}\right)}{\sqrt{\exp\left(\dfrac{k_{1}(\boldsymbol{x},\boldsymbol{x})}{\sigma^{2}}\right)\exp\left(\dfrac{k_{1}(\boldsymbol{z},\boldsymbol{z})}{\sigma^{2}}\right)}}=\frac{k(\boldsymbol{x},\boldsymbol{z})}{\sqrt{k(\boldsymbol{x},\boldsymbol{x})k(\boldsymbol{z},\boldsymbol{z})}}
\end{aligned} \tag{3.68}$$

根据前面的性质,$k(\boldsymbol{x},\boldsymbol{z})=\exp\left(\dfrac{k_{1}(\boldsymbol{x},\boldsymbol{z})}{\sigma^{2}}\right)$是核,式(3.68)也是(归一化的)核,因为它也是半正定的。

前面介绍的性质支持创建不同的核,并且已用于证明二元函数可以用作Mercer核的常用方法。尽管该证明并不容易,但有时会使用简单快捷的方式,有时则不能。在设计新的Mercer核时需要注意,一些示例中确保使用半正定矩阵取代它,这并不代表其自身是满足Mercer条件的核,但可以用于检测要丢弃的情况。

在一些文献中有很多核是以闭式形式提出的。接下来将介绍这些核,关于这些核和其他核的更多信息可以参见文献[1,5],以获取。

性质3.7　闭式形式核。以下核以闭式形式呈现,可以被证明为Mercer核:

线性核:$k(x,y)=\boldsymbol{x}^{\mathrm{T}}\boldsymbol{y}+c$

多项式核:$k(x,y)=(a\boldsymbol{x}^{\mathrm{T}}\boldsymbol{y}+c)^{d}$

平方指数核:$k(x,y)=\exp\left(-\dfrac{\|\boldsymbol{x}-\boldsymbol{y}\|^{2}}{2\sigma^{2}}\right)$

指数核:$k(x,y)=\exp\left(-\dfrac{\|\boldsymbol{x}-\boldsymbol{y}\|}{2\sigma^{2}}\right)$

拉普拉斯核:$k(x,y)=\exp\left(-\dfrac{\|\boldsymbol{x}-\boldsymbol{y}\|}{\sigma}\right)$

Sigmoid 核:$k(x,y)=\tanh(a\boldsymbol{x}^{\mathrm{T}}\boldsymbol{y}+c)$

$$
\begin{aligned}
\text{二次有理核}:k(x,y) &= 1-\frac{\|\boldsymbol{x}-\boldsymbol{y}\|^2}{\|\boldsymbol{x}-\boldsymbol{y}\|^2+c}\\
\text{多元二次核}:k(x,y) &= \sqrt{\|\boldsymbol{x}-\boldsymbol{y}\|^2+c^2}\\
\text{逆多元二次核}:k(x,y) &= \frac{1}{\sqrt{\|\boldsymbol{x}-\boldsymbol{y}\|^2+\theta^2}}\\
\text{幂核}:k(x,y) &= \|\boldsymbol{x}-\boldsymbol{y}\|^d\\
\text{对数核}:k(x,y) &= -\log(\|\boldsymbol{x}-\boldsymbol{y}\|^d+1)\\
\text{柯西核}:k(x,y) &= \frac{1}{1+\frac{\|\boldsymbol{x}-\boldsymbol{y}\|^2}{\sigma^2}}\\
\text{卡方核}:k(x,y) &= 1-\sum_{k=1}^{d}\frac{(\boldsymbol{x}^{(k)}-\boldsymbol{y}^{(k)})^2}{\frac{1}{2}(\boldsymbol{x}^{(k)}+\boldsymbol{y}^{(k)})}\\
\text{直方图交叉核}:k(x,y) &= \sum_{k=1}^{d}\min(\boldsymbol{x}^{(k)},\boldsymbol{y}^{(k)})\\
\text{广义交叉核}:k(x,y) &= \sum_{k=1}^{d}\min(|\boldsymbol{x}^{(k)}|^{\alpha},|\boldsymbol{y}^{(k)}|^{\beta})\\
\text{广义 TS 核}:k(x,y) &= \frac{1}{1+\|\boldsymbol{x}-\boldsymbol{y}\|^d}
\end{aligned}
\tag{3.69}
$$

练习 3.1　选择上面的部分核，证明它们是 Mercer 核。建议使用前面介绍的性质。哪一个不能根据这些性质证明是 Mercer 核？为什么？

例 3.7　核矩阵。在此例中构建了一个核矩阵，并为上面以闭式形式定义的一些 Mercer 核可视化了它的结构。这里使用了二维双峰高斯分布，其分布由 $N_1(\mu_1,\boldsymbol{\Sigma}_1)$ 和 $N_2(\mu_2,\boldsymbol{\Sigma}_2)$ 给出。中心位于 $\mu_1=[1,1]$ 和 $\mu_2=[0,0]$，协方差矩阵分别为

$$
\boldsymbol{\Sigma}_1=\begin{pmatrix}0.1 & 0\\ 0 & 0.1\end{pmatrix},\ \boldsymbol{\Sigma}_2=\begin{pmatrix}0.025 & 0.02\\ 0.025 & 0.1\end{pmatrix}
\tag{3.70}
$$

本例为每个类生成了 25 个示例。图 3.2 给出了样本的分布以及这些矩阵的几个曲面图。应该注意的是，由于高斯混合的双峰性，在大多数表示中两个空间区域清晰可见，因此通常使用这两个区域显示与相似核中隐含的不同。然而，有的核与它们到原点的距离密切相关，如线性核和多项式核，有的核是上界的，有的核是下界的，有的核在相似性增加的区域饱和等。在一些情况下，如 Sigmoid 情况下，它们可能不是半正定的，因此应该确保特征值对于自由参数的这种特定选择都是非负的实值。

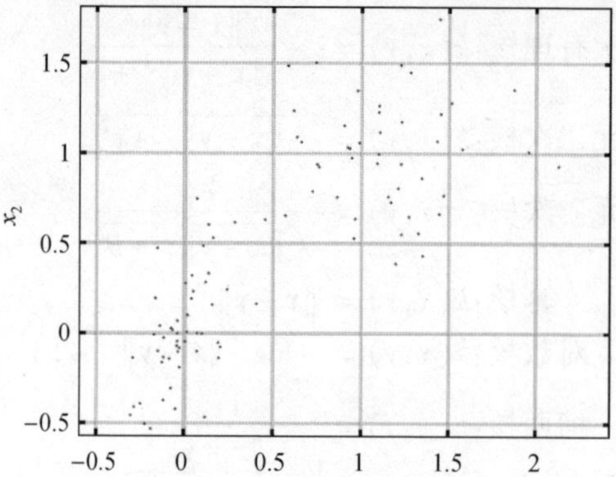
1.5
1
0.5
0
−0.5
x_2
−0.5
0
0.5
1
1.5
2
x_1
(a)

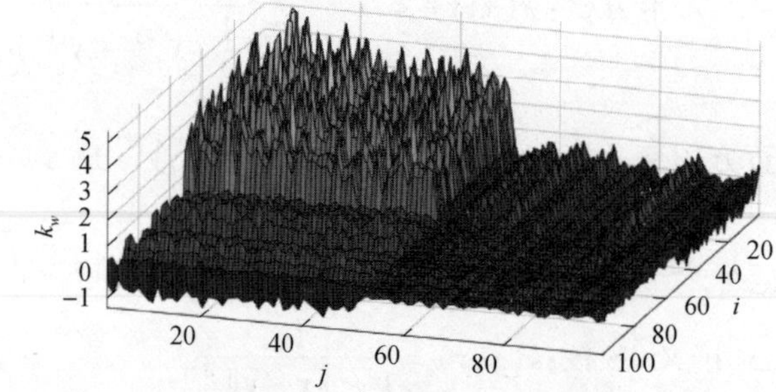
5
4
3
2
1
0
−1
k_w
20
40
60
80
j
20
40
60
80
100
i
(b)

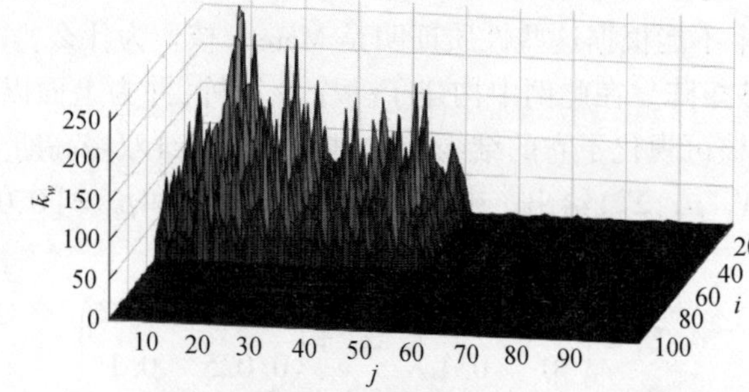
250
200
150
100
50
0
k_w
10
20
30
40
50
60
70
80
90
j
20
40
60
80
100
i
(c)

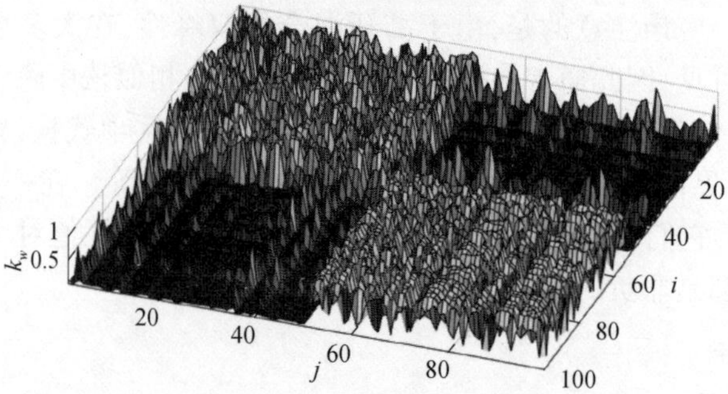
1
0.5
k_w
20
40
60
80
j
20
40
60
80
100
i
(d)

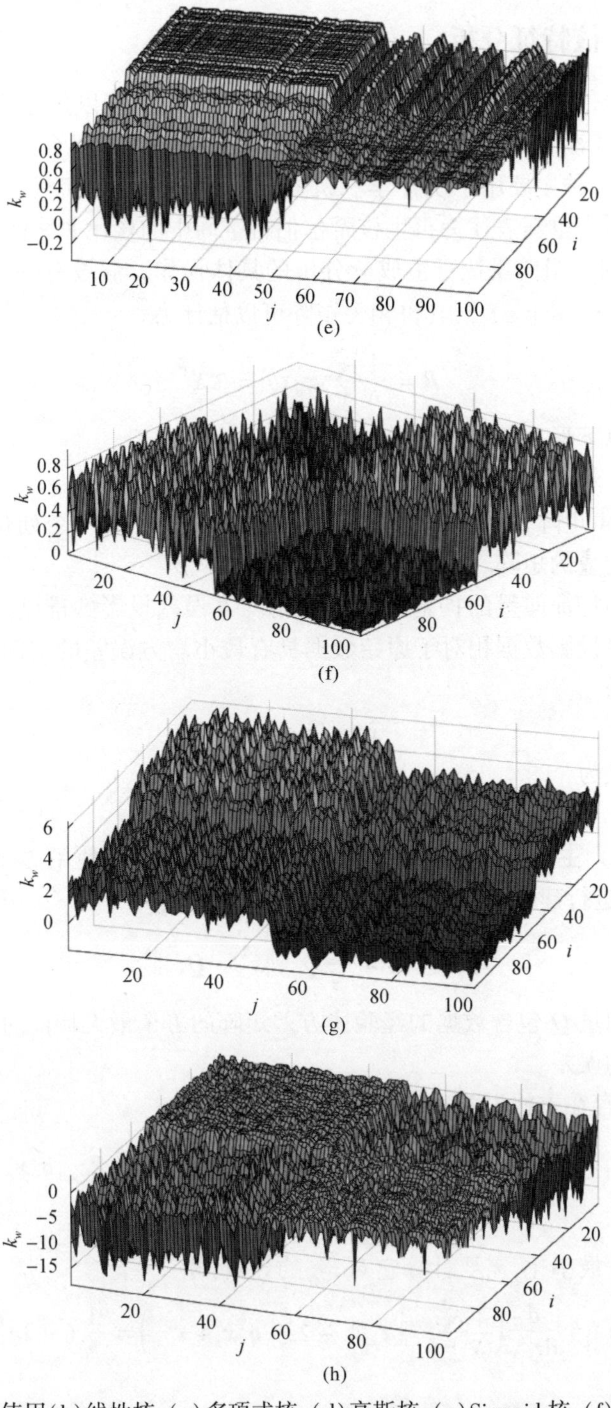

图 3.2　使用(b)线性核、(c)多项式核、(d)高斯核、(e)Sigmoid 核、(f)对数核、(g)最小直方图核和(h)卡方 Mercer 核时，二元双峰高斯混合数据集(a)的核矩阵示例

3.2.5 核特征分析

再生核希尔伯特空间、核技巧和表示展开的概念可以用于很多种数据模型,以便从非线性和原则性的角度对其进行重新表述。这里介绍了著名的主成分分析,这是一种主要用于统计学和机器学习的多元处理工具,并分析了如何将其从原始版本重新表述为再生核希尔伯特空间中的核化非线性算法。

在$\mathbb{R}^D$中对一组向量执行主成分分析的具体操作。假设有一组零均值的数据$\{x_1 \quad x_2 \quad \cdots \quad x_N\} \in \mathbb{R}^D$,其自相关矩阵可以估计为

$$\boldsymbol{R} = \frac{1}{N}\sum_{n=1}^{N}\boldsymbol{x}_n\boldsymbol{x}_n^{\mathrm{T}} = \boldsymbol{X}\boldsymbol{X}^{\mathrm{T}} \tag{3.71}$$

该矩阵具有以下形式的特征向量和特征值的表示,即

$$\boldsymbol{R} = \boldsymbol{Q}\boldsymbol{\Lambda}\boldsymbol{Q}^{\mathrm{T}} \tag{3.72}$$

式中:$\boldsymbol{\Lambda}$ 为对角矩阵,其元素 $\boldsymbol{\Lambda}_{ii} = \lambda_i$ 是矩阵特征值;$\boldsymbol{Q}$ 为一个列包含称为特征向量的正交向量的矩阵。

可以证明特征向量的构造是基于最小均方误差投影的准则。这种方法的主要思想是在投影数据相对于原始数据具有最小均方误差的空间中找到方向。元素的投影为

$$\hat{\boldsymbol{x}}_n = \langle \boldsymbol{x}_n, \boldsymbol{q} \rangle \boldsymbol{q} \tag{3.73}$$

投影误差为

$$\boldsymbol{x}_n - \hat{\boldsymbol{x}}_n = \boldsymbol{x}_n - \langle \boldsymbol{x}_n, \boldsymbol{q} \rangle \boldsymbol{q} \tag{3.74}$$

定理 3.3　主成分分析定理。一组 N 个 D 维向量可使用 L 个正交基向量 $\boldsymbol{q}_n$ 和得分 z_n 进行建模。重构误差为

$$J(\boldsymbol{Q}, \boldsymbol{Z}) = \frac{1}{N}\sum_{n=1}^{N} \|\boldsymbol{x}_n - \boldsymbol{Q}z_n\|^2 \tag{3.75}$$

如果基向量 $\boldsymbol{Q}$ 包含数据的经验协方差矩阵的 L 个最大特征向量,则可以实现最小的重构误差。

证明:一维解存在重构误差

$$J(\boldsymbol{q}_1, z_1) = \frac{1}{N}\sum_{n=1}^{N} \|\boldsymbol{x}_n - \boldsymbol{q}_1 z_{n,1}\|^2 = \frac{1}{N}\sum_{n=1}^{N} \|\boldsymbol{x}_n\|^2 - 2z_{n,1}\boldsymbol{q}_1^{\mathrm{T}}\boldsymbol{x}_n + z_{n,1}^2 \tag{3.76}$$

为了使它最小化,需要计算它对 $z_{n,1}$ 的导数,即

$$\frac{\mathrm{d}}{\mathrm{d}z_{n,1}}J(\boldsymbol{q}_1, z_1) = \frac{\mathrm{d}}{\mathrm{d}z_{n,1}}\left(\frac{1}{N}\sum_{n=1}^{N} \|\boldsymbol{x}_n\|^2 - 2z_{n,1}\boldsymbol{q}_1^{\mathrm{T}}\boldsymbol{x}_n + z_{n,1}^2\right) = \frac{1}{N}(-2\boldsymbol{q}_1^{\mathrm{T}}\boldsymbol{x}_n + 2z_{n,1}) \tag{3.77}$$

将导数置零会得出 $z_{n,1} = \boldsymbol{q}_1^{\mathrm{T}}\boldsymbol{x}_n$,其重构误差为

$$J(\boldsymbol{w}_1, z_1) = \frac{1}{N}\sum_{n=1}^{N} \|\boldsymbol{x}_n\|^2 - 2\boldsymbol{x}_n^{\mathrm{T}}\boldsymbol{q}_1\boldsymbol{q}_1^{\mathrm{T}}\boldsymbol{x}_n + z_{n,1}^2 = \frac{1}{N}\sum_{n=1}^{N} \|\boldsymbol{x}_n\|^2 - z_{n,1}^2 \tag{3.78}$$

此误差必须在满足约束 $\boldsymbol{q}_n^{\mathrm{T}}\boldsymbol{q}_n = 1$ 的条件下最小化。应用拉格朗日最优化，可得最小化泛函：

$$L(\boldsymbol{q}_i) = -\frac{1}{N}\sum_{n=1}^{N} \boldsymbol{q}_1^{\mathrm{T}}\boldsymbol{x}_n\boldsymbol{x}_n^{\mathrm{T}}\boldsymbol{q}_1 + \lambda_1(\boldsymbol{q}_1^{\mathrm{T}}\boldsymbol{q}_1 - 1) = -\boldsymbol{q}_1^{\mathrm{T}}\hat{\boldsymbol{R}}\boldsymbol{q}_1 + \lambda_1(\boldsymbol{q}_1^{\mathrm{T}}\boldsymbol{q}_1 - 1) \tag{3.79}$$

取导数得出 $\hat{\boldsymbol{R}}\boldsymbol{q}_1 = \lambda_1\boldsymbol{q}_1$。因此，$\lambda_1$ 和 $\boldsymbol{q}_1$ 分别是自相关矩阵的特征值和特征向量。

以上是证明输入空间中主成分分析原理的基本方程，现在将重写它们以获得其非线性版本，方法是在再生核希尔伯特空间中而不是原始输入空间中进行主成分分析。首先使用非线性变换 $\boldsymbol{\varphi}(\boldsymbol{x})$ 将其变换到具有核 $k(\cdot,\cdot)$ 的再生核希尔伯特空间。给定上述集合 $\boldsymbol{x}_n$，可以构造数据的变换矩阵 $\boldsymbol{\Phi}$，这样它的自相关矩阵为

$$\boldsymbol{C} = \boldsymbol{\Phi}\boldsymbol{\Phi}^{\mathrm{T}} = \boldsymbol{V}\boldsymbol{\Lambda}\boldsymbol{V}^{\mathrm{T}} \tag{3.80}$$

从前面的证明中知道：

$$\boldsymbol{C}\boldsymbol{V} = \boldsymbol{\Lambda}\boldsymbol{V} \tag{3.81}$$

假设特征向量是变换数据的线性组合：

$$\boldsymbol{V} = \boldsymbol{\Phi}\boldsymbol{A} \tag{3.82}$$

进一步用数据变换矩阵表示 $\boldsymbol{C}$，得到

$$\boldsymbol{C}\boldsymbol{V} = \frac{1}{N}\boldsymbol{\Phi}\boldsymbol{\Phi}^{\mathrm{T}}\boldsymbol{V} = \boldsymbol{\Lambda}\boldsymbol{V} \tag{3.83}$$

由 $\boldsymbol{V} = \boldsymbol{\Phi}\boldsymbol{A}$ 得

$$\frac{1}{N}\boldsymbol{\Phi}\boldsymbol{\Phi}^{\mathrm{T}}\boldsymbol{\Phi}\boldsymbol{A} = \boldsymbol{\Lambda}\boldsymbol{\Phi}\boldsymbol{A} \tag{3.84}$$

将式(3.84)两等号两边乘 $\boldsymbol{\Phi}^{\mathrm{T}}$，得

$$\frac{1}{N}\boldsymbol{\Phi}^{\mathrm{T}}\boldsymbol{\Phi}\boldsymbol{\Phi}^{\mathrm{T}}\boldsymbol{\Phi}\boldsymbol{A} = \boldsymbol{\Lambda}'\boldsymbol{\Phi}^{\mathrm{T}}\boldsymbol{\Phi}\boldsymbol{A} \tag{3.85}$$

即

$$\frac{1}{N}\boldsymbol{K}^2\boldsymbol{A} = \boldsymbol{\Lambda}'\boldsymbol{K}\boldsymbol{A} \tag{3.86}$$

最后得到

$$\boldsymbol{K}\boldsymbol{A} = N\boldsymbol{\Lambda}'\boldsymbol{A} \tag{3.87}$$

此结果表明，包含向量 $\boldsymbol{\alpha}_k$ 的矩阵 $\boldsymbol{A}$ 是 $\boldsymbol{K}$ 的特征向量集，其特征值为 $N\boldsymbol{\Lambda}'$，这是一个包含按 N 缩放的 $\boldsymbol{C}$ 的非零特征值的矩阵。

由上可得以下结论：

(1) 如果 $\boldsymbol{\alpha}_k$ 是核矩阵 $\boldsymbol{K}$ 的特征向量，则 $\boldsymbol{v}_k=\boldsymbol{\Phi}\boldsymbol{\alpha}_k$ 是 $\boldsymbol{C}$ 的特征向量。

(2) 如果 $\boldsymbol{\lambda}_k$ 是 $\boldsymbol{v}_k$ 的特征值，则 $N\lambda_k$ 是 $\boldsymbol{\alpha}_k$ 的特征值。

之前的结果假设数据以原点为中心，无论输入空间中的数据分布如何，这一点在特征空间中通常都不能保证。为使数据居中，需要计算均值并从所有向量中减去，即

$$\bar{\boldsymbol{\varphi}}(\boldsymbol{x}_n)=\boldsymbol{\varphi}(\boldsymbol{x}_n)-\frac{1}{N}\sum_{n=1}^{N}\boldsymbol{\varphi}(\boldsymbol{x}_i)=\boldsymbol{\varphi}(\boldsymbol{x}_n)-\frac{1}{N}\boldsymbol{\Phi}\boldsymbol{1}_N \tag{3.88}$$

中心矩阵可以写为

$$\tilde{\boldsymbol{\Phi}}=\boldsymbol{\Phi}-\frac{1}{N}\boldsymbol{\Phi}\boldsymbol{1}_N\boldsymbol{1}_N^{\mathrm{T}}=\boldsymbol{\Phi}-\frac{1}{N}\boldsymbol{\Phi}\boldsymbol{1}_{N,N} \tag{3.89}$$

式中：$\boldsymbol{1}_N^{\mathrm{T}}$ 为一行 N 个 1；$\boldsymbol{1}_{N,N}$ 为 N 维 1 的矩阵。易得，新的核矩阵为

$$\tilde{\boldsymbol{K}}=\boldsymbol{K}+\frac{1}{N^2}\boldsymbol{1}_{N,N}\boldsymbol{K}\boldsymbol{1}_{N,N}-\frac{1}{N}\boldsymbol{1}_{N,N}\boldsymbol{K}-\frac{1}{N^2}\boldsymbol{K}\boldsymbol{1}_{N,N} \tag{3.90}$$

练习 3.2 将式(3.90)的推导留给读者作为练习，其中均值是用一组(训练)数据计算的，然后从另一组(测试)数据中减去该均值。

输入向量到核空间的投影可以按以下方式表示。通过将向量 $\boldsymbol{\Phi}(\boldsymbol{x})$ 投影到特征向量 $\boldsymbol{v}_k$ 上得到其近似为

$$\tilde{\boldsymbol{\Phi}}(\boldsymbol{x})=\langle\boldsymbol{\Phi}(\boldsymbol{x}),\boldsymbol{v}_k\rangle\boldsymbol{v}_k \tag{3.91}$$

由于 $\boldsymbol{v}_k=\boldsymbol{\Phi}\boldsymbol{\alpha}_k$，则

$$\langle\boldsymbol{\Phi}(\boldsymbol{x}),\boldsymbol{v}_k\rangle=\boldsymbol{\Phi}^{\mathrm{T}}(\boldsymbol{x})\boldsymbol{\Phi}\boldsymbol{\alpha}_k=k^{\mathrm{T}}(\boldsymbol{x})\boldsymbol{\alpha}_k \tag{3.92}$$

式中：$\boldsymbol{k}(\boldsymbol{x})$ 是核乘积 $k(\boldsymbol{x},\boldsymbol{x}_n)$ 的向量。

那么，投影误差为

$$\|\boldsymbol{\Phi}(\boldsymbol{x})-\tilde{\boldsymbol{\Phi}}(\boldsymbol{x})\|^2=\|\boldsymbol{\Phi}(\boldsymbol{x})\|^2+\|\tilde{\boldsymbol{\Phi}}(\boldsymbol{x})\|^2-2\boldsymbol{\Phi}^{\mathrm{T}}(\boldsymbol{x})\tilde{\boldsymbol{\Phi}} \tag{3.93}$$

其中

$$\|\boldsymbol{\Phi}(\boldsymbol{x})\|^2=k(\boldsymbol{x},\boldsymbol{x}) \tag{3.94}$$

$$\|\tilde{\boldsymbol{\Phi}}(\boldsymbol{x})\|^2=N\lambda_k[\boldsymbol{k}^{\mathrm{T}}(\boldsymbol{x})\boldsymbol{\alpha}_k]^2 \tag{3.95}$$

$$\boldsymbol{\Phi}^{\mathrm{T}}(\boldsymbol{x})\tilde{\boldsymbol{\Phi}}(\boldsymbol{x})=[\boldsymbol{k}^{\mathrm{T}}(\boldsymbol{x})\boldsymbol{\alpha}_k]^2 \tag{3.96}$$

因此

$$\|\boldsymbol{\Phi}(\boldsymbol{x})-\tilde{\boldsymbol{\Phi}}(\boldsymbol{x})\|^2=k(\boldsymbol{x},\boldsymbol{x})+(1-2N\lambda_k)[\boldsymbol{k}^{\mathrm{T}}(\boldsymbol{x})\boldsymbol{\alpha}_k]^2 \tag{3.97}$$

核主成分分析(kernel PCA，KPCA)因几个性质而使人们对其兴趣增加，感兴趣的读者可以参见文献[6]。通俗地说，主成分分析致力于降维，也通常处理该方面的问题。然而，在这种背景下合理使用主成分分析的基本要求经常被忽

略,尤其是考虑来自多维单峰高斯分布的主成分分析协方差矩阵。如果面临的不是这类问题,主成分分析算法仍然可以启发式地用于减少大量多维数据的维数,但应谨慎处理。例如,它不会成为对观测数据似然的可靠估计。然而,核主成分分析原则上提供了更多的特征方向来支持数据转换,这看起来甚至会适得其反,因为我们主要对降维感兴趣。由于核主成分分析中的特征向量非常少,可以在原始空间中对非高斯数据进行高质量的表示,其在特征空间中对应于多维单峰高斯分布而且在对数据的似然表示方面表现良好。

例 3.8　核主成分分析简单示例。使用核主成分分析对合成数据集进行特征提取,该数据集由三个高斯分量混合组成,其分布由 $N_i(\boldsymbol{\mu}_i, \boldsymbol{\Sigma}_i)$ 给出,其中 $i = 1,2,3$。中心设置在

$$\boldsymbol{\mu}_1 = [3,3]^{\mathrm{T}},\ \boldsymbol{\mu}_2 = [3,-3]^{\mathrm{T}},\ \boldsymbol{\mu}_3 = [0,4]^{\mathrm{T}} \tag{3.98}$$

协方差矩阵为

$$\boldsymbol{\Sigma}_1 = \begin{bmatrix} 1.2 & 0.7 \\ 0.7 & 1.2 \end{bmatrix},\ \boldsymbol{\Sigma}_2 = \begin{bmatrix} 1.2 & -1 \\ -1 & 1.2 \end{bmatrix},\ \boldsymbol{\Sigma}_3 = \begin{bmatrix} 0.125 & 0 \\ 0 & 0.125 \end{bmatrix} \tag{3.99}$$

每个分量生成了 200 个样本,如图 3.3(a)所示。然后使用宽度 $\sigma_w = 0.8$ 的平方指数核计算数据之间点积的核矩阵。特征分析给出了一个包含 600 个样本的矩阵。图 3.3(b)中给出了 15 个第一特征向量。为了表征使用该特征向量的数据的近似质量,需计算区域 R^2 中训练数据点的投影。这是通过计算希尔伯特空间中自相关矩阵 $\boldsymbol{C}$ 的主特征向量 $\boldsymbol{v}$ 平面中的任何向量 $\boldsymbol{x}$ 的投影(用 N 归一化)来实现的,其具有等效的核矩阵特征向量,使得 $\boldsymbol{v}_1 = \boldsymbol{\Phi}\boldsymbol{\alpha}_1$,如式(3.100)所示。

$$\frac{1}{N}\langle \boldsymbol{\varphi}(\boldsymbol{x}), \boldsymbol{v}_1 \rangle = \frac{1}{N}\boldsymbol{\varphi}^{\mathrm{T}}(\boldsymbol{x})\boldsymbol{\Phi}\boldsymbol{\alpha}_1 = \frac{1}{N}\boldsymbol{k}^{\mathrm{T}}(\boldsymbol{x})\boldsymbol{\alpha}_1 \tag{3.100}$$

式中:$\boldsymbol{k}(\boldsymbol{x}) = \boldsymbol{\Phi}^{\mathrm{T}}\boldsymbol{\varphi}(\boldsymbol{x})$。

图 3.3(c)给出了投影结果,揭示了希尔伯特空间中仅使用一个特征向量进行数据逼近的准确性。图 3.3(d)给出了数据的概率分布。

3.2.6　复再生核希尔伯特空间和复核

复表示在许多信号处理场景中有着特殊的意义,如数字通信或天线理论具有使数学运算易于处理的自然形式。在天线以及通信领域中使用复数通常源于任何以给定频率为中心的带通实信号都可以用同相和正交分量表示。在这里考虑具有 $w_{\min}$ 和 $w_{\max}$ 间带限频谱的实值信号 $x(t)$,数学式表示如下:

$$x(t) = A_{\mathrm{I}}(t)\cos w_0 t - A_{\mathrm{Q}}(t)\sin w_0 t \tag{3.101}$$

式中:$A_{\mathrm{I}}(t)$、$A_{\mathrm{Q}}(t)$ 分别为同相分量和正交分量。

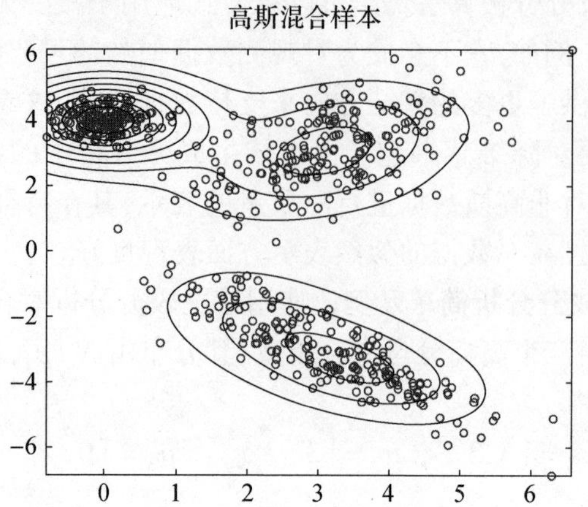
高斯混合样本
6
4
2
0
−2
−4
−6
0
1
2
3
4
5
6

(a)

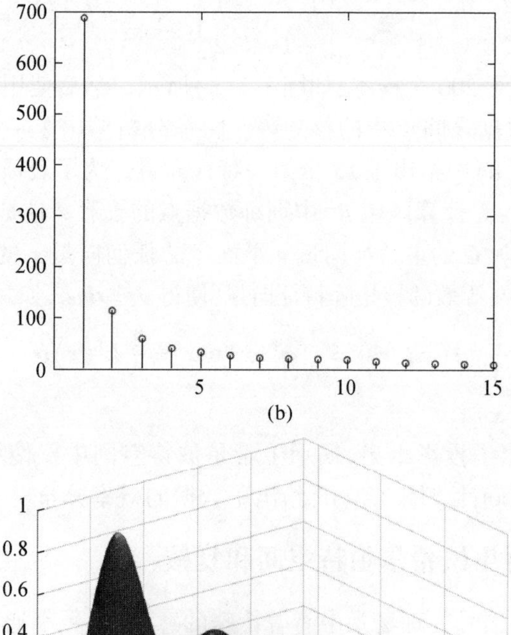
700
600
500
400
300
200
100
0
5
10
15

(b)

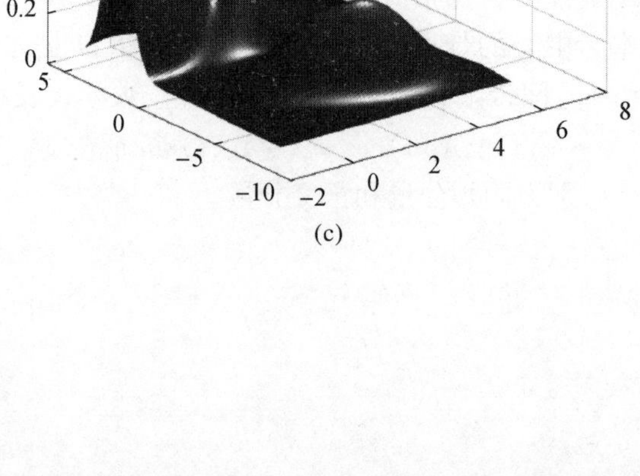
1
0.8
0.6
0.4
0.2
0
5
0
−5
−10
−2
0
2
4
6
8

(c)

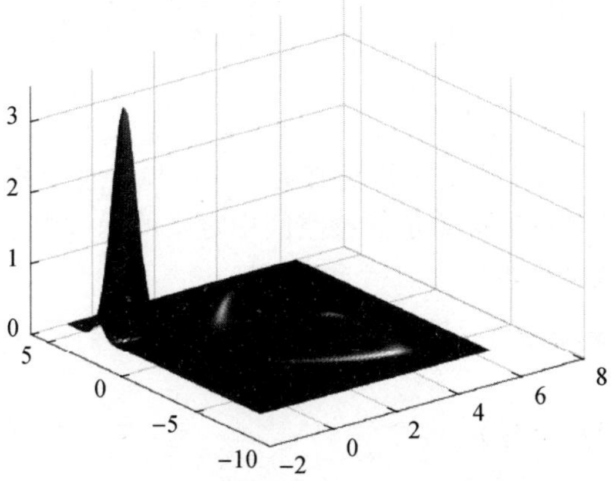

(d)

图 3.3　应用于从高斯混合中提取的数据集的核主成分分析示例

(a)给出了(c)的数据和等值线,(b)显示了核主成分分析的特征值,

(c)显示了空间点在特征向量上的投影,(d)显示了数据的概率密度。

式(3.101)可以重写为

$$x(t) = \Re\{(A_{\mathrm{I}}(t) + \mathrm{j}A_{\mathrm{Q}}(t))\mathrm{e}^{\mathrm{j}w_0 t}\} = \Re\{A(t)\mathrm{e}^{\mathrm{j}w_0 t}\} \tag{3.102}$$

式中:w_0 为中心频率或载波频率;$A(t)$ 通常为 $x(t)$ 的复包络。

由于同相分量和正交分量相对于 L^2 函数的点积是正交的,因此可证明 $A(t)$ 可以像式(3.101)那样调制而不会丢失信息。在信号处理领域通常会去掉中心频率以产生复包络。该信号既可以作为一对实值信号处理,也可以作为复信号处理,而后者为算子提供了更紧凑的符号。

到目前为止,本章一直在讨论使用实值向量的 Mercer 核,但复值 Mercer 核也是经典概念[7]。文献[8 – 9]中提出将其用于阵列天线处理,文献[10 – 13]对其进行了更正式的处理和严格的论证。随后将其与核最小均方(kernel LMS, KLMS)[14]一起使用,目的是将该算法扩展到复数域,表达式如下:

$$\boldsymbol{\Phi}(\boldsymbol{x}) = \boldsymbol{\Phi}(\boldsymbol{x}) + \mathrm{j}\boldsymbol{\Phi}(\boldsymbol{x}) = K[(\boldsymbol{x}_{\mathbb{R}}, \boldsymbol{x}_{\mathbb{I}}), \cdot] + \mathrm{j}K[(\boldsymbol{x}_{\mathbb{R}}, \boldsymbol{x}_{\mathbb{I}}), \cdot] \tag{3.103}$$

这将数据 $\boldsymbol{x} = \boldsymbol{x}_{\mathbb{R}} + \mathrm{j}\boldsymbol{x}_{\mathbb{I}} \in \mathbb{C}^d$ 转换为复杂的再生核希尔伯特空间中。这也称为复化技巧,其中核是在实数上定义的[1]。

由于复最小均方算法涉及复梯度,必须引入维廷格微积分(Wirtinger calculus),以使算法的代价函数是实值的并可在复数域上定义。注意,这是一个非全纯域,不能使用复导数。计算此类导数的一种简便方法是使用维廷格导数。假设一个变量 $\boldsymbol{x} = \boldsymbol{x}_{\mathbb{R}} + \mathrm{j}\boldsymbol{x}_{\mathbb{I}} \in \mathbb{C}$ 和一个非全息函数 $f(x) = f_{\mathbb{R}}(x) + f_{\mathbb{I}}(x)$,那么关于 x 和 x^* 的维廷格导数为

$$\begin{cases} \dfrac{\partial f}{\partial x} = \dfrac{1}{2}\left(\dfrac{\partial f_{\mathbb{R}}}{\partial x_{\mathbb{R}}} + \dfrac{\partial f_{\mathbb{I}}}{\partial x_{\mathbb{I}}}\right) + \dfrac{j}{2}\left(\dfrac{\partial f_{\mathbb{I}}}{\partial x_{\mathbb{R}}} - \dfrac{\partial f_{\mathbb{R}}}{\partial x_{\mathbb{I}}}\right) \\ \dfrac{\partial f}{\partial x^{*}} = \dfrac{1}{2}\left(\dfrac{\partial f_{\mathbb{R}}}{\partial x_{\mathbb{R}}} - \dfrac{\partial f_{\mathbb{I}}}{\partial x_{\mathbb{I}}}\right) + \dfrac{j}{2}\left(\dfrac{\partial f_{\mathbb{I}}}{\partial x_{\mathbb{R}}} + \dfrac{\partial f_{\mathbb{R}}}{\partial x_{\mathbb{I}}}\right) \end{cases} \tag{3.104}$$

这个概念仅限于在$\mathbb{C}$中定义的复值函数。一些人通过 Fréchet 可微性的定义将这个概念推广到再生核希尔伯特空间中定义的函数中。此再生核希尔伯特空间中的核函数表达如下：

$$\hat{K}(\boldsymbol{x},\boldsymbol{x}') = \boldsymbol{\varphi}^{H}(\boldsymbol{x})\boldsymbol{\varphi}(\boldsymbol{x}') = [\boldsymbol{\varphi}(\boldsymbol{x}) - \mathrm{j}\boldsymbol{\varphi}(\boldsymbol{x})][\boldsymbol{\varphi}^{\mathrm{T}}(\boldsymbol{x}) + \mathrm{j}\boldsymbol{\varphi}^{\mathrm{T}}(\boldsymbol{x})] = 2K(\boldsymbol{x},\boldsymbol{x}') \tag{3.105}$$

则在此表示定理可以重写为

$$f*(\cdot) = \sum_{n=1}^{N} \alpha_i K(\cdot,\boldsymbol{x}_i) + \mathrm{j}\beta_i K(\cdot,\boldsymbol{x}_i)(\alpha_i,\beta_i \in \mathbb{R}) \tag{3.106}$$

注意，上述定理最初是在复数上定义的。文献[13]使用了纯复核，即在$\mathbb{C}$上定义的核。在这种情况下，表示定理可简单写为

$$f*(\cdot) = \sum_{n=1}^{N} (\alpha_i + \mathrm{j}\beta_i) K(\cdot,\boldsymbol{x}_i) \tag{3.107}$$

除了权重的复杂性和核上的共轭运算，这类似于处理实数据时的标准展开式。

3.3 核机器学习

用于分类和回归的支持向量机方法和用于回归的高斯过程情况下，算法都是在对偶子空间中表述的，因此得到了只使用点积的表达式。这样，可以通过使用核将这些学习机扩展到更高维的希尔伯特空间，为它们提供非线性特性。这对于克服线性机的局限性是至关重要的，因为很多实际问题都是非线性的。

3.3.1 核学习机和正则化

例 3.1 是一个非常简单的问题，其中非常简化的数字通信信道也会带来固有的非线性分类问题，该问题可通过应用核技巧来解决。在此例中使用简单的最小均方误差准则来解决此问题。

在此例中，输入空间的维数为 2，正如使用的多项式核的简单推导所证明的那样，特征空间的维数为 9 加上仅包含一个常数的维数。使用的数据量为 100，与数据量相比，问题的维数较低。在这种情况下不会出现过拟合问题（例如定理 1.5，其中过拟合风险被明确界定为最大间隔分类器数据量的函数）。然而，希尔伯特空间的维数可以是任意高的，根据使用的核对偶子空间的维度可扩展

到样本的维数。这带来了潜在的过拟合问题,需要通过正则化来避免。

支持向量机和高斯过程分别是显式或隐式正则化的策略。本节将介绍核支持向量机和高斯过程的概念,但首先重新讨论例3.1中的问题,以了解使用高维希尔伯特空间所面临的挑战。

例3.9 高维沃尔泰拉核中的过拟合。例3.1中的问题可以使用例3.3中获得的具有不同多项式阶数的方程来解决。定义了估计器形式为 $y[m] = \sum_{n=1}^{N} \alpha_n k(x_n, x_m)$,其中核的形式为 $k(\boldsymbol{x}_n, \boldsymbol{x}_m) = (\boldsymbol{x}_n^{\mathrm{T}} \boldsymbol{x}_m + 1)^p$。对于不同的 p 值,使用式(3.27)中的解来调整对偶参数 α_n。证明特征空间的维数等于 $\binom{D+p}{D} = \frac{(D+p)!}{p!\,D!}$,这里为10。

此例检验了希尔伯特空间的维数对解的影响。图3.4给出了从1阶到10阶的不同值的结果。图3.4(a)给出了1阶~3阶的结果。很明显,$p=1$ 只能产生线性解,这不足以解决问题;$p=2$ 产生了维数为5的希尔伯特空间,也不足以提供合适的解;$p=3$,维数10提供了一个合理的解,接近最优解。

图3.4(b)给出了另外 $p=6$ 和 $p=10$ 的解,它们分别产生维数为28和45的希尔伯特空间。这些解不如 $p=3$ 的解平滑,显然是过拟合的情况。这种情况试图尽量减少训练样本中的误差,但降低了泛化。这在一定程度上是维数和数据量非常接近的事实造成的。如果将数据量 N 增加到2000,如图3.5所示,则解会更加平滑。

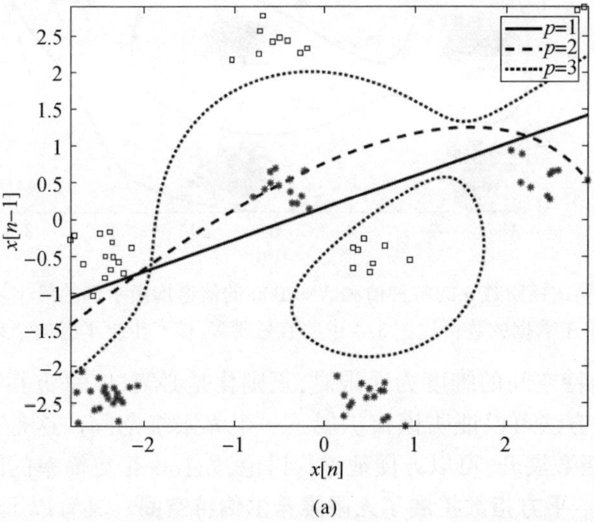

(a)

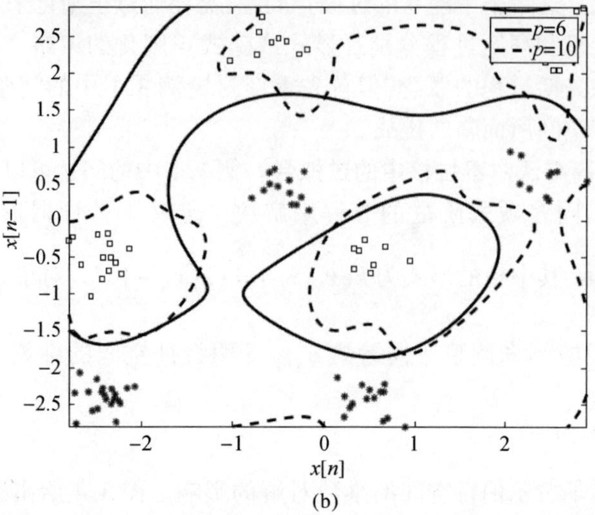

图 3.4　$N=100$、多项式核阶 p 取多种值下的信道均衡示例的最小均方误差解
(a)显示 $p=1$(线性核)和 $p=3$。一阶显然不够,而立方阶解决了这个问题。
对于更高阶(b),解出现过拟合。

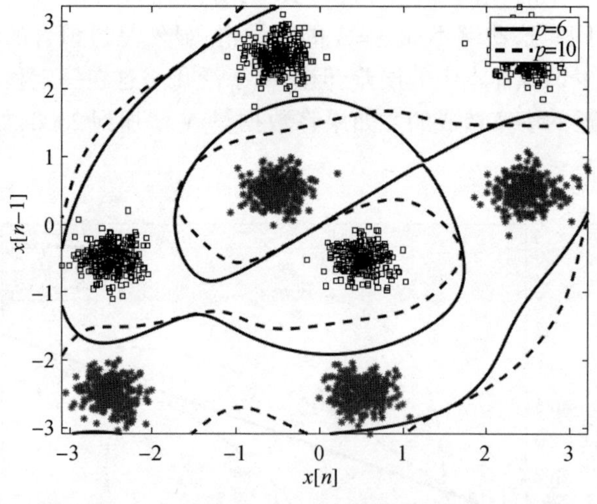

图 3.5　多项式核阶数 p 的各种值和 $N=2000$ 的信道均衡示例的最小均方误差解。
由于数据的数量比图 3.4 中的数量要多,核产生更平滑的结果

当希尔伯特空间的维度为无限时,正则化是必需的,平方指数核就是这种情况。有多种方法可以证明该核扩展了一个无限维空间。这是一个复杂的问题,通过泰勒级数展开,可以方便地进行讨论,先看一个更简单的问题。

性质 3.8　平方指数扩展了无限维希尔伯特空间。具有以下表达式的指数核是无限维希尔伯特空间 $\boldsymbol{H}$ 的点积:

$$k_{\mathrm{SE}}(\boldsymbol{x},\boldsymbol{x}') = \exp\left(-\frac{1}{2\sigma^2}\|\boldsymbol{x}-\boldsymbol{x}'\|^2\right)$$

证明：假设平方指数核的正定性得到了证明，意味着根据 Mercer 定理该核是点积。易知，两个向量之间的点积满足不等式：

$$0 < \langle \boldsymbol{\varphi}_{\mathrm{SE}}(\boldsymbol{x}),\boldsymbol{\varphi}_{\mathrm{SE}}(\boldsymbol{x}')\rangle = k_{\mathrm{SE}}(\boldsymbol{x},\boldsymbol{x}') \leqslant 1$$

只有当 $\boldsymbol{x}=\boldsymbol{x}'$时，右不等式才变为等式。这意味着任意两个向量 $\boldsymbol{\varphi}_{\mathrm{SE}}(\boldsymbol{x})$和 $\boldsymbol{\varphi}_{\mathrm{SE}}(\boldsymbol{x}')$彼此平行。假设一组 $\boldsymbol{H}$ 向量 $\boldsymbol{\varphi}(\boldsymbol{x}_j)$是 $\boldsymbol{x}_j$ 转换为 $\boldsymbol{H}$ 的结果。如果没有向量是平行的，则向量集跨越维度为 N 的子空间。当一个新的向量 $\boldsymbol{x}$ 转换成 $\boldsymbol{H}$ 时，该向量的一个分量与其余的变换向量都正交，这定义了一个新的维度。这一事实对于任何 N 值都是正确的，也就是说，任何投入希尔伯特空间的新向量都会为扩展子空间贡献一个新维度。

通过泰勒级数展开的证明给出了平方指数核的另一个性质。同时，多项式核必然等于包含偏差的点积，但平方指数核则不然。

性质 3.9　平方指数核是无偏点积。平方指数核等于不包含偏置项的点积。

证明：平方指数核可用以下形式的泰勒级数展开

$$\begin{aligned}k_{\mathrm{SE}}(\boldsymbol{x},\boldsymbol{x}') &= \exp\left(-\frac{1}{2\sigma^2}\|\boldsymbol{x}-\boldsymbol{x}'\|^2\right)\\ &= \exp\left(-\frac{1}{2\sigma^2}\|\boldsymbol{x}\|^2\right)\exp\left(-\frac{1}{2\sigma^2}\|\boldsymbol{x}'\|^2\right)\exp\left(-\frac{1}{2\sigma^2}\boldsymbol{x}^{\mathrm{T}}\boldsymbol{x}'\right)\\ &= \exp\left(-\frac{1}{2\sigma^2}\|\boldsymbol{x}\|^2\right)\exp\left(\frac{1}{2\sigma^2}\|\boldsymbol{x}'\|^2\right)\sum_{n=0}^{\infty}\frac{(\sigma^{-2}\boldsymbol{x}^{\mathrm{T}}\boldsymbol{x}')^n}{n!}\end{aligned} \tag{3.108}$$

如果 $\boldsymbol{x}$ 的维数为 1，即 $\boldsymbol{x}=x\in\mathbb{R}$，则此点积包含到希尔伯特空间的非线性变换的显式表达式，即

$$\varphi(x) = \exp\left(-\frac{1}{2\sigma^2}x^2\right)\left\{1,\frac{(\sigma^{-2}x)^2}{2!},\cdots,\frac{(\sigma^{-2}x)^n}{n!},\cdots\right\} \tag{3.109}$$

有关 $\boldsymbol{x}\in\mathbb{R}^D$的闭式可参见文献[15]。首先了解扩展空间具有无限维，其次该表达式及其泛化不包含常数项（因为它是在多项式核对应的变换中得到的）。因此，需要人为地将该偏置项添加到核中，以便等效地向估计函数添加偏差。这将在 3.3.2 节中得到证明。

由于这种扩展是无限维度的，训练数据的数量总是小于维数，原则上会带来一定程度的过拟合。然而，空间的每个维度都有一个以 $\sigma^{2n}n!$ 的速率减小的权重。这意味着，如果 σ 较高，则只有少数维度在估计中是重要的，因为 n 的高值会显著减弱这些维度中的向量分量；如果 σ 较低，则向量在更大的维度上将具有不可忽略的影响，从而增加了空间的有效维度。这是一个对增加 σ 会产生

更软或更简单的解的直观解释,正如将在下一个示例中看到的。

例 3.10　平方指数核的过拟合和正则化。重复例 3.1 但不使用多项式核,而使用平方指数核。图 3.6 给出了实验的结果。图 3.6(a)给出了核参数 σ 设置得太低的两种情况。在这些情况下,有效维数过多,如果 $\sigma = 100$,则有效维数似乎约为 3,可以从与图 3.4 中结果的相似性看出。在此例中,为了给估计器添加偏置项,该核添加一个常数核,将进一步证明它是正确的。

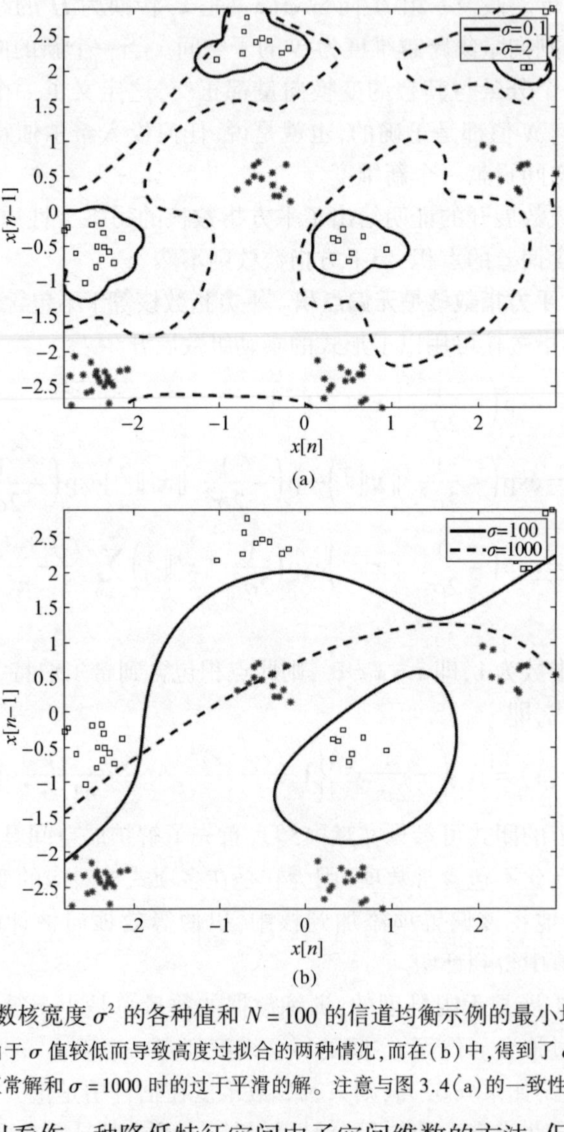

图 3.6　指数核宽度 σ^2 的各种值和 $N = 100$ 的信道均衡示例的最小均方误差解
(a)给出了由于 σ 值较低而导致高度过拟合的两种情况,而在(b)中,得到了 $\sigma = 100$ 时的正常解和 $\sigma = 1000$ 时的过于平滑的解。注意与图 3.4(a)的一致性。

正则化可以看作一种降低特征空间中子空间维数的方法,但仅通过操作核参数很难做到。作为在最优化中引入正则化的一种方法,可以通过岭回归准则来改变最小均方误差准则,从而提供更平滑的解,减少过拟合的可能性。1.2.5 节简要介绍了岭回归解。

例 3.11　平方指数核的正则化。简单地应用式(1.34)的非线性扩展,也就是说,用 $\boldsymbol{\alpha}=(\boldsymbol{\Phi}^{\mathrm{T}}\boldsymbol{\Phi}+\gamma\boldsymbol{I})^{-1}\boldsymbol{y}=(\boldsymbol{K}+\gamma\boldsymbol{I})^{-1}\boldsymbol{y}$ 构造估计器 $y[m]=\sum_{n=1}^{N}\alpha_m k(\boldsymbol{x}_n,\boldsymbol{x}_m)$。正则化由单位矩阵乘以 γ 提供。

图 3.7 给出了对于 $\sigma=1$ 和 $\sigma=20$ 的平方指数核,$\gamma=0$(最小均方误差)与 $\gamma=8\times10^{-8}$时的解的比较。得到了 $\gamma=8\times10^{-8}$和 $\sigma=20$ 时的最佳解。

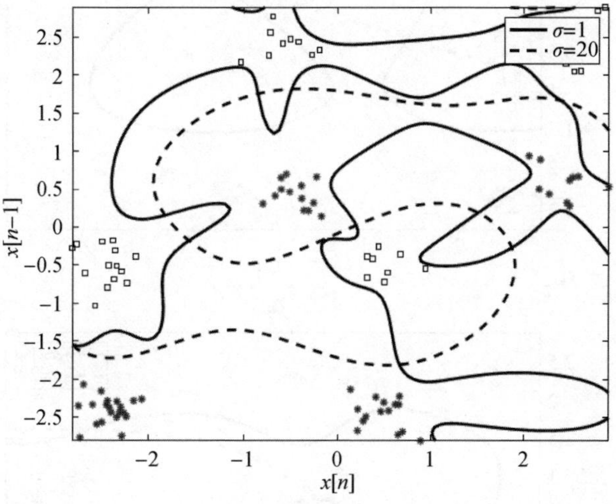

(a)

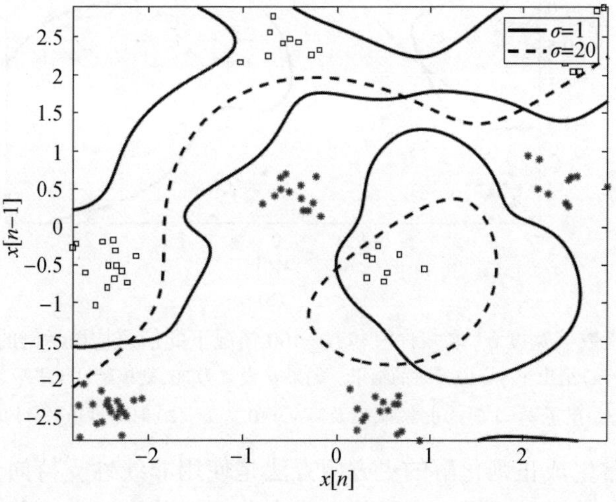

(b)

图 3.7　(a)指数核宽度 σ^2 取多个值和 $N=100$ 的信道均衡示例的最小均方和岭回归解的比较;(b)$\sigma=1$ 和 $\gamma=8\times10^{-8}$时的合理岭回归解

图 3.8 给出了 $\gamma=10^{-5}$ 和 $\gamma=10^{-1}$ 时的 i 值的结果。可以看出了 $\sigma=20$ 时解的过度平滑，如果 $\sigma=1,\gamma=10^{-5}$，则产生合理的解。此例揭示了交叉验证核和正则化参数的重要性。

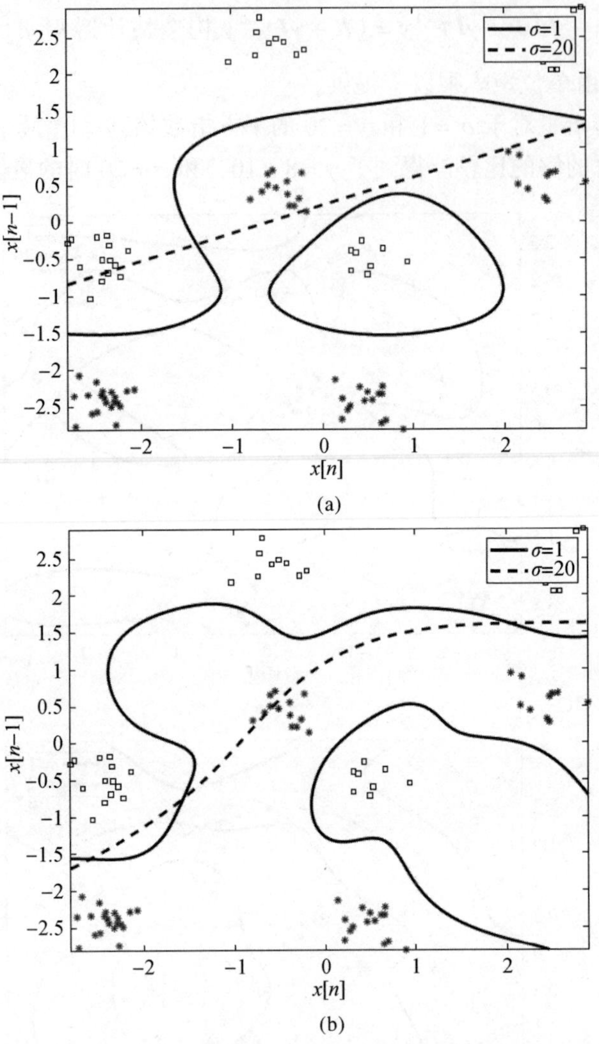

图 3.8 指数核宽度 σ^2 取多种值和 $N=100$ 情况下的信道均衡示例的岭回归解

(a)给出了 $\gamma=10^{-5}$ 时的结果。如果 σ 设置为 20，则该解过于平滑。

(b)给出了 $\sigma=1$ 时的正常解，以及当 $\gamma=10^{-1}$、$\sigma=20$ 时的过于平滑的解。

另外，通常生成正则化解的更方便方法是使用非线性支持向量机和高斯过程，它们本质上是由其准则正则化的。将在 3.3.3 节和 3.3.4 节中用公式表示它们并提供示例。

3.3.2　偏置核的重要性

核估计器的原始表达式需要一个偏置项，该偏置项是估计器具有所有可能的自由度所必需的；否则，估计器仅限于包含原点的超平面。该表达式如下：

$$y[m] = \boldsymbol{w}^{\mathrm{T}}\varphi(\boldsymbol{x}_m) + b$$

使用表示定理和核，上式可写为

$$y[m] = \sum_{n=1}^{N} \alpha_n k(\boldsymbol{x}_n, \boldsymbol{x}_m) + b$$

在上面的示例中，有一个包含偏差的核，在表达式中不包含 b 项。通过检查展开式(3.6)和式(3.7)中的原始估计器，可以看到原始参数 $\boldsymbol{w}$ 的第一个元素必须是偏差。然而平方指数核没有偏差，它以间接的方式纳入本章相应的示例中。

一般来说，包含偏置项是一种很好的做法，其间接方式源自原始表达式，可以由下式导出：

$$y[m] = \boldsymbol{w}^{\mathrm{T}}\varphi(\boldsymbol{x}_m) + b = \begin{pmatrix} \boldsymbol{w} \\ b \end{pmatrix}^{\mathrm{T}} \begin{pmatrix} \varphi(\boldsymbol{x}) \\ 1 \end{pmatrix} \tag{3.110}$$

注意，此表达式包含一个由常量扩展的变换。将两个数据之间的点积扩展为

$$\begin{pmatrix} \varphi(\boldsymbol{x}) \\ 1 \end{pmatrix}^{\mathrm{T}} \begin{pmatrix} \varphi(\boldsymbol{x}') \\ 1 \end{pmatrix} = k(\boldsymbol{x}, \boldsymbol{x}') + 1 \tag{3.111}$$

因此，为了包含隐式偏差，核矩阵必须简单地扩展为 1 的矩阵。如果调用由核函数 $\boldsymbol{K}_f$ 构造的原始核矩阵，那么新核表示为

$$\boldsymbol{K} = \boldsymbol{K}_f + \mathbf{1}_{N\times N} \tag{3.112}$$

式中：$\mathbf{1}_{N\times N}$ 为 $N\times N$ 个 1 的方阵。

通过在核中加入常数项，可以从估计表达式中恢复偏差：

$$y[m] = \sum_{n=1}^{N} \alpha_n k_f(\boldsymbol{x}_n, \boldsymbol{x}_m) + b = \sum_{n=1}^{N} \alpha_n [k_f(\boldsymbol{x}_n, \boldsymbol{x}_m) + 1] \tag{3.113}$$

因此，可以看到偏差简单地恢复为 $b = \sum_{n=1}^{N} \alpha_n$。在支持向量机中不使用此策略，其偏差的计算是显式进行的。

练习 3.3　留给读者一个练习，重新推导上述过程，以了解在多项式核中引入偏差不会改变结果，但不将偏差包含在平方指数核中，很难获得好的结果。

3.3.3　核支持向量机

核支持向量机的概念是在文献[16]中引入的，它使用核技巧将非线性特性引入支持向量机中。核的使用使得能够在高维希尔伯特空间中使用线性支持

向量机实现最优化,因此除了核矩阵的定义,公式是相同的。线性支持向量机的算法在第 1 章中介绍过,它可以很容易地改变为适应于核的表述。假设一个由输入空间到希尔伯特空间 $\boldsymbol{H}$ 的非线性变换 $\varphi(\cdot)$,具有核点积 $k(\cdot,\cdot)=\varphi^{\mathrm{T}}(\cdot)\varphi(\cdot)$。

支持向量机的原始优化问题可以简单地由式(1.46)重新表述为

$$\min_{w,b,\xi_i}\frac{1}{2}\|\boldsymbol{w}\|^2+C\sum_{i=1}^{N}\xi_i \tag{3.114}$$

$$\text{s. t.}\begin{cases}y_i(\boldsymbol{w}^{\mathrm{T}}\varphi(\boldsymbol{x})+b)\geqslant 1-\xi_i\\ \xi_i\geqslant 0\end{cases}$$

对偶表示法可以写成类似式(1.71)的线性形式:

$$L_d=-\frac{1}{2}\boldsymbol{\alpha}^{\mathrm{T}}\boldsymbol{YKY\alpha}+\boldsymbol{\alpha}^{\mathrm{T}}\mathbf{1} \tag{3.115}$$

式中:$\boldsymbol{K}=\boldsymbol{\Phi}^{\mathrm{T}}\boldsymbol{\Phi}$ 为训练数据核矩阵,其元素是核点积 $[\boldsymbol{K}]_{ij}=\varphi^{\mathrm{T}}(\boldsymbol{x}_i)\varphi(\boldsymbol{x}_j)=k(\boldsymbol{x}_i,\boldsymbol{x}_j)$。注意,此核不包含任何偏差,其值可以在式(1.60)中的 KKT 条件下得到。KKT 条件为

$$\alpha_n\left\{y_n\left[\sum_{m=1}^{N}\alpha_m(k(\boldsymbol{x}_m\boldsymbol{x}_n)+b\right]-1+\xi_n\right\}=0 \tag{3.116}$$

如果 $\boldsymbol{x}_n$ 是间隔上的向量,那么它很容易识别,在这种情况下 $\alpha_n<C$。其相应的松弛变量为 $\xi_i=0$。将 x_n 和 ξ_i 代入式(3.116)并分离出 b,即可得到结果。

例 3.12　核支持向量机。使用具有多项式核和平方指数核的支持向量机解决前文例子中的同一个简单问题。在这两种情况下,模型参数(分别为 C 和核宽度 σ 的多项式阶数)都已得到验证。选择一对参数后,使用 100 个样本的训练数据集训练支持向量机。然后计算新样本集(验证集)上的分类误差,再更改参数对并重复该过程。对于多项式核,这里遍历了 1 ~8 之间的多项式阶数,以及 -10^{-2} ~1 之间的 C,并使用了误分类错误率。通过利用松弛变量的总和或验证集的损失对平方指数参数进行验证,即标记与错误分类样本的响应之间的绝对误差总和。参数 σ 在 0.1 ~2.5 之间进行验证,C 在 0.1 ~100 之间进行验证。

图 3.9 给出了多项式核情况的结果,最佳阶数为 3。图 3.10 给出了应用平方指数时最佳宽度 $\sigma=0.8$ 的结果,类似于之前使用岭回归选择的结果。可以看出,该边界实际上更接近图 3.11 所示的最优贝叶斯边界,这表明该核与多项式核相比具有更高的灵活性。

最后,为了比较,将最优贝叶斯边界显示在图 3.11 中。假设数据的分布是已知的,估计该边界,并且优化估计器,以便在给定观测样本的情况下,所采取的决策使传输符号的后验概率最大化。

观测数据 $\boldsymbol{x}_n=[x[n],x[n-1]]^{\mathrm{T}}$,其中 $x[n]=d[n]+ad[n-1]+g(n)$ 是

式(3.4)中定义的信道输出。因为 $\boldsymbol{x}_n$ 中有 3 个二进制符号,所以只能观察到 8 个数据集,分为两个类,其值详见表 3.1。4 个标号"□"数据集对应分类 $d[n]=-1$,数据集对应 $d[n]=1$。标号"□"的数据集对应的分类 $d[n]=-1$ 的概率分布是以均值 $\boldsymbol{\mu}_i$ 为中心且具有协方差矩阵 $\sigma_n^2\boldsymbol{I}$ 的四个高斯分布组合($1 \leqslant i \leqslant 4$),即

$$p(\boldsymbol{x} \mid d=1)=\frac{1}{4}\sum_{i=1}^{4} N(\boldsymbol{x} \mid \boldsymbol{\mu}_i, \sigma_n^2\boldsymbol{I}) \tag{3.117}$$

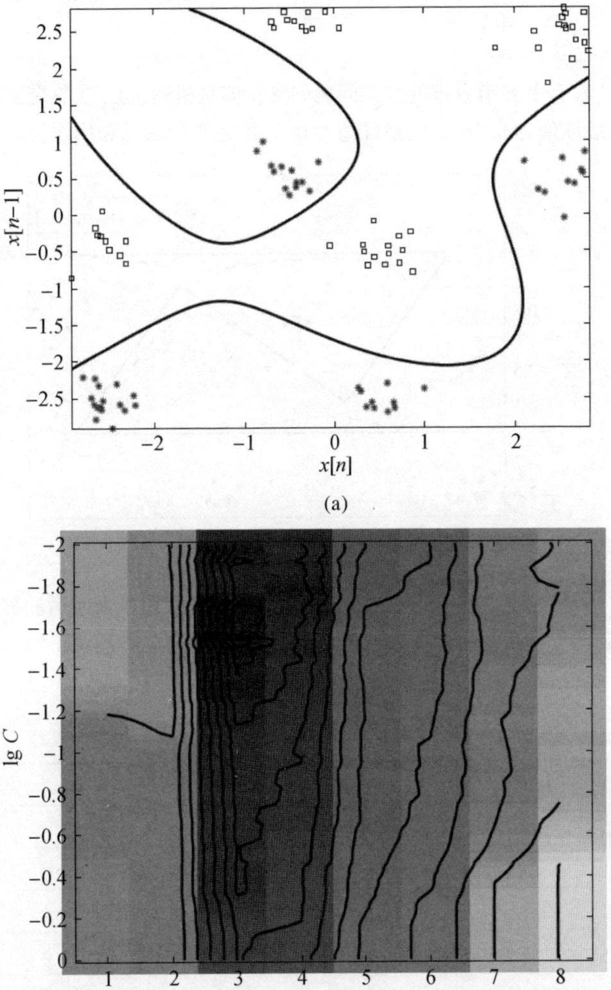

(a)

(b)

图 3.9　(a)使用多项式核的分类问题的支持向量机解;(b)验证过程的结果。使用误分类率验证参数 C 和多项式阶。最佳多项式阶数为 3,C 的最佳值为 0.1

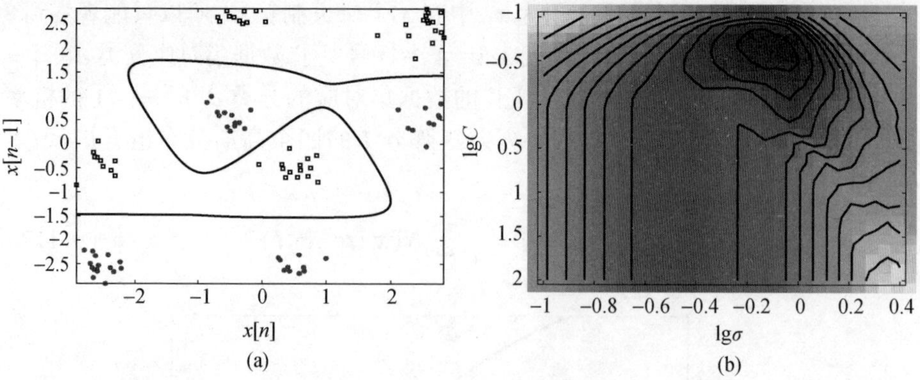

图 3.10 (a)具有平方指数核的分类问题的支持向量机解;(b)参数交叉验证的结果。C 的最佳值为 0.26,σ 的最佳值为 0.8,松弛变量的总和用作验证误差

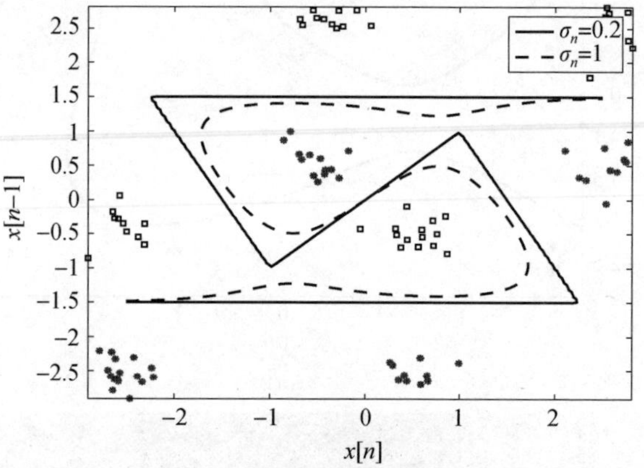

图 3.11 噪声标准偏差 σ_n 分别为 0.2 和 1 时示例问题的最大后验概率边界。给出的数据是 $\sigma_n = 0.2$ 时的训练数据集。注意,最优解比分类器获得的解更清晰明确,更接近 $\sigma_n = 1$ 时的最优边界

表 3.1 图 3.11 中 8 个不同数据集群的位置

i	$d[n]$	$d[n-1]$	$d[n-2]$	$\boldsymbol{\mu}_i$	
1	−1	−1	−1	$-1-\alpha$	$-1-\alpha$
2	−1	−1	1	$-1-\alpha$	$-1+\alpha$
3	−1	1	−1	$-1+\alpha$	$1-\alpha$
4	−1	1	1	$-1+\alpha$	$1+\alpha$
5	1	−1	−1	$1-\alpha$	$-1-\alpha$
6	1	−1	1	$1-\alpha$	$-1+\alpha$
7	1	1	−1	$1+\alpha$	$1-\alpha$
8	1	1	1	$1+\alpha$	$1+\alpha$

对于 * 号代表的集合($d=1$)也是如此,但 $5 \leqslant i \leqslant 8$。那么,给定 $\boldsymbol{x}$ 情况下的后验概率 d 可以计算为

$$p(d \mid \boldsymbol{x}) = \frac{p(d)p(\boldsymbol{x} \mid d)}{\sum_{d'} p(d')p(\boldsymbol{x} \mid d')} = \frac{p(d)p(\boldsymbol{x} \mid d)}{p(\boldsymbol{x})} \tag{3.118}$$

该决策是通过最大化 d(最大后验概率分类)的表达式做出的。由于分母不依赖 d 并且假设 $p(d=1)=p(d=-1)=1/2$,则这相当于取最大化 $p(\boldsymbol{x} \mid d)$ 的符号。具有相同方差的指数与 $\exp\left(-\frac{1}{2\sigma_n^2}\|\boldsymbol{x}-\boldsymbol{\mu}_i\|^2\right)$成比例,因此,该决策可以写成以下等价形式:

$$\hat{d} = \operatorname{sign}\left\{\sum_{i=5}^{8} \exp\left(-\frac{1}{2\sigma_n^2}\|\boldsymbol{x}-\boldsymbol{\mu}_i\|^2\right) - \sum_{i=1}^{4} \exp\left(-\frac{1}{2\sigma_n^2}\|\boldsymbol{x}-\boldsymbol{\mu}_i\|^2\right)\right\} \tag{3.119}$$

注意,这些表达式包含平方指数核

$$k_{\mathrm{SE}}(\boldsymbol{x},\boldsymbol{\mu}_i) = \exp\left(-\frac{1}{2\sigma_n^2}\|\boldsymbol{x}-\boldsymbol{\mu}_i\|^2\right)$$

具有方差 σ_n^2,因此,上述表达式可以用核重写为

$$\hat{d} = \operatorname{sign}\left\{\sum_{i=1}^{8} \alpha k_{\mathrm{SE}}(\boldsymbol{x},\boldsymbol{\mu}_i)\right\} \tag{3.120}$$

式中:$\alpha_1 = \cdots = \alpha_4 = -1$;$\alpha_5 = \cdots = \alpha_8 = 1$。

该估计器描述的边界,即 $\sum_{i=1}^{8} \alpha k_{\mathrm{SE}}(x,\boldsymbol{\mu}_i) = 0$ 所示的点集显示在图 3.11 中。该图表明,最大后验概率分类器实际上比支持向量机分类器更清晰明确。这是奥卡姆剃刀原理应用于机器学习的一个简单示例。然而必须考虑用于训练的样本数量需限制在 100 个以内。支持向量机选择更平滑的解以最小化过拟合风险,该风险随着样本数量的增加而降低。也就是说,训练样本的数量越多,分类器就越复杂。这与维数有关,而维数又与核宽度 σ 有关:σ 值越小,分类器选择的维数越多;如果 σ 较小,则边界将更明确。

3.3.4　核高斯过程

线性回归的高斯过程的强大之处在于,数据的概率建模支持通过最大化预测后验概率进行预测,从而为用户提供均值预测和预测置信区间。此外,该模型支持对所有超参数进行推断,不需要对这些参数进行交叉验证,这与上面提到的支持向量机不同,后者需要超参数交叉验证作为无模型方法的交换。

高斯过程的局限性在于估计器是线性的,但可以用一个仅依赖数据之间点积的对偶子空间公式来表示。因此,使用核技巧来改变核的线性点积,可以直接将其扩展为非线性。

这里使用点积矩阵 $\boldsymbol{K}$ 的核来表示式(2.37)中的预测均值和式(2.42)中的预测方差,其对应公式分别为

$$E(f_*) = \boldsymbol{y}^{\mathrm{T}}(\boldsymbol{K}+\sigma^2\boldsymbol{I})^{-1}\boldsymbol{k}_*$$

和

$$\mathrm{var}(y_*) = k_{**} - \boldsymbol{k}_*^{\mathrm{T}}(\boldsymbol{K}+\sigma^2\boldsymbol{I})^{-1}\boldsymbol{k}_* + \sigma^2$$

式中:矩阵 $\boldsymbol{K}$ 的 (i,j) 元素为

$$[\boldsymbol{K}]_{ij} = k(\boldsymbol{x}_i, \boldsymbol{x}_j) + 1 \tag{3.121}$$

向量 $\boldsymbol{k}_*$ 的元素 i 为

$$[\boldsymbol{k}_*]_i = k(\boldsymbol{x}_i, \boldsymbol{x}*) + 1 \tag{3.122}$$

式中:$\boldsymbol{x}_i$、$\boldsymbol{x}_j$ 为训练样本;$\boldsymbol{x}*$ 为测试样本。这里向核添加一个常数,以说明估计器的偏差,如 3.3.2 节所述。

这些核有需要优化的超参数。最优化可以使用与 2.7 节完全相同的过程,通过梯度下降来实现。应用于核参数的留一法的特定表达式是式(2.61)中的一个表达式,即

$$\frac{\partial L(\boldsymbol{X},\boldsymbol{y},\boldsymbol{\theta})}{\partial\theta_j} = \frac{2\sum_{i=1}^{N}\boldsymbol{\alpha}_i\boldsymbol{r}_{ij} + \sum_{i=1}^{N}\left(1 + \frac{\alpha_i^2}{[\boldsymbol{K}_{lik}]_{ii}^{-1}}\right)\boldsymbol{s}_{ij}}{2N[\boldsymbol{K}_{lik}]_{ii}^{-1}} \tag{3.123}$$

式中:$\boldsymbol{\alpha} = (\boldsymbol{K}+\sigma^2\boldsymbol{I})^{-1}\boldsymbol{y}$,$\alpha_i$ 是它的第 i 个分量;$\boldsymbol{K}_{lik} = (\boldsymbol{K}+\sigma^2\boldsymbol{I})$;$\boldsymbol{s}_{ij} = [\boldsymbol{K}_{lik}^{-1}]_i^{\mathrm{T}} \frac{\partial K_{lik}}{\partial\theta_j}[\boldsymbol{K}_{lik}^{-1}]_i$;$\boldsymbol{r}_{ij} = -\left[\boldsymbol{K}_{lik}^{-1}\frac{\partial\boldsymbol{K}_{lik}}{\partial\theta_j}\alpha\right]_i$。

下面的示例说明了核高斯过程在一些实际问题中的应用。

例 3.13　应用高斯过程的非线性回归。从函数 $f(x)=\mathrm{sinc}(x)$ 生成一组噪声样本,并使用核高斯过程在一个区间内对函数进行插值。得到一组 30 个样本 x_n、y_n,其中 x_n 均匀分布在 $-4\sim4$ 之间,y_n 被标准偏差 $\sigma_n=0.05$ 的高斯噪声混叠。高斯过程设置了单位振幅和宽度 $\sigma=0.5$ 的平方指数核,外加一个常数项。该过程使用 30 个训练样本进行训练,并在相同区间内使用一组 100 个等距样本进行测试。

其结果如图 3.12 所示。黑点代表随机采样的数据,实线表示测试数据函数的预测后验分布的均值。要插值的隐性函数或真函数 $f(x)$ 用虚线表示。两条虚线之间表示 1σ 置信区间,展示了插值误差的振幅小于 $\sqrt{\mathrm{var}(y_*)}$ 下的区域。在数据密度高的区域,置信区间较低,而在没有训练数据的区域,置信区间较宽,这表明缺乏生成准确插值的信息。

在训练中核超参数是固定的,并且假设已知噪声参数 σ_n。通常噪声参数是未知的,且核超参数是任意的。通过对这些自由参数进行推断,可以获得更好的结果。

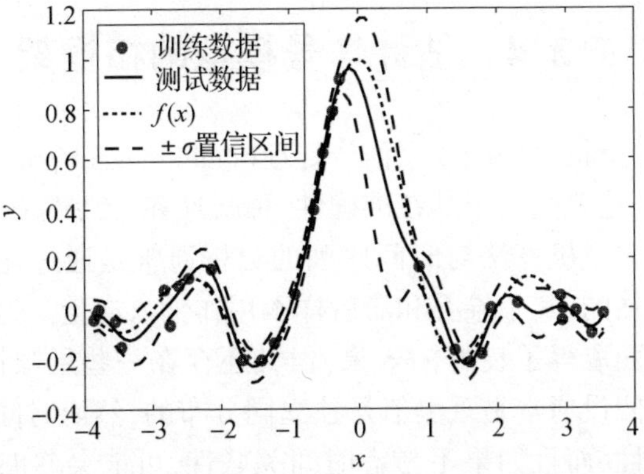

图 3.12　具有平方指数核高斯过程的 sinc 函数的非线性插值。数据(黑点)集中在某些区域,但在其他一些区域,特别是在 0 和 1 之间,缺乏数据。图中后验分布的 1σ 置信区间,显示了插值函数(实线)和真函数 $f(x)$ 之间不确定性的增大

例 3.14　模型参数的推断。 重复上个例子中的实验,但不对关于超参数的先验知识做出任何假设。此外通过向核添加振幅来将核的参数数量扩展到两个。它的表达式为 $k(\boldsymbol{x},\boldsymbol{x}')=\sigma_f^2\exp\left(-\frac{1}{2\sigma_w^2}\|\boldsymbol{x}-\boldsymbol{x}'\|^2\right)+1$

为了推断参数,需遵循式(2.61)的梯度下降过程,方便起见已重写到式(3.123)中。第一步是为参数选择一组合理值,然后计算 $\boldsymbol{\alpha}=(\boldsymbol{K}+\boldsymbol{\sigma}_n^2\boldsymbol{I})^{-1}$ 的值;接着计算式(3.123)中留一法似然的梯度,并沿梯度方向改变参数;重复该操作直到收敛。参数的初始选择的合理性取决于具体问题,一般来说,为了得到令人满意的解,必须进行多次初始化。在此问题中,合理值应该是 $\sigma_f=1$,$\sigma_n=0.01$ 和 $\sigma_w=1$。参数最优化后,$\sigma_f^2=0.75$、$\sigma_w=0.62$ 和 $\sigma_n=0.053$,如图 3.13 所示。

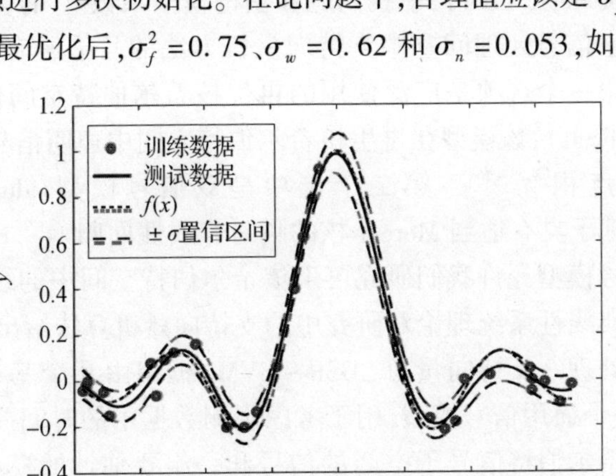

图 3.13　具有平方指数核高斯过程的 sinc 函数的非线性插值以及对核超参数和噪声方差的推断。与图 3.12 的结果相比,正确选择参数会提高估计的准确性,这反过来又收紧了置信区间

3.4 估计信号模型的核框架

如今,支持向量机为解决数字信号处理(digital signal processing, DSP)问题提供了多种工具,这要归功于其在准确性、稀疏性和灵活性方面的性能。然而,使用有监督支持向量机算法对时间序列的分析通常是通过使用传统的支持向量回归算法来评估的,其中堆叠和滞后样本用作输入向量。这种方法虽然在信号预测准确性方面取得了良好的效果,但其还存在一些局限性[1]。首先,回归问题陈述的基本假设通常是观测值是独立同分布的,然而时间序列数据不满足样本之间的独立性,而且如果不考虑时间关联性,可能会忽略所分析时间信号的高度相关结构,如它们的自相关或互相关信息。其次,许多方法利用核技巧[4]采用基于支持向量回归表示的成熟线性信号处理技术开发出简单的非线性版本,但支持向量机方法具有的其他许多优点,对于许多数字信号处理问题,如对异常值、稀疏性和单一最小解的鲁棒性来说是非常理想的。近年来,针对包括非参数谱分析、γ 滤波、ARMA 建模和阵列波束成形[17,20]在内的信号模型,人们提出了几种用于数字信号处理的支持向量机算法,以克服这些局限性。带有核的 ARMA 滤波器的非线性泛化[21]以及使用核和支持向量机的时空参考天线波束成形[9]也已被广泛研究,并且卷积信号混合的使用已被用于解决插值和稀疏反卷积问题[22-23]。

文献[1]提出并总结了一个将这些元素组合在一起的框架,其主要思想可概括如下:首先,原始问题中线性信号模型的陈述,或支持向量机原始信号模型(primal signal models, PSM),使我们能够获得模型系数[24]的鲁棒估计器,并利用几个经典数字信号处理问题中支持向量机方法的几乎所有特征。非线性信号模型陈述的第一个选项是广泛使用的再生核希尔伯特空间信号模型(RKHS signal models, RSM),该模型在再生核希尔伯特空间中声明信号模型方程,并用 Mercer 核替换点积[8,25-26]。第二个选项是双信号模型(dual signal models, DSM),该模型基于具有适当 Mercer 核的瞬时非线性回归[22-23]。虽然再生核希尔伯特空间信号模型允许我们研究再生核希尔伯特空间中的统计特性,但双信号模型结合经典线性系统理论对研究中的支持向量机算法给出了直接的解释。

数字信号处理—支持向量机(DSP - SVM)框架由几个基本工具和过程组成,首先定义一个通用信号模型,用于考虑观测数据中的时间序列结构,包括一个由一组扩展希尔伯特信号子空间的信号和一组要估计的模型系数表示的展开。感兴趣的读者可以参见文献[1]以获取深入介绍。

定义 3.1　通用信号模型假设。设有一个由 $N+1$ 个观测值组成的时间序列 $y_n\,(n=0,1,\cdots,N)$,可以使用一组扩展希尔伯特信号子空间的信号 $\{s_n^{(k)}\}\,(k=$

0,1,…,K)来构建逼近此信号的展开。该展开式如下：

$$\hat{y}_n = \sum_{k=0}^{K} a_k s_n^{(k)} \tag{3.124}$$

式中：a_k 为展开系数，根据某些适当的准则进行估计。

希尔伯特信号子空间中的信号称为解释信号。这种通用信号模型通过选择适当的解释信号，包含观测值时间序列结构的先验知识，但需要对这些解释信号的展开系数进行估计。若干信号展开可以扩展用于估计时间序列的信号空间，这就是数字信号处理问题。例如，在非参数谱估计中信号模型假设是一组正弦信号的总和，而在参数系统识别和时间序列预测中假设了一个差分方程信号模型，并使用观测信号的延迟版本和用于系统识别的外源信号的延迟版本作为解释信号构建观测信号。在其他信号模型中，如 sinc 插值，假设带限信号模型，解释信号为延迟 sinc。在稀疏反卷积中，假设卷积信号模型，解释信号为先前已知线性时不变系统的脉冲响应的延迟版本。最后，在阵列处理问题中，需要一个复值时空信号模型来设置多个信号以处理应用中阵列天线的属性。

3.4.1　原始信号模型

第一类数字信号处理 - 支持向量机算法可以从原始信号模型[24]中得到。在该线性框架中，支持向量机的估计目标不是对观测信号的准确预测，而是一组包含相关数据信息的模型系数。在通用信号模型中定义了一组解释信号的横向量，并利用该向量按照式(3.124)的展开来形式化支持向量机估计算法。

定义 3.2　信号展开的时间横向量。设$\{y_n\}$为希尔伯特空间中的离散时间序列，给定性质 3.1 中的通用信号模型，则生成展开集$\{s_n^{(k)}\}$中信号的第 n 个时间横向量定义为

$$\boldsymbol{s}_n = [s_n^{(0)}, s_n^{(1)}, \cdots, s_n^{(K)}]^{\mathrm{T}} \tag{3.125}$$

因此，它由每个信号的第 n 个样本给出，各信号生成的信号子空间在其中进行信号逼近。

定理 3.4　原始信号模型问题陈述。设$\{y_n\}$为希尔伯特空间中的离散时间序列，给定性质 3.1 中的通用信号模型，则

$$\frac{1}{2}\|\boldsymbol{a}\|^2 + \sum_{n=0}^{N} L_\varepsilon H(e_n) \tag{3.126}$$

式中：$\boldsymbol{a} = [a_0, a_1, \cdots, a_K]^{\mathrm{T}}$ 的最优化给出了信号模型的展开解，即

$$\hat{y}_n = \sum_{k=1}^{K} a_k s_n^{(k)} = \langle \boldsymbol{a}, \boldsymbol{s}_n \rangle \tag{3.127}$$

其中

$$a_k = \sum_{n=0}^{N} \eta_n s_n^{(k)} \Rightarrow \boldsymbol{a} = \sum_{n=0}^{N} \eta_n \boldsymbol{s}_n \tag{3.128}$$

式中：η_n 为支持向量机给出的拉格朗日乘子。

因此，时刻 m 的最终解可以表示为

$$\hat{y}_m = \sum_{n=0}^{N} \eta_n \langle \boldsymbol{s}_n, \boldsymbol{s}_m \rangle \tag{3.129}$$

只有拉格朗日乘子不为零时才会对解产生影响。

因此，每个展开系数 a_k 都可以表示为输入空间向量的稀疏线性组合。稀疏性可以在这些信号模型系数中得到，但不能在支持向量机（对偶）模型系数中得到。估计得到的信号模型系数的鲁棒性得到了保证。拉格朗日乘子必须从根据信号相关性以核矩阵的形式构建的对偶问题中得到。

定义 3.3　时间横向量的相关矩阵。给定一组时间横向量，则原始信号模型的相关矩阵定义为

$$R^s(m,n) \equiv \langle \boldsymbol{s}_m, \boldsymbol{s}_n \rangle \tag{3.130}$$

例 3.15　用于非参数谱分析的原始信号模型。非参数谱分析通常基于对一组正弦信号的振幅、频率和相位的调整，以使其线性组合能够使给定的最优化准则最小化。一组具有不同振幅、相位和频率的正弦信号的调整是一个关于局部极小值的难题，因此，简化解是在先前指定的振荡频率网格中优化一组正交正弦信号的振幅和相位。这是经典非参数谱分析的基础。

对要进行谱分析的信号非均匀采样时，可以选择基信号，使其同相分量和正交分量在非均匀采样时间正交，从而得出 Lomb 周期图[27]和其他相关的对异常值敏感的方法。

定义 3.4　正弦信号模型假设。已知一组呈现频谱结构的观测值 $\{y_n\}$，则其信号模型假设可表述为

$$\begin{aligned}\hat{y}_n &= \sum_{k=0}^{K} a_k s_n^{(k)} = \sum_{k=0}^{K} \boldsymbol{A}_k \cos(k\omega_0 t_n + \varphi_k) \\ &= \sum_{k=0}^{K} (B_k \cos(k\omega_0 t_n) + C_k \sin(k\omega_0 t_n))\end{aligned} \tag{3.131}$$

式中：假设角频率事先已知或固定在间距为 ω_0 的规则网格中；A_k、φ_k 为第 k 个分量的振幅和相位，$B_k = A_k\cos(\varphi_k)$、$C_k = A_k\sin(\varphi_k)$ 分别是同相模型系数和正交模型系数；$\{t_n\}$ 是可能非均匀分割的采样时刻。

注意，正弦信号模型相当于性质 3.1 中的通用信号模型，$\{a_k\} \equiv \{B_k\} \cup \{C_k\}$ 和 $\{s_n^{(k)}\} \equiv \{\sin(k\omega_0 t_n)\} \cup \{\cos(k\omega_0 t_n)\}$，并且该信号模型支持考虑连续时间非均匀采样时间序列的频谱分析。

3.4.2　再生核希尔伯特空间信号模型

第二类数字信号处理 – 支持向量机算法是在再生核希尔伯特空间中描述

时间序列结构的信号模型,因此它们可以称为再生核希尔伯特空间信号模型算法。在再生核希尔伯特空间中描述信号模型的背景已经很成熟,并且在有关核的文献中得到了广泛应用。

定理 3.5　再生核希尔伯特空间信号模型问题陈述。设$\{y_n\}$为离散时间序列,其待估计信号模型可表示为权向量 $\boldsymbol{a}$ 和每个时刻 v_n 的向量观测值的点积形式,即

$$\hat{y}_n = \langle \boldsymbol{a}, v_n \rangle + b \tag{3.132}$$

其中,由于输入空间中的无偏估计量在再生核希尔伯特空间中表示时不一定是无偏估计量,因此添加偏置项 b。通过将权向量和时刻 n 的输入向量转换为再生核希尔伯特空间来表示非线性信号模型,有

$$\hat{y}_n = \langle \boldsymbol{w}, \boldsymbol{\varphi}(v_n) \rangle + b \tag{3.133}$$

其中,将相同的信号模型与权向量 $\boldsymbol{w} = \sum_{n=0}^{N} \eta_n \boldsymbol{\varphi}(v_n)$ 一起使用,其解可以表示为

$$\begin{aligned}\hat{y}_m &= \sum_{n=0}^{N} \boldsymbol{\eta}_n \langle \boldsymbol{\varphi}(v_n), \boldsymbol{\varphi}(v_m) \rangle \\ &= \sum_{n=0}^{N} \boldsymbol{\eta}_n K(v_n, v_m)\end{aligned} \tag{3.134}$$

该证明类似于支持向量回归算法的证明,是使用支持向量机解决状态数据问题常用的方法。由此可以得到两个相关的性质。

性质 3.10　复合求和核。简单的复合核来自 $c \in \mathbb{R}^c$和 $d \in \mathbb{R}^d$的非线性变换的级联。构造变换:

$$\boldsymbol{\varphi}(c,d) = \{\boldsymbol{\varphi}_1(c), \boldsymbol{\varphi}_2(d)\} \tag{3.135}$$

式中:$\{\cdot,\cdot\}$表示列向量的级联;$\boldsymbol{\varphi}_1(\cdot)$、$\boldsymbol{\varphi}_2(\cdot)$为到希尔伯特空间 $\boldsymbol{H}_1$ 和 $\boldsymbol{H}_2$ 的变换。

向量之间的对应点积为

$$\begin{aligned}K(c_1,d_1;c_2,d_2) &= \langle \boldsymbol{\varphi}(c_1,d_1), \boldsymbol{\varphi}(c_2,d_2) \rangle \\ &= K_1(c_1,c_2) + K_2(d_1,d_2)\end{aligned} \tag{3.136}$$

称为求和核。

求和核的复合核表达式可以很容易地修改,以考虑外生观测数据和输出观测数据时间序列之间的交叉信息。

性质 3.11　交叉信息的复合核。假设非线性映射 $\varphi(\cdot)$到希尔伯特空间 $\boldsymbol{H}$ 和从 $\boldsymbol{H}$ 到 $\boldsymbol{H}_i$ 的三个线性变换为 $A_i(i=1,2,3)$。构造复合向量

$$\boldsymbol{\varphi}(c,d) = \{A_1\boldsymbol{\varphi}(c), A_2\boldsymbol{\varphi}(d), A_3(\boldsymbol{\varphi}(c) + \boldsymbol{\varphi}(d))\} \tag{3.137}$$

计算点积,得到

$$K(c_1,d_1;c_2,d_2)=\boldsymbol{\varphi}^{\mathrm{T}}(c_1)\boldsymbol{R}_1\varphi(c_2)+\boldsymbol{\varphi}^{\mathrm{T}}(d_1)\boldsymbol{R}_2\varphi(d_2)+\boldsymbol{\varphi}^{\mathrm{T}}(c_1)\boldsymbol{R}_3\varphi(d_2)+\boldsymbol{\varphi}^{\mathrm{T}}(d_1)\boldsymbol{R}_3\varphi(d_2)$$
$$=K_1(c_1,c_2)+K_2(d_1,d_2)+K_3(c_1,d_2)+K_3(d_1,d_2) \tag{3.138}$$

式中：$\boldsymbol{R}_1$、$\boldsymbol{R}_2$、$\boldsymbol{R}_3$ 是三个独立的正定矩阵，且有

$$\boldsymbol{R}_1=\boldsymbol{A}_1^{\mathrm{T}}\boldsymbol{A}_1+\boldsymbol{A}_3^{\mathrm{T}}\boldsymbol{A}_3,\ \boldsymbol{R}_2=\boldsymbol{A}_2^{\mathrm{T}}\boldsymbol{A}_2+\boldsymbol{A}_3^{\mathrm{T}}\boldsymbol{A}_3,\ \boldsymbol{R}_3=\boldsymbol{A}_3^{\mathrm{T}}\boldsymbol{A}_3$$

注意，在这种情况下，c 和 d 必须具有相同的维度才能使公式成立。

例 3.16　非线性自回归(ARX)识别。再生核希尔伯特空间信号模型方法已用于生成或统一识别非线性系统的多种算法。例如，堆栈支持向量回归算法可能有效用于非线性系统识别，尽管这种方法并不明确对应再生核希尔伯特空间中的自回归模型。

设$\{x_n\}$和$\{y_n\}$是两个离散时间信号，分别是非线性系统的输入和输出。设 $\boldsymbol{y}_n=[y_{n-1},y_{n-2},\cdots,y_{n-M}]^{\mathrm{T}}$ 和 $\boldsymbol{x}_n=[x_n,x_{n-1},\cdots,x_{n-Q+1}]^{\mathrm{T}}$ 表示在时刻 n 的输入和输出状态。则堆叠核系统识别算法[28-29]可以描述如下。

性质 3.12　非线性系统识别的堆叠核信号模型。假设一个非线性变换 $\varphi(\{y_n,x_n\})$，$\varphi:\mathbb{R}^{M+Q}\rightarrow\boldsymbol{H}$ 将输入和输出离散时间过程级联到 B 维特征空间，则可以在 $\boldsymbol{H}$ 中构建线性回归模型，其对应的公式为

$$\boldsymbol{y}_n=\langle\boldsymbol{w},\boldsymbol{\varphi}(\{y_n,x_n\})\rangle+e_n \tag{3.139}$$

式中：$\boldsymbol{w}$ 为再生核希尔伯特空间中的系数向量，且有

$$\boldsymbol{w}=\sum_{n=0}^{N}\eta_n\boldsymbol{\varphi}(\{\boldsymbol{y}_n,\boldsymbol{x}_n\}) \tag{3.140}$$

并且包含点积的格拉姆矩阵可以表示为

$$\boldsymbol{G}(m,n)=\langle\boldsymbol{\varphi}(\{y_m,x_m\}),\boldsymbol{\varphi}(\{\boldsymbol{y}_n,\boldsymbol{x}_n\})\rangle=K(\{y_m,x_m\},\{\boldsymbol{y}_n,\boldsymbol{x}_n\}) \tag{3.141}$$

式中非线性映射不需要显式计算，但再生核希尔伯特空间中的点积可以替换为 Mercer 核。

新观测到的$\{y_m,x_m\}$的预测输出如下：

$$\hat{y}_m=\sum_{n=0}^{N}\eta_nK(\{y_m,x_m\},\{\boldsymbol{y}_n,\boldsymbol{x}_n\}) \tag{3.142}$$

此时可以引入复合核，以便可以通过在再生核希尔伯特空间信号模型上实际使用自回归方案来引入线性支持向量机－自回归(SVM－ARX)算法的非线性版本。在注意到堆叠核信号模型丢失了输入和输出之间的交叉信息之后，复合核被提出以用来考虑这些信息，并提高模型的通用性。

性质 3.13　再生核希尔伯特空间中自回归非线性系统识别的支持向量机－

自回归算法。如果使用由 $\varphi_e(\boldsymbol{x}_n):\mathbb{R}^M\to\boldsymbol{H}_e$ 和 $\varphi_e(\boldsymbol{y}_n):\mathbb{R}^Q\to\boldsymbol{H}_d$ 给出的非线性映射,分别将输入离散时间信号和输出离散时间信号的状态向量映射到 $\boldsymbol{H}$,则可在 $\boldsymbol{H}$ 中表示线性自回归模型,相应的差分方程如下:

$$\boldsymbol{y}_n=\langle\boldsymbol{w}_d,\boldsymbol{\varphi}_d(y_n)\rangle+\langle\boldsymbol{w}_e,\boldsymbol{\varphi}_e(\boldsymbol{x}_n)\rangle+e_n \tag{3.143}$$

式中:$\boldsymbol{w}_d$、$\boldsymbol{w}_e$ 为分别在可能不同的再生核希尔伯特空间中确定系统的自回归和滑动平均(moving average, MA)系数的向量,且有

$$w_d=\sum_{n=0}^{N}\boldsymbol{\eta}_n\boldsymbol{\varphi}_d(\boldsymbol{y}_n),\ \boldsymbol{w}_e=\sum_{n=0}^{N}\boldsymbol{\eta}_n\boldsymbol{\varphi}_e(\boldsymbol{x}_n) \tag{3.144}$$

可以进一步确定两个不同的核矩阵:

$$\boldsymbol{R}^y(m,n)=\langle\boldsymbol{\varphi}_d(y_m),\boldsymbol{\varphi}_d(\boldsymbol{y}_n)\rangle=K_d(y_m,\boldsymbol{y}_n) \tag{3.145}$$

$$\boldsymbol{R}^x(m,n)=\langle\boldsymbol{\varphi}_e(x_m),\boldsymbol{\varphi}_e(\boldsymbol{x}_n)\rangle=K_e(x_m,\boldsymbol{x}_n) \tag{3.146}$$

这些公式分别解释了核再生希尔伯特空间中输入时间序列和输出时间序列自相关函数[30]的样本估计器。

其对偶问题即最大化核矩阵 $\boldsymbol{R}^s=\boldsymbol{R}^x+\boldsymbol{R}^y$ 的对偶问题,得到新观测向量的输出如下:

$$\hat{\boldsymbol{y}}_m=\sum_{n=n_0}^{N}\boldsymbol{\eta}_n[K_d(y_m,\boldsymbol{y}_n)+K_e(x_m,\boldsymbol{x}_n)] \tag{3.147}$$

之前公式中的核矩阵相当于算入核空间 $\boldsymbol{H}_1$ 和 $\boldsymbol{H}_2$ 的直和的相关矩阵,因此由 x_n 和 y_n 给出的自相关矩阵分量在它们对应的再生核希尔伯特空间中表示,并且互相关分量在直和空间中计算。

3.4.3　双信号模型

另一组数字信号处理 - 支持向量机算法由与卷积信号模型相关的算法组成,即在其公式中包含卷积混合的信号模型。其中最具代表性的信号模型是非均匀插值(使用 sinc 核、平方指数核或其他核)和稀疏反卷积,参见文献[22 - 23]。

平移不变核是一类特殊的核,满足 $K(u,v)=K(u-v)$。以下是数字信号处理问题中的两个相关性质,它们对有监督时序算法很有用。

性质 3.14　平移不变 Mercer 核。平移不变核成为 Mercer 核的充分必要条件[31]是其傅里叶变换是非负的,即

$$\frac{1}{2\pi}\int_{v=-\infty}^{+\infty}K(v)\,\mathrm{e}^{-\mathrm{j}2\pi\langle f,v\rangle}\,\mathrm{d}v\geqslant 0(\forall f\in\mathbb{R}^d) \tag{3.148}$$

性质 3.15　自相关诱导核。设 $\{h_n\}$ 为 $N+1$ 个样本的有限时长的离散时间实信号,即 $\forall n\notin(0,N)\Rightarrow h_n=0$,并设 $R_n^h=h_n*h_{-n}$ 为其自相关函数。然后可以构建以下核:

$$K^h(n,m)=R_n^h(n-m) \tag{3.149}$$

这称为自相关诱导核(简称自相关核)。由于 $R_n^h(m)$ 是偶信号,其频谱是实的且非负的,根据式(3.148),它始终是 Mercer 核。

这两个性质可以用于另一类非线性数字信号处理 – 支持向量机算法,该算法可通过考虑观测信号的时滞或瞬时非线性回归并适当选择 Mercer 核得到。此类算法称为基于双信号模型的支持向量机算法。在相关研究中这些支持向量机算法的简单解释可与线性系统理论联系起来。

定理 3.6　双信号模型问题陈述。设 $\{y_n\}$ 是希尔伯特空间中的离散时间序列,它将用支持向量回归模型进行逼近,并设解释信号只是映射到再生核希尔伯特空间的(可能是非均匀采样的)时刻 t_n,那么信号模型如下:

$$y_n = y(t)_{|t=t_n} = \langle w, \boldsymbol{\varphi}(t_n) \rangle \tag{3.150}$$

展开解具有以下形式:

$$\hat{y}_{|t=t_m}(t) = \sum_{n=n_0}^{N} \boldsymbol{\eta}_n K^h(t_n, t_m) = \sum_{n=n_0}^{N} \boldsymbol{\eta}_n R^h(t_n - t_m) \tag{3.151}$$

式中:$K^h(\cdot)$ 是由给定信号 $h(t)$ 产生的自相关核;模型系数 $\boldsymbol{\eta}_n$ 可通过最优化非线性支持向量回归信号模型假设得到,核矩阵为

$$K^h(n,m) = \langle \boldsymbol{\varphi}(t_n), \boldsymbol{\varphi}(t_m) \rangle = R^h(t_n - t_m) \tag{3.152}$$

因此,该问题等于对时刻 t_n、t_m 进行非线性变换,并在再生核希尔伯特空间中进行点积。对于离散时间数字信号处理模型,直接使用离散时间 n 表示第 n 个采样时刻 $t_n = nT_s$,其中 T_s 为采样周期(s)。

定理 3.6 可用于获得一些数字信号处理问题的非线性方程。特别是,sinc 插值支持向量机算法问题可以根据双信号模型[21]解决,并且其在线性系统理论方面的解释有助于提出用于稀疏反卷积的双信号模型算法,即使在脉冲响应不是自相关的情况下。

例 3.17　基于双信号模型 – 支持向量机(DSM – SVM)的稀疏信号反卷积。已知两个离散时间序列 $\{\boldsymbol{y}_n\}$ 和 $\{\boldsymbol{h}_n\}$ 的观测值,则反卷积得到满足下式的离散时间序列 $\{\boldsymbol{x}_n\}$:

$$\boldsymbol{y}_n = \boldsymbol{x}_n * \boldsymbol{h}_n + e_n \tag{3.153}$$

在许多情况下,x_n 是稀疏信号,使用支持向量机算法解决这个问题可以有一个额外优势,即在对偶系数上的稀疏性。如果 h_n 是自相关信号,那么问题可以表述为 3.4.2 节中的 sinc 插值问题,使用 h_n 代替 sinc 信号。这种方法需要一个是 Mercer 核的脉冲响应,并且如果使用自相关信号作为核(正如在 3.4.2 节中对 sinc 插值所做的那样),那么 h_n 必然是一个非因果线性、时不变的系统。对于因果系统,脉冲响应不可能是自相关的,解可以表示为

$$\hat{x}_n = \sum_{i=0}^{N} \boldsymbol{\eta}_i h_{i-n} \tag{3.154}$$

因此,隐式信号模型为

$$\hat{x}_n = \sum_{i=M}^{N} \eta_i h_{i-n} = \eta_n * h_{-n+M} = \eta_n * h_{-n} * h_{n+M} \tag{3.155}$$

也就是说,估计信号被构建为拉格朗日乘子与逆时脉冲响应和 M 滞后时间偏移 δ 函数 δ_n 的卷积。根据 KKT 条件,观测值和模型输出之间的残差用于控制拉格朗日乘子。在基于双信号模型的支持向量机算法中,拉格朗日乘子是线性、时不变、非因果系统的输入,其脉冲响应是 Mercer 核。

另外,在基于原始信号模型的支持向量机算法中,拉格朗日乘子可以看作单个线性、时不变系统的输入,其全局输入响应为 $h_n^{eq} = h_n \cdot h_{-n} \cdot \delta_{n-M}$。很容易证明 h_n^{eq} 是从原始信号模型公式中自然出现的 Mercer 核表达式。这为探索与经典线性系统理论相关的双信号模型 - 支持向量机算法的性质提供了一个新方向,这将在下文进行描述。

性质 3.16　稀疏反卷积双信号模型问题陈述。给定一个稀疏反卷积信号模型及一组观测值 $\{y_n\}$,则这些观测值可以转换为

$$z_n = y_n * h_{-n} * \delta_{n-M} \tag{3.156}$$

因此,可以使用具有以下形式的展开解得到双信号模型 - 支持向量机算法:

$$\hat{y}_m = \sum_{n=0}^{n} \eta_n K(n,m) = \eta_n * h_n * h_{-n} = \eta_n * R_n^h \tag{3.157}$$

式中:R_n^h 为 h_n 的自相关,根据双信号模型定理可以便捷地得到拉格朗日乘子 η_n。

参考文献

[1] Rojo - Álvarez, J. L., et al., *Digital Signal Processing with Kernel Methods*, New York: John Wiley & Sons, 2018.

[2] Camps - Valls, G., et al., *Kernel Methods in Bioengineering, Signal and Image Processing*, Hershey, PA: Idea Group Pub., 2007.

[3] Kimeldorf, G., and G. Wahba, "Some results on Tchebycheffian spline functions," *Journal of mathematical analysis and applications*, Vol. 33, No. 1, 1971, pp. 82 - 95.

[4] Shawe - Taylor, J., and N. Cristianini, *Kernel Methods for Pattern Analysis*, New York: Cambridge University Press, 2004.

[5] Schölkopf, B., R. Herbrich, and A. J. Smola, "A Generalized Representer Theorem," *International Conference on Computational Learning Theory*, 2001, pp. 416 - 426.

[6] Aronszajn, N., "Theory of Reproducing Kernels," *Transactions of the American Mathematical Society*, Vol. 68, No. 3, 1950, pp. 337 - 404.

[7] Martínez - Ramón, M., N. Xu, and C. G. Christodoulou, "Beamforming Using Support Vector Machines," *IEEE Antennas and Wireless Propagation Letters*, Vol. 4, 2005, pp. 439 - 442.

[8] Martínez – Ramón, M., et al., "Kernel Antenna Array Processing," *IEEE Transactions on Antennas and Propagation*, Vol. 55, No. 3, March 2007, pp. 642 – 650.

[9] Bouboulis, P., and S. Theodoridis, "Extension of Wirtinger's Calculus to Reproducing Kernel Hilbert Spaces and the Complex Kernel LMS," *IEEE Transactions on Signal Processing*, Vol. 59, No. 3, 2010, pp. 964 – 978.

[10] Slavakis, K., P. Bouboulis, and S. Theodoridis, "Adaptive Multiregression in Reproducing Kernel Hilbert Spaces: The Multiaccess MIMO Channel Case," *IEEE Transactions on Neural Networks and Learning Systems*, Vol. 23, No. 2, 2011, pp. 260 – 276.

[11] Ogunfunmi, T., and T. Paul, "On the Complex Kernel – Based Adaptive Filter," 2011 *IEEE International Symposium of Circuits and Systems (ISCAS)*, 2011, pp. 1263 – 1266.

[12] Bouboulis, P., K. Slavakis, and S. Theodoridis, "Adaptive Learning in Complex Reproducing Kernel Hilbert Spaces Employing Wirtinger's Subgradients," *IEEE Transactions on Neural Networks and Learning Systems*, Vol. 23, No. 3, 2012, pp. 425 – 438.

[13] Liu, W., J. C. Principe, and S. Haykin, *Kernel Adaptive Filtering: A Comprehensive Introduction*, Vol. 57, New York: John Wiley & Sons, 2011.

[14] Steinwart, I., D. Hush, and C. Scovel, "An Explicit Description of the Reproducing Kernel Hilbert Spaces of Gaussian RBF Kernels," *IEEE Transactions on Information Theory*, Vol. 52, No. 10, 2006, pp. 4635 – 4643.

[15] Boser, B. E., I. M. Guyon, and V. N. Vapnik, "A Training Algorithm for Optimal Margin Classifiers," *Proceedings of the 5th Annual Workshop on Computational Learning Theory*, 1992, pp. 144 – 152.

[16] Aizerman, M. A., E. M. Braverman, and L. I. Rozoner, "Theoretical Foundations of the Potential Function Method in Pattern Recognition Learning," *Automation and Remote Control*, Vol. 25, 1964, pp. 821 – 837.

[17] Rojo – Álvarez, J. L., et al., "A Robust Support Vector Algorithm for Nonparametric Spectral Analysis," *IEEE Signal Processing Letters*, Vol. 10, No. 11, November 2003, pp. 320 – 323.

[18] Camps – Valls, G., et al., "Robust – Filter Using Support Vector Machines," *Neurocomputing*, Vol. 62, 2004, pp. 493 – 499.

[19] Rojo – Álvarez, J. L., et al., "Support Vector Method for Robust ARMA System Identification," *IEEE Transactions on Signal Processing*, Vol. 52, No. 1, 2004, pp. 155 – 164.

[20] Martínez – Ramón, M., and C. G. Christodoulou, "Support Vector Machines for Antenna Array Processing and Electromagnetics," *Synthesis Lectures on Computational Electromagnetics*, San Rafael, CA: Morgan & Claypool Publishers, 2006.

[21] Martínez – Ramón, M., et al., "Support Vector Machines for Nonlinear Kernel ARMA System Identification," *IEEE Transactions on Neural Networks*, Vol. 17, No. 6, 2006, pp. 1617 – 1622.

[22] Rojo – Álvarez, J. L., et al., "Nonuniform Interpolation of Noisy Signals Using Support Vector Machines," *IEEE Transactions on Signal Processing*, Vol. 55, No. 8, August 2007, pp. 4116 – 4126.

[23] Rojo – Álvarez, J. L., et al., "Sparse Deconvolution Using Support Vector Machines," *EURASIP Journal on Advances in Signal Processing*, 2008.

[24] Rojo – Álvarez, J. L., et al., "Support Vector Machines Framework for Linear Signal Processing," *Signal Processing*, Vol. 85, No. 12, December 2005, pp. 2316 – 2326.

[25] Vapnik, V., *The Nature of Statistical Learning Theory*, New York: Springer – Verlag, 1995.

[26] Martinez – Ramon, M. , and C. Christodoulou, "Support Vector Array Processing," 2006 *IEEE Antennas and Propagation Society International Symposium*, 2006, pp. 3311 – 3314.

[27] Lomb, N. R. , "Least – Squares Frequency Analysis of Unequally Spaced Data," *Astrophysics and Space Science*, Vol. 39, No. 2, 1976, pp. 447 – 462.

[28] Gretton, A. , et al. , "Support Vector Regression for Black – Box System Identification," *Proceedings of the 11th IEEE Signal Processing Workshop on Statistical Signal Processing* (Cat. No. 01TH8563), 2001, pp. 341 – 344.

[29] Suykens, J. A. K. , J. Vandewalle, and B. De Moor, "Optimal Control by Least Squares Support Vector Machines," *Neural Networks*, Vol. 14, No. 1, 2001, pp. 23 – 35.

[30] Papoulis, A. , *Probability Random Variables and Stochastic Processes*, 3rd ed. , New York: McGraw – Hill, 1991.

[31] Zhang, L. , W. Zhou, and L. Jiao, "Wavelet Support Vector Machine," *IEEE Transactions on Systems, Man, and Cybernetics, Part B (Cybernetics)*, Vol. 34, No. 1, 2004, pp. 34 – 39.

第4章 深度学习的基本概念

4.1 引言

人类生活在一个瞬息万变的世界,大量不同的数据充斥在日常生活中。数据科学[1]概念应运而生,其旨在从新闻、视频、课程、在线资源或社交媒体等数据源获取有用信息。一些组织和公司意识到利用其自身数据源可以获得的效益[2],可以与在创业、商业或环境保护中所获效益[3]相比。大数据(big data, BD)主要应用于有大量可用数据的智能商业和数据挖掘领域,深度学习(deep learning, DL)[4-5]是一种更为具体的技术,即通过一系列计算过程,能够以与人类非常相似的方式来解决问题。深度学习只是有效处理海量数据的工具之一,且不是实现这一点的唯一技术。但毫无疑问,它们正在彻底改变信息和通信技术的应用。深度学习网络、玻尔兹曼机、自编码器或循环网络等深度学习技术方面取得的显著进展,以及大型数据库与超级计算机的出现,使深度学习技术可以得到更广泛的应用[6]。

对于第一次接触机器学习的读者来说,深度学习在电磁学中的应用着实是一件新鲜事。但在20世纪90年代初,深度学习在电磁学领域的应用就已经出现。深度学习在电磁学中的第一个应用[7]是对雷达杂波进行分类。尽管这不是深度学习在信号处理领域中的直接应用,但在此基础上其他学者随即将深度学习应用于阵列信号处理领域。例如,几十年前就引入神经网络用于阵列波束成形[8]以及波达方向估计[9]等。使用关键词“神经网络”和“天线”进行简单的数据库搜索,1990—2000年的期刊论文中大约有200个结果。文献[10]对神经网络在电磁学中的应用进行了综述。使用关键词“深度学习”在该时期进行搜索不会得到任何结果,因为“深度学习”术语是后来引入的。深度学习结构由几个或多个层组成,这些层按顺序处理信息,以提取每层的抽象特征。这就是20世纪40年代引入的第一个神经网络和现代深度学习技术共同遵循的一个理念。

深度学习的早期应用是探索性或学术性的,只有少量的实际应用。一是由于深度学习需要的计算能力远超过了当年的最高计算速度,特别是需要实时或快速运算的应用领域。由于深度学习结构的复杂度较高,它们的训练通常需要比核学习更多的数据。二是由于早期的深度学习几乎完全基于多层感知机(multilayer perceptron, MLP),其神经元使用 S 型函数激活,并使用反向传播(back propagation, BP)算法进行训练。BP 算法是由文献[11-12]与文献[13]独立引入,并在文献[14]中通过更简单的推导进行了理论上的解释。MLP 算法和 BP 算法代表了机器学习发展的一个重要里程碑,但与深度学习的后期进展相比它们的贡献是有限的。

深度学习的进展与以下四个方面有关:一是当今计算机设备的计算能力;二是新的高级抽象编程技术的可用性,这些技术与现代计算机相结合,能够提供强大的并行处理能力;另外两个方面是可应用于不同类型问题的深度学习结构以及新训练程序的开发(仍然高度依赖经典的 BP 算法)。深度学习正在经历爆炸式增长[15],特别是自 2012 年在 ImageNet 大规模视觉识别挑战赛[16]上,杰弗里·辛顿(Geoffrey Hinton)将前五名的错误率降低了 10%。成熟的软件包(如 Pytorch、Keras 或 TensorFlow)、图形处理单元(graphical processing units, GPU)中的硬件改进、大型训练数据库以及用于快速训练的新技术,使之能够为科学研究和商业用途提供不同的深度学习服务[17]。这些都推动了深度学习在自动语音识别、图像识别、自然语言处理、药物开发或生物信息学等一系列领域的广泛应用,然而深度学习需要拥有非常庞大的数据库,以便正确地训练其数百万个参数,这是目前深度学习领域的主要挑战之一。来自其他领域的预训练网络和数据增强的解决方案,正在试图解决这个问题,并取得了很好的效果[18]。目前深度学习仍是一个开放的研究领域[6]。

本章首先介绍基本的深度学习结构,也就是前馈神经网络,但它实际上是经典的 MLP 算法;然后介绍最优化准则和通过梯度下降与最优化准则相结合推导出的反向传播算法;最后使用经典的 MLP 结构引出了深度信念网络(deep belief networks, DBN)和自编码器的玻尔兹曼机。

4.2 前馈神经网络

4.2.1 前馈神经网络的结构

前馈神经网络的名称源自将其结构与脑组织中相互连接的神经元层的结构进行的比较,然后通过神经元处理节点的互连来构建人工神经网络。前馈神经网络(多层感知机)是由多层神经元构成的结构,每层的输出都连接到下一层。图 4.1 给出了神经网络示例。这些神经元或单元将其输出作为下一层的输入并对它们执行非线性运算,从而产生一个标量值。

假设一个具有 $L+1$ 层的神经网络,其中 $j=0$ 层是输入 $\boldsymbol{x}$ 本身。在输入之后，有一组 $L-1$ 个隐含层，带有 D_j 个节点，生成中间输出向量 $\boldsymbol{h}^{(j)}$。最后一层产生整体输出，称为 $\boldsymbol{o}$。各层通过矩阵 $\boldsymbol{W}^{(j)}$ 表示的线性权重相互连接。按照图4.1，矩阵 $\boldsymbol{W}^{(j)} \in \mathbb{R}^{(D_{j-1}\times D_j)}$ 用于层 $\boldsymbol{h}^{(j-1)}$ 的映射变换，表示为 $z^{(j)}=\boldsymbol{W}^{(j)}\boldsymbol{h}^{(j-1)}+b^{(j)}$。注意，偏置向量 $\boldsymbol{b}^{(j)}$ 在图4.1中并不是显式的。矩阵 $\boldsymbol{W}^{(j)}$ 包含列向量 $\boldsymbol{w}_i^{(j)}=[w_{i,1}^{(j)},w_{i,2}^{(j)},\cdots,w_{i,D_{j-1}}^{(j)}]^{\mathrm{T}}$。该向量将第 $j-1$ 层的所有节点连接到第 j 层的节点 i。因此，第 j 层的输出可以写为

$$h_i^{(j)}=\phi(z_i^{(j)}+b_i^{(j)})=\phi(\boldsymbol{w}_i^{(j)\mathrm{T}}\boldsymbol{h}^{(j-1)}+b_i^{(j)}) \tag{4.1}$$

式中：$\phi(\cdot)$ 为单调函数，称为激活函数，它为神经元或单元提供非线性特性；标量 $b_i^{(j)}$ 为偏置项，该偏置项可以包含在矩阵中，即

$$\boldsymbol{W}^{(j)}=\begin{pmatrix} b_1^j & b_2^j & \cdots & b_{D_j}^j \\ \boldsymbol{w}_1^j & \boldsymbol{w}_2^j & \cdots & \boldsymbol{w}_{D_j}^j \end{pmatrix} \tag{4.2}$$

其维度为 $(D_{j-1}+1\times D_j)$。第 j 层的输入必须用一个常数进行扩展，即

$$\boldsymbol{h}^{(j-1)}=[1,\quad h_1^{(j-1)},\cdots,h^{(j-1)D_{j-1}}]^{\mathrm{T}} \tag{4.3}$$

图4.2 给出了式(4.1)的图形解释。

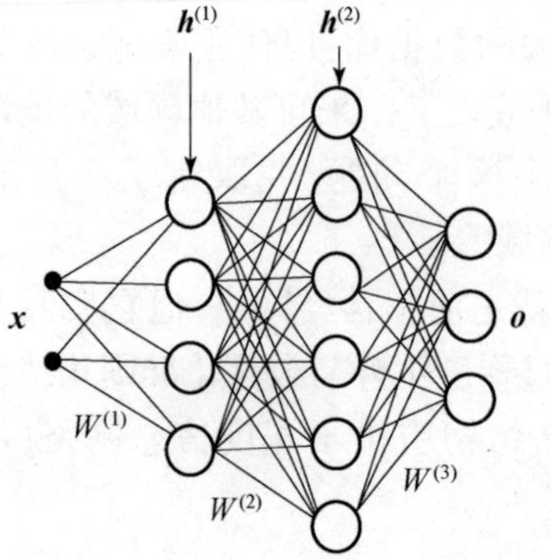

图4.1　具有两个隐含层的神经网络示例，由 $\boldsymbol{h}^{(1)}$ 和 $\boldsymbol{h}^{(2)}$ 表示。维度 $D_0=2$ 的输入数据 $\boldsymbol{h}^{(0)}=\boldsymbol{x}$ 代表第一层。维度 $D_3=3$ 的输出层由 $\boldsymbol{h}^{(3)}=\boldsymbol{o}$ 表示。矩阵 $\boldsymbol{W}^{(j)}$ 将一层的输出映射到下一层的每个节点。每个白色节点都包含其输入的非线性函数。节点、输入边集及其输出边通常称为神经元，详见图4.2

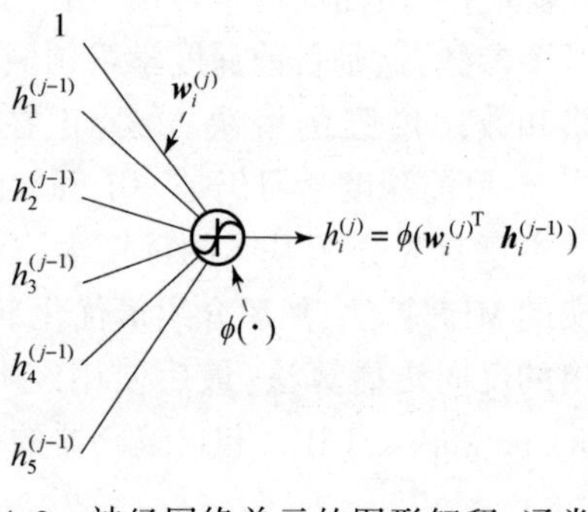

图4.2　神经网络单元的图形解释，通常称为神经元，因为它与生物神经元类似，其中每个输入边(其函数是将输入 $h_k^{(j-1)}$ 乘以权重 $\boldsymbol{w}_i^{(j)}=[b_i^{(j)},w_{i,1}^{(j)},\cdots,w_{i,D_{j-1}}^{(j)}]^{\mathrm{T}}$)为神经元的树突。当这些边对前一层节点执行线性映射变换时，需要非线性激活函数 $\phi(\cdot)$ 为神经网络提供非线性特性。这由神经元的胞体表示。轴突是激活函数的输出，用输出箭头表示，它与其他神经元的树突相连

神经网络结构的基本原理是使非线性变换在不同空间中产生相应的输入特征，即在一系列层中处理输入 $\boldsymbol{x}$，并增加抽象层次。最后一层获得尽可能逼近

所需响应的特征。最优化准则的经典形式是 MSE 最小化。该准则可以用输入-输出交叉熵来解释,也可以根据对神经网络输出的解释进行修改。这方面将在 4.2.2 节中进一步展开。

关于为了给结构提供非线性特性,激活函数 $\phi(\cdot)$ 长期以来一直广泛使用 S 型函数。但最近的研究表明,线性整流函数(rectified linear units, ReLU)在许多应用中可能更有效。接下来将讨论激活函数的使用,以及训练网络结构的基本方法。

图 4.3 给出了具有三个隐含层的神经网络的两种表示方法。第一种是使用节点和边,这是表示神经网络的经典方法,如图 4.3(a)所示。简便起见不会显示所有的连接,如图 4.3(b)所示,其中单元由块表示。这是后文使用的第二种表示方法。

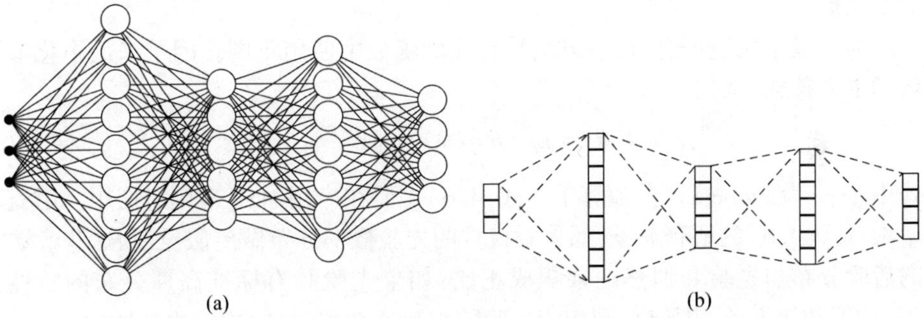

图 4.3　深度学习结构的两种表示方法

(a)表示使用节点和边,是经典的神经网络表示方法。(b)是更现代的表示方法,其中单元由块表示,当单元数量非常大时,使用这种表示。这是本章使用的表示方法。

神经网络广泛用于图像处理,如用于目标检测或数字识别。在这些情况下,神经网络用二维层表示(图 4.4),其在第 5 章中展开介绍的卷积神经网络的表示中特别有用。

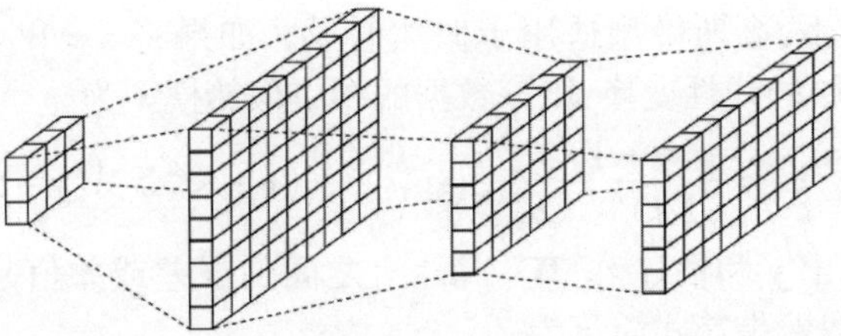

图 4.4　有时输入以二维层表示,然后所有后续层也以二维层表示,这在图像处理中很常见,特别是在卷积神经网络中,这将在第 5 章中展开

4.2.2　训练准则和激活函数

许多现代机器学习方法是使用最大似然最优化准则进行训练的,即优化估

计函数的参数，使得在训练输入模式 x 已知的情况下训练输出 y 的联合似然最大化。假设有一个数据集 $\{\boldsymbol{x}_i,\boldsymbol{y}_i\}(1\leqslant i\leqslant N)$，如果训练输出 $\boldsymbol{y}_i$ 是独立的，其相应的输入 $\boldsymbol{x}_j$ 已知，则联合似然等于似然的乘积，即

$$p(\boldsymbol{Y}\mid\boldsymbol{X})=\prod_i p(\boldsymbol{y}_i\mid\boldsymbol{x}_i) \tag{4.4}$$

对式(4.4)取对数并除以训练数据的数量 N，包含最小化代价函数的等效最优化准则为

$$J_{\mathrm{ML}}(\boldsymbol{\theta})=-\frac{1}{N}\log p(\boldsymbol{Y}\mid\boldsymbol{X})=-\frac{1}{N}\sum_i\log p(\boldsymbol{y}_i\mid\boldsymbol{x}_i)\approx-E_{x,y}\log p(\boldsymbol{y}\mid\boldsymbol{x}) \tag{4.5}$$

式中：$\boldsymbol{\theta}$ 为需要优化的参数集 $w_{i,k}^{(j)}$、$b_i^{(j)}$。这可以看作输入和模型预测之间的交叉熵。

为了最小化过拟合，许多方法是在代价函数中使用正则化因子来最小化参数的平方范数，例如：

$$J(\boldsymbol{\theta})=J_{\mathrm{ML}}(\boldsymbol{\theta})+\lambda\sum_j\|\boldsymbol{W}^{(j)}\|_{\mathrm{F}}^2 \tag{4.6}$$

式中 $\|\cdot\|_{\mathrm{F}}^2$ 为 Frobenius 范数算子。式(4.6)主要在应用 MSE 准则时使用。用概率项对式(4.6)的解释如下：如果对权重的先验概率分布做出假设，则这些参数的后验分布与先验和似然的乘积成正比；如果先验具有标准高斯分布的特性(零均值和协方差矩阵 $\boldsymbol{I}$)，则相应后验的对数具有式(4.6)中给出的性质。

式(4.5)中代价函数的形式取决于为输出选择的似然模型。常用的三种模型有高斯模型、伯努利模型以及 Multinoulli 泛化模型。下面几节给出了作为模型函数的代价函数表达式的推导，从而证明前馈神经网络的不同输出激活是合理的，它们分别是线性输出激活、S 型激活和 Softmax 单元。

4.2.2.1 高斯模型的线性输出激活

在某些情况下，高斯模型适用于似然假设。如果将 $\boldsymbol{z}=\boldsymbol{W}^{(L)\mathrm{T}}\boldsymbol{h}^{(L-1)}$ 定义为从 $\boldsymbol{h}^{(L-1)}$ 到输出层的线性变换，则该数据的相应似然模型为

$$p(\boldsymbol{y}\mid\boldsymbol{x})=\frac{1}{(2\pi)^{D/2}\,|\boldsymbol{\Sigma}|^{1/2}}\exp\left(-\frac{1}{2}(\boldsymbol{y}-\boldsymbol{z})^{\mathrm{T}}\boldsymbol{\Sigma}^{-1}(\boldsymbol{y}-\boldsymbol{z})\right) \tag{4.7}$$

假设期望输出 $\boldsymbol{y}$ 和估计 $\boldsymbol{z}=\boldsymbol{W}^{(L)\mathrm{T}}\boldsymbol{h}^{(L-1)}$ 之间的误差或差值是独立分量的向量，那么相应的似然表达式简化为

$$p(\boldsymbol{y}\mid\boldsymbol{x})=\frac{1}{(2\pi\sigma^2)^{D/2}}\exp\left(-\frac{1}{2\sigma^2}\|\boldsymbol{y}-\boldsymbol{z}\|^2\right) \tag{4.8}$$

式(4.5)中的代价函数对该特定模型的具体示例为

$$J_{\mathrm{ML}}(\boldsymbol{\theta})=-E_{\boldsymbol{x},\boldsymbol{y}}\log p(\boldsymbol{y}\mid\boldsymbol{x})=E_{\boldsymbol{x},\boldsymbol{y}}\left(\frac{1}{2\sigma^2}\|\boldsymbol{y}-\boldsymbol{z}\|^2+\frac{D}{2}2\pi\sigma^2\right)$$

$$\overset{c}{\propto} E_{\boldsymbol{x},\boldsymbol{y}}(\|\boldsymbol{y}-\boldsymbol{z}\|^2) \approx \frac{1}{N}\sum_{i=1}^{N}\|\boldsymbol{y}_i - \boldsymbol{W}^{(L)\mathrm{T}}\boldsymbol{h}^{(L-1)}\|^2$$

式中:符号 $\overset{c}{\propto}$ 为比例,也为常量。

这个简单的推导表明,高斯模型的最大化似然等于最小化误差,这在第 2 章中也可以看到。假设模型为高斯模型,那么输出是无界的,神经网络输出的激活为

$$\boldsymbol{o}(\boldsymbol{h}^{(L-1)}) = \boldsymbol{W}^{(L)\mathrm{T}}\boldsymbol{h}^{(L-1)} \tag{4.9}$$

也就是说,通过最后一层的权重矩阵对 $L-1$ 层进行简单的线性变换。

4.2.2.2　二元分类的 S 型激活

当前馈神经网络对标签为 $y\in\{0,1\}$ 的两个不同类别(二元分类)进行分类时,使用伯努利大数定律。伯努利分布由单个标量 p 定义为

$$p = p(y=1|\boldsymbol{x}) \tag{4.10}$$

式中:y 为标量。

神经网络的输出为输入的类等于 1 的概率,在这种情况下,该输出只需要一个节点。概率可以使用单调的、连续可微的函数 $f(\cdot)$ $[0\leqslant f(\cdot)\leqslant 1]$ 作为输出激活来建模。将输入映射到 R 的连续可微的单调上下界函数称为 S 型函数,因为它的形状像字母“S”。在神经网络中,通常使用逻辑函数:

$$\sigma(a) = \frac{1}{1+\exp(-a)} \tag{4.11}$$

可以观察到,当 z 趋于 $-\infty$ 或 $+\infty$ 时,该函数的极限为 0 或 1,并且该函数在 $a=0$ 处取值 1/2。

对于二元情况,可以假设 $z=\boldsymbol{W}^{(L)\mathrm{T}}\boldsymbol{h}^{(L-1)}$ 是输出节点激活函数的参数,将非归一化的对数似然定义为

$$\log\widetilde{P}(y|\boldsymbol{x}) = yz \tag{4.12}$$

式(4.12)是合理的,因为最优化准则包括最大化该对数似然的期望。如果参数 z 为正,则 $y=1$ 的概率大于 1/2,因此参数为正的次数越高,同时目标为 1,该表达式的期望值就越大。相应的非归一化概率为

$$\widetilde{P}(y|\boldsymbol{x}) = \exp(yz) \tag{4.13}$$

其可以归一化为具有概率质量函数的性质:

$$o(z) = P(y|\boldsymbol{x}) = \frac{\exp(yz)}{\sum\limits_{y'=0}^{1}\exp(yz)} = \sigma((2y-1)\boldsymbol{w}^{(L)\mathrm{T}}\boldsymbol{h}^{(L-1)})$$

上式就是伯努利模型的对数似然表达式,也为训练期间要使用的激活,但不能在测试期间使用,因为测试数据的标签 y 是未知的,所以该激活被以下假

设取代：

$$o(z)=p(y=1\mid \boldsymbol{x})=\sigma(z)=\sigma(\boldsymbol{w}^{(L)\mathrm{T}}\boldsymbol{h}^{(L-1)}) \tag{4.14}$$

如果其评估结果的值高于1/2,则直接给出决策 $y=1$;否则 $y=0$。

根据式(4.5),代价函数为

$$J_{\mathrm{ML}}(\boldsymbol{\theta})=E[\log\sigma((2y-1)z)]=E[\log(1+\exp((1-2y)z))] \tag{4.15}$$

4.2.4 节,介绍了 BP 算法,以通过最小化交叉熵来实现最优化。可以看出,这是一种梯度类型的算法。也就是说,它通过沿最大梯度下降的方向递减,迭代地得到一个解。式(4.15)中的代价函数使用很方便,因为它的梯度总是正的,故算法永远无法找到梯度为零的函数位置,从而避免迭代停滞。相比而言,应用于 S 型激活 $\sigma(a)$ 的简单 MSE 代价函数的范围为 0 ~ 1,有

$$J_{\mathrm{MSE}}(\boldsymbol{\theta})=E\|y-\sigma(z)\|^2 \tag{4.16}$$

其导数在两个极限都是零。图 4.5 给出了 $y=1$ 的单个样本的 J_{ML}(深色)和 J_{MSE}(灰色)曲线。可以看出,机器学习函数在 0 和 1 处饱和,其导数在两侧都趋于0;而 J_{ML} 只有在预测正确时才趋于常数。

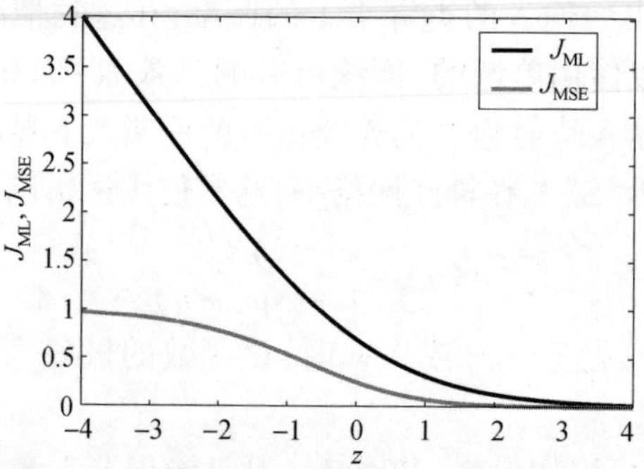

图 4.5　$y=1$ 的单个样本的伯努利对数似然的交叉熵代价函数(浅色)和 MSE 代价函数(深色)的曲线图。可以看出,交叉熵代价函数的导数随着函数值的增加而增加,只有当其值最小化时,它才为零。另外,当该函数趋于最大值时,MSE 代价函数的导数非常小。这意味着如果将 MSE 与伯努利似然模型一起使用,算法可能会卡在其最大值附近,即远离最优解

4.2.2.3　多类分类的 Softmax 单元

在多类分类器中,每个类都应该有一个概率 $p(y=c_k)$,满足 $\sum_{k=1}^{K}c_k=1$。该离散函数相当于 Multinoulli 概率质量函数,它是伯努利函数的泛化,用于表示具有 $K>2$ 个可能值的离散随机变量。当需要表示具有 Multinoulli 质量函数的变量 y 时,可以用输出 $c_k(1\leqslant k\leqslant K)$ 的向量 $\boldsymbol{y}$ 来表示变量:

$$y_k = p(y = l \mid \boldsymbol{x}) \tag{4.17}$$

构造神经网络,使其输出具有维度 K。遵循与二元分类相同的策略,首先产生一个线性输出,表达式为

$$\boldsymbol{z} = \boldsymbol{W}^{(L)\mathrm{T}} \boldsymbol{h}^{(L-1)} \tag{4.18}$$

式中:矩阵 $\boldsymbol{W}^{(L)}$ 有 K 列,以便产生输出 $\boldsymbol{z} \in \mathbb{R}^K$。

将 $\boldsymbol{z}$ 中的每个元素 z_k 建模为非归一化对数概率,表达式为

$$\begin{cases} z_k = \log \tilde{P}\,(y = k \mid \boldsymbol{x}) \\ \tilde{P}\,(y = k \mid \boldsymbol{x}) = \exp(z_k) \end{cases} \tag{4.19}$$

对这些表达式进行归一化处理,使概率总和为 1。这就是 softmax 函数为

$$o_k(\boldsymbol{h}^{(L-1)}) = \mathrm{softmax}(z_k) = \frac{\exp(z_k)}{\sum_{j=1}^{K} \exp(z_j)} \tag{4.20}$$

归一化对数似然为

$$\log\,\mathrm{softmax}(z_k) = z_k - \log\left(\sum_{j=1}^{K} \exp(z_j)\right) \tag{4.21}$$

从中得知,最小化的代价函数是最后一个方程的期望。

4.2.3　隐单元的 ReLU

为了给神经网络提供非线性特性,隐单元需要非线性激活函数 $\phi(\cdot)$。作为逻辑函数或双曲正切函数的 S 型激活已使用多年,一部分原因是当使用这些指数函数时,最优化所需的梯度函数具有易于处理的表达式。然而 S 型函数在梯度下降训练方面存在局限性。这些限制源于除了小参数,S 型函数的导数都非常小。因此,如果由于训练过程节点的权重显著增加,则激活函数的导数可能会下降,从而导致迭代停止。这就是在神经网络的训练中使用较小初始随机值的原因,但这并不一定能够防止算法陷入停滞。ReLU 的引入是为了避免这个问题。ReLU 的定义为

$$\phi(z) = \max\{0, z\} \tag{4.22}$$

这个函数可以为神经网络提供非线性特性。此外,如果参数为正,则其导数为常数,二阶导数为零,因此梯度没有任何二阶效应,即不同的收敛速度。该单元在 $z<0$ 时无法使用梯度下降进行学习;但存在一些泛化,因此它始终具有非零梯度。例如,可以使用

$$\phi(z_i) = \max\{0, z_i\} + \alpha_i \min\{0, z_i\} \tag{4.23}$$

该激活的三个具体示例非常有用:第一个是绝对值,当 $\alpha_i = -1$ 时,产生激活 $\phi(z_i, \alpha_i) = \max\{0, z_i\} - \min\{0, z_i\} = |z_i|$;第二个是有斜率的 ReLU,此时 α_i 为小值;

第三个是参数化的 ReLU 或 PReLU,此时 α_i 是使用梯度下降的可学习参数。

Maxout 单元简单地将 z 划分为 k 个元素的组,然后输出这些值的最大值,即

$$\phi(z)_i = \max_{j \in G^i}(z_j) \tag{4.24}$$

Maxout 单元可以学习最多 k 个片段的线性分段凸函数。文献[19]已经证明 Maxout 单元可以涵盖上述中的 ReLU 激活。

4.2.4 使用 BP 算法进行训练

神经网络的训练分向前步骤和向后步骤进行。向前步骤包括计算所有训练样本的神经网络激活。记录这些值后,向后步骤将根据梯度下降算法修改权重值。算法 4.1 给出了向前步骤。

算法 4.1　向前步骤

Require: $\boldsymbol{X}, \boldsymbol{y}, \boldsymbol{\theta}$
for $i=1$ to L do
　$\boldsymbol{h}^0 = \boldsymbol{x}_i$
　for $j=1$ to L do
　　$\boldsymbol{h}^{(j)} = \phi(\boldsymbol{W}^{(j)\mathrm{T}}\boldsymbol{h}^{(j-1)} + \boldsymbol{b}^{(j)})$
　end for
end for
　$\hat{\boldsymbol{y}} \leftarrow \boldsymbol{h}^{(L)}$
　Return $\hat{\boldsymbol{y}}$

向后步骤包括根据使用梯度下降的代价函数 $J(\boldsymbol{\theta})$ 针对所有参数 $\boldsymbol{\theta}$: $\{w_{i,k}^{(j)}, b_i^{(j)}\}$ 的优化结构。因此,需要计算代价函数关于所有参数的导数:

$$\frac{\partial J(\boldsymbol{\theta})}{\partial w_{i,k}^{(j)}} \tag{4.25}$$

代价函数通常是最大似然的正则化形式,如式(4.6)所示。

神经网络的应用函数可以表示为

$$f(\boldsymbol{x}) = \boldsymbol{o}(\boldsymbol{z}^{(L)}) = \boldsymbol{o}(\boldsymbol{W}^{(L)\mathrm{T}}\boldsymbol{h}^{(L-1)}) = \boldsymbol{o}(\boldsymbol{W}^{(L)\mathrm{T}}\phi(\boldsymbol{W}^{(L-1)}\boldsymbol{h}^{(L-2)})) = \cdots \tag{4.26}$$

式中:$\boldsymbol{o}$ 为一个向量,其分量是神经网络(通常是线性、逻辑或 Softmax)的输出函数 o_i,参数为 $z_i^{(L)} = \boldsymbol{w}_i^{(L)\mathrm{T}}\boldsymbol{h}^{(L-1)}$。

可以将每个隐含层输出表示为

$$\boldsymbol{h}^{(l)} = \phi(\boldsymbol{z}^{(l)}) \tag{4.27}$$

它是函数 $\phi(\cdot)$(例如,逻辑或 ReLU 激活)的分量向量 $\boldsymbol{h}_i^{(l)}$,其参数为 $z_i^{(l)} = \boldsymbol{w}_i^{(l)\mathrm{T}}\boldsymbol{h}^{(l-1)}$。

首先计算式(4.6)中代价函数的 ML 部分相对于参数 $w_{ij}^{(L)}$ 的梯度,即矩阵 $\boldsymbol{w}^{(L)}$ 第 i 列的权重 j,或对于单个训练对$(\boldsymbol{x},\boldsymbol{y})$,连接输出层节点 o_j 和前一层节点 $\boldsymbol{h}_i^{(L-1)}$ 的边的权重。使用微积分的链式规则得到

$$\begin{aligned}\frac{\mathrm{d}}{\mathrm{d}w_{i,j}^{(L)}}J_{\mathrm{ML}}(\boldsymbol{y},f(\boldsymbol{x})) &= \frac{\mathrm{d}}{\mathrm{d}w_{i,j}^{(L)}}J_{\mathrm{ML}}(\boldsymbol{y},\boldsymbol{o}(z^{(L)}))\frac{\mathrm{d}}{\mathrm{d}w_{i,j}^{(L)}}J_{\mathrm{ML}}(\boldsymbol{y},\boldsymbol{o}(\boldsymbol{W}^{(L)\mathrm{T}}\boldsymbol{h}^{(L-1)}))\\ &= \frac{J_{\mathrm{ML}}(\boldsymbol{y},\boldsymbol{o}(z^{(L)}))}{\mathrm{d}o_j}\frac{\mathrm{d}o_j}{\mathrm{d}z_j^{(L)}}\frac{\mathrm{d}z_j}{\mathrm{d}w_{i,j}^{(L)}} = \frac{\mathrm{d}J_{\mathrm{ML}}}{\mathrm{d}o_j}o_j' h_i^{(L)} = \delta_j^{(L)}h_i^{(L-1)}\end{aligned} \tag{4.28}$$

将式(4.28)写成矩阵形式,神经网络最后一层的更新可表示为

$$\boldsymbol{W}^{(L)} \leftarrow \boldsymbol{W}^{(L)} - \mu\boldsymbol{h}^{(L-1)}\boldsymbol{\delta}^{(L)\mathrm{T}} - \mu\lambda\boldsymbol{W} \tag{4.29}$$

式中:μ 为小标量,通常称为学习率。注意:向量 $\boldsymbol{\delta}^{(L)}$ 是 D_l 个分量的列向量(与输出一样多),$\boldsymbol{h}^{(L-1)}$ 为具有 D_{L-1} 个分量的向量,乘以第一个 1 作为列;因此乘法是一个外积,它产生一个与 $\boldsymbol{W}^{(L)}$ 具有相同维度的矩阵。该表达式包括式(4.6)中关于正则项的梯度。向量 $\boldsymbol{\delta}^{(L)}$ 是在 L 层计算的局部梯度,其形式为

$$\boldsymbol{\delta}^{(L)} = \nabla_{\boldsymbol{o}}J_{\mathrm{ML}}(\boldsymbol{y},\boldsymbol{o}) \odot \boldsymbol{o}' \tag{4.30}$$

也就是说,代价函数以及神经网络输出的梯度与输出激活的导数之间的元素积,都是利用 $\boldsymbol{x}$ 和 $\boldsymbol{y}$ 进行计算的。之所以称为 BP 算法,是因为该项与其他具有相同性质的项一起被传递回输入端。

对样本$(\boldsymbol{x},\boldsymbol{y})$进行评估,计算代价函数相对于权重 $w_{i,j}^{(L-1)}$ 的梯度,即

$$\begin{aligned}\frac{\mathrm{d}}{\mathrm{d}w_{i,j}^{(L-1)}}J_{\mathrm{ML}}(\boldsymbol{y},f(\boldsymbol{x})) &= \sum_{k,n}\frac{\delta J_{\mathrm{ML}}}{\mathrm{d}o_k}\frac{\mathrm{d}o_k}{\mathrm{d}z_k^{(L)}}\frac{\mathrm{d}z_k^{(L)}}{\mathrm{d}h_n^{(L-1)}}\frac{\mathrm{d}h_n^{(L-1)}}{\mathrm{d}z_j^{L-1}}\frac{\mathrm{d}z_j^{(L-1)}}{\mathrm{d}w_{i,j}^{(L-1)}}\\ &= \sum_{k,m,n}\delta_k^{(L)}w_{k,n}^{(L)}\phi'(z_j^{(L-1)})h_i^{L-2} = \delta_j^{(L-1)}h_i^{(L-2)}\end{aligned} \tag{4.31}$$

以矩阵形式对前一层进行的更新为

$$\boldsymbol{W}^{(L-1)} \leftarrow \boldsymbol{W}^{(L-1)} - \mu\boldsymbol{h}^{(L-2)}\boldsymbol{\delta}^{(L-1)\mathrm{T}} - \mu\lambda\boldsymbol{W}^{(L-1)} \tag{4.32}$$

其中

$$\boldsymbol{\delta}^{(L-1)} = \phi'(\boldsymbol{z}^{(L-1)}) \odot \boldsymbol{W}^{(L)}\boldsymbol{\delta}^{(L)} \tag{4.33}$$

迭代这个过程,可以看到权重矩阵 $\boldsymbol{W}^{l-1}$ 的更新为 $-\mu\boldsymbol{\delta}^{(l-1)}\boldsymbol{h}^{(l-2)\mathrm{T}} - \mu\lambda\boldsymbol{W}^{(l-1)}$,其中

$$\boldsymbol{\delta}^{(l-1)} = \phi'(\boldsymbol{z}^{(l-1)}) \odot \boldsymbol{W}^{(l)}\boldsymbol{\delta}^{(l)} \tag{4.34}$$

由于局部梯度 $\boldsymbol{\delta}^l$ 传递回输入,该算法称为 BP 算法。算法 4.2 对该过程进行了总结。注意,如果矩阵 $\boldsymbol{W}^{(L)}$ 中不包含偏差 $\boldsymbol{b}^{(l)}$,则必须添加一个额外的步骤 $\nabla_{\boldsymbol{b}^{(j)}}L = \boldsymbol{g} + \lambda\nabla_{b^{(j)}}\Omega(\boldsymbol{\theta})$。

该算法必须应用于所有样本,并累积梯度 $\nabla_{\boldsymbol{W}^{(j)}}$,然后更新权重。此后,必须重复向前步骤和向后步骤,直到收敛。

算法 4.2 向后步骤(权重更新的计算)

$\boldsymbol{g} \leftarrow \nabla_{\hat{y}} J = \nabla_{\hat{y}} L(\hat{\boldsymbol{y}}, \boldsymbol{y})$
for $j = L$ to 1 do
if $j = l$ then
$\boldsymbol{g} \leftarrow \boldsymbol{g} \odot o_j'(\boldsymbol{z}^{(j)})$
else
$\boldsymbol{g} \leftarrow \boldsymbol{g} \odot \phi_j'(\boldsymbol{z}^{(j)})$
end if
$\nabla_{\boldsymbol{W}(j)} L = \boldsymbol{h}^{(j-1)} \boldsymbol{g}^{\mathrm{T}} + \lambda \boldsymbol{W}^{(j)}$
$\nabla_{\boldsymbol{b}(j)} L = \boldsymbol{g}^{\mathrm{T}} + \lambda \boldsymbol{b}^{(j)}$
$\boldsymbol{g} \leftarrow \boldsymbol{W}^{(j)} \boldsymbol{g}$
end for

例 4.1 解决二元问题。用 L 层网络和以下形式的代价函数来解决二元问题:

$$L = \log(1 + \exp((1 - 2y)z)) \tag{4.35}$$

其中,

$$z = \boldsymbol{w}^{\mathrm{T}} \boldsymbol{h}^{(L-1)} + b^{(L)}$$

中间层使用 ReLU 激活作为

$$g_l(\boldsymbol{z}^{(l)}) = \max(0, \boldsymbol{z}^{(l)}) \tag{4.36}$$

相应的导数为

$$g_{l,k}'(\boldsymbol{z}^{(l)}) = \begin{cases} 1, & z_k^{(l)} > 0 \\ 0, & 其他 \end{cases} \tag{4.37}$$

$$\frac{\mathrm{d}L}{\mathrm{d}\hat{y}} = \frac{(1-2y)\exp((1-2y)z)}{1+\exp((1-2y)z)} = (1-2y)\{1 - \sigma[(1-2y)z]\} \tag{4.38}$$

式中,假设 $\hat{y} = z$。

对于 $y = 1$,必须满足:

$$\begin{cases} \lim\limits_{z \to +\infty} \dfrac{\mathrm{d}L}{\mathrm{d}z} = 0 \\ \lim\limits_{z \to -\infty} \dfrac{\mathrm{d}L}{\mathrm{d}z} = 1 \end{cases} \tag{4.39}$$

例 4.2 训练和测试神经网络。例 3.1 中提出的问题也可以使用神经网络来解决。该问题包括确定信号携带的符号 $d[n] \in \{1, -1\}$ 是什么。该信号是此类符号序列与具有脉冲响应 $h[n] = \delta[n] + a\delta[n-1]$ 的信道的卷积,其中 $a = 1.5$,被幂为 $\sigma_n^2 = 0.04$ 的加性高斯白噪声破坏。输入模式是 2 维向量,由每两个连续样本组成,即 $\boldsymbol{x}_n = [x[n], x[n-1]]$。

神经网络由 1 个或 2 个隐含层构成,即 L 为 2、3。隐含层节点的数量也发生了变化,以查看与这些数量相关的效果。使用 ReLU 和逻辑激活。输出是一个逻辑函数,因此对于 $d=-1$,目标被标记为 $y=0$;对于 $d=1$,目标被标记为 $y=1$。正则化因子 $\lambda=10^{-5}$。训练数据的数量设置为 500 个样本。

图 4.6 给出了由逻辑激活和包含 5 个神经元的单个隐含层构成的神经网络的分类边界和后验概率估计。结果很不理想,因为神经网络无法对图像中心的样本进行分类。如果向神经网络添加更多的复杂度,结果会稍微改善。

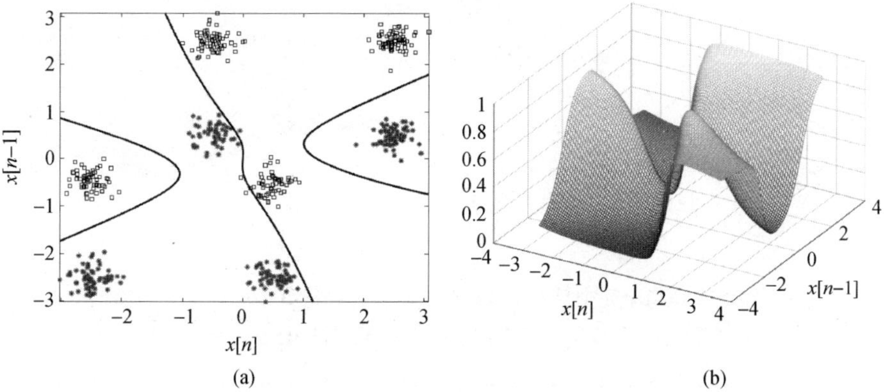

图 4.6　在输入和隐单元中具有逻辑激活的神经网络

该网络有 2 个输入节点、一个包含 5 个节点的隐含层和一个单节点输出

(a)给出了分类边界;(b)给出了作为输入函数的网络输出,表明其具有概率分布形式,学习率 $\mu=0.1$。

图 4.7 给出了具有逻辑激活以及包含 20 个节点和 10 个节点的两个隐含层的神经网络结果。在这两种情况下,学习率 μ 都设置为 0.1。

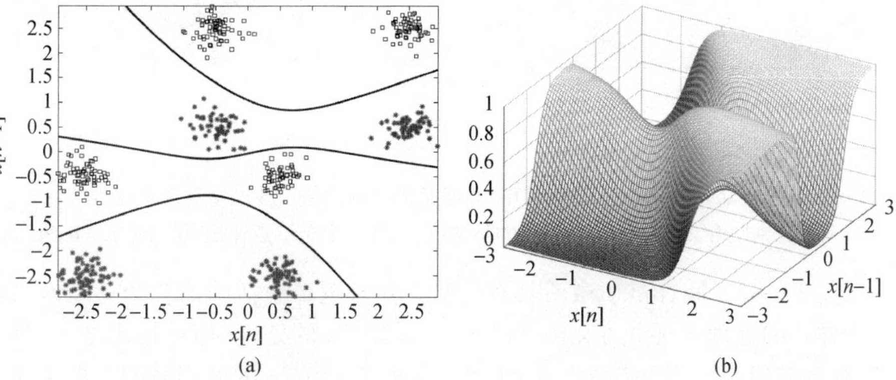

图 4.7　在输入和隐单元中具有逻辑激活的神经网络。该网络有 2 个输入节点、一个包含 20 个节点的隐含层和一个单节点输出,学习率 $\mu=0.1$

ReLU 激活的使用会在几个方面改善结果。图 4.8 给出了具有 ReLU 激活的包含 5 个神经元的单个隐含层的神经网络输出的边界和后验概率估计,具有

ReLU 激活以及包含 20 个节点和 10 个节点的 2 个隐含层的神经网络的结果见图 4.9。前者用一种非常简单的方式解决了该问题，但这比图 4.6 中的逻辑神经网络扩展要好。后者增加了复杂度，却获得了更为平滑的解。

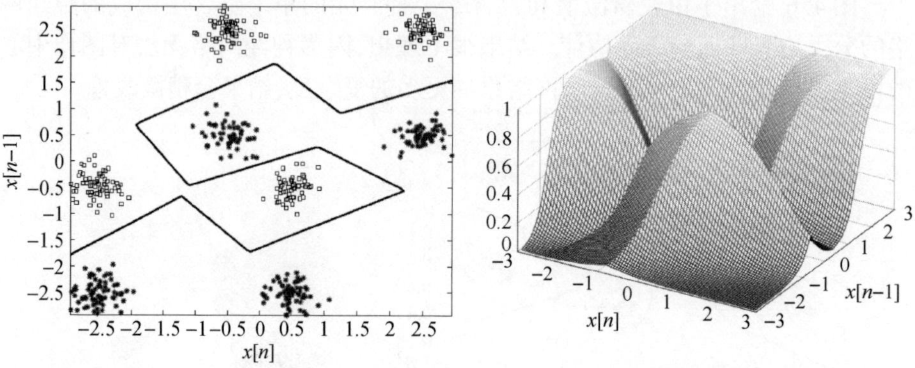

(a) (b)

图 4.8 在输入和隐单元中具有 ReLU 激活的神经网络。该网络有 2 个输入节点、一个包含 5 个节点的隐含层和一个单节点输出，学习率 $\mu=0.1$

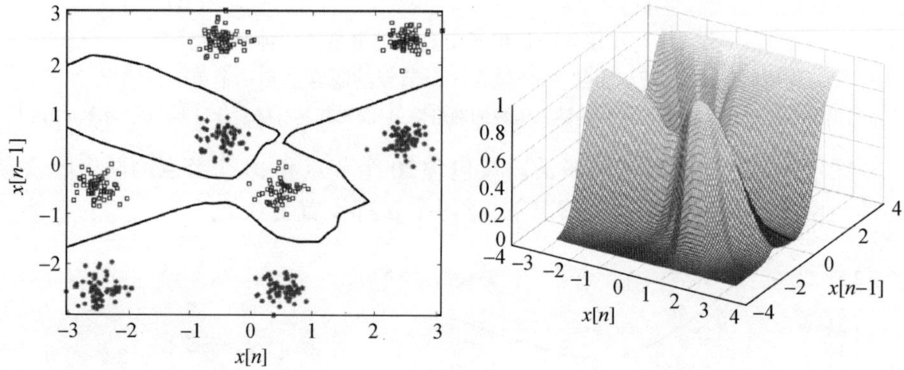

(a) (b)

图 4.9 在输入和隐单元中具有 ReLU 激活的神经网络。该网络有 2 个输入节点、两个分别包含 20 个和 10 个节点的隐含层，以及一个单节点输出，学习率 $\mu=0.01$

关于处理时间，ReLU 激活具有优势。具有逻辑激活的前两个神经网络对每个样本的处理需要 6.6×10^{-7}s 和 2.2×10^{-6}s 的处理时间；相比之下，具有 ReLU 的神经网络分布需要 2.6×10^{-7}s 和 1.2×10^{-6}s 的处理时间。如果需要 500 个样本和 10^4 个 epoch（所有数据重复反向传播迭代的次数），这些时间可能会很长。最大处理时间为 3s，这使得此例在通信中不实用，而单纯是纯学术性的探讨。

4.3　流形学习和嵌入空间

4.2 节介绍了用于训练神经网络的 MLP 和 BP 算法,它们是深度网络的一些经典方法。将深度学习元素组合在一起的方法有很多,参见文献[5]。在讨论深层多层结构之前,先研究 DN 中每层生成的中层特征空间。通俗地说,根据学习特征的性质可以区分两种类型的网络,即几何中间流形网络和学习变换概率分布网络。本章将重点介绍相关内容,旨在对一些最基本的网络结构进行的内在特征提取给出一些基本分析;将重点关注 DN 中中间和连续特征空间的创建。尽管核方法是在高维空间(或 RKHS)中给出特征表示,但 DN 经常生成中间低维空间。这是一个简约、高效和渐进式的特征提取过程。

这种连续特征提取方法可以从现有技术的示例中获得,这些技术是围绕对象嵌入和流形学习的概念进行的。数学中对流形有严格的定义,其中拓扑空间是具有拓扑结构的集合,该结构允许定义子空间的连续变形和各种连续性。在这种情况下,n 维拓扑流形是一个可分离的度量空间,其中每个点都有一个与 $\mathbb{R}^n$ 同胚的邻域,这种邻域称为该点的坐标邻域。可以将一个拓扑空间 X 在另一个空间 H 中的嵌入定义为 X 在 H 的子空间上的同胚,即两个拓扑空间之间具有连续反函数的连续函数。从广义上讲,嵌入空间是在降维后映射相关数据的空间。它的维度通常低于环境或原始空间的维度。在机器学习文献中,嵌入空间是一个低维空间(越低越好),可以将高维向量转换到该空间。这成为机器学习在处理大型输入向量(如词汇表征、图像、信号和其他稀疏实体)的问题时的一个关键优势。在理想情况下,嵌入捕获输入向量的相似性,并将转换后的向量放在它们的邻域中。可以为一组类似的对象学习嵌入,然后将其用于多个机器学习问题。

嵌入空间和流形密切相关。流形假设现实世界的高维数据(如图像或文本)位于嵌入原始高维空间的低维流形上。例如,与自然图像空间的原始维度相比,所有包含天线的图像都将位于较低维度的流形中。流形有时很难从数学上定义,但从经验上是可理解的。作为拓扑空间的流形局部类似于欧几里得空间,在这种情况下,考虑流形的直观方法(但不是严格正确)是取 $\mathbb{R}^k$ 中的几何对象并在其中展开,其中 $n>k$。例如,可以考虑将 $\mathbb{R}^1$ 中的线段转换为 $\mathbb{R}^2$ 中的圆或将 $\mathbb{R}^2$ 中的曲面转换为 $\mathbb{R}^3$ 中的球体。

拓扑学中流形更精确的定义为与欧几里得空间同胚的集合。同胚是连续的一对一映射,并且映射保留了拓扑性质。(拓扑)流形的形式定义如下。

定义 4.1　n 维拓扑流形 M 是一个拓扑豪斯多夫空间(光滑空间),具有局部同胚于 $\mathbb{R}^n$ 的可数基。这意味着对于 M 中的每个点 p,都有一个 p 的开邻域 U 和一个同胚 $\boldsymbol{\phi}:U\to V$,它将集合 U 映射到一个开放集合 $V\in\mathbb{R}^n$。此外:

- 映射 $\boldsymbol{\phi}:U\to V$ 称为图表或坐标系。

- 集合 U 是图表的域或局部坐标邻域。
- 由 $\phi(p) \in \mathbb{R}^n$ 表示的点 $p \in U$ 的图像称为图表中 p 的坐标或局部坐标。
- 如果 $U_{\alpha \in \mathbb{N}} U_\alpha = M$，则一组图表 $\{\boldsymbol{\phi}_{\boldsymbol{\alpha}} \| \boldsymbol{\alpha} \in \mathbb{N}\}$，域为 $\boldsymbol{\alpha}$，称为 M 的图谱。

在机器学习中，流形学习是从一组向量样本中估计流形结构的过程。它可以视为机器学习子领域，运行于连续域中，从欧几里得空间(环境空间)中的观测值学习。假设它们位于空间的有限部分，通常是流形，其内在维度是基本系统自由度，目标是表示出观测值之间的潜在关系。

简单的流形学习算法，即 Isomap 和 tSNE，为目前两个最广泛使用的算法。本章研究了单层自编码器的结构，它可以视为基本的深层单元，从用于基本神经网络的数据集中提取嵌入。循环玻耳兹曼机(restricted boltzmann machine, RBM)给出了密切相关的结构，它被证明是从以某种更好的概率描述原理的数据集中学习流形。本节末尾的堆栈自编码器示例给出了在这种结构中包含深度网络的优势。虽然这根本不是解释和推广 DN 的常规方式，但我们的目标是帮助读者理解一些最基本的原则。

4.3.1 流形、嵌入和算法

流形学习有时用于非线性降维。人们经常怀疑高维对象实际上可能位于低维流形中，因此如果可以根据该流形重新参数化数据，从而产生低维嵌入，将是有用的。人们通常不知道流形，需要对其进行估计。然后假设有一组从低维流形中采样的高维观测值，实际问题是如何自动恢复良好的嵌入以进行特征提取。

对机器学习应用中的流形学习，人们提出了几种方法。假设有一组 D 维数据点 $\boldsymbol{x}_n(n=1,2,\cdots,N)$，并且试图将每个 $\boldsymbol{x}_n$ 映射到一组 $\boldsymbol{h}_n$、维数为 d 的点，其中 N 较大并且 $d \ll D$。线性子空间嵌入方法是最常见的，如 PCA，但度量多维尺度法(multidimensional scaling, MDS)等方法也已被广泛使用。在前者中，数据被投影到标准正交基上，该正交基被选择用来最大化投影数据的方差，并且选择约减的子空间作为由这些最大方差方向所张成的 d 维超平面。在后者中，该方法基于保留成对距离，通过使用特征分解逼近格拉姆矩阵。这些方法是工程中使用最广泛的算法之一，提供了确定线性子空间中高维数据参数的工具。两者都被广泛使用，没有局部最优，也没有预先设置的参数，但它们仅限于线性投影。

人们也提出了其他强大的非线性流形学习方法，如等距特征映射(isometric feature mapping, Isomap)和局部线性嵌入(locally linear embeddings, LLE)[20-21]。MDS 寻求在数据点之间保持成对距离的嵌入，然而流形上的测地距离可能比其相应的欧几里得直线距离长。因此，Isomap 的基本思想是使用测地距离而不是欧几里得距离，构建邻接图并通过图中的最短路径距离来逼近测地距离。这种方法取得了很好的效果，但仍然存在一些问题，例如它是一种不能很好地扩展的算法,且对较大数量的最短路径计算代价过大。人们还提出了一些改进的版本,它们克服了部分限制,尽管需要调整一个启发式参数(图邻域大小),但对于存在于欧几里得空间的凸子流形中的数据有足够多的观测值,可以保证恢复真正的流形。这种方法对捷径很敏感,不能处理带孔的流形。LLE 旨在通过假设流形是局部线性的,从而在其嵌入中保留局部流形几何,因此期望每个 D 维数据位于或靠近流形的局部线性贴片。在这些条件下,可以将每个点 $\boldsymbol{x}_n$ 表征为其最近邻的凸线性组合,并寻求一个保持该线性组合的权值的嵌入方法。

在许多流形学习算法中,t 分布随机邻域嵌入(tSNE)算法[22]是机器学习领域的一个突破。这种非线性方法是专门为高维数据可视化目的而设计的。原始空间中的每个高维向量由二维或三维空间中的一个点表示,原始空间中的近(远)向量很可能对应于投影可视化空间中的近(远)向量。通常建议,对于极高维数据,执行之前的 PCA 步骤,以便该算法可以使用通常为 50 维或更少维的数据。该算法包括两个步骤:首先,根据原始向量估计概率分布,满足以高(低)概率选择近(远)向量的要求;其次,在低维空间中定义相似的概率密度,并且两者之间的 KL(Kullback - Leibler)散度相对于映射坐标最小化。除了欧几里得距离,也可以使用其他距离。

该算法可以总结如下:在数据集中,$\boldsymbol{x}_i$ 与 $\boldsymbol{x}_j$ 的相似性是使用点 i 的条件概率 $p_{i|j}$来衡量的,选择点 j 作为其邻近点,用以 i 为中心的高斯密度表示,即

$$p_{i|j} = \frac{\mathrm{e}^{-\frac{\| x_i - x_j \|^2}{2\sigma_i^2}}}{\sum_{k\neq i} \mathrm{e}^{-\frac{\| x_i - x_k \|^2}{2\sigma_i^2}}} \tag{4.40}$$

式中带宽 σ_i 局部适应于数据密度。

高维空间中的联合概率如下:

$$p_{i,j} = \frac{p_{i|j} + p_{j|i}}{2N} \tag{4.41}$$

因为只对相似性感兴趣,故纳入条件 $p_{ii}=0$。二维或三维映射数据 $\boldsymbol{h}_1,\boldsymbol{h}_2,\cdots,\boldsymbol{h}_N$ 是通过幂变换来估计的,得到相似性的表达式:

$$q_{ij} = \frac{(1+\| \boldsymbol{h}_i - \boldsymbol{h}_j \|^2)^{-1}}{\sum_{k\neq i}(1+\| \boldsymbol{h}_i - \boldsymbol{h}_k \|^2)^{-1}} \tag{4.42}$$

式中:$q_{ii}=0$。

获得的映射中的这些新点位置 $\boldsymbol{h}_i$ 是通过最小化目标分布 P 和 Q 上原点的 KL 散度获得的。也就是说,通过最小化密度 P 对密度 Q 的(非对称)KL 散度来确定映射,即

$$\mathrm{KL}(P \| Q) = \sum_{i\neq j} p_{ij} \log \frac{p_{ij}}{q_{ij}} \tag{4.43}$$

这种最优化是在映射函数参数上使用梯度下降技术实现的。

tSNE 方法经常用来表示神经网络学习的高维特征空间。投影图通常给出可能受算法设置影响的视觉上可识别的集群。此外,也可能存在一些与实际数据结构不一致的集群,因此在解决这些映射时应谨慎对待。在其原始公式中,tSNE 方法为一次性方法,从某种意义上说,它并非立即在嵌入空间上投射新的实验观测,尽管已经有了一些技术以逼近的方式实现这一点。

例 4.3　鲍鱼数据集和 tSNE。鲍鱼数据集最初用于分析生物学问题[23],随后用于机器学习数据库的 UCI 存储库中。最初的研究旨在通过物理测量来预测鲍鱼的年龄。通常鲍鱼的年龄是将壳从圆锥体中切开、染色,并通过显微镜计算环的数量来确定的,这是一项既枯燥又耗时的工作。也可用其他更容易获得的测量值预测年龄,但可能需要更多的信息来辅助判断,如所处的气候和地理位置(易于获得食物)。从原始数据中,删除了具有缺失值的示例(大多数缺少预测值),并对连续值的范围进行了缩放,以便与神经网络一起使用。该数据集由 4177 个示例组成,具有 8 个特征,即性别、长度、直径、高度、总质量、去壳质量、内脏质量、壳质量和环。

图 4.10 给出了使用标准 tSNE 算法估计该数据集的二维和三维嵌入结果。当投影到二维嵌入空间时,该算法表明数据中存在一些主导集群,但似乎也存在其他几个大大小小的集群;当投影到三维可视化空间时,存在一些数量并不清楚的集群,并且存在一些不确定性,即是否确实存在某些观测结构,或者它们是否可以被分割。投影非常依赖随机初始条件,并且在每次运行实验中都会获得几个不同的嵌入。注意,在此例中获得了未连接的区域,这让人们对可以存在多少非线性和连接的集群存有疑问。

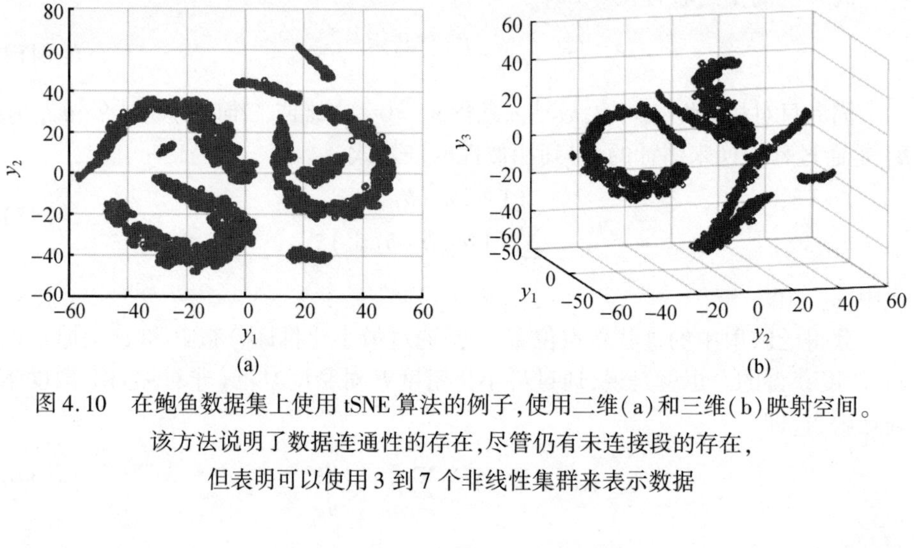

图 4.10　在鲍鱼数据集上使用 tSNE 算法的例子,使用二维(a)和三维(b)映射空间。
该方法说明了数据连通性的存在,尽管仍有未连接段的存在,
但表明可以使用 3 到 7 个非线性集群来表示数据

4.3.2　自编码器

自编码器是一种简单的学习机，旨在以尽可能少的失真将输入转换为输出[24]。虽然概念上很简单，但它们在机器学习中发挥着重要作用，自 20 世纪 80 年代以来，Hinton 和他的团队首次引入该概念，使用输入数据作为导师来解决没有导师的反向传播问题[25]。这些结构与赫布学习规则一起提供了无监督学习的基本范例之一，并开始解开局部生化事件引起的突触变化如何自组织地协调产生全局学习和智能行为的谜团。最近，它们又在深度架构方法[26]中占据了中心位置，在这种方法中，自编码器，特别是 RBM 形式的自编码器，以无监督的方式进行自下向上的堆叠和训练，然后是在有监督学习阶段，以训练顶层并微调整个架构。自下而上阶段与具体任务无关，因此显然可以用于迁移学习方法。

简而言之，自编码器只是一个经过训练的 NN，它试图将其输入复制到其输出。它们是可以用来学习 DN 的工具之一，尽管它们本身可以视为浅层网络，但仍然受到越来越多的关注。只要在它们的输出中没有使用标记或不同的变量而是使用相同的输入向量，就被视为无监督机器学习方法。它们的训练需要优化代价函数，测量训练输入向量 $\boldsymbol{x}_i$ 及其自身估计 $\hat{\boldsymbol{x}}_i$ 之间的偏差。

如图 4.11 所示，任何自编码器都由编码器子结构和解码器子结构组成。这两个子结构都可以有几层甚至多层，为了便于说明，本节将重点讨论单层情况。如果考虑编码器在 4.3.1 节（流形和嵌入）中起到的降维作用，那么可以研究解码器从降维空间到完备空间的逆变换。从现在开始，将编码器的输出称为隐空间，然后就得到

$$\boldsymbol{h}_i = f(\boldsymbol{x}) = \phi(\boldsymbol{W}_e \boldsymbol{x}_i + \boldsymbol{b}_e) \tag{4.44}$$

式中：$f(\cdot)$ 为从输入空间到隐空间的非线性变换；$\boldsymbol{h}_i \in \mathbb{R}^d$，为与输入 $\boldsymbol{x}_i \in \mathbb{R}^d$ 对应的隐空间中的映射向量；$\phi(\cdot)$ 为在乘权重矩阵 $\boldsymbol{W}_e$ 和偏置向量 $\boldsymbol{b}_e$ 后，每个输入分量代数变换后的非线性激活。

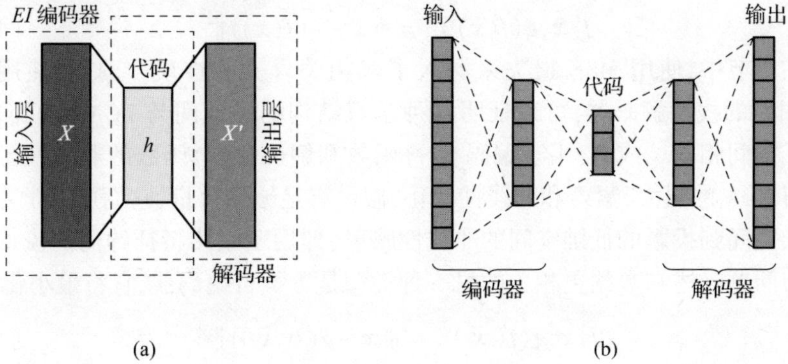

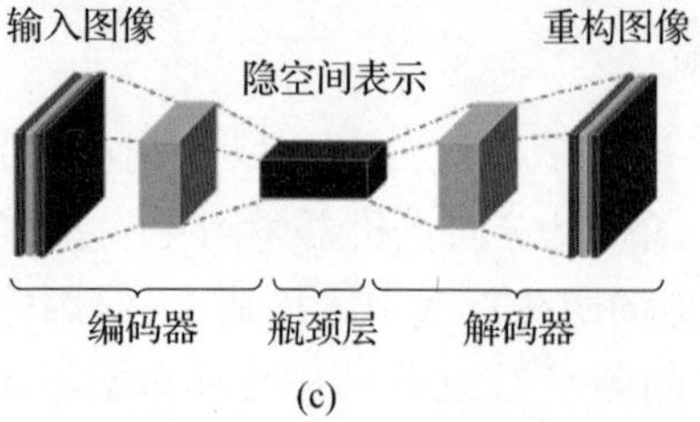

图 4.11　自编码器架构示例,显示了单层自编码器(a)、多层自编码器的扩展(b)和卷积自编码器的典型表示(c)。请注意,深度学习文献中通常采用的表示与图 4.1 中 MLP 和 NN 的经典表示存在差异

解码器函数将隐空间中的向量映射回输入空间,表达式如下:

$$\boldsymbol{o}_i = g(\boldsymbol{h}_i) = \varphi(\boldsymbol{W}_d \boldsymbol{h}_i + \boldsymbol{b}_d) \tag{4.45}$$

式中:$g(\cdot)$为从输入空间到隐空间的非线性变换;$\varphi(\cdot)$为在乘权重矩阵 $\boldsymbol{W}_d$ 和偏置向量 $\boldsymbol{b}_d$ 后,隐向量代数变换后的每个分量上的非线性激活;$\boldsymbol{o}_i$ 为估计的输出。

通过训练,希望 $\boldsymbol{o}_i = \hat{\boldsymbol{x}}_i$,这样问题就包括从数据集中估计函数 $f(\cdot)$ 和 $g(\cdot)$,这将转变为估计权重和偏差 $\boldsymbol{W}_e$、$\boldsymbol{b}_e$、$\boldsymbol{W}_d$、$\boldsymbol{b}_d$。这将使上述结构在发生错误时,能够学习输入向量的本质,以便将其转变为隐空间。传统上,它们被用于降维或特征学习,但最近自编码器和隐变量模型之间的连接被引入上述模型中,从而使它们在生成建模中运行良好。这些神经网络可以用传统的反向传播和小批量梯度进行训练。

有不同种类的自编码器,每种自编码器都显示了对学习过程的一些不同理解。在不完备自编码器中,人们对可能具有中等精度性能的输入副本并不感兴趣,而是搜索代码空间和其中有用的向量 $\boldsymbol{h}_i$。另外,有可能将隐空间限制为比输入空间低的维度,这迫使人们学习训练数据的最显著特征。同样要注意,这与上一节中介绍的嵌入空间的搜索密切相关。在这种情况下,学习过程包括最小化给定的损失函数,并且如果仅选择 MSE 损失,就得到

$$J[\boldsymbol{x}, g(f(\boldsymbol{x}))] = \| \boldsymbol{x} - g(f(\boldsymbol{x})) \|^2 \tag{4.46}$$

在本节中,使用 MSE 损失来深入了解相关含义和性质。例如,使用具有 MSE 损失的线性解码器,可以证明这种学习结构的子空间与 PCA 特征向量张成的子空间相同。或者,用于编码 $f(\cdot)$ 函数和解码 $g(\cdot)$ 函数的非线性函数可以学习 PCA 的强大、紧凑和非线性泛化,假设有足够的容量,它们可以学习创建从输入空间到投影的低维空间的非线性映射,即用于紧凑特征约简的流形和嵌入。与问题陈述和数据更相关的另一种类型是去噪自编码器,它将最小化

$$J\{\boldsymbol{x}, \boldsymbol{g}(f(\tilde{\boldsymbol{x}}))\} = \| \boldsymbol{x} - g(f(\tilde{\boldsymbol{x}})) \|^2 \tag{4.47}$$

式中：$\tilde{\boldsymbol{x}}$ 为 $\boldsymbol{x}$ 添加噪声后的版本，因此该网络结构不会复制噪声，而是消除噪声。

除了低维隐空间，还有其他选择可以避免在自编码器中过拟合，试图学习将输入复制到输出，这是通过使用具有不同准则的正则化自编码器来实现的。在过完备的情况下，隐藏代码维度大于输入维度，并且正则化自编码器使用这种稀疏表示导数的小值特性和对噪声或缺失数据的鲁棒性做到这一点。例如，权重的 L_2 范数可以用作正则项，如下所示：

$$\Omega_{\boldsymbol{W}} = \frac{1}{2}(\|\boldsymbol{W}_d\|^2 + \|\boldsymbol{W}_e\|^2) \tag{4.48}$$

它可以平滑权重并降低过拟合，或者考虑使用隐空间训练集投影的 L_2 范数：

$$\Omega_{\boldsymbol{h}} = \frac{1}{2}\langle \|\boldsymbol{h}_i\|^2 \rangle_i \tag{4.49}$$

式中：$\langle \cdot \rangle_i$ 为训练集的平均值。

使用惩罚导数进行正则化也是一种选择。在这种情况下，使用以下正则项：

$$\Omega_{(\boldsymbol{x},\boldsymbol{h})} = \frac{1}{2}\langle \|\nabla_x \boldsymbol{h}_i\|^2 \rangle_i \tag{4.50}$$

式中：∇_x为对于输入空间的梯度算子。

还可以通过向代价函数添加正则化矩阵来使用稀疏自编码器，该代价函数是隐空间上训练集投影的平均值，即

$$\Omega_\rho = \sum_{d=1}^{D} \hat{\rho}_d \tag{4.51}$$

式中：$\hat{\rho}_d = \langle \boldsymbol{h}_i(d) \rangle_i$。

如果隐含层中的神经元在非线性处理后的值很高，则认为该神经元被激活，而较低的激活输出表示该神经元在响应少量训练样本。添加一个可以降低 $\hat{\rho}_d$ 的项有助于生成表示空间，从而使每个神经元可以被少量训练样本激活，因此，神经元通过只对一小部分训练示例的响应而变得特殊化。对于这种稀疏正则化矩阵，没有直接的贝叶斯解释。一个更合适的稀疏正则化实现方法是添加一个正则项，当神经元 d 的平均激活值 $\hat{\rho}_d$ 与其期望值 ρ 偏差较大时，该项取较大的值。这种稀疏正则项的选择可以通过 KL 散度获得，表达式如下：

$$\Omega_{\mathrm{KL}} = \sum_{d=1}^{D} \mathrm{KL}(\rho \| \hat{\rho}_d) = \sum_{d=1}^{D} \left(\rho \log\left(\frac{\rho}{\hat{\rho}_d}\right) + (1-\rho)\log\left(\frac{1-\rho}{1-\hat{\rho}_d}\right)\right) \tag{4.52}$$

KL 散度是一个表征两个统计分布差异性的函数，因此当它们相等时，它的值为零；当一个函数与另一个函数有差异时，它会变大。

人工智能和人工视觉充分利用了自然数据的性质，通常集中在低维流形或其中的一小部分，而该主题的目的是重建流形的结构。流形学习中的一个概念

是其切平面的集合,即在 d 流形的给定点 $\boldsymbol{x}_i$ 处由 d 个基向量组成,这些基向量跨越流形上允许的局部变化方向,它详细说明了如何在流形中无限地改变 $\boldsymbol{x}_i$。所有自编码器训练过程都是以下两方面的权衡:①学习训练示例 $\boldsymbol{x}_i$ 的表示 $\boldsymbol{h}_i$,使得 $\boldsymbol{x}_i$ 可以通过解码器从 $\boldsymbol{h}_i$ 中恢复;②满足约束或正则化惩罚(架构或平滑项)。因此,自编码器只能表示重建训练示例所需的变体,编码器做出从输入空间到表示空间的映射,该映射只对沿流形方向的变化敏感,对与流形正交的变化不敏感。表征流形最常见的方法是表示流形上(或附近)的数据点。这种特定示例的表示也称嵌入,它通常由一组低维向量给出,其维数少于流形为低维子集的环境空间。在机器学习中经常使用的方法是基于最近邻图的。如果流形不是光滑的(有峰或孔),这些方法就不能很好地推广。在这种情况下,去噪自编码器使重构 $g(\cdot)$ 函数能够抵抗输入的微小扰动,而收缩自编码器使特征提取函数 $f(\cdot)$ 能够抵抗输入的无穷小扰动。

深层编码器和解码器得到了越来越多的关注。通用逼近定理保证了具有足够大隐含层的前馈网络能够逼近任何光滑函数。从实验上看,深层自编码器相比浅层或线性编码器能产生更好的压缩效果。为达到此目的,一个常见的策略是通过训练一堆浅层自编码器来预训练深层架构。后面将从多个角度进一步审视这一观点。

例 4.4　鲍鱼数据集和收缩自编码器。进一步研究 4.3.1 节中介绍的鲍鱼数据集。图 4.12 给出了该数据集的 PCA 处理结果,可以看到前三个分量的贡献最大,但其他分量仍然存在。如果使用 6 个方向来表示潜在子空间上的投影,可以看到三个集群清晰地存在,对于此例来说这比 tSNE 提供的描述信息要丰富得多。此外,这 3 个数据云显示出一些清晰的几何特性,并且每个子云上的点有一些分散。最后,这 3 个云似乎也出现在分量 4 ~ 6 上,作为所述几何结构的一种呼应。

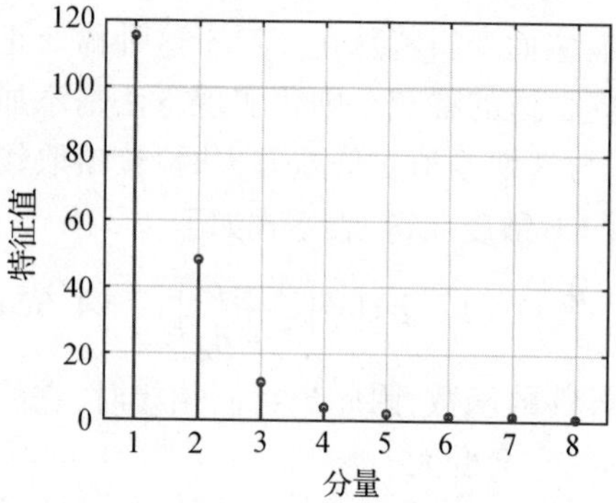

(a)

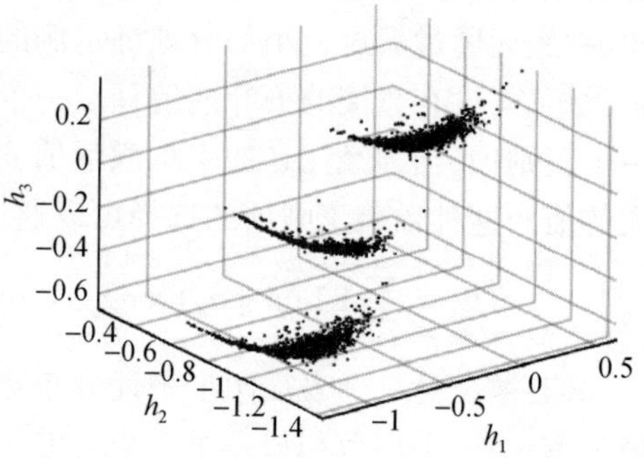

(b)

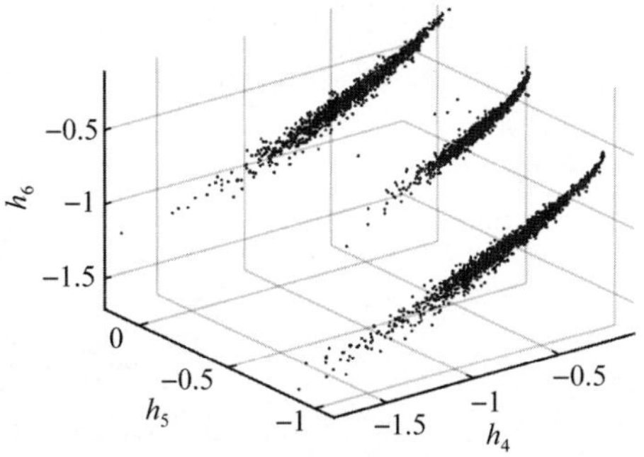

(c)

图4.12 鲍鱼数据集上的PCA示例

(a)特征值;(b)、(c)向1-2-3特征方向和4-5-6特征方向的投影。

用该数据集验证收缩自编码器的效果,见图4.13。当使用六维隐空间时,输入样本在嵌入子空间上的投影如图4.13(a)、(b)所示,可以看到存在三个集群(在本例中为维度4至维度6),而维度1至维度3似乎反映了与上述三个集群无关的信息。如果训练一个三维嵌入空间,可以得到图4.13(d)中的表示,其中三个对象可以很好地恢复,而不需要任何额外的维度。这说明可以从原始数据中进行高效特征提取。在这种情况下,投影点对嵌入流形有一些散射,但与六维自编码器相比,散射并没有扩大,并且在这两种情况下,这种散射比使用PCA的散射要小得多。

上述示例展示了这种结构从数据集中提取特征的强大能力。原则上最终模型的重建能力并不是有效特征提取的可靠指标,因为可以确保获得三维(0.0277)编码器和六维(0.0175)自编码器的MSE,以及图4.13(e)、(f)中两个模型的绝对残差。MSE和残差随着自编码器阶数的增加而明显改善,尽管在这种情况下,它似乎不是机器学习和迁移学习的最佳数据表示。在三维输出处使用线性单元在结果中显示出类似的趋势,残差和MSE(0.0077)减少,但在三个嵌入对象周围的数据云散射增加。

例4.5 DOA和收缩自编码器。这是一个数字通信和天线的例子。对阵列天线接收到的数据进行模拟和存储。载波频率$f_c = 1\text{kHz}$,信号以$f_s = 1\text{GHz}$进行采样。阵列的总长度为5个波长,具有15个等距阵元。从QAM星座图以等概率生成符号,每个发射信号的到达角在$[0,2\pi]$上均匀分布。符号被高斯噪声污染。每次在阵列中接收样本作为每个阵元中的复数信号,因此观测空间由十五维复向量组成。图4.14给出了阵列中接收信号的一组示例,其中每个快拍上的前15个样本对应接收到的复向量的实部,后15个样本对应虚部。

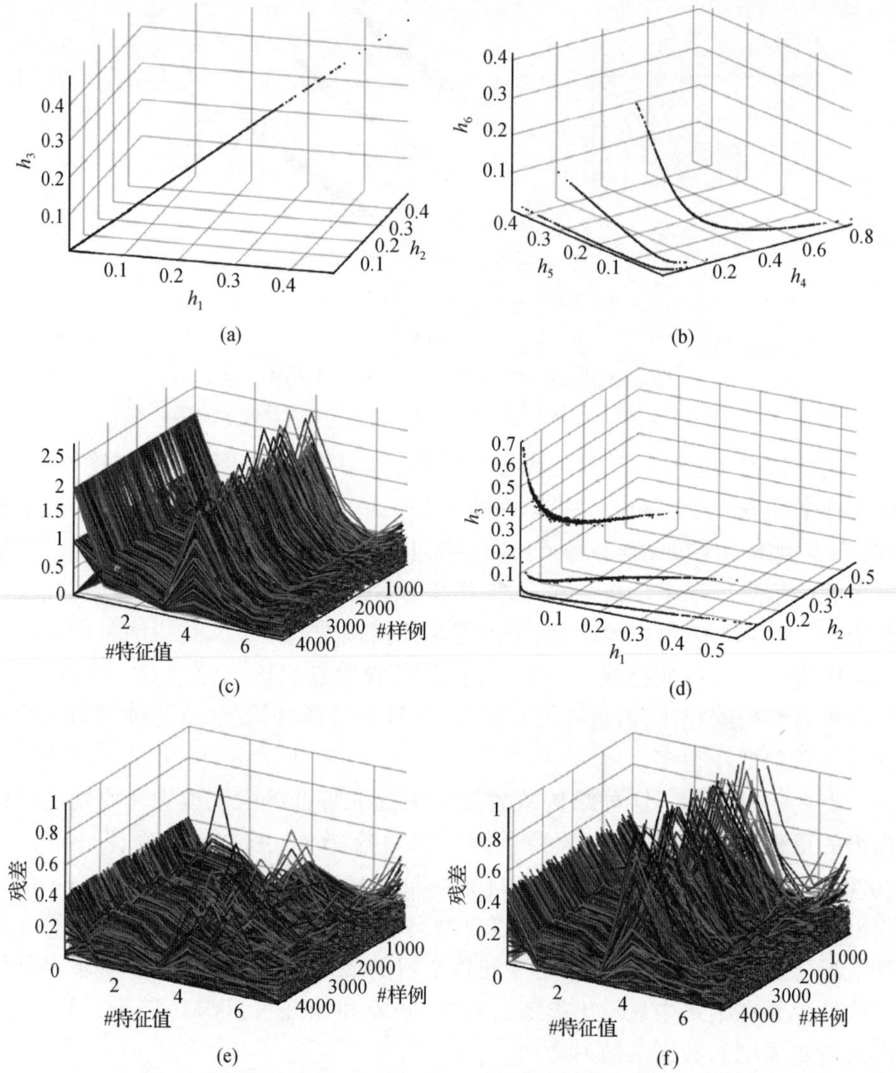

图 4.13　鲍鱼数据集上的收缩自编码器示例

(a)、(b)六维隐空间的重构;(c)输入特征;(d)三维隐空间的重构;(e)、(f)六维预测和三维预测的残差。

使用这组信号(编码器和解码器中的 S 型非线性)训练了一个在单层中具有 3 个隐含神经元的收缩自编码器。同一图给出了由多达 4 个子流形生成的嵌入空间,这自然对应于 QAM 星座图数字编码的 4 个符号。在同一张图中,用颜色代码表示每个快拍的到达角,这表明该特征在流形中的分布是平滑的,并且可以很容易地通过后续的机器学习层学习,以便进行非线性回归处理。

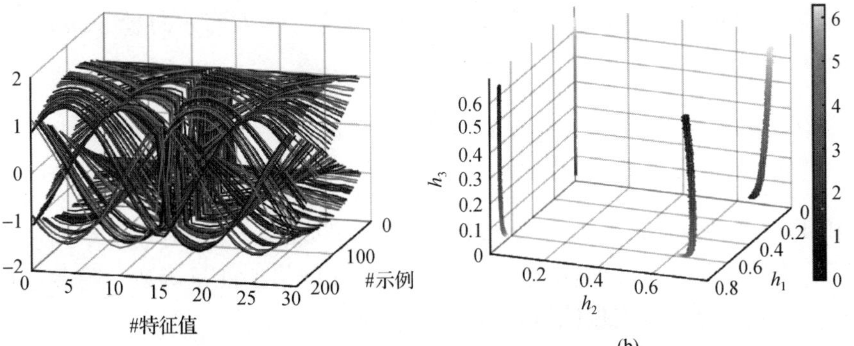

(a)　　(b)

图 4.14　关于 DOA 问题的自编码器示例

(a)不同到达角的输入示例(实部和虚部连续)；

(b)一组 10^3 个投影点的嵌入流形和每个投影点的颜色编码到达角。

4.3.3　深度信念网络

在机器学习中,深度信念网络(deep belief network, DBN)是一种生成的图形模型,或一类深度神经网络,由多层潜在变量(隐单元)组成,各层之间有连接,但每层内的单元之间没有连接[26]。在没有监督的情况下对一组示例进行训练时,DBN 可以学习以概率的方式重建其输入,各层充当特征检测器。在此学习步骤之后,可以在监督下对其进行进一步训练,以执行分类、回归或其他机器学习任务。

DBN 可以看作由简单的无监督网络组成,这些网络通常是受限玻耳兹曼机(RBM)。RBM 是一种基于能量的无向生成模型,具有多层结构,可进行快速的逐层无监督训练,从最低层(输入训练集)开始,对比差异依次应用于每个子网络。DBN 可以被训练(一次一层)的事实催生了最早有效的深度学习算法[26],其训练过程包括预训练阶段和微调阶段。每个 RBM 都以无监督的方式进行预训练,每层的输出作为下一层的输入。微调过程是使用标记数据、BP 算法和梯度下降算法,以有监督的方式实现[27]。

更具体地说,RBM 可以看作一种生成式随机人工神经网络,可以学习其输入集上的概率分布,并且它们是简单的玻耳兹曼机(boltzmann machine, BM),其限制是它们的神经元必须形成一个二部图,也就是说,两组单元(可见和隐藏)中每组的节点对之间可能有对称连接,但不同单元之间没有连接。相比之下,无限制 BM 可能在其隐单元和输入单元内有连接。该限制允许人们使用更有效的训练算法,特别是基于梯度的对比散度算法。

在结构方面,标准 RBM 有二值(布尔 – 伯努利)隐藏和可见单元,它由一个权重矩阵 $\boldsymbol{W} = w_{ij}(D \times d)$ 组成,该矩阵与隐单元 h_j 和可见单元 v_i 之间的连接有关，a_i 表示可见单元的偏差，b_j 表示隐单元的偏差。一对布尔向量$(\boldsymbol{v},\boldsymbol{h})$构型的能量定义为

$$E(\boldsymbol{v},\boldsymbol{h}) = -\sum_{i=1}^{D} a_i v_i - \sum_{j=1}^{d} b_j h_j - \sum_{i=1}^{D}\sum_{j=1}^{d} v_j w_{i,j} h_j = -\boldsymbol{a}^{\mathrm{T}}\boldsymbol{v} - \boldsymbol{b}^{\mathrm{T}}\boldsymbol{h} - \boldsymbol{v}^{\mathrm{T}}\boldsymbol{W}\boldsymbol{h} \tag{4.53}$$

式中引入了矩阵符号。与4.3.2节所述自编码器相比，这里对输入空间使用了不同的符号。此外，该能量函数类似于 Hopfield 网络的能量函数。隐藏或可见向量上的概率分布是根据能量函数定义的：

$$p(\boldsymbol{v},\boldsymbol{h}) = \frac{1}{z}\mathrm{e}^{-E(\boldsymbol{v},\boldsymbol{h})} \tag{4.54}$$

式中：z 为一个配分函数，定义为所有可能构型上的 $\mathrm{e}^{-E(\boldsymbol{v},\boldsymbol{h})}$ 的总和（和的归一化常数为1）。

类似地，布尔函数的可见输入向量的边缘概率是所有可能的隐含层配置的总和：

$$p(\boldsymbol{v}) = \frac{1}{z}\sum_{\boldsymbol{h}} \mathrm{e}^{-E(\boldsymbol{v},\boldsymbol{h})} \tag{4.55}$$

给定可见激活，隐单元激活是相互独立的。对于 m 个可见单元和 n 个隐单元，给定隐单元 $\boldsymbol{h}$ 的配置，则可见单元 $\boldsymbol{v}$ 的配置的条件概率为

$$p(\boldsymbol{v} \mid \boldsymbol{h}) = \prod_{i=1}^{V} p(v_i \mid \boldsymbol{h}) \tag{4.56}$$

反之，给定可见单元 $\boldsymbol{v}$ 的配置

$$p(\boldsymbol{h} \mid \boldsymbol{v}) = \prod_{j=1}^{V} p(h_j \mid \boldsymbol{v}) \tag{4.57}$$

个体概率如下：

$$p(h_j = 1 \mid \boldsymbol{v}) = \sigma\left(b_j + \sum_{i=1}^{m} w_{ij} v_i\right) \tag{4.58}$$

$$p(v_i = 1 \mid \boldsymbol{h}) = \sigma\left(a_i + \sum_{j=1}^{n} w_{ij} h_j\right) \tag{4.59}$$

RBM 的可见单元可以是多项的，尽管隐单元是伯努利单元，在这种情况下，可见单元的逻辑由 Softmax 函数代替：

$$p(v_i^k = 1 \mid \boldsymbol{h}) = \frac{\exp\left(a_i^k + \sum_j w_{ij}^k h_i\right)}{\sum_{k'=1}^{K} \exp\left(a_i^{k'} + \sum_j wW_{ij}^{k'} h_i\right)} \tag{4.60}$$

式中：K 为可见层的离散值数量。

这种方法广泛应用于主题建模和推荐系统。

训练 RBM 旨在最大化分配给某个训练集 $\boldsymbol{V}$(可见向量阵 $\boldsymbol{v}$ 的矩阵)的概率乘积,或者等效地最大化从 $\boldsymbol{V}$ 中随机选择训练样本 $\boldsymbol{v}$ 的期望对数概率,即

$$\arg\max_{\boldsymbol{W}} \prod_{v \in V} p(\boldsymbol{v}) = \arg\max_{\boldsymbol{W}} E(\log p(\boldsymbol{v})) \tag{4.61}$$

最常用的 $\boldsymbol{W}$ 优化算法是 Hinton[26] 提出的对比散度(contrastive divergence, CD),它采用吉布斯采样,用于梯度下降过程。

对于单个样本,CD 的基本步骤如下:

(1)将可见单元初始化为训练向量;

(2)给定可见单元,更新并行隐单元

$$p(h_j = 1 \mid \boldsymbol{V}) = \sigma\left(b_j + \sum_i v_i w_{ij}\right) \tag{4.62}$$

(3)给定隐单元,更新并行可见单元

$$p(v_i = 1 \mid \boldsymbol{H}) = \sigma\left(a_i + \sum_j h_j w_{ij}\right) \tag{4.63}$$

这称为重建步骤;

(4)重建可见单元,使用式(4.62)并行更新隐单元;

(5)利用下式进行权重更新

$$\Delta w_{ij} \propto \langle v_j h_j \rangle_{\text{data}} - \langle v_j h_j \rangle_{\text{reconst}} \tag{4.64}$$

虽然 CD 对最大似然的近似是粗略的(不是梯度),但它在经验上是有效的。注意,$\langle v_j h_j \rangle_{\text{data}}$ 可以看作是输入数据和估计数据之间的相关性,而 $\langle v_j h_j \rangle_{\text{reconst}}$ 可以看作是重建数据之间的相关性。

训练了一个 RBM 后,另一个 RBM 就会堆叠在其上,从最后一个训练层获取其输入。新的可见层被初始化为一个训练向量,并且训练层中的单元被分配了当前的权重和偏差;然后用同样的过程对新的 RBM 进行训练。重复该过程,直到满足所需的停止准则。现在回到 DBN,在对单个 RBM 进行预训练后,在每次迭代(t)时使用梯度下降更新权重,表达式如下:

$$w_{ij}(t+1) = w_{ij}(t) + \eta \frac{\partial \log(p(\boldsymbol{v}))}{\partial w_{ij}} \tag{4.65}$$

实现 CD 的具体步骤如下。

(1)对于每个训练样本:

①从 $x(t)$ 开始,使用 k 步吉布斯采样生成负样本 $\boldsymbol{r}_x$。

②使用学习规则

$$\boldsymbol{W} = \boldsymbol{W} + \alpha\{\boldsymbol{h}[\boldsymbol{x}(t)]\boldsymbol{x}(t)^{\mathrm{T}} - \boldsymbol{h}(\bar{\boldsymbol{x}})\bar{\boldsymbol{x}}^{\mathrm{T}}\} \tag{4.66}$$

$$\boldsymbol{b} = \boldsymbol{b} + \alpha[\boldsymbol{h}(\boldsymbol{x}(t) - \boldsymbol{h}(\bar{\boldsymbol{x}}))] \tag{4.67}$$

$$\boldsymbol{c} = \boldsymbol{c} + \alpha[\boldsymbol{x}(t) - \bar{\boldsymbol{x}}(t)] \tag{4.68}$$

更新参数。

(2)重复以上过程,直到满足所需的停止准则。

一般来说,较低的能量表示网络的配置更理想。梯度具有简单的形式 $\langle v_i h_j \rangle_{\text{data}} - \langle v_i h_j \rangle_{\text{model}}$,其中$\langle \cdot \rangle_p$为关于分布 p 的平均值。$\langle v_i h_j \rangle_{\text{model}}$采样中会出现问题,因为它需要扩展的替代吉布斯采样。CD 通过运行 n 个步骤($n=1$ 就可以)替代吉布斯采样来替换这一步骤。在 n 步之后,对数据进行采样,并使用该样本代替$\langle v_i h_j \rangle_{\text{model}}$。通常使用较大的 k 值,但 $k=1$ 对预训练效果很好。另一种方法是在查找 $\boldsymbol{h}(x)$ 时使用持久 CD。$k=1$ 的问题主要是由于吉布斯采样存在跳跃值。对其进行修改的一种简单方法不是将链初始化为 $\boldsymbol{x}(t)$,而是将链初始化为最后一次迭代的负样本,如果相同,则初始化其余样本[28]。关于 RBM 的更多介绍可以参见文献[29-30]。

例 4.6 RBM 和鲍鱼数据。举一个类似于带有 RBM 的自编码器进行重构的例子。没有详尽的搜索选项。图 4.15 给出了结果,与 4.3.2 节中使用自编码器获得的结果非常相似。现在误差更大了,但没有详细的参数调优。注意不同情况下权重配置之间的相似性。

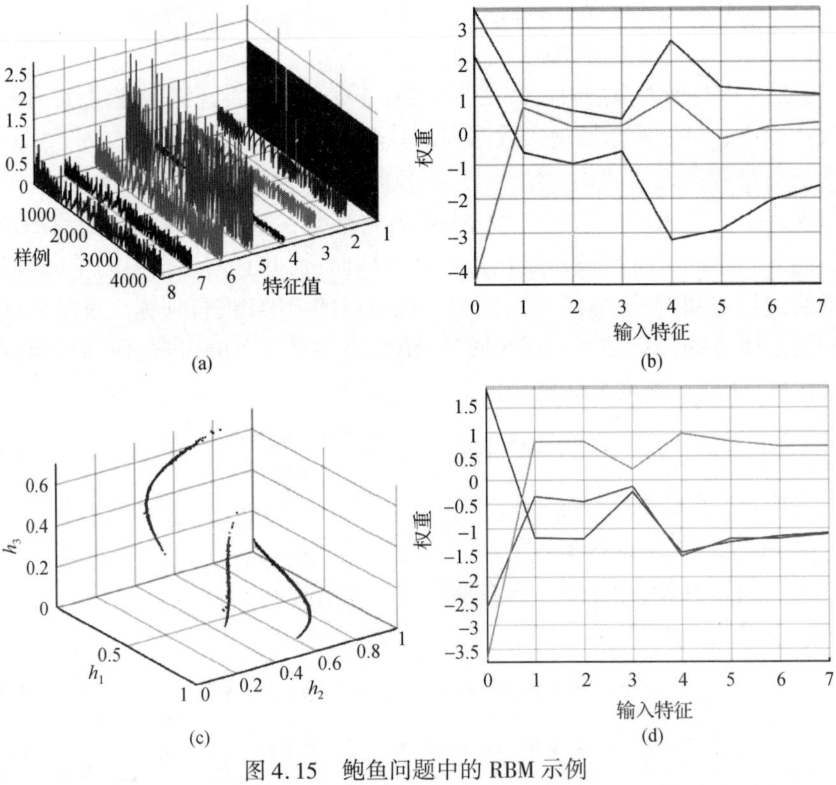

图 4.15 鲍鱼问题中的 RBM 示例

(a)鲍鱼案例的不同绘制方式;(b)RBM 的权重;(c)从 RBM 嵌入;(d)自编码器的权重。

参考文献

[1] Kelleher, J. D., and B. Tierney, *Data Science*, 1st ed., Cambridge, MA: MIT Press, 2018.

[2] Sorescu, A., "Data - Driven Business Model Innovation," *Journal of Product Innovation Management*, Vol. 34, 2017, pp. 691 - 696.

[3] Hoffmann, A. L., "Making Data Valuable: Political, Economic, and Conceptual Bases of Big Data," *Philosophy & Technology*, Vol. 31, 2018, pp. 209 - 212.

[4] Press, G., "12 Big Data Definitions: What's Yours?" *Forbes*, September 3, 2014.

[5] Goodfellow, I., Y. Bengio, and A. Courville, *Deep Learning*, 1st ed., Cambridge, MA: MIT Press, 2016.

[6] Rojo - Álvarez, J. L., "Big and Deep Hype and Hope: On the Special Issue for Deep Learning and Big Data in Healthcare," *Appl. Sci.*, Vol. 9, 2019, p. 4452.

[7] Haykin, S., and C. Deng, "Classification of Radar Clutter Using Neural Networks," *IEEE Transactions on Neural Networks*, Vol. 2, No. 6, 1991, pp. 589 - 600.

[8] Chang, P. - R., W. - H. Yang, and K. - K. Chan, "A Neural Network Approach to MVDR Beamforming Problem," *IEEE Transactions on Antennas and Propagation*, Vol. 40, No. 3, 1992, pp. 313 - 322.

[9] Southall, H. L., J. A. Simmers, and T. H. O'Donnell, "Direction Finding in Phased Arrays with a Neural Network Beamformer," *IEEE Transactions on Antennas and Propagation*, Vol. 43, No. 12, 1995, pp. 1369 - 1374.

[10] Christodoulou, C., and M. Georgiopoulos, *Applications of Neural Networks in Electromagnetics*, Norwood, MA: Artech House, 2001.

[11] Linnainmaa, S., "The Representation of the Cumulative Rounding Error of an Algorithm as a Taylor Expansion of the Local Rounding Errors," Master's thesis, (in Finnish), University of Helsinki, 1970.

[12] Werbos, P. J., "Beyond Regression: New Tools for Prediction and Analysis in the Behavioral Sciences," Ph. D. thesis, Harvard University, 1974.

[13] Rumelhart, D. E., G. E. Hinton, and R. J. Williams, "Learning Representations by Back - Propagating Errors," *Nature*, Vol. 323, No. 6088, 1986, pp. 533 - 536.

[14] LeCun, Y., et al., "A Theoretical Framework for Back - Propagation," *Proceedings of the* 1988 *Connectionist Models Summer School*, Vol. 1, 1988, pp. 21 - 28.

[15] Cao, C., et al., "Deep Learning and Its Applications in Biomedicine," *Genomics, Proteomics & Bioinformatics*, Vol. 16, 2018, pp. 17 - 32.

[16] McBee, M. P., et al., "Deep Learning in Radiology," *Academic Radiology*, Vol. 25, 2018, pp. 1472 - 1480.

[17] Ching, T., et al., "Opportunities and Obstacles for Deep Learning in Biology and Medicine," *Journal of the Royal Society Interface*, Vol. 15, No. 141, 2018, pp. 1 - 47.

[18] Ganapathy, N., R. Swaminathan, and T. M. Deserno, "Deep Learning on 1 - D Biosignals: A Taxonomy - Based Survey," *Yearbook of Medical Informatics*, Vol. 27, No. 1, August 2018, pp. 98 - 109.

[19] Goodfellow, I., et al., "Maxout Networks," *International Conference on Machine Learning*, 2013, pp. 1319 - 1327.

[20] Tenenbaum, J. B., V. de Silva, and J. C. Langford, "A Global Geometric Framework for Nonlinear

Dimensionality Reduction," *Science*, Vol. 290, No. 5500, 2000, p. 2319.

[21] Roweis, S. T., and L. K. Saul, "Nonlinear Dimensionality Reduction by Locally Linear Embedding," *Science*, Vol. 290, No. 5500, 2000, pp. 2323 – 2326.

[22] van der Maaten, L., and G. Hinton, "Visualizing Data Using T – SNE," *Journal of Machine Learning Research*, Vol. 9, 2008, pp. 2579 – 2605.

[23] Nash, W., et al., *The Population Biology of Abalone (Haliotis Species) in Tasmania. I. Blacklip Abalone (H. Rubra) from the North Coast and Islands of Bass Strait*, Sea Fisheries Division, Technical Report, Vol. 48, January 1994.

[24] Baldi, P., "Autoencoders, Unsupervised Learning, and Deep Architectures," *Proceedings of ICML Workshop on Unsupervised and Transfer Learning*, Vol. 27, 2012, pp. 37 – 49.

[25] Rumelhart, D. E., G. E. Hinton, and R. J. Williams, "Learning Internal Representations by Error Propagation," in D. E. Rumelhart and J. L. McClelland, (eds.), *Parallel Distributed Processing: Explorations in the Microstructure of Cognition, Volume 1: Foundations*, Cambridge, MA: MIT Press, 1986, pp. 318 – 362.

[26] Hinton, G. E., "Training Products of Experts by Minimizing Contrastive Divergence. *Neural Computation*, Vol. 14, No. 8, 2002, pp. 1771 – 1800.

[27] Rajendra – Kurup, A., A. Ajith, and M. Martínez – Ramón, "Semi – Supervised Facial Expression Recognition Using Reduced Spatial Features and Deep Belief Networks," *Neurocomputing*, Vol. 367, 2019, pp. 188 – 197.

[28] Tieleman, T., "Training Restricted Boltzmann Machines Using Approximations to the Likelihood Gradient," *Proceedings of the 25th International Conference on Machine Learning*, 2008, pp. 1064 – 1071.

[29] Hinton, G. E., and R. R. Salakhutdinov, "Reducing the Dimensionality of Data with Neural Networks," *Science*, Vol. 313, July 2006, pp. 504 – 507.

[30] Hinton, G. E., S. Osindero, and Y. – W. Teh, "A Fast Learning Algorithm for Deep Belief Nets," *Neural Computation*, Vol. 18, No. 7, 2006, pp. 1527 – 1554.

第5章 深度学习结构

5.1 引 言

第4章从浅层网络开始介绍了机器学习的几个概念。隐空间的概念已经从可视化和单层结构的角度进行了仔细研究,使读者能够更好地理解到中层特征空间的映射。这绝不是反卷积网络(deconvolutional networks,DN)的专有概念,在机器学习文献中非常常见。当映射到中层特征空间时,核方法表现得非常好,其中线性或几何学上的简单解对数据和学习问题来说都是一个很好的解,而且它们还具有不需要显式计算特征空间的特点,与输入空间相比,该特征空间通常是更高维的。深度学习机明确地获得的不仅仅是一个特征空间,而是几个中层高维特征空间。尽管有大量文献介绍了如何处理这种自由参数的爆炸式增长问题,但在此只从最直观的角度研究此问题。

特别是,与第4章中介绍的概念相比,本章转向了使用高维嵌入空间和多层改进深度学习机表述的两种方法。本章将重点分析中层特征空间的结构,这是解决深度问题的典型方法。在该领域,经常会遇到包含许多层的庞大网络,并且并不总是能够理解每层的具体任务。系统性能和中层结构的分析是反卷积网络设计的关键因素。因此,我们希望感兴趣的读者在使用深度学习工具解决其机器学习问题时,能够具有这方面的想法。

本章将按以下流程探讨这个主题。首先,为了能够提取复流形,仔细研究了堆栈自编码器。然后,介绍了卷积神经网络架构,其中根据要估计的自由参数的数量来利用多尺度相关性,并强调了对在这种场景中常见的视觉启发框图概念的理解。循环Hopfield网络是著名的机器学习结构,提供了时间序列和递归分析的原理,有助于(展示)提出广泛使用的长短期记忆网络。本章通过相应版本的自编码器介绍了关于变分方法这一高级主题的基本情况。最后,详细介绍了通常被视为变分自编码器替代方案的生成对抗网络,以及它们强大的理论基础。

5.2 堆栈自编码器

从形式和理论的角度来看，在学习机中使用深度结构具有坚实的理论基础，这些理论基础表明，在某些条件下，输出的似然性随着隐含层的数量增加而增大。感兴趣的读者可以参考 Hinton 及其合作者有关深度信念网络的著作[1]。还有一些其他方面的进展，如梯度下降算法、技巧和正则化方法，通常来自实践中有效的启发式论证。目前，深度结构的理论基础仍然是开放的，是机器学习文献中备受关注的焦点之一。

在本节中，利用一个应用实例来仔细研究堆栈压缩自编码器的效果，其中会用到更多的中间层和更大的嵌入空间，并采用一种连续堆栈自编码器的简单方法，以探究其优缺点。

例 5.1　堆栈自编码器的非旋转数字问题　下面使用数字分类的 MNIST 问题，这是机器学习的典型基准和工具。多达 10000 个 0~9 的数字二进制图像示例(图 5.1(a))被分成训练集和测试集。每个实例由一个 28×28 的手写数字二值化图像组成，其标记是已知的。我们从未标记的示例开始开展了以下实验。首先，使用单层自编码器将原始的 758 维输入空间投影到三维空间，称为可视化自编码器，其目的是给出数据在原始空间中的自然分组。图 5.1(b)给出了投影向量，其中为了可视化的需要采用不同的颜色描述不同的投影图像，但这些标记并未在自编码器中使用。在这种情况下，投影视图倾向于为每个数字紧密分组。在这里可以看出，根据它们的形态相似性，一些数字通常离某些数字更近，离其他数字更远。这可以看作原始高维空间中数据的自然可分性的代表。为了进行可分性的定量测量，还获得了使用该原始空间训练的 softmax 层的测试分类，所有类的分类精度为 88.2%，这与三维投影隐空间中的可视化重叠情况基本一致。

首先使用原始输入空间将高维自编码器训练为 100 维隐空间，其目的是表示更平滑的空间变化；然后对测试集进行编码。同样，100 维编码测试集通过可视化自编码器投影到三维视图，如图 5.1(c)所示。注意，在这种情况下，集群会自然地出现在隐可视化空间中，但它们的可分性可能会有一些疑问，因为现在每个数字的一些集群明显小于其他集群。通过在训练集中使用 100 维编码空间对 softmax 层进行训练，获得的测试分类精度略微提高到 90.3%。这告诉我们两个信息。首先，100 维编码空间中的自然分离并没有恶化，仍然大致相同，其次，聚类可能性是多种多样的，有些部分会比其他部分更直观。

如果使用第二个自编码器从 100 维编码空间到 50 维隐空间重复该过程，则其通过测试编码向量的可视化自编码器的表示如图 5.1(d)所示。鉴于其线性形式，乍一看，这似乎是一种不提供信息的聚类；然而，仔细观察发现，数据通过线性流形被很好地组织起来，这些流形相当于区分不同数字的集群。虽然这不是一组传统的集群，但在使用 softmax 输出层和 50 维数据进行分类时，仍然获得了 89.8% 的精度。

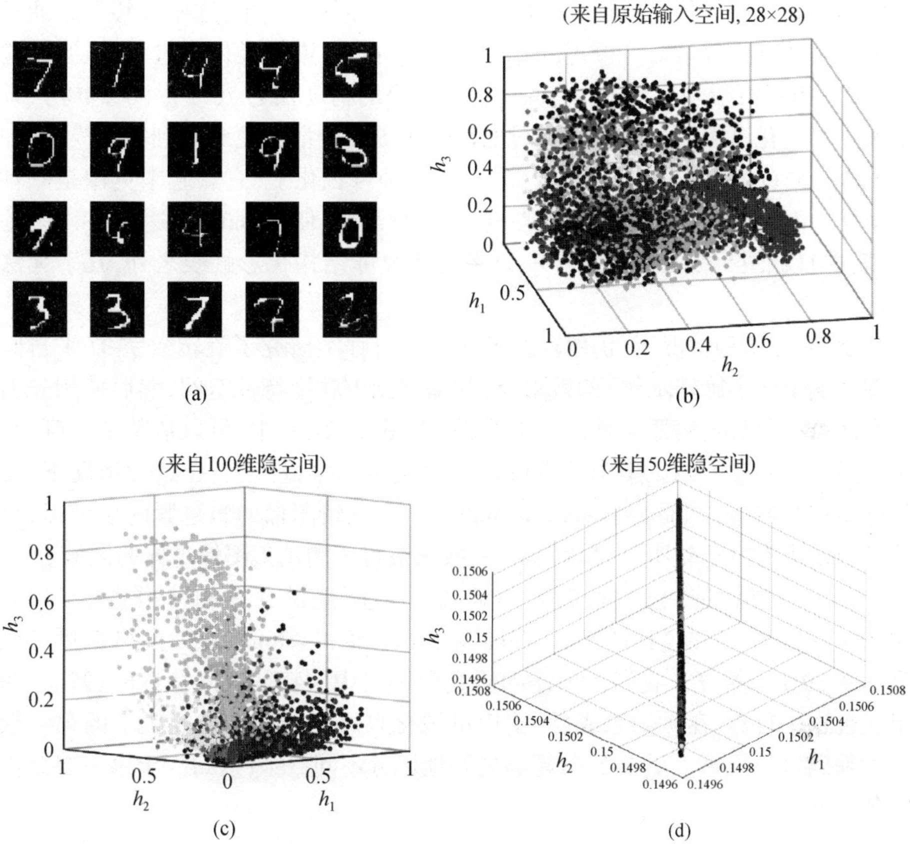

图 5.1　非旋转数字的堆栈自编码器示例

(a) MNIST 数据库中的图像示例；(b) 原始输入空间到三维隐空间的投影；
(c) 100 维编码测试输出三维隐空间的投影；(d) 50 维编码测试输出到三维隐空间的投影。

最后一步，将两个自编码器与输出 softmax 层堆叠在一起。如果自编码器的权重按照其原始计算保持不变，分类精度将降至 63%。因此，通过堆叠结构进行特征提取，似乎失去了分类优势。然而，通过使用微调方法进行训练，在测试集中实现了高达 95.2% 的精度，此外还显著减少了结构收敛所需的时间。

根据这种非正式的分析，可以直观地看到，自编码器的特征提取具有大量可能的几何表示，这与此类结构最优化过程中存在的局部极小值密切相关。这在潜在空间中提供了各种可能的几何图形，从而生成有用的特征，但这使它们难以重现的现象非常明显，这可能表示这种结构存在可解释性方面的缺陷。然而,与数据集的不同几何表示相对应的许多局部极小值在实践中可能是合适的。在此例中,堆栈自编码器的效果并不一定改善特征提取,但是由有监督分类标记驱动的微调提供了一种有竞争力的分类结构。

例 5.2　堆栈自编码器的旋转数字问题　对于非旋转数字的情况,重复了相同的步骤,它们可以进行一些自然旋转,在前面的示例中,这些旋转已经通过自定义图像预处理进行了校正,如图 5.2(a)所示。遵循类似的过程,从原始输入空间(100 维编码特征)和 softmax 层中获得的精度仅为 70.2%(86.0%),并且通过可视化自编码器的投影空间现在明显更加分散且更难看到空间模式,如图 5.2(b)、(c)所示。如果将自己限制在这种可视化上,它看起来更像是一种隐空间中示例的查找表。如果现在进行 50 维编码,使用 softmax 达到 68.8% 的精度,并且在图 5.2(d)中,除了一条带有明显非结构化彩虹线之外,几乎无法分辨。

然而,在这种情况下,仍然存在流形。这里仔细研究了旋转数字 3(来自同一图像的 100 个旋转示例)的效果,将其编码到 100 维特征空间,然后使用先前训练的可视化自编码器对其进一步编码。在图 5.2(e)中,可以清楚地看到,与三个图像相对应的测试集中的点倾向于聚集在二维流形上,在这种情况下,几何分布在盒域边界(box - domain boundary)上,旋转图像的轨迹紧随该流形,尽管其粗糙度有时比较明显,特别是在一些未被可用测试集图像采样的区域。

对于分类性能,仅用堆栈自编码器并不能提供良好的分类性能,只有 68.6% 的精度,但在这种情况下,将堆栈自编码器和 softmax 层一起微调可产生高达 98.9% 的精度。我们还想仔细研究微调对中层特征空间特性的影响。为了实现这一目标,在微调完成后,使用可视化自编码器对该堆栈版本的第一层后的编码进行投影。图 5.2(f)能够更好地区分不同数字,这归因于第一层提供的某种预处理。

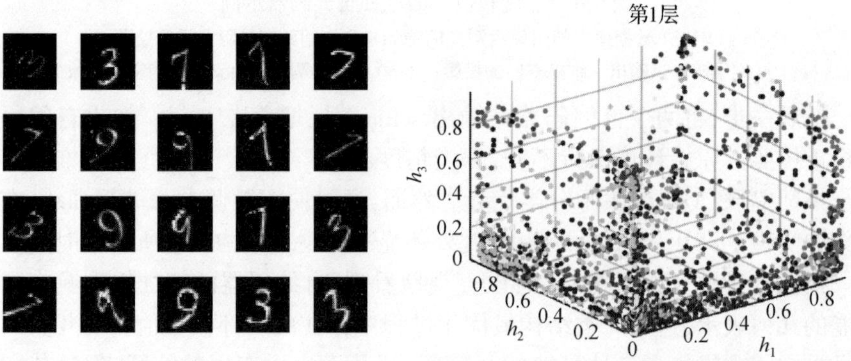

(a)　　　　　　　　　　(b)

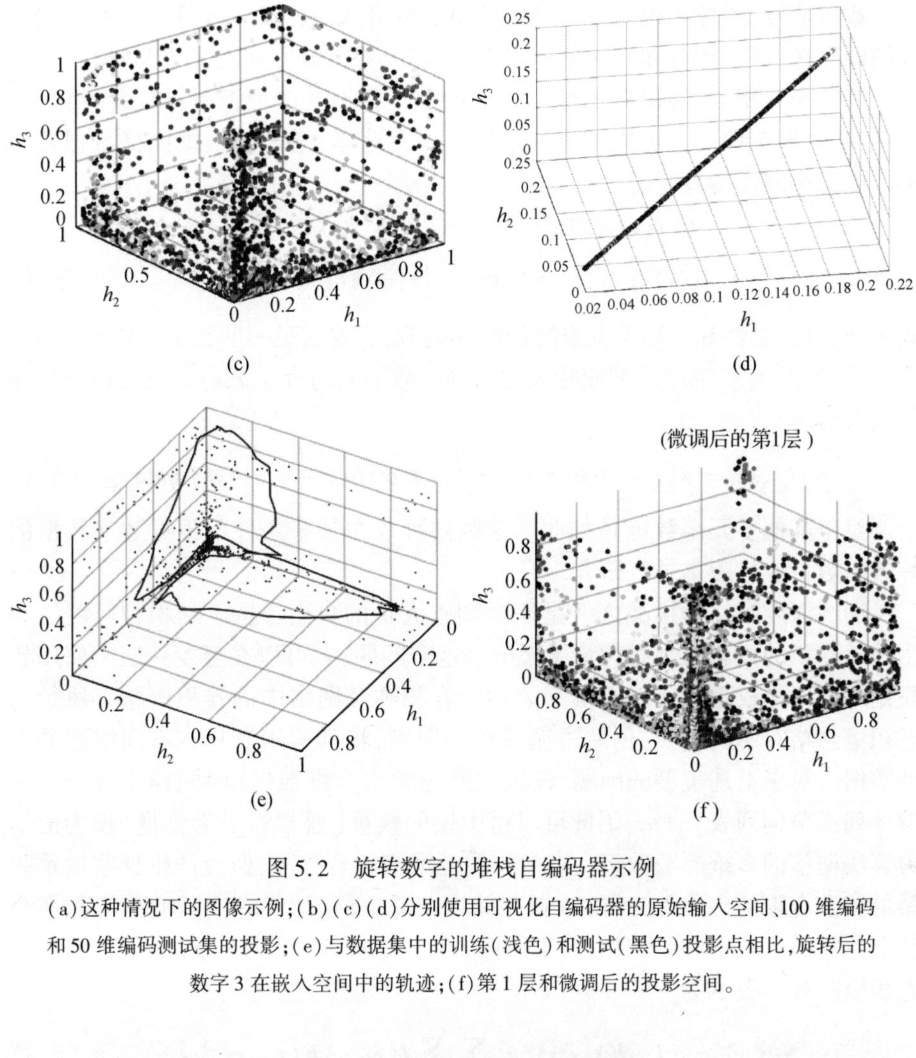

图 5.2 旋转数字的堆栈自编码器示例

(a)这种情况下的图像示例;(b)(c)(d)分别使用可视化自编码器的原始输入空间、100 维编码和 50 维编码测试集的投影;(e)与数据集中的训练(浅色)和测试(黑色)投影点相比,旋转后的数字 3 在嵌入空间中的轨迹;(f)第 1 层和微调后的投影空间。

5.3 卷积神经网络

卷积神经网络(ConvNet)是应用最广泛的深度学习架构之一。其已成功应用于图像和视频识别、医学图像分析、语言处理、音频处理或推荐系统等复杂领域。这些领域都涉及基于大型数据集的复杂数据模型进行特征提取这一传统上非常困难的任务,卷积神经网络的灵活性能够在此方面发挥巨大作用。卷积神经网络已显示出从大量集合中提取内在特征的能力,传统系统的局限性反映了这些深度结构的主要优势。在本节中,引用文献[2]对卷积神经网络的精彩总结。

数字信号、图像和视频序列可以已知的网格状拓扑进行处理。自相关和滤波的概念在音频、图像和视频分析中广为人知,并有着坚实的理论基础,它们与卷积算子密切相关,卷积算子是一种线性和平移不变的变换,可以用一组权重表示,其效果在理论上可以被很好地验证。在这里,卷积是规则网格数据处理中线性变换的支持算子。

两个信号 $x(t)$ 和 $y(t)$ 之间的卷积运算可以表示为

$$y(t) = x(t) * h(t) = \int x(\tau)h(t-\tau)\mathrm{d}\tau \tag{5.1}$$

式中:$h(t)$ 为线性和平移不变系统的脉冲响应,需要满足一些数学或物理要求。

式(5.2)与二维脉冲响应相关的二维函数 $x(r,s)$ 和 $y(r,s)$ 的泛化以类似的形式表示为

$$y(r,s) = x(r,s) * h(r,s) = \int x(\rho,\sigma)h(r-\rho,s-\sigma)\mathrm{d}\rho\mathrm{d}\sigma \tag{5.2}$$

对于其他多元函数也是如此。这些都可以在某些条件下根据数字数据的等效离散自变量版本进行研究。

训练深度网络的挑战之一是需要调整大量的自由参数。卷积神经网络利用数学卷积的概念作为线性算子来解决这个问题,它可以在至少一层中使用卷积矩阵而不是权重的一般矩阵来表示。卷积神经网络中的卷积概念与原始的卷积概念略有不同,但它仍然遵循简单的原则,将其应用于具有不同维数的多种数据。对于上述类型的问题,输入空间通常由多维数组(时间样本、图像、视频序列或单词列表)表示,因此可以将中层的权重(通常表示为张量)视为由学习算法调整的多维参数数组。在卷积神经网络的背景下,假设产生这些权重张量的核在有限的点集外为零,或者存储内部非空值,因此它们就变成了在多个轴上执行的有限求和。例如,对于图像 $\boldsymbol{I}$ 和二维核 $\boldsymbol{K}$,可以将卷积神经网络中的卷积矩阵算子表示为

$$\boldsymbol{S}(i,j) = (\boldsymbol{I} * \boldsymbol{K})(i,j) = \sum_{m=1}^{M}\sum_{n=1}^{N}\boldsymbol{I}(m,n)\boldsymbol{K}(i-m,j-n) \tag{5.3}$$

式中:(i,j) 为矩阵图像的相应行和列,大小为 $M \times N$。

如果使用彩色图像,每个颜色通道都包含第三个维度;如果使用视频序列,则额外的第四个维度可以表示离散时间网格。然而,目前大部分机器学习库都没有实现该卷积算子,而是使用互相关算子代替,在不翻转核的情况下,这在计算上是相似的,即

$$\boldsymbol{S}(i,j) = (\boldsymbol{I} * \boldsymbol{K})(i,j) = \sum_{m=1}^{M}\sum_{n=1}^{N}\boldsymbol{I}(m,n)\boldsymbol{K}(i+m,j+n) \tag{5.4}$$

在这两种情况下,离散卷积和离散互相关都由矩阵乘法组成,但根据数据

矩阵移位的缩减卷积核,卷积权重集被限制为等于其他权重集。图 5.3 给出了一个广为人知的卷积神经网络架构示例图,可以看到它们使用了复杂的层架构。文献[2]研究和强调了对这类深度学习结构以及其他深度学习结构中架构的选择。有四种观点被认为是卷积算法用于机器学习系统的主要优势,即稀疏交互、参数共享、不变表示和使用可变大小输入的能力。参数共享概念是使层对平移具有不变性。

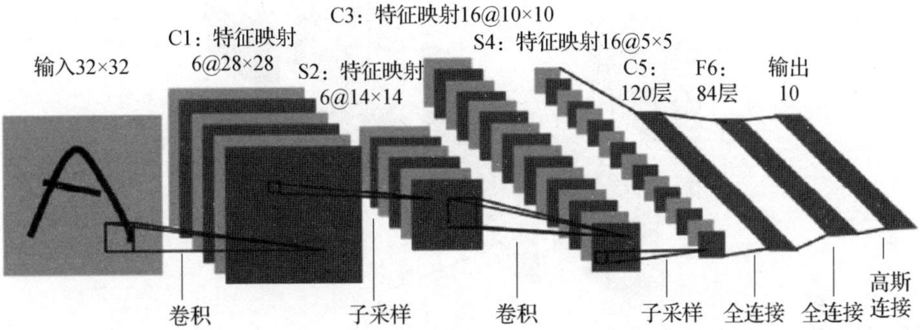

图 5.3 卷积神经网络架构示例(图中描绘了 LeCun 等[3]提出的 LeNet-5)

虽然卷积是卷积神经网络中主要的线性处理阶段,但需要一个非线性步骤,这不仅是通过传统的非线性函数激活的,而且是通过池化算子给出的。一个典型的卷积神经网络层有 3 个阶段。首先,卷积是跨块并行进行的,为每个块产生一组线性激活;其次,每个激活都会经过一个非线性激活(ReLU),有时会充当检测阶段;最后,使用池化函数进一步修改层的输出。①最大池化(矩形邻域内的最大输出)、矩形邻域的平均值、其 L_2 范数或基于与中心像素的距离的加权平均值,都是广泛使用的池化算子。池化有助于使表示接近中等位移不变,如果想要检测所有类型的事件,它就显得更重要,但如果想要准确地知道它们在哪里,它就不那么重要了,卷积神经网络具有坚实的理论基础和概率基础。回顾一下,弱先验是一种具有高熵的先验。②具有高方差的高斯分布,它允许以一定的自由度移动参数,而强先验具有非常低的熵。③具有低方差的高斯分布,因此需要在确定参数的最终位置时发挥更积极的作用。无限强先验在某些参数上的概率为零,并且卷积和池化可以表示无限强先验。④权重与在空间中刚刚移动的邻域的恒等式,或考虑除卷积中连续的系数外的零系数,或者每个单元被设计成对池化设计中的小步平移保持不变。实际上,卷积和池化可能会导致过拟合,如通过混合来自远距离的信息。

根据前面描述的特性,训练 CNN 可以视为通过数据本身给出的唯一信息来调整一组滤波器,并且可以假设它们能够生成足以满足当前应用的线性和非线性预处理步骤。无论是从架构决策来看还是从问题领域的专业知识来看,只要数据在检索时传递的信息足以解决问题,并且网络设计得到充分的驱动,这种假设在实践中通常是有效的。图 5.4 给出了面向图像的 CNN 的层和滤波器之间的关系。

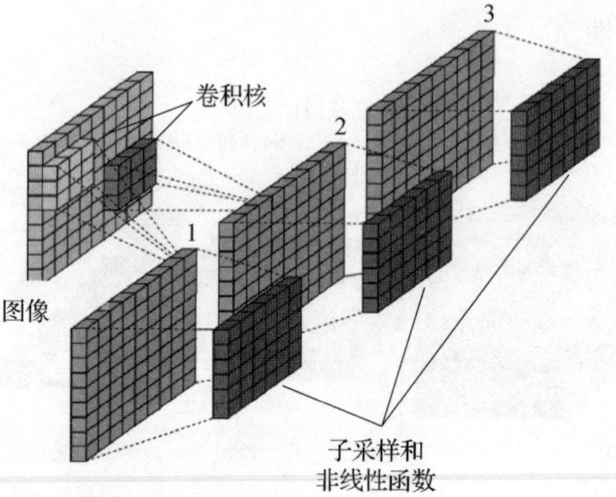

图 5.4　CNN 在处理二维图像时突出显示权重作为滤波器或卷积核的示意图

例 5.3　CNN 的非旋转数字问题　再次使用 CNN 解决非旋转数字问题。为达到此目的,在教程示例中经常使用的架构包括:图 5.5(a)图像输入层;图 5.5(b)二维卷积层,具有 3 个核和 8 个滤波器(8 是连接到同一输入区域的神经元数量),然后是批归一化层、ReLU 层和最大池化层(大小为 2,步长为 2);图 5.5(c)一组与前面的层相似的层,具有 16 个滤波器;图 5.5(d)一组与前面的层相似的层,具有 32 个滤波器;图 5.5(e)为全连接层(大小为 10),然后是 softmax 层和分类层。

为了定性地研究卷积权重的性质,提取其中的一些块,并获得它们的零填充傅里叶变换,以便在空间谱域中对它们进行表征。为了在空间域中进行表征,还通过获得上一个卷积权重的平方模的逆傅里叶变换来得到卷积权重的自相关。图 5.5(a) ~ (d)给出了来自靠近输入的一层和靠近输出的一层的 4 个卷积子矩阵权重的示例。谱表示表明,每个核都经过了微调,专门用于空间域的频谱区域。此外,其中一些核是高频专用的,而另一些核是低频专用的,这可以分别看作精细特征和粗糙特征的自然出现,然后是信号和图像处理中的滤波器组。自相关表示以另一种等效的方式描述了一些滤波器是积分(低通)响应,对应于宽的、衰减的、非负的主瓣,这对应于趋势和平滑变化检测器。此外,还可以看到,它们的频谱行为在近输入层和近输出层时是相似的,除了它们在每个阶段后使用的输入或编码图像的细节。

采用类似的方法来仔细研究中层的权重及其几何特性，对近输入层和近输出层使用可视化自编码器，分别对应于图 5.5(e)(f)和图 5.5(g)(h)中表示的第 4 层和第 12 层。在这里，图 5.5(e)(g)给出了各层中所有编码数字的投影可视化，而图 5.5(f)(h)给出了在一次完整路径中在 100 个中间位置旋转数字 3 的图像时的路径。在图 5.5(f)(h)中，为数据集中的数字 3、8 和 7 描绘了编码和可视化投影的测试图像，这给出了旋转数字 3 与其自身类、类似类(8)和不同类(7)相比的路径。在这种情况下，近输入层的可视化自编码器投影在二维流形上达到局部最小值，但这仍然有助于仔细研究几何特性。

通过对所有数字的可视化，可以得出结论，在这种情况下，在几何上流形在近输入层中更分散，而在近输出层中分布更均匀，因为在这种情况下，流形几乎覆盖了自编码器中投影所得立方体积中的所有空间，并且通常集群同样紧凑。此外，与近输出层中的轨迹相比，近输入层中旋转数字 3 的轨迹仍然几乎没有接近感。这些结果与经典解释一致，即第一层与预处理有关，最后一层与特征提取有关。

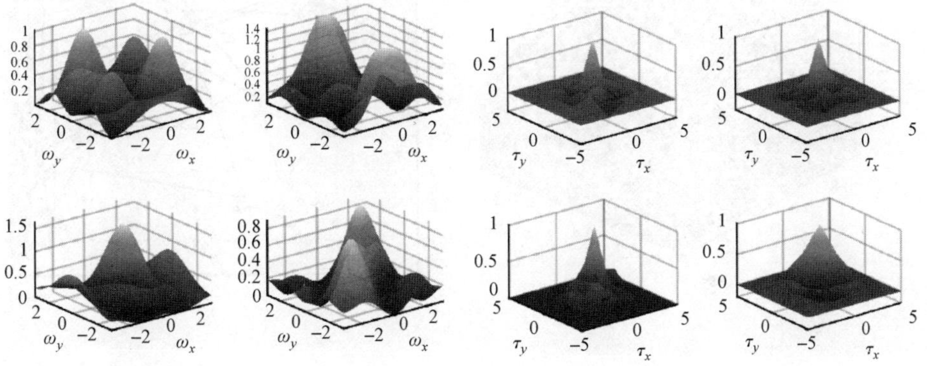

(a) (b)

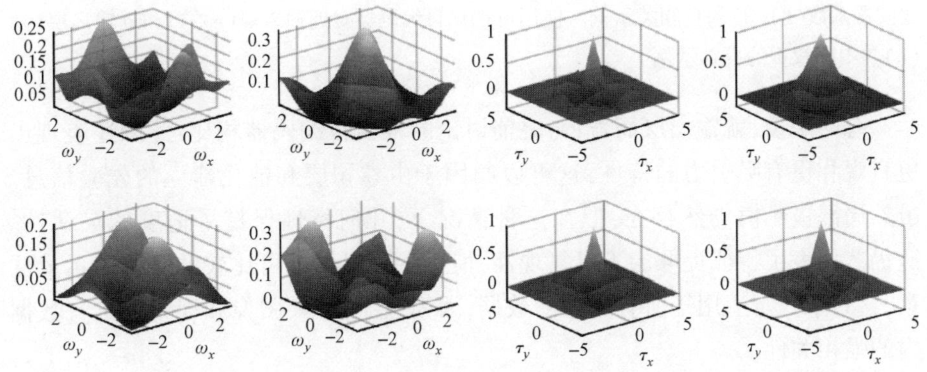

(c) (d)

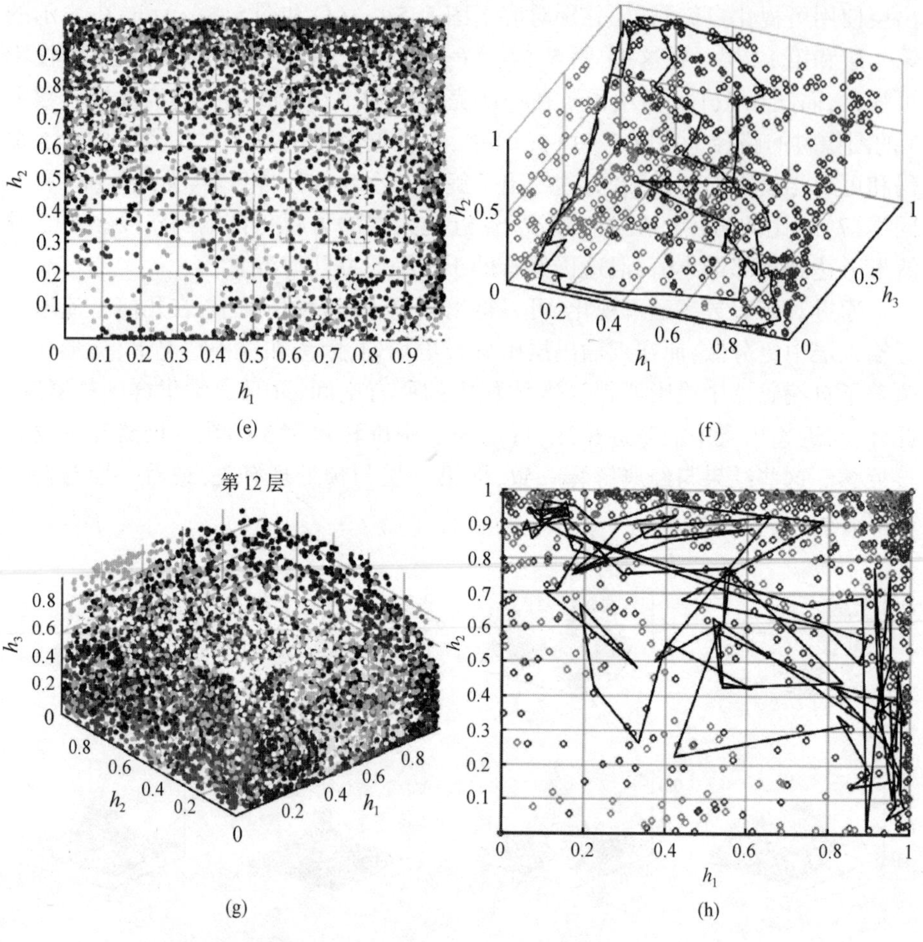

图5.5　带有CNN的旋转数字。近输入层(a)(b)和近输出层(c)(d)的频谱(a)(c)和滤波器系数(b)(d)的自相关示例。使用可视化自编码器对近输入层(e)(f)和近输出层(g)(h)的中间权重的投影示例

总的来说,就输出层而言,与之前讨论的堆栈自编码器相比,此例还表现出更直观和更有吸引力的特性,这可以归因于由卷积层和池化建立的先验信息。虽然局部极小值仍然存在,但在这种情况下,几何特性保持了适度的灵活性。这仍然代表了特征提取的不可复现性,但至少它提供了可比较的几何表示。注意,这并不一定适用于所有类型的数据,因为数字信号、图像和视频等具有数据内的强相关性。

5.4　循环神经网络

5.3 节中介绍的所有神经网络通常被归类为前馈神经网络，因为信息从输入单向传递到输出。在循环神经网络中，其思想是将给定输入相对应的神经元输出与下一个输入混合，以便利用一个预测来提供下一个预测。这种机制通常称为递归。

5.4.1　基本循环神经网络

图 5.6 给出了一个简单的循环神经网络。下面的块表示具有连接 $\boldsymbol{W}_r$ 和偏差 $\boldsymbol{b}_r$ 的一层的神经网络，在此例中，其输入是在时刻 n 提供给网络的模式 $\boldsymbol{x}_n$。首先该块对其输入进行线性变换，该输入与神经元之前的输出 $\boldsymbol{h}_n$ 相连接，该输出为隐藏输出；然后将结果通过非线性激活产生隐藏输出 $\boldsymbol{h}_{n+1}$。第二个块对新的隐藏输出 $\boldsymbol{h}_{n+1}$ 进行另一次变换，该输出构成神经元的输出。递归方程如下：

$$\boldsymbol{h}_{n+1} = \boldsymbol{\phi}\left(\boldsymbol{W}_r^{\mathrm{T}}\begin{bmatrix}\boldsymbol{x}_n \\ \boldsymbol{h}_n\end{bmatrix} + \boldsymbol{b}_r\right) \tag{5.5}$$

$$\boldsymbol{o} = \boldsymbol{\phi}(\boldsymbol{W}_0^{\mathrm{T}}\boldsymbol{h}_n + b_0) \tag{5.6}$$

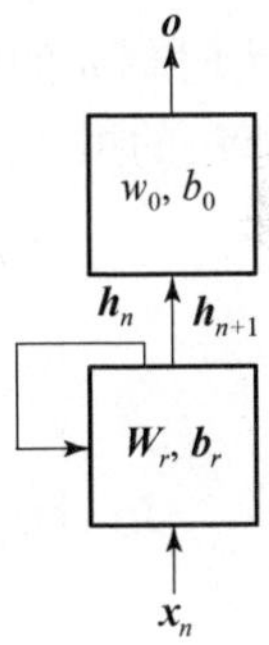

图 5.6　循环神经网络（下框表示一层节点，这些节点对输入 $\boldsymbol{x}_n$ 和状态 $\boldsymbol{h}_n$ 的连接进行线性变换，结果通过 S 型激活产生状态 $\boldsymbol{h}_{n+1}$）

式中：$\boldsymbol{\phi}(\cdot)$ 表示应用于向量 $\boldsymbol{W}_r^{\mathrm{T}}\begin{bmatrix}\boldsymbol{x}_n \\ \boldsymbol{h}_n\end{bmatrix} + \boldsymbol{b}_r$ 的每个元素的 S 型函数数组。这里的策略是，新状态包含旧样本产生的状态信息；因此，这种网络可以利用数据的时间或顺序结构。这种神经网络的一个突出例子是文本预测[4]。根据反馈的性质，这些神经网络的变种为以下神经网络，其中循环连接仅来自每个时间步到下一个时间步的隐含层的输出，以及在隐藏节点之间具有循环连接的网络，这些节点被馈送至整个序列，然后产生单个输出[2]。

5.4.2　训练循环神经网络

循环神经网络的训练不存在任何重大困难，只要它适用于图 5.7 展开的循环神经网络。

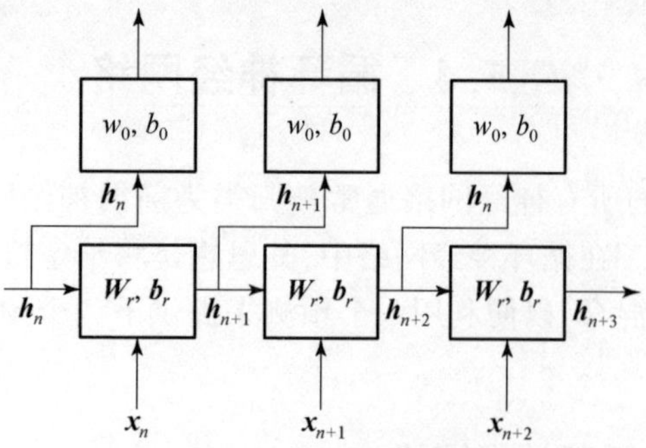

图 5.7　展开的循环神经网络

对数似然函数可以用作类似于式(4.5)的代价函数,以便进行最优化,即

$$J_{\mathrm{ML}}(\boldsymbol{\theta}) = -\frac{1}{N}\sum \lg p(\boldsymbol{x}_n \mid \boldsymbol{y}_1, \cdots, \boldsymbol{y}_n) \tag{5.7}$$

式中:$\boldsymbol{y}_n$ 为时刻 n 的期望输出,假设该输出取决于输入序列 $\boldsymbol{x}_1, \boldsymbol{x}_2, \cdots, \boldsymbol{x}_n$。

BP 算法的推导过程与标准前馈神经网络的推导过程类似,其中更新是

$$\begin{cases} \nabla_{\boldsymbol{b}_0} J_{\mathrm{ML}} = \sum\limits_n \nabla_{\boldsymbol{o}_n} J_{\mathrm{ML}} \\ \nabla_{\boldsymbol{b}_r} J_{\mathrm{ML}} = \sum\limits_n (\mathbf{1} - \boldsymbol{h}_n \otimes \boldsymbol{h}_n) \otimes \nabla_{\boldsymbol{h}_n} J_{\mathrm{ML}} \\ \nabla_{\boldsymbol{W}_o} J_{\mathrm{ML}} = \sum\limits_n \nabla_{\boldsymbol{o}_n} J_{\mathrm{ML}} h_n^{\mathrm{T}} \\ \nabla_{\boldsymbol{W}_r} J_{\mathrm{ML}} = \sum\limits_n (1 - \boldsymbol{h}_n \otimes \boldsymbol{h}_n) \otimes \nabla_{\boldsymbol{h}_n} J_{\mathrm{ML}} \begin{pmatrix} \boldsymbol{x}_n \\ \boldsymbol{h}_n \end{pmatrix} \end{cases} \tag{5.8}$$

式中:$\otimes$为元素乘积运算符;$\mathbf{1}$ 为元素为 1 的向量。

关于隐藏输出 $\boldsymbol{h}_n$ 的梯度$\nabla_{\boldsymbol{h}_n} J_{\mathrm{ML}}$的递归计算公式如下:

$$\nabla_{\boldsymbol{h}_n} J_{\mathrm{ML}} = \boldsymbol{W}_{r,\boldsymbol{h}} \nabla_{\boldsymbol{h}_{n+1}} J_{\mathrm{ML}} \otimes (1 - \boldsymbol{h}_{n+1} \otimes \boldsymbol{h}_{n+1}) + \boldsymbol{W}_0^{\mathrm{T}} \nabla_{\boldsymbol{o}_n} J_{\mathrm{ML}} \tag{5.9}$$

式中:$\boldsymbol{W}_{r,h}$为式(5.5)中 $\boldsymbol{w}_r$ 乘隐藏输出 $\boldsymbol{h}_n$ 的部分。

最后,需要计算梯度$\nabla_{\boldsymbol{o}_n} J_{\mathrm{ML}}$。之前假设使用负对数似然函数作为代价函数。因此,必须假设输出 $\boldsymbol{o}_n$ 的所有元素都通过式(4.60)中的 softmax 函数来生成输出 $\hat{y}_{i,n} = \dfrac{o_{i,n}}{\sum\limits_j o_{j,n}}$, 并且梯度是

$$\nabla_{\boldsymbol{o}_n} J_{\mathrm{ML}} = \hat{\boldsymbol{y}}_n - \boldsymbol{y}_n \tag{5.10}$$

式中:$\boldsymbol{y}_n$ 为时刻 n 的期望输出 $y_{i,n}$的向量。

5.4.3　长短期记忆网络

这种神经网络保留了序列中过去元素的一定记忆,类似于自回归模型。这些

神经网络似乎无法学习长期相关性。文献[5]介绍了长短期记忆网络(long short - term memory network, LSTM),它们因旨在学习这些长期相关性以及短期相关性而得名。LSTM 单元的结构如图 5.8 所示。LSTM 单元的输入为模式 $\boldsymbol{x}_n$,前一个单元的输出 $\boldsymbol{h}_{n-1}$ 和前一个单元的状态 $\boldsymbol{c}_{n-1}$。该单元计算其自身的输出 $\boldsymbol{h}_n$ 和状态 $\boldsymbol{c}_n$,以连接到下一个 LSTM 单元。该单元具有内部状态变量 $\boldsymbol{f}_n$、$\boldsymbol{i}_n$、$\tilde{\boldsymbol{c}}_n$ 和 $\boldsymbol{o}_n$。

LSTM 单元的第一阶段类似于基本循环神经网络的第一阶段,其中输入与前一个输出 $\boldsymbol{h}_{n-1}$ 相连接,然后通过具有 S 型激活的参数层,产生向量 $\boldsymbol{f}_n$,即

$$\boldsymbol{f}_n = \phi\left(\boldsymbol{W}_f^{\mathrm{T}}\begin{bmatrix}\boldsymbol{x}_n \\ \boldsymbol{h}_{n-1}\end{bmatrix} + \boldsymbol{b}_f\right) \tag{5.11}$$

这个阶段称为遗忘门。其输出是一个介于 0 和 1 之间的数字向量,逐点乘以前一个状态 $\boldsymbol{c}_{n-1}$ 的值。如果该值较高,则意味着要记住前一个状态;如果该值较低,则意味着丢弃前一个状态。

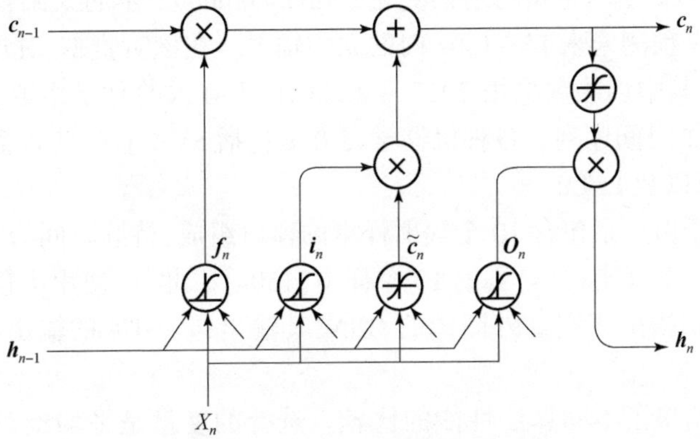

图 5.8　LSTM 单元的结构

关于状态需要被遗忘到何种程度的决定取决于前一个单元的输出和时刻 n 的输入数据。

LSTM 单元的第二阶段是门 $\tilde{\boldsymbol{c}}_n$,它计算要添加到状态中的新信息,其非线性激活不是 S 型而是双曲正切,它的范围为 -1 ~ 1。门 $\boldsymbol{i}_n$ 计算要添加的信息量。这两个门按元素相乘,然后添加到剩余的前一个状态以生成 $\boldsymbol{c}_n$。其中包括前一个状态的一部分,以及由 $\boldsymbol{i}_n$ 调制的新信息 $\boldsymbol{c}_n$。这两个门的表达式类似于式(5.11),如下所示:

$$\begin{cases}\boldsymbol{i}_n = \phi\left(\boldsymbol{W}_i^{\mathrm{T}}\begin{bmatrix}\boldsymbol{x}_n \\ \boldsymbol{h}_{n-1}\end{bmatrix} + \boldsymbol{b}_i\right) \\ \tilde{\boldsymbol{c}}_n = \tanh\left(\boldsymbol{W}_f^{\mathrm{T}}\begin{bmatrix}\boldsymbol{x}_n \\ \boldsymbol{h}_{n-1}\end{bmatrix} + \boldsymbol{b}_f\right)\end{cases} \tag{5.12}$$

单元的状态计算公式如下：

$$\boldsymbol{c}_n = \boldsymbol{c}_{n-1} \otimes \boldsymbol{f}_n + \boldsymbol{i}_n \otimes \tilde{\boldsymbol{c}}_n \tag{5.13}$$

在最后阶段，$\boldsymbol{c}_n$ 通过另一个双曲正切的处理，将其值限制在 0 和 1 之间。计算另一个门 $\boldsymbol{o}_n$，其值在 0~1，按元素乘以经过双曲正切处理的 $\boldsymbol{c}_n$，以生成单元输出 $\boldsymbol{h}_n$。因此，输出的表达式为

$$\boldsymbol{h}_n = \phi\left(\boldsymbol{W}_o^{\mathrm{T}}\begin{bmatrix}\boldsymbol{x}_n \\ \boldsymbol{h}_{n-1}\end{bmatrix} + \boldsymbol{b}_o\right) \otimes \tanh(\boldsymbol{c}_n) \tag{5.14}$$

最后，$\boldsymbol{h}_n$ 的值被传递到一个层，该层从中估计期望输出 y_n。

例 5.4　用于短期太阳辐射预测的 LSTM　在进行太阳能量预测的天气预报中，一个常见的问题是在极短的时间范围内预测太阳辐射，从几秒到几分钟[6]。在此例中，使用日射强度计（一种高精度测量太阳辐射的传感器）以每分钟 4 个样本的采样率获取过去辐射测量的时间序列。该实验的可用数据包括 2017—2019 年新墨西哥州阿尔伯克基（Albuquerque）3 年的太阳辐射记录。要解决的问题是预测未来 15~150s 内的太阳辐射。在该实验中，对几种预测方案进行了测试，其中训练数据由 2017 年和 2018 年有云的日子组成，测试数据是 2019 年的整个时间序列。各种机器学习方案包括 SVM、GP（两者都具有线性和平方指数核）以及 LSTM。

输入数据由一个包含 10 个辐射样本的窗口组成，持续时间为 150s，预测目标范围从下一个样本（15s）到前 10 个样本（150s）。此外，使用了包含与最近输入样本同时拍摄的天空红外图像的 CNN，其输出与 LSTM 的输出相结合，以改进预测[7]。

图 5.9 给出了不同算法性能的比较。选择的度量是平均绝对误差百分比

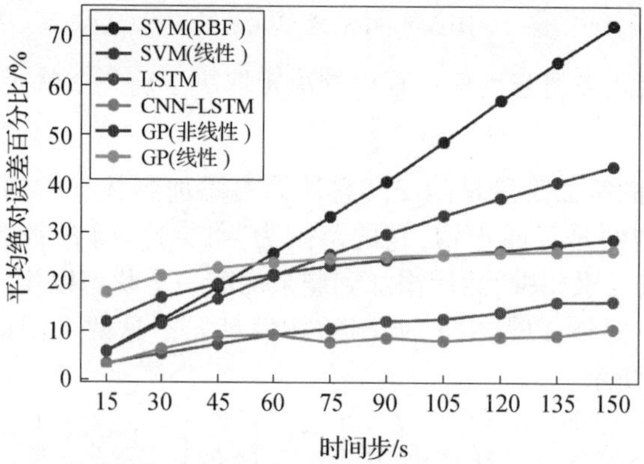

图 5.9　短期太阳辐射预测的预测算法比较（其中 LSTM 结构的平均绝对百分误差具有明显优势。训练数据仅包括 2017 年和 2018 年阴天的样本，而测试数据包括 2019 年的所有样本）

(mean absolute percentage of error, MAPE)。具有线性和平方指数核的 SVM 在短期内的性能类似于 LSTM,非常容易预测,但 LSTM 在较长时间范围内性能下降程度较低,SVM 变得不可用,GP 与 LSTM 相比有性能差异,其 MAPE 比 LSTM 高 10% 以上,LSTM 在所有时间范围内的 MAPE 都低于 10%。另外,还可看出,在 LSTM 中包含的额外信息是有益的,带来大约 5% 的性能改善。在 SVM 或 GP 中包含此类信息会导致其性能显著下降。

5.5　变分自编码器

内容创作是当今一个十分活跃的领域,因为任何类型的数字媒体都能以前所未有的速度向社会传播信息和数据。虚拟现实、视频、游戏、零售和广告等应用都非常需要这种能力。有人指出,机器学习可以将数小时的手工内容创建工作缩短为数分钟甚至数秒的自动工作,因此,与目前在该领域的传统工作方式相比,机器学习为创造力和内容质量留下了更多空间。在这种情况下,自编码器在内容生成中的应用引起了人们的兴趣。例如,一个使用汽车图像或运动图像训练的自编码器,可以为此目的生成新图像。一个诱人的方法可能是在隐变量中选择一个随机点并对其进行解码,这将为这些类别产生新的、未观察到的图像。这应该假设自编码器已经生成了一个正则潜在空间,但实际情况并非如此。因此,期望前面看到的自编码器总是将隐空间组织在一组几何上表现良好的流形中是不明智的。

将自编码器用于生成应用需要一个正则隐空间,如在代价函数中包含某种正则化。其中一个方案是不将输入编码为单个点,而是将其编码为隐空间上的分布。变分自编码器是一种有向概率模型,用于学习对数据的近似推理。其与经典自编码器的网络架构有一些相似之处,但不同之处在于其数学公式旨在生成建模而不是预测建模提供解。这种方法旨在了解数据模型中的因果关系,从可解释性的角度来看,这是最重要的。

变分自编码器对隐变量的分布做出了强假设。假设数据由图形模型 $p_\theta(\boldsymbol{x} \mid \boldsymbol{h})$ 生成,变分学习方法会产生额外的损失分量和训练算法的特定估计器,称为随机梯度变分贝叶斯估计器。在这些条件下,编码器学习后验分布 $p_\theta(\boldsymbol{h} \mid \boldsymbol{x})$ 的近似值 $q_\phi(\boldsymbol{h} \mid \boldsymbol{x})$,其中 ϕ 和 θ 分别表示编码器(充当识别模型)和解码器(充当生成模型)的分布参数。根据此公式,努力将隐向量的概率分布与输入向量的概率分布相匹配,而不是匹配几何相似性。

将输入编码为分布而不是单个点的原因之一在于这提供了对隐空间的自然正则化,不仅是局部的(因为方差控制),而且是全局的(因为均值控制)[8]。变分自编码器的损失泛函可以表达如下:

$$R(\phi,\theta,\boldsymbol{x}) = D_{\mathrm{KL}}[q_\phi(\boldsymbol{h}\mid\boldsymbol{x})\mid\mid p_\theta(\boldsymbol{h})) - E_{q_\phi(\boldsymbol{h}\mid\boldsymbol{x})}(\lg p_\theta(\boldsymbol{x}\mid\boldsymbol{h})] \tag{5.15}$$

式中:D_{KL}为 KL 散度。

隐变量的先验通常被选择为各向同性多元高斯分布,但也可以假设其他可能性。隐空间和输入空间的变分分布和条件似然分布通常表示为因式高斯分布,表达如下:

$$q_\phi(\boldsymbol{h}\mid\boldsymbol{x}) = N(\boldsymbol{\rho}(\boldsymbol{x}),\boldsymbol{\omega}^2(\boldsymbol{x})\boldsymbol{I}) \tag{5.16}$$

$$p_\theta(\boldsymbol{x}\mid\boldsymbol{h}) = N(\boldsymbol{\mu}(\boldsymbol{h}),\boldsymbol{\sigma}^2(\boldsymbol{h})\boldsymbol{I}) \tag{5.17}$$

式中:$\boldsymbol{\rho}(\boldsymbol{x})$、$\boldsymbol{\omega}^2(\boldsymbol{x})$[$\boldsymbol{\mu}(\boldsymbol{h})$和$\boldsymbol{\sigma}^2(\boldsymbol{h})$]是编码器(解码器)的输出。

注意,两个高斯分布之间的 KL 散度具有闭合形式,可以简洁地写为分布的均值和协方差矩阵的函数。

在上述公式中,变分自编码器概率模型的迭代训练如下。首先,将给定的输出编码为隐空间上的分布。然后,从该分布中采样来自隐空间中的点;然后,对采样点进行解码,计算重构误差;最后,重构误差通过网络反向传播。这种方法确保了面向两个理想属性的正则化,即连续性(隐空间中的两个临近点在重构后不应给出两个不相关的观测值)和完备性(对于选定的分布,从隐空间采样的点在重构后总能提供一个有意义的向量)。此外,如果分布具有较小的方差或分布具有不同的均值,则这些条件将不满足。在协方差矩阵和返回分布的均值中使用正则化,通过要求协方差矩阵逼近恒等式和平均向量接近原点来说明这一点。

现在有一些对变分自编码器的批评,是由于它们在用作生成模型时会生成模糊的图像,尽管这些批评没有考虑到变分自编码器针对大多数图像,而不是分布中的特定实例。然而,由于使用了因式高斯分布,样本被证明是有噪声的。使用具有完整协方差矩阵的高斯分布可能克服这一限制,但问题的结果将变得不稳定,因为它应该从单个样本估计完整协方差。迄今为止,人们已经仔细研究了各种选项,如具有稀疏逆的协方差矩阵,它们可以生成具有完美细节的真实图像。除此之外,变分自编码器被认为是理论上令人满意且易于实现的[2]。尽管变分自编码器与几何自编码器存在差异,但如今使用变分自编码器进行流形学习仍具有实际意义。

例 5.5　变分自编码器的非旋转数字问题　我们再次讨论了使用 MNIST 数据库的非旋转数字进行流形学习的问题。在这里,出于可视化目的,构建具有三维隐空间的变分自编码器。这是在变分自编码器网络中使用的一个典型示例,用于构建该网络并生成与数据集中的图像非常相似的新图像。在实现时,首先使用了二维卷积层;然后是一个全连接层,用于从 $28\times28\times1$ 的图像下采样到隐空间中的编码;最后使用转置的二维卷积将 $1\times1\times20$ 图像放大为 $28\times28\times1$ 图像。

图 5.10 给出了关于隐空间的几个信息图。图 5.10(a)(b)分别表示测试集分布的编码样本和均值。

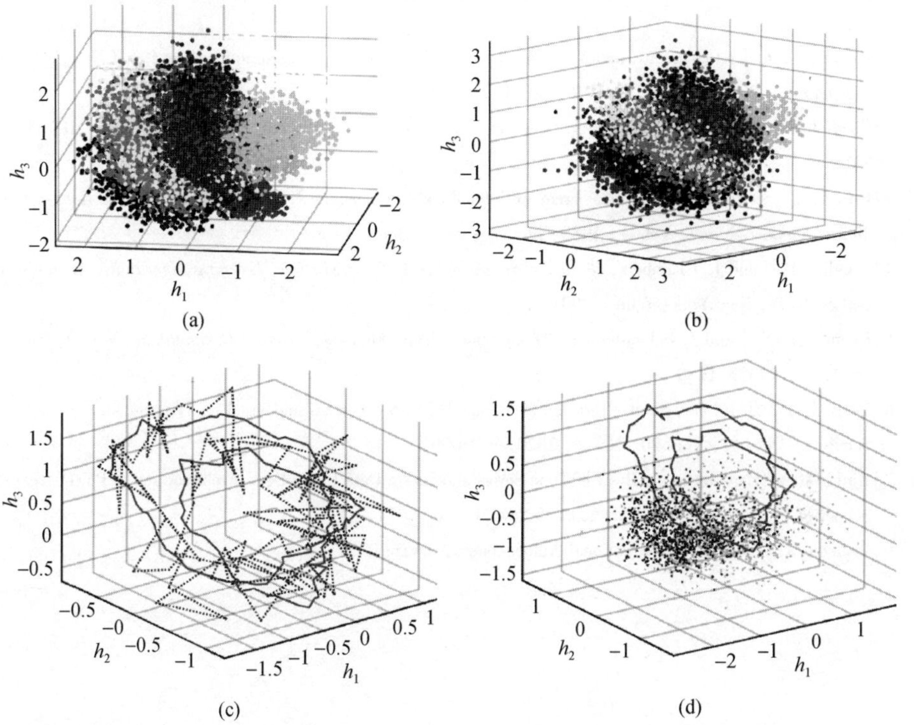

图 5.10 具有变分自编码器的旋转数字

(a)、(b)分别使用样本和测试点均值的隐空间表示;(c)用观测值(浅色)和平均值(黑色)表示旋转数字 3 的轨迹;(d)用均值表示旋转数字 3 的轨迹,以及对应数字 3 和 8 的投影测试样本的浊点。

注意,这些集群是在数字中自然出现的,在每个集群的颜色帮助下,它们很容易识别。正如所料,与样本的表示相比,采用均值的形式减小了方差,但数字云的相对位置相似。为了进行比较,本章仔细研究了将图像从具有 100 个等距旋转角度的数字 3 旋转到一个完整圆的演变过程。图 5.10(c)给出了样本(浅色)和均值(黑色)的轨迹,由此看出,样本轨迹表现出其均值的随机振荡是很自然的,并且均值轨迹在整个空间中表现出平滑性。同样,为了比较,图 5.10(d)给出了当与数字 3 和 8 的测试样本的投影均值进行比较时,轨迹的可解释性。与水平旋转的数字 3 相对应的位置显然远离数字云,但它们仍然保持其平滑特性,有助于说明这种表示的完备性。

变分自编码器只是用于执行生成任务的众多模型之一。它们在图像较小且具有明确定义的特征(如 MNIST)的数据集上运行良好。对于具有较大图像的更复杂数据集,生成式对抗网络往往表现得更好,生成的图像噪声更少。

参考文献

[1] Hinton, G. E., S. Osindero, and Y. -W. Teh, "A Fast Learning Algorithm for Deep Belief Nets," *Neural Computation*, Vol. 18, No. 7, 2006, pp. 1527-1554.

[2] Goodfellow, I., Y. Bengio, and A. Courville, *Deep Learning*, 1st ed., Cambridge, MA: MIT Press, 2016.

[3] LeCun, Y., et al., "A Theoretical Framework for Back-Propagation," *Proceedings of the* 1988 *Connectionist Models Summer School*, Vol. 1, 1988, pp. 21-28.

[4] Mandic, D., and J. Chambers, *Recurrent Neural Networks for Prediction: Learning Algorithms, Architectures and Stability*, New York: Wiley, 2001.

[5] Hochreiter, S., and J. Schmidhuber, "Long Short-Term Memory," *Neural Computation*, Vol. 9, No. 8, 1997, pp. 1735-1780.

[6] Yang, L., et al., "Very Short-Term Surface Solar Irradiance Forecasting Based on Fengyun-4 Geostationary Satellite," *Sensors*, Vol. 20, No. 9, 2020, p. 2606.

[7] Ajith, M., "Exploratory Analysis of Time Series and Image Data Using Deep Architectures," Ph. D. thesis, School of Engineering, The University of New Mexico, 2021.

[8] Doersch, C., Tutorial on Variational Autoencoders, *arVix*, 2021.

第6章 波达方向估计

6.1 引言

入射信号的波达方向(direction of arrival,DOA)或到达角(angle of arrival,AOA)估计问题有着悠久的历史,始于发现无线电波传播的初期。它已在工程和基础科学的不同领域得到应用,如天文学、声学、导航,最近还应用于通信、生物医学设备和自动驾驶汽车。因此,数十年来,对输入信号的测向一直是一个十分活跃的研究课题。源位置估计的首次成功尝试就是利用了天线的方向特性[1-2]。此后,人们对 DOA 估计进行了大量的研究并提出了多种算法。本章将介绍 DOA 估计的一些经典技术,以及在该领域使用统计学习方法和机器学习方法的最新进展。

周期图广泛用于估计信号的空间谱密度。Bartlett 提出了一种平均周期图的方法,用来估计空间谱密度并获得 DOA。Bartlett 的平均周期图方法用于延时叠加(delay - and - sum,DAS)波束成形器,这是阵列处理的常规方法[3-4]。它提供了具有一定限制的最佳估计,在确定发射机位置时分辨率很低,并且受到瑞利分辨极限的限制,该限制大致等于一个波束宽度。使用多信号模型对采样信号中的未知参数进行最大似然估计(maximum likelihood estimation,MLE)为检测阵列采样的时空场中存在的信号,以及估计其源方向提供了最佳解决方案[3]。尽管 MLE 提供了一种解决源位置问题的最佳解决方案,但它具有很高的计算复杂度,这使它无法应用于需要实时估计信号 DOA 的实际系统中[5]。因此,已经深入研究了如基于子空间的算法之类的次优但计算上可行的技术,并且它们已经在各个领域得到了应用。多重信号分类(multiple signal classification,MuSiC)算法及其改进在 DOA 估计中实现了计算复杂度、分辨率和准确性之间的最佳平衡[3,5]。

基于子空间的方法利用了信号和噪声子空间之间的正交性。它们需要对协方差矩阵进行反演,然后进行特征值分解,并使用阵列导向矩阵的噪声和信号子空间之间的正交性来计算空间谱[6]。因此,MuSiC 需要通过视场的分辨率进行彻底的搜索,以确定来自输入时空场的方向。root - MuSiC 是 MuSiC 算法的一种改进，它使用求根技术来估计 DOA，并消除了 MuSiC 计算空间谱从而估计 DOA 时所需的搜索。另一种强大的、基于子空间的搜索的自由算法是基于旋转不变性的信号估计算法（estimating signal parameters via rotational invariance techniques，ESPRIT），它利用了由两个具有平移不变性结构的阵列创建的信号子空间的旋转不变性。

天线阵列或传感器阵列通常通过提高信干噪比（signal to noise plus interference ratio，SNIR）来提高估计性能，并且它们还具有抑制干扰等优点。换句话说，它们具有空间多样性，可以用来最大限度地提高效率。首先阵列天线的主要目标是估计输入波形；然后检测信号的存在；最后估计接收机处的 DOA，并以可能的最大功率向选定的接收机发送信号。前两个任务是阵列处理的核心，但本章不进行介绍，详细介绍见文献[3,7－8]。

阵列可以视为以几何形式排列的多个天线的组合，并连接到以同步方式相干工作以滤除时空场的系统。阵列本质上是滤波器的组合，用于将多个传感器的输出与复增益相结合，以根据信号的空间相关性增强或抑制信号。由于它可以随着增益的增大提供更完整的分集方案，因此处理从这些阵列获得的信号一直是令人感兴趣的领域，并随着第五代（5G）通信协议的出现而获得了显著的发展势头。如 5G 通信协议之类的协议将广泛应用于无线通信。

阵列可以通过分布式馈线连接到单独的发射机/接收机（Tx/Rx）信道，该馈线旨在叠加接收到的波形而不会产生任何相位失真。阵列中的每个阵元都可以通过模拟或数字移相器进一步馈电，以改变相位激励，并且在主信号方向上产生相长干涉，在干扰信号方向上产生相消干涉。设计和处理阵列天线的另一种方法是为阵列中的每个阵元设计单独的 Tx/Rx 信道，并在基带计算每个信道的复权重，以在时空场中产生所需的功率方向图。这两种技术各有优点和缺点，并支持不同的自由度。这些技术的组合也被用来创建更具动态性和鲁棒性的系统。本章将主要讨论阵列设计的第二种方法，并介绍计算和优化复权重的技术，以确定时空场中存在的信号 DOA。然而，本章讨论的混合系统利用了模拟能力，并使用码书对模拟波束成形的能力进行建模。

机器学习技术一直被用来进行时空信号处理。随着复杂的机器学习和深度学习算法的出现，人们使用这些数据驱动的方法提出了各种公式来估计输入信号的 DOA[9－11]。虽然数据驱动的方法相当新，但由于其优越的泛化性和快速的收敛速度，已被应用于信号处理的各个领域，以执行包括 DOA 估计在内的各种任务。从为传统算法提供鲁棒性、更高的效率和适应性，到具有完全数据驱动的源位置估计的独立算法，这些方法正在重塑阵列信号处理，并随着学习算法的发展而具有巨大潜力。

为了理解 DOA 估计问题，人们需要了解阵列处理的基本属性，主要是指波传播的电磁现象,以及阵列及其相应信号模型的数学公式。6.2 节将介绍传感器阵列的理论基础及其相应的分析公式。

6.2 DOA 估计的基本原理

阵列天线的设计和实现需要在阵列几何结构及其功能、传感器数量、SINR和其他重要属性之间进行微妙的权衡。天线几何结构在确定阵列属性方面起着关键作用,设计人员一直倾向于在临近天线阵元之间保持半波长的均匀间隔,以消除非均匀和不对称阵列结构带来的复杂度[5,12]。在本节中,形式化阵列对输入时空场施加的外部激励的响应,将成为学习算法的标准,本节将应用这些算法实现源位置的估计。阵列几何结构在决定其响应和功能方面起着关键作用。阵元的线性排列只能在一个平面上估计入射波的方向,并且仅限于在一个平面上导引波束。为了解析角度并在方位角和俯仰角上导引波束,必须使用平面阵列。本章的研究重点是数据驱动的学习方法,因此将研究线性阵列公式。平面阵列遵从相同的原理,并增加了另一个维度,因为有关高程空间多样性的信息与有关方位角的信息一起出现。

线性阵列由均匀分布在线性轴上的传感器阵元组成,阵元间距为载波波长的1/2,如图6.1所示。为了便于计算,通常将阵列的中心作为坐标系的原点。然而,其他公式虽然不常见,但也存在于阵列处理文献中。进一步地,假设在时空场的各个区域中存在多个信号,天线单元在各个方面都是均匀的,并且它们是各向同性辐射的。

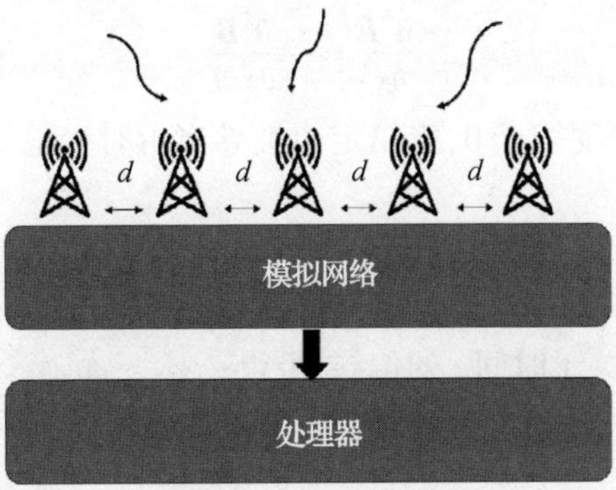

图6.1 天线阵列框图

控制电磁波在介质中传播的波动方程可以从麦克斯韦方程组推导出来。麦克斯韦重新表述的耦合微分方程组提供了控制电磁波传播的数学框架。高斯电学定律表明,任何闭合曲面的总电通量与闭合曲面内的电荷成正比,即

$$\nabla \cdot \boldsymbol{E} = \frac{\rho}{\varepsilon} \tag{6.1}$$

式中:$\boldsymbol{E}$ 为净电场;ρ 为电荷密度;ε 为介质的介电常数。

在闭合曲面轮廓内没有电荷的情况下,场的散度收敛到0。高斯磁定律定义了通过闭合曲面的净磁荷等于0。这是因为向内指向磁偶极子南极的磁通量等于从北极向外的磁通量,因此它们相互抵消。高斯磁定律表示如下:

$$\nabla \cdot \boldsymbol{B} = 0 \tag{6.2}$$

式中:$\boldsymbol{B}$ 为通过闭合曲面的净磁场。

法拉第感应定律推导出时变磁场如何产生电流或电场,表示如下:

$$\nabla \times \boldsymbol{E} = -\frac{\partial \boldsymbol{B}}{\partial t} \tag{6.3}$$

安培定律定义了产生的磁场与流经导体的电流 $\boldsymbol{J}$ 的函数之间的关系,即

$$\nabla \times \boldsymbol{B} = \mu\left(\boldsymbol{J} + \varepsilon \frac{\partial \boldsymbol{D}}{\partial t}\right) \tag{6.4}$$

式中:$\boldsymbol{D}$ 为位移矢量;μ 为磁导率。

麦克斯韦组合了这4个方程,并对位移电流项进行了修正,推断出电场不是静态的,实际上可以波的形式通过介质传播。

对于沿 x 轴方向的非零电场 $\boldsymbol{E}(x)$ 和沿 y 轴方向的磁场 $\boldsymbol{B}(y)$,由磁通量产生的电场表示如下:

$$\frac{\partial \boldsymbol{E}}{\partial x} = -\frac{\partial \boldsymbol{B}}{\partial t} \tag{6.5}$$

对式(6.5)求关于 x 的偏导,可得

$$\frac{\partial^2 \boldsymbol{E}}{\partial x^2} = -\frac{\partial^2 \boldsymbol{B}}{\partial x \partial t} \tag{6.6}$$

假设位移电流密度等于0,安培定律推导出由时变电场产生的磁场之间的关系:

$$\frac{\partial \boldsymbol{B}}{\partial x} = -\frac{1}{c^2}\frac{\partial \boldsymbol{E}}{\partial t} \tag{6.7}$$

对式(6.7)求其关于时间 t 的偏导,可得

$$\frac{\partial^2 \boldsymbol{B}}{\partial x \partial t} = -\frac{1}{c^2}\frac{\partial^2 \boldsymbol{E}}{\partial t^2} \tag{6.8}$$

将式(6.6)和式(6.8)联立可得

$$\frac{\partial^2 \boldsymbol{E}}{\partial x^2} = -\frac{1}{c^2}\frac{\partial^2 \boldsymbol{E}}{\partial t^2} \tag{6.9}$$

式(6.9)称为波动方程,控制能量通过给定介质的传播。

式(6.9)中的齐次波动方程为物理模型奠定了基础。波动方程可以表示任

何行波,场矢量 $\boldsymbol{E}$ 通常表示为 $\boldsymbol{E}(\boldsymbol{R},t)$,其中 $\boldsymbol{R}$ 是传播场的径向量。任何形式为 $\boldsymbol{E}(\boldsymbol{R},t)=f(t-\boldsymbol{R}^{\mathrm{T}}\boldsymbol{\alpha})$ 的场矢量在假设 $|\boldsymbol{\alpha}|=1/c$ 的情况下满足式(6.9),其中 c 是光速,$\boldsymbol{\alpha}$ 称为慢度向量。对 $\boldsymbol{\alpha}$ 的依赖性表现为 $\boldsymbol{\alpha}$ 正方向的行波,其速度等于自由空间中的光速。因此,根据波动方程,从各向同性辐射器发射并在远场采样的窄带信号可以描述为

$$\boldsymbol{E}(\boldsymbol{R},t)=s(t)\mathrm{e}^{\mathrm{j}\omega t} \tag{6.10}$$

式中:$s(t)$ 为基带信号,与 $\mathrm{e}^{\mathrm{j}\omega t}$ 给出的载波相比是缓慢时变的。

在窄带假设下,即阵列孔径远小于反向相对带宽 f/B,并且 $|R|\ll c/B$(其中 B 是信号 $s(t)$ 的带宽),式(6.10)可以重写为

$$\begin{cases}\boldsymbol{E}(\boldsymbol{R},t)=s(t-\boldsymbol{R}^{\mathrm{T}}\alpha)\mathrm{e}^{\mathrm{j}\omega(t-\boldsymbol{R}^{\mathrm{T}}\alpha)}\\ s(t-\boldsymbol{R}^{\mathrm{T}}\boldsymbol{\alpha})\mathrm{e}^{\mathrm{j}\omega(t-\boldsymbol{R}^{\mathrm{T}}\alpha)}\equiv s(t)\mathrm{e}^{\mathrm{j}\omega t-\boldsymbol{R}^{\mathrm{T}}\boldsymbol{k}}\end{cases} \tag{6.11}$$

式中:$\boldsymbol{k}$ 用于替代 $\alpha\omega$,被定义为波向量 $|\boldsymbol{k}|=\omega/c$,也定义为 $|\boldsymbol{k}|=2\pi/\lambda$,因此波矢量包含波传播的方向和速度信息。在远场近似下,$\boldsymbol{R}\gg L\times\lambda$,其中 $L\times\lambda$ 是阵列的物理尺寸。因此,由于阵列所遇到的弧的尺寸远大于阵列的物理尺寸,可以假设其他球面波前具有平面波前。窄带假设不是限制,而只是模型的假设,因为宽带信号可以表示为多个窄带信号的线性组合。此外,在线性介质中传播意味着波叠加原理成立,因此式(6.10)携带了基于时空特征对多个信号进行建模和区分所需的时空信息。

输入信号表示为 $s(t)\mathrm{e}^{\mathrm{j}\omega_c t}$,其中 $s(t)$ 是复基带信号,ω_c 是波数,t 表示采样时刻。注意,ω_c 或波数是波的空间频率,换句话说,ω_c 是空间中每单位距离的波数,由 $\omega_c=2\pi f_c$ 给出,其中 f_c 是载波频率[3,5]。因此,对于位于角度 θ 的每个点源,它将生成单独的场,这些场将在阵列采样时叠加。阵列接收到的波形是发射波形的延迟,携带缓慢时变的信号。因此,阵列中的每个传感器或天线接收发射场的延迟,并在给定的空间坐标处对入射的时空场进行采样。给定坐标处的采样场具有由 $s(t)\mathrm{e}^{\mathrm{j}\omega t-k(d_l\sin\theta)}$ 给出的复包络,其中 d_l 是传感器的空间位置,θ 是场起源的点源方向。假设在信号带宽上有平坦的频率响应 $g_l(\theta)$,其测量输出将与 d_l 处的磁场成正比。给定时刻的连续场被下变频,因此,每个传感器的下变频输出信号被建模为 $x(t)$,表达如下:

$$\begin{aligned}x(t)&=g_l(\theta)\mathrm{e}^{-\mathrm{j}kd_l\sin\theta}s(t)+n(t)\\&=a_l(\theta)s(t)+n(t)\end{aligned} \tag{6.12}$$

假设所有元素都具有相同的方向性函数 $g(\theta)$,源自角度 θ 的单个信号会产生以下形式的导引向量的标量倍数:

$$a(\theta)=g(\theta)[1,\mathrm{e}^{-\mathrm{j}kd\sin\theta},\cdots,\mathrm{e}^{-\mathrm{j}kd(L-1)\sin\theta}] \tag{6.13}$$

式中:d 为均匀相邻阵元之间的间隔。

对于来自不同方向的 M 个信号,输入场产生导向向量的矢量倍数。假设波

传播在线性介质中，叠加原理成立，则输出信号向量可建模为

$$\boldsymbol{x}(t) = \sum_{m=1}^{M} \boldsymbol{a}(\theta_m)\boldsymbol{s}_m(t) + \boldsymbol{n}(t) \tag{6.14}$$

或者使用向量符号，有

$$\boldsymbol{x}(t) = \boldsymbol{A}\boldsymbol{s}(t) + \boldsymbol{n}(t) \tag{6.15}$$

式中：$\boldsymbol{A}$ 为由向量 $\boldsymbol{a}(\theta_m)$ 组成的导向矩阵；$\boldsymbol{s}(t)$ 为由信号矢量 $\boldsymbol{s}_m(t)$ 组成的矩阵；$\boldsymbol{n}(t)$ 由独立的噪声信号 $n_m(t)$ 组成，$1 \leqslant m \leqslant M$。

对于 L 个元素的阵列，在 L 个空间位置对信号进行采样，则离散化的采样信号模型表示如下：

$$\boldsymbol{x}[n] = \boldsymbol{A}\boldsymbol{s}[n] + \boldsymbol{n}[n] \tag{6.16}$$

6.3 常规 DOA 估计

6.3.1 子空间方法

6.3.1.1 MuSiC

MuSiC 是一种用于确定输入信号 DOA 的超分辨率方法。最初的 MuSiC 算法由 Schmidt[13] 于 1986 年提出。该算法的简单性和高效性使其成为一种广受欢迎和广泛使用的 DOA 估计方法。该算法基于噪声子空间在转向子空间上的投影。它可以很容易地与极大似然（ML）算法[14-15]联系起来，也称最小方差无失真响应（minimum variance distortionless response，MVDR）或最小功率无失真响应（minimum power distortionless response，MPDR）算法[16-18]，由文献[19]算法衍生而来。ML 方法假设在 $t_n = nT$ 时刻采样的输入快照 $\boldsymbol{x}[n]$ 被 AWGN 污染。输入信号来自一组 $d_l = ld$ 的等距传感器，它包含由式（6.15）中的导引向量描述的 M 个空间波，其频率为 $\Omega_m = 2\pi \dfrac{d}{\lambda}\sin\theta_m$。信号由系数为 $\boldsymbol{w}$ 的线性滤波器处理，该滤波器用于检测频率为 Ω 的信号分量。处理器具有以下形式：

$$\boldsymbol{y}[n] = \boldsymbol{w}^{\mathrm{H}}\boldsymbol{x}[n] + \varepsilon[n] \tag{6.17}$$

由于噪声是高斯分布的，因此关于频率 k 处的信号分量的信号误差 $e[n]$ 也是高斯分布的。高斯噪声模型给出了一个负对数似然（negative log likelihood，NLL），其期望值等于某些加常数，即

$$\mathrm{NLL}(y[n]) \propto E(\boldsymbol{w}^{\mathrm{H}}\boldsymbol{x}[n]\boldsymbol{x}^{\mathrm{T}}[n]\boldsymbol{w}) = \boldsymbol{w}^{\mathrm{H}}E(\boldsymbol{x}[n]\boldsymbol{x}^{\mathrm{T}}[n]) = \boldsymbol{w}^{\mathrm{H}}\boldsymbol{R}_n\boldsymbol{w} \tag{6.18}$$

式中：$\boldsymbol{R}_n = E(\boldsymbol{x}[n]\boldsymbol{x}^{\mathrm{H}}[n])$ 为向量 $\boldsymbol{x}[n]$ 的自相关矩阵。

此 NLL 应该最小化，此式也是频率为 Ω 的功率输出。其物理解释是，最小

化该表达式等于最小化滤波器对噪声的响应,因此称为最小功率或最小方差。当频率为 Ω 的信号是与到达角 θ 对应的复指数 $\boldsymbol{a}(\theta)$ 时,估计器应该给出单一响应。因此,在之前的最小化中添加了一个约束,以保持对输入单一信号的无失真响应,以便进行检测。将要最小化的问题转化为以下简单的拉格朗日乘子优化的形式:

$$\min_{\boldsymbol{w}} \boldsymbol{w}^{\mathrm{H}} \boldsymbol{R}_n \boldsymbol{w} - \lambda [\boldsymbol{w}^{\mathrm{H}} \boldsymbol{a}(\theta) - 1] \tag{6.19}$$

式中:λ 为拉格朗日乘子。

此最小化问题的解为

$$\boldsymbol{w} = \frac{\boldsymbol{R}_n^{-1} \boldsymbol{a}(\theta)}{\boldsymbol{a}^{\mathrm{H}}(\theta) \boldsymbol{R}_n^{-1} \boldsymbol{a}(\theta)} \tag{6.20}$$

将式(6.20)其应用于式(6.18),得到功率伪谱密度:

$$P(\theta) = \frac{1}{\boldsymbol{a}^{\mathrm{H}}(\theta) \boldsymbol{R}^{-1} \boldsymbol{a}(\theta)} \tag{6.21}$$

这确实是一个伪谱,因为它是信号自相关的傅里叶变换。

假设 $\boldsymbol{x}[n]$ 包含信号 $s_m[n]\boldsymbol{a}[\theta_m]$ 加上幂为 σ_N^2 的 AWGN,则自相关矩阵可分别分解为信号特征向量和噪声特征向量 $\boldsymbol{Q}_S$ 和 $\boldsymbol{Q}_N$,以及其相应的特征值 $\boldsymbol{\Lambda}_S$ 和 $\boldsymbol{\Lambda}_N$,表达如下:

$$\boldsymbol{R}_n = \boldsymbol{Q}_N^{\mathrm{H}} \boldsymbol{\Lambda}_N \boldsymbol{Q}_N + \boldsymbol{Q}_S^{\mathrm{H}} \boldsymbol{\Lambda}_S \boldsymbol{Q}_S \tag{6.22}$$

由于矩阵的逆可以通过计算其特征值的逆来实现,并且假设噪声功率远小于信号功率,则 $\boldsymbol{R}_n^{-1} \approx \sigma_N^{-2} \boldsymbol{Q}_N^{\mathrm{H}} \boldsymbol{Q}_N$ 成立,式(6.21)所示伪谱可以写为

$$P(\theta) = \frac{\sigma_N^2}{\boldsymbol{a}^{\mathrm{H}}(\theta) \boldsymbol{Q}_N^{\mathrm{H}} \boldsymbol{Q}_N \boldsymbol{a}(\theta)} \tag{6.23}$$

式(6.23)称为 MuSiC 伪谱,通常称为超分辨率解。直观地说,当 θ 等于任意一个 AOA 时,$\boldsymbol{a}(\theta)$ 和所有噪声特征向量之间的点积将为零,因为在这种情况下,该信号将匹配与所有噪声特征向量正交的信号特征向量,所以伪谱趋于无穷大。

为了得到这些零点,必须扫描所有可能的 AOA。一种更快的方法是使用表达式 $\boldsymbol{a}^{\mathrm{H}}(\theta)\boldsymbol{Q}_n$ 的 z 变换,即使用变换 $z = \exp\left(2\pi \dfrac{d}{\lambda} \sin\theta\right)$。那么表达式变成 z 中的多项式,通过变换,$\boldsymbol{a}(\theta) = [1, z, z^2, \cdots, z^{L-1}]^{\mathrm{T}}$,问题被简化为求多项式的根,称为 root - MuSiC 算法。

6.3.1.2　root - MuSiC

root - MuSiC 是一种用于估计源位置的多项式求根算法。就分辨率而言,它是最强大的算法,可以在非常低的信噪比下估计信号的来波方位。它依赖阵

列流形矩阵的 Vandemonde 结构,因此仅适用于间距小于或等于工作波长一半的均匀线性阵列。通过修改阵列流形,将原点设置在线性阵列的中间,可以将导向向量写为

$$a(\theta)=\begin{bmatrix} e^{-j2\frac{L-1}{2}\pi\frac{d_1}{\lambda}\sin\theta} \\ e^{-j2\frac{L-3}{2}\pi\frac{d_1}{\lambda}\sin\theta} \\ \vdots \\ e^{j2\frac{L-3}{2}\pi\frac{d_1}{\lambda}\sin\theta} \\ e^{j2\frac{L-1}{2}\pi\frac{d_1}{\lambda}\sin\theta} \end{bmatrix}=\begin{bmatrix} Z^{\frac{-L-1}{2}} \\ Z^{\frac{-L-3}{2}} \\ \vdots \\ Z^{\frac{L-3}{2}} \\ Z^{\frac{L-1}{2}} \end{bmatrix} \tag{6.24}$$

式中:$Z=e^{j2\pi\frac{d}{\lambda}\sin\theta}$[3,5,20]。

对于空间频率的 MuSiC 频谱表达如下:

$$M(\theta)=\boldsymbol{a}^{H}(\theta)\boldsymbol{Q}_n\boldsymbol{Q}_n^{H}\boldsymbol{a}(\theta)=\boldsymbol{a}^{H}(1/z)\boldsymbol{Q}_n\boldsymbol{Q}_n^{H}\boldsymbol{a}(z)=M(z) \tag{6.25}$$

多项式 $M(z)$ 则有 $2(L-1)$ 个共轭根和倒数根,也就是说,如果 z_i 是 $M(z)$ 的一个根,那么 $1/z_i^*$ 也是一个根,其中 $(\hat{A}.)^*$ 表示复共轭。在无噪声的情况下,多项式 $M(z)$ 有 $2L$ 对根,即根 $=e^{j(2\pi/\lambda)d\sin\theta_i}(i=1,2,\cdots,L)$,还有 $2(L-m-1)$ 个额外的“噪声”根,其中 m 是要估计的信号数。噪声因子会使根位置失真,但仍然可以从距离单位圆最近的 $M(z)$ 的根估计信号 DOA。对于无噪声的情况,根将直接位于单位圆上。由于根的共轭互易性,单位圆内的根包含有关信号 DOA 的所有信息。因此,root - MuSiC 算法计算 $M(z)$ 的所有根,并根据单位圆内最大量级的根估计信号 DOA,该最大量级等于输入信号的数量。

6.3.2 旋转不变技术

ESPRIT 是一种流行的高分辨率连续 DOA 估计技术[21]。该技术利用了具有平移不变性结构的阵列中信号子空间之间潜在的旋转不变性。该技术通过将传感器阵列划分为两个相同的子阵列,并进一步利用两者之间的平移不变性,估计来自旋转算子的 DOA,从而产生高分辨率估计。ESPRIT 使用两个相同的阵列,它们形成具有位移矢量的匹配对。这实际上意味着,如果从一个由 L 个阵元组成的阵列中创建两个相同的阵列,使得第一个阵列由阵元 $1\sim L-1$ 组成,第二个阵列由阵元 $2\sim L$ 组成,那么每对阵元相对于第一个阵元应该在相同方向上移动相同的距离。由两个阵列接收的信号向量由 $\boldsymbol{x}_1(t)$ 和 $\boldsymbol{x}_2(t)$ 表示,并且可以定义为

$$\begin{cases}\boldsymbol{x}_1(t)=\boldsymbol{A}\boldsymbol{s}(t)+\boldsymbol{n}_1(t)\\ \boldsymbol{x}_2(t)=\boldsymbol{A}\boldsymbol{\Phi}\boldsymbol{s}(t)+\boldsymbol{n}_2(t)\end{cases} \tag{6.26}$$

式中:$\boldsymbol{A}$ 为与第一子阵列相关的 $L\times M$ 矩阵,具有对应于 M 个方向源的 M 个导引向量列;$\boldsymbol{A\Phi}$ 为与第二子阵列相关的导向向量,$\boldsymbol{\Phi}$ 是 $M\times M$ 对角矩阵,其中第 m 个对角元素表示阵元对之间 M 个信号中的每个信号的相位延迟[22],表达如下:

$$\boldsymbol{\Phi}_{m\times m}=\mathrm{e}^{\mathrm{j}2\pi\Delta}\cos\theta_m \tag{6.27}$$

式中:Δ 为波长位移的大小。

源信号由 $\boldsymbol{s}(t)$ 给出,$\boldsymbol{n}_1(t)$ 和 $\boldsymbol{n}_2(t)$ 表示每个阵列的独立同分布高斯噪声矢量。此外,可以定义两个矩阵 $\boldsymbol{U}_1$ 和 $\boldsymbol{U}_2$,它们表示两个 $K\times M$ 矩阵,其中包含两个阵列相关矩阵 $\boldsymbol{R}_1$ 和 $\boldsymbol{R}_2$ 最大特征值的 M 个特征向量。$\boldsymbol{U}_1$ 和 $\boldsymbol{U}_2$ 通过唯一非奇异变换矩阵 $\boldsymbol{\psi}$ 相关联,表示如下:

$$\boldsymbol{U}_1\boldsymbol{\psi}=\boldsymbol{U}_2 \tag{6.28}$$

这些矩阵还通过另一个唯一非奇异变换矩阵 $\boldsymbol{T}$ 与导向向量 $\boldsymbol{A}$ 和 $\boldsymbol{A\Phi}$ 相关联,其由相同的信号子空间张成,因此有

$$\begin{cases}\boldsymbol{U}_1=\boldsymbol{AT}\\ \boldsymbol{U}_2=\boldsymbol{A\Phi T}\end{cases} \tag{6.29}$$

如果替换 $\boldsymbol{U}_1$ 和 $\boldsymbol{U}_2$,注意 $\boldsymbol{A}$ 是满秩,可得

$$\boldsymbol{T\Psi T}^{-1}=\boldsymbol{\Phi} \tag{6.30}$$

这意味着 $\boldsymbol{\Psi}$ 的对角元素等于 $\boldsymbol{\Phi}$ 的对角元素,并且 $\boldsymbol{T}$ 的列是 $\boldsymbol{\Psi}$ 的特征向量。$\boldsymbol{\Phi}$ 的特征值 λ_m 通过特征分解计算出来后,就可以使用式(6.31)计算到达角:

$$\theta_m=\arccos\left(\frac{\arg(\lambda_m)}{2\pi\Delta}\right),(m=1,2,\cdots,M) \tag{6.31}$$

由于 ESPRIT 是一种连续 DOA 估计技术,它直接计算信号的 DOA,而不计算整个频谱。本质上,ESPRIT 的分辨率非常高,可以与 root - MuSiC 相媲美。

6.4　统计学习方法

测向系统自诞生以来发展迅速,并且随着利用毫米波频谱的 5G 通信协议的出现,测向系统变得越来越重要[23]。传统测向算法在 20 世纪后期获得发展和完善。随着计算能力的大幅提高以及机器学习算法的出现和实用化,特别是在深度神经网络方面,已经开启了测向算法发展的新时代。下面将研究应用于输入信号 DOA 估计的不同学习准则。本节以本书前面详述的理论为基础,并将这些想法扩展到信号的 DOA 估计。

6.4.1　导向场采样

如前面所述,导向向量决定了传感器阵列的 DOA 估计能力。到目前为止,

已经研究了基于阵列几何结构的离散化导向向量。本节将把这些想法扩展到导向场采样的概念，该概念使用一个信号模型来解释所涉及的三个连续变量（时间、空间和角度）及其自相关函数的注意事项。这种非参数的连续信号模型可以通过使用本质上稀疏的约束最小绝对值收缩和选择算子（least absolute shrinkage and selection operator，LASSO）进行调整，以便估计任意分布的天线阵列中多个同时到达源的 DOA。

假设一组 M 个不相关源 $s_m(t)$ 同时到达一个 L 阵元阵列。在每个阵元上观察到的信号为 $x_l(t)$。现在假设研究 3 个连续的自变量（空间 d、时间 t 和角度 θ），因此数据模型表示为

$$x(d,t,\theta)=a(\theta,d)s(\theta,t)+w(d,t) \tag{6.32}$$

式中：t 为时间；d 为沿 z 轴的距离；θ 为给定信号的连续 AOA。

注意，目前为了方便数学运算，不对自变量进行任何维度的采样，将不同维度中的自相关作为卷积。这里，$A(\theta,d)$ 表示连续可变的导向场，取决于距离和 AOA，$\theta\in(-\pi/2,\pi/2)$，w 表示添加到接收信号的加性噪声场，以得出接收的时空信号场 $x(d,t,\theta)$。导向场的表达式为

$$a(\theta,d)=\mathrm{e}^{\mathrm{j}\frac{2\pi}{\lambda}d\sin\theta} \tag{6.33}$$

式(6.32)中数据模型的 3 个自变量最终将被离散化，但离散形式的数据模型有几个优点。可以用连续多元域中的确定性自相关来表示空间和角度变化。连续时间自变量被理解为支持通信系统中给定采样周期和载波频率下的符号离散化，因此所涉及的随机过程的自相关可以作为离散时间过程的连续时间当量来处理。这允许我们将数据模型中的连续时间自相关近似为最终采样的随机符号过程的随机自相关。在公式中定义连续自变量的优点之一是可以将统计自相关处理为多元连续变量卷积。

例如，在这些条件下，信号场 $x(d,t,\theta)$ 的时间自相关由广义平稳随机过程的统计平均值给出：

$$R_x(d,\tau,\theta)=E_t\{x(d,t,\theta)x^*(d,t+\tau,\theta)\} \tag{6.34}$$

但它可以用时间自变量中的卷积算子来表示和处理：

$$R_x^t(d,t)=x(d,t)*_t x^*(d,-t) \tag{6.35}$$

式中：$*t$ 为时域中的卷积。

因此，可以用同质和类似的方式定义所需的自相关，表达式如下：

$$R_a^{\theta}(d,\theta)=a(d,\theta)*_{\theta}a^*(d,-\theta) \tag{6.36}$$

$$R_a^{d,\theta}(d,\theta)=a(d,\theta)*_{d,\theta}a^*(-d,-\theta) \tag{6.37}$$

$$R_x^{d}(d,t,\theta)=x(d,t,\theta)*_{d}x^*(-d,t,\theta) \tag{6.38}$$

$$R_x^{t}(d,t,\theta)=x(d,t,\theta)*_{t}x^*(d,-t,\theta) \tag{6.39}$$

$$R_x^{d,t}(d,t,\theta)=x(d,t,\theta)_{*d,t}x^*(-d,-t,\theta) \tag{6.40}$$

根据 M 个接收信号,发射场可以表示为

$$s(\theta,t)=\sum_{m=1}^{M}s_m(t)\delta(\theta-\theta_m) \tag{6.41}$$

式中:狄拉克 δ 函数 $\delta(\theta)$ 用于表示不同 AOA 中每个输入信号或相关输入信号的存在。

$x(d,t,\theta)$ 与时间和距离的自相关,在式(6.40)中给出,并作为二维连续变量确定性自相关处理。此外,此时可以在空间中对连续自变量 d 进行采样,以便考虑在该方向上非均匀分布的线性阵列阵元,使用空间变量 d 中的狄拉克 δ 函数[由 $\delta(d)$ 给出],并位移到 d_l 处的每个阵元。因此,现在可以考虑 $x(d,t,\theta)$ 中的空间采样,以获得非均匀间隔阵列上的空间采样信号,表达式如下:

$$x'(d,t,\theta)=\sum_{l=0}^{L-1}x(d,t)\delta(d-d_l) \tag{6.42}$$

式中,$x'(d,t)$ 表示 $x(d,t)$ 的空间离散化。

此后,将使用撇号(′)来识别与非均匀阵列阵元上的空间采样场有关的物理量,其用狄拉克 δ 函数来表示。因此,空间采样信号场 $x'(d,t,\theta)$ 的二维自相关现在可以表示为

$$\begin{aligned}R_{x'}(d,t,\theta)&=\left(\sum_{l=0}^{L-1}x(d,t,\theta)\delta(d-d_l)\right)_{*d,t}\left(\sum_{l=0}^{L-1}x(-d,-t,\theta)\delta(-d-d_m)\right)\\&=x(d,t,\theta)*x(-d,-t,\theta)\delta(d-d_m+d_m)\\&=R_x^{d,t}(d,t,\theta)\delta(d)\end{aligned} \tag{6.43}$$

得到的 $a(d,\theta)$ 的自相关 $R_a^d(d,\theta)$,如式(6.35)所示,并且通过忽略噪声项来简化符号,可得

$$x(d,t,\theta)=a(d,\theta)s(\theta,t)=a(d,\theta)s_m(t)\delta(\theta-\theta_m) \tag{6.44}$$

然后可得

$$\begin{aligned}R_x^{d,t}(d,t,\theta)&=\left[a(d,\theta)\sum_{m=1}^{M}s_m(t)\delta(\theta-\theta_m)\right]_{*d,t}\\&\quad\left[a^*(-d,\theta)\sum_{m=1}^{M}s_m^*(-t)\delta(\theta-\theta_m)\right]\\&=\sum_{m=1}^{M}R_a(\theta_m,d)\sigma_m^2\delta(t)\end{aligned} \tag{6.45}$$

式中,假设来自每个 AOA 的信号是独立的时间随机过程,每个 AOA 的自相关为 $R_{s_m}(t)=\sigma_m^2\delta(t)$,其中 σ_m^2 表示该 DOA 处第 m 个输入信号的方差。这个结果告诉我们,$x(d,t,\theta)$ 的自相关为空,除了在任何位置 d 处的 $t=0$ 时刻外,它都由在每个 AOA 处采样的导向场自相关给出的一组或 M 项的总和组成。

6.4.1.1 导向场的非均匀采样

相比6.3节，通过导向场的非均匀采样处理发挥连续三维数据模型的进一步优势。首先，即使阵列阵元的间距不均匀，也可以在空间域中轻松对导向场进行采样；其次，传统DOA数据模型中的向量和矩阵符号可以随时调整，以解决这种空间不均匀性；最后，针对非均匀空间采样调整的新向量和矩阵可以直接用于已知的著名算法，如MuSiC和root-MuSiC，或提出新算法，而无须插值。

首先在空间维度中对导向场进行采样，采用与6.3节类似的方法，并为阵列中的每个阵元使用空间中的狄拉克 δ 函数。空间采样的导向场可以表示如下：

$$a'(d,\theta) = a(d,\theta)\sum_{m=1}^{M}\delta(d-d_m) \tag{6.46}$$

其空间自相关表达式如下：

$$R_a{}'(d,\theta) = a'(d,\theta) *_d a'^*(-d,-\theta) + \sum_{m=1}^{M}R_a(d_m,\theta)\delta(d-d_m) \tag{6.47}$$

这只是导向场自相关的狄拉克采样。

现在可以进行角度采样，其中在 K 个角范围内，例如 $\Delta\theta=\pi/k$，$\theta\in(-\pi/2,\pi/2)$，因此距离和采样的导向场及其自相关表示如下：

$$a'(d,\theta) = a(d,\theta)\sum_{m=1}^{M}\sum_{k=1}^{K}\delta(d-d_m)\delta(\theta-\theta_k) \tag{6.48}$$

$$R_a{}'(d,\theta) = \sum_{m=1}^{M}\sum_{k=1}^{K}R_a(d_m,\theta_k)\delta(d-d_m)\delta(\theta-\theta_k) \tag{6.49}$$

这样就可以定义以下矩阵：

$$\boldsymbol{A}'(m,k) = a(d_m,\theta_k) \tag{6.50}$$

$$\boldsymbol{R}_{a'}(m,k) = R_a(d_m,\theta_k) \tag{6.51}$$

$$\boldsymbol{R}_{x'}(m,k) = x'x'^{\mathrm{T}} \tag{6.52}$$

可以重新讨论MVDR和MuSiC算法的表达式，功率伪谱密度现在可以表示如下：

$$P(\theta) = \frac{1}{a'^{\mathrm{H}}(\theta_k)\boldsymbol{R}_{x'}^{-1}a'(\theta_k)} \tag{6.53}$$

它与非均匀空间采样兼容，其余步骤与产生MuSiC伪谱的步骤类似。同样，可以使用式(6.54)的 z 变换：

$$a'^{\mathrm{H}}(\theta)\boldsymbol{Q}_N \tag{6.54}$$

式中：$\boldsymbol{Q}_N$ 为 $\boldsymbol{R}_{x'}$ 的噪声特征向量集，我们可以在 z 中得到多项式的根，并按照经典的 root－MuSiC 表达式来确定 AOA。

6.4.1.2 LASSO 算法

上面介绍的自相关特性和 6.4.1.1 节中的矩阵符号可用于创建新的 DOA 估计算法，特别是利用式(6.45)所示数据模型的自相关结构，并假定信号 $x(d,t,\theta)$ 的自相关的空间维度由采样自输入信号每个到达角的导向向量的自相关之和给出。

因此，数据模型现在可以用矩阵形式表示如下：

$$\boldsymbol{R}_{a'}\boldsymbol{\alpha}=\boldsymbol{r}_x+\boldsymbol{e} \tag{6.55}$$

式中：$\boldsymbol{r}_x$ 具有分量 $R_x(d_m,0)(1\leqslant m\leqslant M)$，如图 6.2(c)所示，为 $x(d,t,\theta)$ 自相关估计的向量符号，根据所涉及的时间随机过程的时间自相关特性，其仅在时延为零时非空；$\boldsymbol{\alpha}=[\alpha_1,\alpha_2,\cdots,\alpha_M]^{\mathrm{T}}$ 对应每个 DOA 接收的时间信号的归一化方差；$\boldsymbol{e}$ 为带有残差的向量。

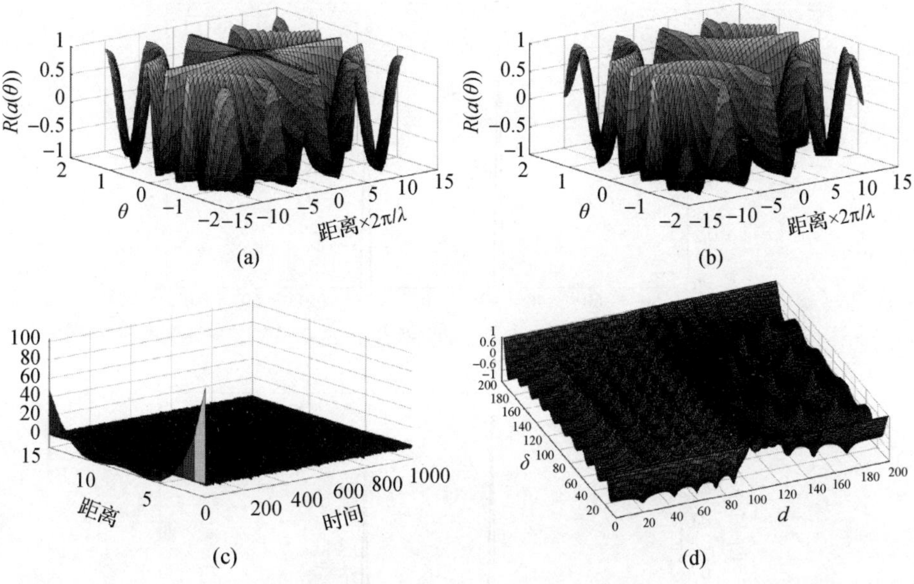

图 6.2 导向场表示及其自相关

(a)(b)时空导向场的实部和虚部；(c)接收信号的时空自相关，在正文中表示为 $R_x(d,t)$；(d)不同角度的导向场距离自相关。

对于系数 $\boldsymbol{\alpha}$，此矩阵问题需要解决，可以采取几种方案。一个有利的解决方案是使用 LASSO 算法，该算法包括使用系数向量的 L_1 范数的惩罚[24]，并对 $\alpha_m\geqslant 0$ 施加附加约束。就 L_1 正则化有助于生成稀疏解而言，该算法似乎是一个合适的选项,这是只有少数信号到达阵列的 DOA 问题所具有的内在和自然属性。

这种回归分析最初用于地球物理学,后来广泛应用于统计学和机器学习中的各种问题[24]。它包括用估计向量的 L_1 范数正则化 LS 解,这具有将解的一些小振幅元素投影到零的效果,从而有助于生成稀疏解。导向场自相关回归问题的 LASSO 估计器表示如下:

$$\hat{\boldsymbol{\alpha}} = \underset{\boldsymbol{\alpha}}{\operatorname{argmin}} \| \boldsymbol{r}_x - \boldsymbol{R}_{A'}\boldsymbol{\alpha} \|^2 + \boldsymbol{\eta} \| \boldsymbol{\alpha} \|_1 \tag{6.56}$$

约束条件为 $\alpha_m \geqslant 0$,这会最小化平方误差加上 L_1 对 $\boldsymbol{\alpha}$ 的期望值。这种正则化增大了模型的稀疏性。在这里,$\boldsymbol{\eta}$ 是一个正则化参数,通常使用交叉验证[24-26]进行调整。图 6.3 绘制了分别来自 -25°和 20°的两个信号的 LASSO 频谱,这两种不同情况下的 SNR 分别为 10dB 和 3dB。使用沿线性轴不均匀分布的传感器对信号进行不规则采样。实际源位置在图上用圆圈标记,峰值根据本节介绍的 LASSO 公式获得的谱估计提供源位置。由于 LASSO 公式中的稀疏性,即使在低 SNR 情况下,它也能够产生空间谱的准确估计。

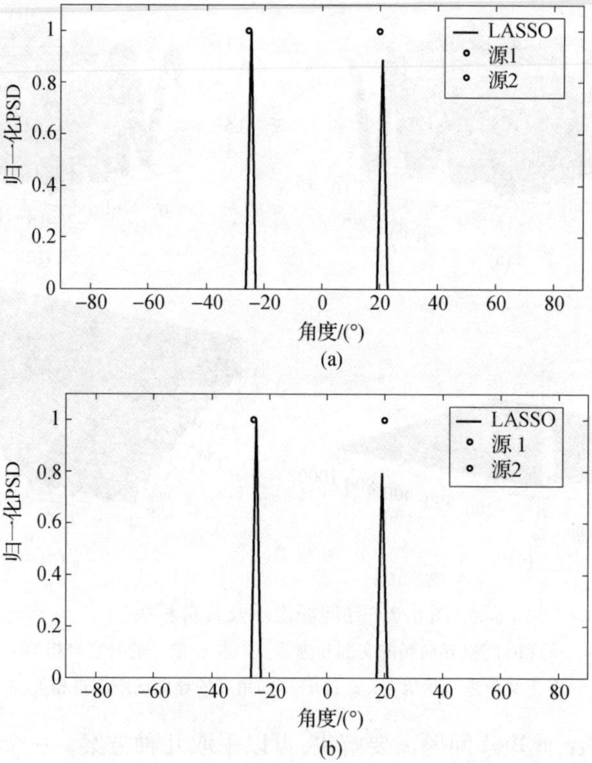

图 6.3 在 SNR 为 10dB(a) 和 3dB(b) 的情况下,使用 LASSO 对源自 -25°和 20°的两个信号估计的归一化频谱

6.4.2　支持向量机 MuSiC

考虑一个滤波器组 $\boldsymbol{w}_k$，其中每个滤波器都调谐到频率 ω_k。在滤波器的输出端，只希望最小化信号子空间的贡献，也就是说，滤波器必须最小化，有

$$S_k^{\text{MuSiC}}(k)=\boldsymbol{w}_k^{\text{H}}\boldsymbol{V}_s\boldsymbol{V}_s^{\text{H}}\boldsymbol{w}_k \tag{6.57}$$

式中：对于单位振幅和频率 ω_k 的信号 $\boldsymbol{e}_k$，滤波器的输出必须满足 $\boldsymbol{w}^{\text{H}}\boldsymbol{e}_k=1$。

注意，矩阵 $\boldsymbol{V}_s\boldsymbol{V}_s^{\text{H}}$ 不是满秩的，因此该约束最小化问题不能直接求解，可以通过最小化实现，即

$$S_x^{\text{MuSiC}}(k)=\boldsymbol{w}_k^{\text{H}}\boldsymbol{V}\begin{bmatrix}\alpha\boldsymbol{I}_s & \boldsymbol{0}\\ \boldsymbol{0} & \beta\boldsymbol{I}_n\end{bmatrix}\boldsymbol{V}^{\text{H}}\boldsymbol{w}_k\text{。 s.t } \boldsymbol{w}_k^{\text{H}}\boldsymbol{e}_k=1 \tag{6.58}$$

式中：$\boldsymbol{I}_s$、$\boldsymbol{I}_n$ 分别为 $L_s\times L_s$ 和 $L_n\times L_n$ 单位矩阵，假设 $\boldsymbol{V}$ 是有序的，因此所有的噪声子空间向量被分组到右边，而信号向量被分组到左边。此外，为了得到式(6.57)的满秩逼近，假设 $\alpha\gg\beta$。

人们提出了一种支持向量机（SVM）方法，用于检测和估计输入信号及其 AOA 的存在[19]。该技术利用 MuSiC 算法的高分辨率，以及 SVM 优越的泛化性和鲁棒性，创建了一种更具鲁棒性和通用的 DOA 估计方法[19]。

频率 ω_k 的线性估计器可以表示为

$$y_k[n]=\boldsymbol{w}_k^{\text{H}}\boldsymbol{x}[n] \tag{6.59}$$

假设 $\boldsymbol{V}$ 是信号自相关矩阵 $\boldsymbol{R}$ 的特征值集，且信号和噪声特征值由常数 α 和 β 近似，则该估计器的 SVM 最优化可以写为

$$L_P=0.5\boldsymbol{w}_k^{\text{H}}\boldsymbol{V}\begin{bmatrix}\alpha\boldsymbol{I}_s & 0\\ 0 & \beta\boldsymbol{I}_n\end{bmatrix}\boldsymbol{V}^{\text{H}}\boldsymbol{w}_k+\sum_n L_R(\xi_{n,k}+\xi'_{n,k})+\sum_n L_R(\zeta_{n,k}+\zeta'_{n,k}) \tag{6.60}$$

使用以下约束条件使不可行的最优化问题变得可行：

$$\begin{cases}\Re(r_k(n)-\boldsymbol{w}_k^{\text{H}}\boldsymbol{e}_k[n])\leqslant\varepsilon-\xi_{n,k}\\ \Im(r_k(n)-\boldsymbol{w}_k^{\text{H}}\boldsymbol{e}_k[n])\leqslant\varepsilon-\zeta_{n,k}\\ \Re(-r_k(n)+\boldsymbol{w}_k^{\text{H}}\boldsymbol{e}_k[n])\leqslant\varepsilon-\xi'_{n,k}\\ \Im(-r_k(n)+\boldsymbol{w}_k^{\text{H}}\boldsymbol{e}_k[n])\leqslant\varepsilon-\zeta'_{n,k}\end{cases} \tag{6.61}$$

式中：$\boldsymbol{e}_k[n]=\boldsymbol{r}_k[n]\boldsymbol{a}(\theta_k)$ 为合成信号，$r_k[n]$ 为随机生成的复振幅。$L_R(e)$ 为误差 e 的稳健代价函数[27]，可表示为

$$L_R(e)=\begin{cases}0 & (|e|<\varepsilon)\\ \dfrac{1}{2\gamma}(|e|-\varepsilon)^2-\varepsilon & (\varepsilon\leqslant|e|\leqslant\varepsilon+e_C)\\ C(|e|-\varepsilon)-\dfrac{1}{2}\gamma C^2 & (e_C\leqslant|e|)\end{cases} \tag{6.62}$$

式中：$e_C=\varepsilon+\gamma C$；$0.5v\|w_k\|$ 为表示矩阵 $\boldsymbol{R}$ 的数值正则化单位矩阵 $v\boldsymbol{I}$ 的正则项，ε 为不敏感区，v、C 为正则化参数。

上述函数的目标是减少信号子空间的估计功率谱和式(6.61)中约束条件定义的松弛变量。在式(6.62)中导出的损失函数包含 ε 和 e_C 之间的二次项，这使得其连续可微。对于高于 e_C 的误差，代价函数是线性的。因此，可以调整参数 e_C 以对主要受热噪声影响的样本应用二次代价（二次代价为最大似然）。然后将线性代价应用于异常值样本[28-29]。使用线性代价函数，异常值对解的贡献将不取决于其误差值，而只取决于其符号，从而避免了二次代价函数产生的偏差。

引入拉格朗日乘子 $\alpha_{n,k}$、$\beta_{n,k}$、$\alpha'_{n,k}$、$\beta'_{n,k}$，分别用于实正约束、实负约束、虚正约束和虚负约束，以促进在所提出的约束下，进行泛函的拉格朗日最优化。求原始函数关于 $\boldsymbol{w}_k$ 的偏导数，可得以下形式的对偶解：

$$\boldsymbol{w}_k=\boldsymbol{R}^{-1}\boldsymbol{E}_k\boldsymbol{\psi}_k \tag{6.63}$$

式中：$\boldsymbol{\psi}_{n,k}=\alpha_{n,k}+\mathrm{j}\beta_{n,k}-\alpha'_{n,k}-\mathrm{j}\beta'_{n,k}$；$\boldsymbol{E}_k=[\boldsymbol{\varphi}(e_k[1]),\cdots,\boldsymbol{\varphi}(e_k[N])]$。

该函数不是在 $\boldsymbol{w}$ 上优化，而是对偶原理在约束下进行优化。对偶函数如下：

$$L_d=-0.5\boldsymbol{\psi}_k^{\mathrm{H}}[\boldsymbol{E}_k^{\mathrm{H}}\boldsymbol{Q}^{-1}\boldsymbol{E}_k+\gamma\boldsymbol{I}]\boldsymbol{\psi}_k-\Re(\boldsymbol{\psi}_k^{\mathrm{H}}\boldsymbol{r}_k)+\varepsilon\mathbf{1}(\boldsymbol{\alpha}_k+\boldsymbol{\beta}_k+\boldsymbol{\alpha}'_k+\boldsymbol{\beta}'_k) \tag{6.64}$$

其中

$$\boldsymbol{Q}=\boldsymbol{V}\begin{bmatrix}\alpha\boldsymbol{I}_n & \mathbf{0}\\ \mathbf{0} & \beta\boldsymbol{I}_s\end{bmatrix}\boldsymbol{V}^{\mathrm{H}} \tag{6.65}$$

并且当 $\alpha/\beta\to 0$ 时可以使用以下极限表达式：

$$\boldsymbol{Q}^{-1}=\alpha^{-1}\boldsymbol{V}_n\boldsymbol{V}^{\mathrm{H}} \tag{6.66}$$

式中：α 可以设置为 1。

那么对偶函数就变成了

$$L_d=-0.5\boldsymbol{\psi}_k^{\mathrm{H}}[\boldsymbol{E}_k^{\mathrm{H}}\boldsymbol{V}_n\boldsymbol{V}_n^{\mathrm{H}}\boldsymbol{E}_k+\gamma\boldsymbol{I}]\boldsymbol{\psi}_k-\Re(\boldsymbol{\psi}_k^{\mathrm{H}}\boldsymbol{r}_k)+\varepsilon\mathbf{1}(\boldsymbol{\alpha}_k+\boldsymbol{\beta}_k+\boldsymbol{\alpha}'_k+\boldsymbol{\beta}'_k) \tag{6.67}$$

现在，通过组合式(6.63)和式(6.58)，得到了 SVM - MuSiC 的表达式：

$$\boldsymbol{S}_k=\boldsymbol{\psi}_k^{\mathrm{H}}\boldsymbol{E}_k^{\mathrm{H}}\boldsymbol{V}_n\boldsymbol{V}_n^{\mathrm{H}}\boldsymbol{E}_k\boldsymbol{\psi}_k \tag{6.68}$$

和以前一样，此表达式不实用，因为特征向量矩阵可能有无限维。设在特征空间中定义自相关矩阵，通过简单地应用表示定理，可以将噪声特征向量 $\boldsymbol{V}_n$ 表示为映射数据 $\boldsymbol{V}_n=\boldsymbol{\Phi}\boldsymbol{U}_n$ 的线性组合，将其代入式(6.68)，很容易得到它的等价表达式：

$$S_k = \boldsymbol{\psi}_k^{\mathrm{H}} \boldsymbol{K}_k^{\mathrm{H}} \boldsymbol{U}_n \boldsymbol{U}_n^{\mathrm{H}} \boldsymbol{K}_k \boldsymbol{\psi}_k \tag{6.69}$$

式中：$\boldsymbol{K}_k = \boldsymbol{\Phi}^{\mathrm{H}} \boldsymbol{E}_k$；$\boldsymbol{U}_n$ 包含矩阵 $\boldsymbol{K}$ 的噪声特征向量。

例6.1 为了了解 SVM – MuSiC 算法的效率，用6个输入信号对 SVM – MuSiC 进行测试，并与 MuSiC 算法进行比较。其中3个信号是独立的 QPSK 调制和等振幅调制的连续波。相应的 DOA 分别为 –40°、40°和60°。其余信号是独立调制的猝发信号，出现概率为10%，DOA 分别为 –30°、20°和50°。线性阵列由25个阵元组成，使用50个快拍来计算信号自相关矩阵。信号被 $\sigma_n = 10$ 的 AWGN 污染。图6.4给出了 MuSiC 频谱，并将其与 SVM – MuSiC 算法结果进行了比较。SVM – MuSiC 能够检测到这6个信号，而标准 MuSiC 算法无法检测到猝发信号。在 SVM 方法中，检测信号的分辨率更高。由于不需要测试阶段，因此使用所有输入数据对 SVM 参数进行了优化，以计算自相关矩阵。在每个 SVM 训练中，只使用了10个约束。每个约束被分为4个。其约束之一以相关频率为中心，其相应的值 r_k 设置为1。其余的约束分布在整个频谱中，其相应的值设置为0。对256个沿 DOA 频谱等距分布的频率重复该过程。

使用的参数为 $\gamma = 0.01$、$\varepsilon = 0$ 和 $C = 100$。尽管存在估计这些参数的实用方法[30-31]，但之前的经验表明，这些方法更具鲁棒性。

SVM – MuSiC 就是一个利用机器学习的最新进展对传统算法进行改进的典型示例，这种改进可以增大算法的适应性和鲁棒性，从而显著提高算法的效果。

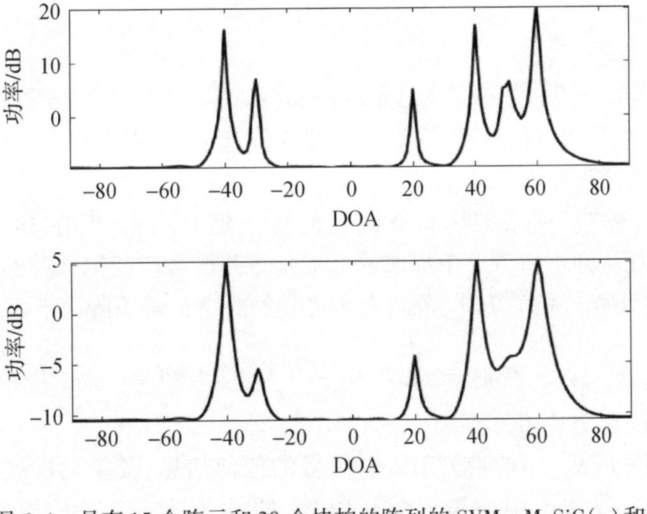

图6.4 具有15个阵元和30个快拍的阵列的 SVM – MuSiC(a)和 MuSiC(b)算法的 DOA 估计比较[19]

6.5 波达方向估计的神经网络方法

神经网络，尤其是深度学习，随着数据可用性和计算能力的提高，引发了机器学习和人工智能的革命。人们提出了几种神经网络架构来执行各种学习任务，并取得成功。在本节中，将使用最简单的神经网络架构介绍 DOA 估计的基本框架，并在此基础上逐步构建并实现更深度、更复杂的网络，以根据接收信号估计源位置。

6.5.1 特征提取

通信信号本质上是复数的，因此需要设计一种适当的方法来避免使用复梯度，复梯度使计算变得很复杂，并会导致计算错误。处理复数有两种主要方法。第一种方法是最简单的，它将复值信号 $x+\mathrm{i}y$ 分解为由 x 和 y 给出的实部和虚部，并将实部和虚部组合起来。因此，特征向量 $\boldsymbol{x}$ 可表示为

$$\boldsymbol{x}=[x_1,x_2,\cdots,x_N,y_1,y_2,\cdots,y_N] \tag{6.70}$$

式中：x_i 为一个样本在特定时刻的实部；y_i 为同一样本的虚部。

处理复数时的另一种预处理方法是分离信号的实部和虚部，并将它们拼接起来，从而形成特征向量 $\boldsymbol{x}$：

$$\boldsymbol{x}=[x_1,y_1,x_2,y_2,\cdots,x_N,y_N] \tag{6.71}$$

处理复数和神经网络的一种更有意义的方法是从复变量计算振幅和相位：

$$x_{振幅}=\sqrt{x^2+y^2} \tag{6.72}$$

相位计算如下：

$$x_{相位}=\arctan(y/x) \tag{6.73}$$

提取振幅和相位信息后，它们就会被连接起来，或者可以在 CNN 等架构中用作单独的信道。

尽管深度神经网络架构具有优越的特征提取能力，但在 DOA 估计文献[32－33]中，从样本协方差中提取的上三角矩阵已被广泛用作神经网络的特征向量。通过计算自相关矩阵，重新表述接收的时空信号矩阵如下：

$$\boldsymbol{R}_{mm'}=\sum_{k=1}^{K}p_k\mathrm{e}^{\mathrm{j}(m-m')\omega_0 d\sin\theta_k/c}+\delta R_{mm'} \tag{6.74}$$

式中：$\delta R_{mm'}$ 包含交叉相关项。

由于 $m=m'R_{mm}$ 不携带关于入射信号的任何信息，其余元素被重新排列为径向基函数（radial basis function，RBF）的输入向量，RBF 神经网络由 $\boldsymbol{b}$ 给出[9,32]：

$$\boldsymbol{b}=[R_{21},\cdots,R_{M2},R_{12},\cdots,R_{M2},R_{1M},\cdots,R_{M(M-1)}] \tag{6.75}$$

通过按照式(6.75)重新表示输入信号,该网络的输入维数变为 $M(M-1)$。该网络只能学习实值,因此输入数据需要分解为其相应的实部和虚部,如上面所述。

6.5.2　反向传播神经网络

MLP 是一种基本的深度学习架构,它由输入层、输出层以及输入层和输出层之间的至少一个隐含层组成。已经证实,与在输入层或输出层中添加更多神经元相比,层的堆叠具有计算优势。这样的网络能够学习输入层和输出层之间的非线性映射,从而能够学习复函数并估计入射信号的 DOA。

BP 神经网络本质上是一种具有反向传播的 MLP,用于更新权重并最小化损失,详见第 5 章。该模型可用于学习 6.5.1 节中介绍的特征向量与入射信号的 DOA 之间的映射,使用 MLP 模型通过前向传播预测和反向传播损失的导数来调整权重。不同的模型结构将具有不同的复杂度,因此为给定问题选择优化的超参数非常重要。

可以实现如图 6.5 所示的深度网络架构,以解决具有均匀几何结构的线性阵列中的 DOA 估计问题。所提出的网络是最简单的形式,网络的输入是从计算的协方差中提取的特征,网络的输出是由目标变量给出的连续变量,目标变量是输入信号的源位置。选择最小绝对误差(minimum absolute error,MAE)作为损失函数,该损失函数从本质上最小化从训练数据中获得的期望值和实际值之间的误差。网络架构根据隐含层的数量和每层中的节点数量的不同而变化,以了解不断变化的架构如何影响估计。训练数据是使用算法 6.1 生成的。

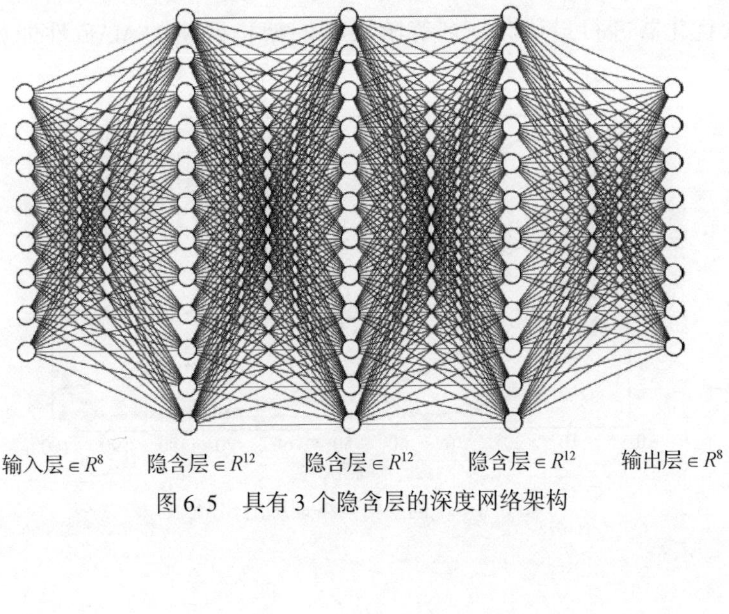

图 6.5　具有 3 个隐含层的深度网络架构

算法 6.1　数据生成

结果:DOA 估计的训练和测试数据
初始化 while 数据≤样本数量 do
　生成一个随机浮点数 $-40° \leqslant \theta_m \leqslant 90°$
　生成阵列输出 $\{s(n), n = 1, 2, \cdots, N\}$
　计算相关矩阵
　分离上三角
　使用 L_2 范数进行归一化
　为具有相同索引的每个归一化输入存储特征向量和目标值
　if 数据 = 样本数量 then
　指令:终止
　else

　end
end

例 6.2　生成一组 50000 个快拍,并使用每个快拍的 200 个实现来计算协方差。训练集由 75% 的数据集组成,剩下的 25% 为验证数据。为了使问题简单易处理并证明层数和每层节点数的效用,对 DOA 施加一些约束,使信号来自阵列视野中整数值的角度。生成信号数据后,对层数和每层节点数进行超参数优化。双曲正切函数用作输入层和隐含层的激活函数,而线性激活函数用于输出层。隐含层中引入了 30% 的丢弃概率,批样本数量为 32,学习率为 10^{-4},使用 Adam 优化器进行最优化。训练阶段不同架构网络的 MAE 性能如图 6.6 所示。

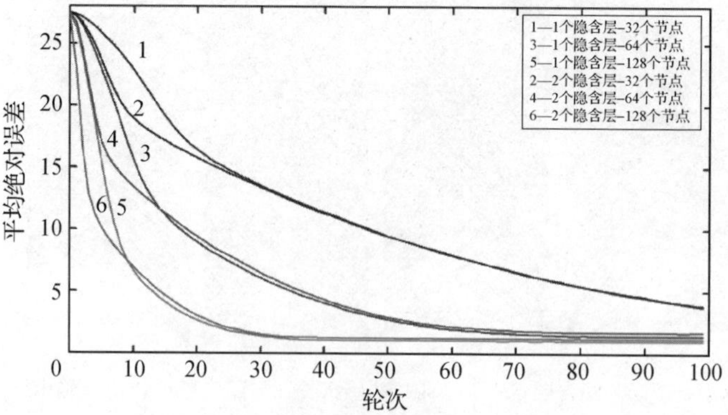

图 6.6　不同架构网络训练的 MAE

对于在其架构中包含 1 个隐含层和 2 个隐含层的两个网络来说，包含 32 个节点的模型的训练误差都很高。具有足够深度的大型网络具有足够的复杂度来学习提取特征向量与输入信号的源位置之间的映射。对于最大和最深的网络，其具有 2 个隐含层，每层有 128 个节点，则最小训练误差为 1.03°。在训练过程中对训练后的网络进行了验证，不同架构网络验证的 MAE 如图 6.7 所示。验证集的最小测试误差是通过具有 2 个隐含层和 128 个节点的网络实现的。由于训练过程中引入的高丢弃概率，测试误差略小于训练误差。

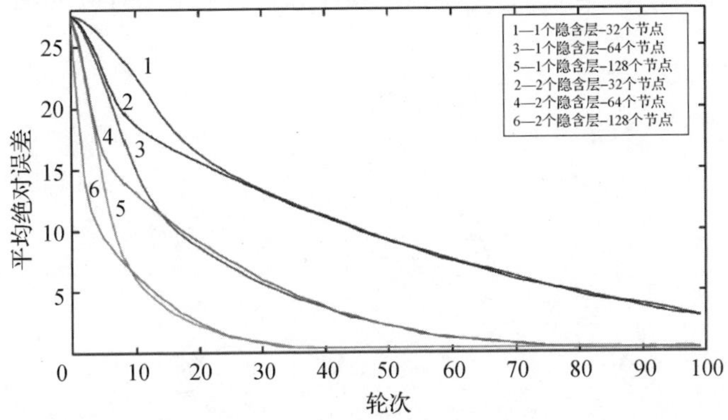

图 6.7　不同架构网络验证的 MAE

本节介绍了用深度神经网络的最简单形式来解决某些约束条件下的 DOA 估计问题。在接下来的几节中，将研究更高级的网络，这些网络能够在非理想情况下提供更好的泛化和稳健的 DOA 估计。

6.5.3　正向传播神经网络

神经网络理论的进展对应各种神经网络框架，用于估计输入信号的波达方向。在文献[32]中，引入了学习输入信号波达方向的径向基函数神经网络（RBF NN）公式，作为数据驱动的 DOA 估计的一种可能方法。RBF 神经网络是一种流行的正向传播神经网络，它使用径向基函数最小化实际值和估计值之间的损失。可以将阵列天线视为将输入信号映射到阵列输出处接收到的信号的函数，因此 RBF 神经网络可用于执行从接收到的信号到其起源方向的逆映射。与流行的反向传播网络相反，RBF 神经网络可以视为解决高维空间插值问题的网络[9,32]。

该网络有如图 6.8 所示的三层结构，即输入层、输出层和隐含层。从输入层到隐含层的变换是非线性的，而从隐含层到输出层的变换是严格线性的。文献[32]中的网络使用式(6.16)生成的 m 个模式进行训练。该网络的输入通过隐含层映射,每个节点计算隐含层输出的加权和。因此,该网络的输出是一个连续变量或连续变量的集合,与离散标记相反,要估计的信号的数量应该是已知的,该网络仅可用于通过训练可以估计信号数量的情况。简单地说,经过训练以估计双信号场景的网络只能估计两个信号,并且无法适应不同数量的输入源。该网络的输入/输出关系表示如下:

$$\theta_m(j) = \sum_{i=1}^{m} w_i^k h(\| s(j) - s(i) \|^2) \tag{6.76}$$

式中:$k = 1,2,\cdots,K;j = 1,2,\cdots,m;w_i^k$ 为与第 i 个神经元对应的网络的第 i 个权重。

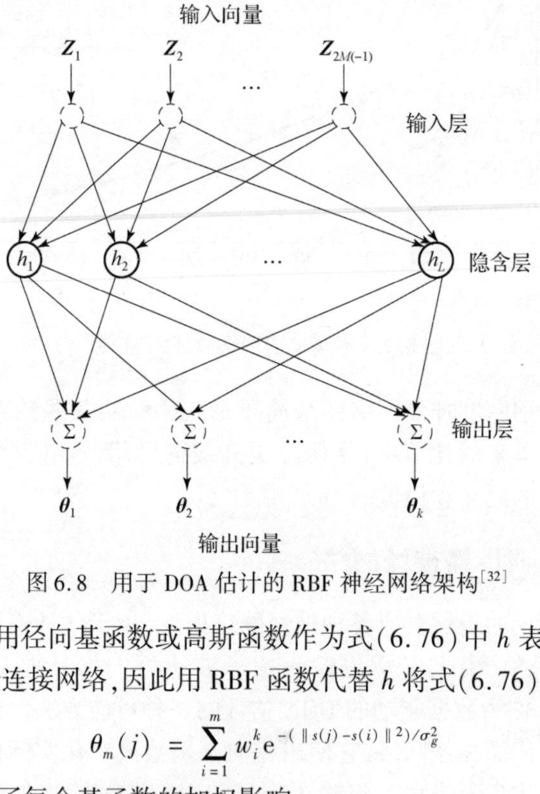

图 6.8 用于 DOA 估计的 RBF 神经网络架构[32]

RBF NN 使用径向基函数或高斯函数作为式(6.76)中 h 表示的激活函数。该网络是一个全连接网络,因此用 RBF 函数代替 h 将式(6.76)简化为

$$\theta_m(j) = \sum_{i=1}^{m} w_i^k \mathrm{e}^{-(\| s(j) - s(i) \|^2)/\sigma_g^2} \tag{6.77}$$

式中:σ_g 正则化了每个基函数的加权影响。

使用矩阵符号,式(6.77)可以重写为

$$\boldsymbol{\Theta} = \boldsymbol{w}\boldsymbol{H} \tag{6.78}$$

式中:$\boldsymbol{H}$ 为一个矩阵,其中 $\boldsymbol{H}(i,j) = h(\| s(i) - s(j) \|^2)$,需要求解 $\boldsymbol{w}$ 以得到问题公式化的最佳权重。式(6.78)中权重的解是使用最小二乘法推导出来的,表示如下:

$$\boldsymbol{\Theta} = \boldsymbol{\Theta}^{\mathrm{T}}(\boldsymbol{H}\boldsymbol{H}^{\mathrm{T}})^{-1}\boldsymbol{H} \tag{6.79}$$

例6.3 使用模拟信号测试RBF神经网络,以了解改进算法在估计输入场矢量源位置方面的效果。模拟了一个由6个阵元组成的阵列,入射信号为两个具有不同角度间隔的不相关信号($\Delta\theta = 2°$和$5°$),也就是说,第一个信号在$-90° \leqslant \theta_m \leqslant 90°$变化,第二个信号以2°和5°的间隔随机出现。假设随机选择的DOA或第一个信号的DOA在训练和测试阶段均匀分布在$-90° \leqslant \theta_m \leqslant 90°$。200个输入向量用于训练学习机,50个向量用于测试性能。对于所有网络,隐含层使用0.3的学习系数,输出层使用0.15的学习系数,而批样本数量设置为16。高斯传递函数的宽度σ_g设置为特定集群中心到最近集群中心的均方根(RMS)距离。所提出的架构在模拟场景中进行了测试,并遍历了每个DOA实现获得的快拍数量。

图6.9所示结果表明,该网络能够成功估计两个输入信号的DOA,并且网络输出(+)与期望输出(虚线)非常相似,后者是输入信号的实际DOA。进一步将所提出的网络与MuSiC算法的估计结果进行比较[3,6],在两个输入信号之间使用($\Delta\theta = 5°$)模拟了与第一个实验类似的场景。将使用RBF神经网络的DOA估计与MuSiC估计进行比较,如图6.10所示。在具有6个输入信号的场景中进一步模拟了所提出的网络,以了解源数量增加对架构的影响。图6.11所示的结果表明,RBF神经网络可以估计与阵元数量相等数量的源数,这比MuSiC

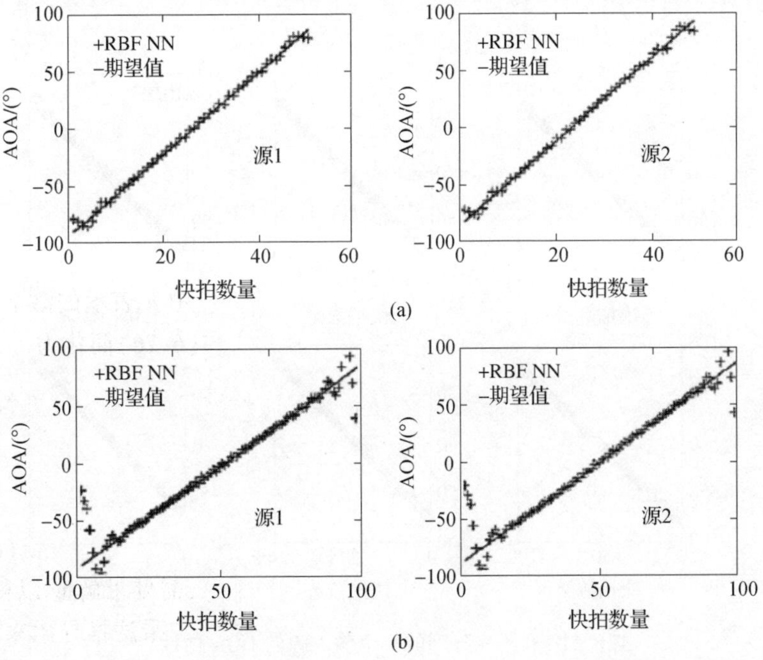

图6.9 DOA估计值与输入信号之间2°角和5°角分离下获得的快拍数量[32]
(a)2°;(b)5°。

和其他基于子空间的方法可以估计的源数多一个。结果表明,估计输入信号 DOA 的 RBF 神经网络方法产生了与 MuSiC 相当的近似最优的性能。实际 DOA 和估计 DOA 之间的差异很小,足以满足许多应用的系统要求。此例中所示的实验是使用不相关源进行的;相关源的扩展结果可以参见文献[32]。这表明,该网络通过泛化提高了性能,并取得了令人满意的结果。

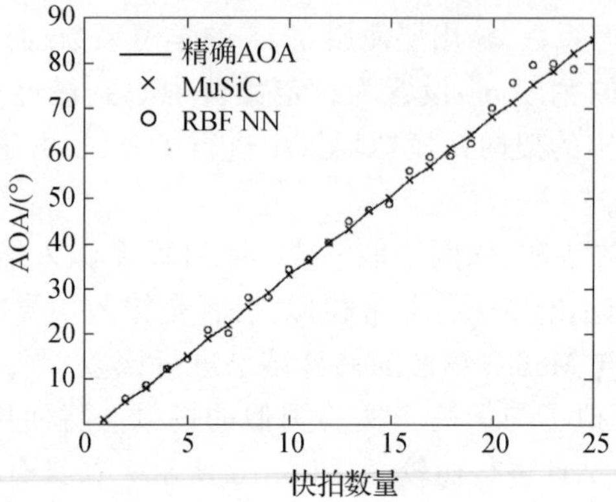

图 6.10　6 个阵元阵列的 RBF 神经网络的 DOA 估计与 MuSiC 的 DOA 估计之间的比较[32]

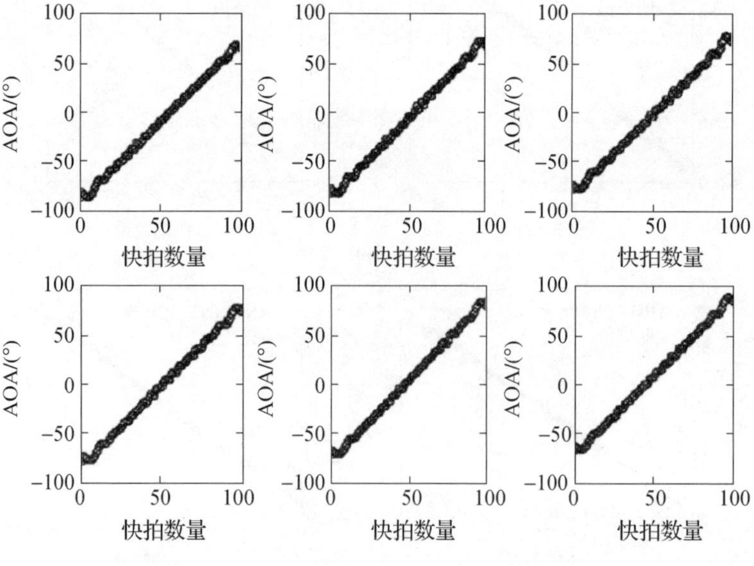

图 6.11　6 阵元阵列的 6 个输入源的 DOA 估计[32]

RBF 神经网络训练与估计如算法 6.2 和算法 6.3 所示。

算法 6.2 RBF 神经网络 DOA 训练

结果：
初始化 while 数据≤样本数量 do
  步骤 1：生成阵列输出$\{s(n),n=1,2,\cdots,N\}$
  步骤 2：计算第 n 个阵列输出向量的相关矩阵$\{R(n),n=1,2,\cdots,N\}$
  步骤 3：计算归一化向量
  步骤 4：为每个归一化输入生成具有适当目标值的训练集
  步骤 5：使用 RBF NN
  If 数据≥样本数量 then
  终止
  else

  end

end

算法 6.3 RBF 神经网络 DOA 估计的通用实现

结果：
初始化 while 检测 = 真 do
  步骤 1：引入阵列输出$\{s(n),n=1,2,\cdots,N\}$
  步骤 2：计算第 n 个阵列输出向量的相关矩阵$\{R(n),n=1,2,\cdots,N\}$
  步骤 3：计算归一化向量
  步骤 4：将信号馈送到预先计算的 RBF NN
  步骤 5：解析 RBF NN 输出
  If 检测 = 假 then
  等待
  else
  end

end

6.5.4 非理想阵列 DOA 估计的自编码器架构

数据驱动的 DOA 估计方法可以重新表述为分类问题，其中类的数量是阵列分辨率的函数。更简单地说，如果阵列的视野范围为 $-90°\leqslant\theta_m\leqslant 90°$ 并且分辨率设置为1°,那么它将对应于具有181个类的多分类问题。

文献[33]中介绍了一种基于深度网络的数据驱动DOA估计方法。所提出的公式适用于特定阈值内关于增益、相位和位置缺陷的非理想阵列,并且能够对未知场景产生增强的泛化。所提出的学习框架是一个深度多层并行自编码器,结合密集层进行输出。使用多层自编码器对输入进行建模,其作用类似于一组空间滤波器,并对输入信号进行分解。由于这种空间滤波,分量的分布更集中于相关特定子区域,从而减轻了深度神经层的泛化负担。使用一对多的方法计算分类;也就是说,对于分辨率的每一步,网络检测到其子区域中存在的信号,并为其分配概率。将所有类的概率串联起来,可以为阵列视野提供完整的空间谱[33]。

输入层由多任务自编码器组成,它对信号进行去噪并将其分量分解为P个空间区域[33]。编码过程压缩式(6.16)中的输入信号以提取主分量,并通过解码过程将其连续恢复到原始维度,其中分量属于在专用解码器中解码的单独子区域。换言之,源自叠加在采样信号中第p个和第$p+n$个子区域且存在于输入的信号将在输出端被滤波,其中源自第p个扇区的信号将仅存在于解码器的第p个输出,而不存在于第$p+n$个扇区。对于源自第$p+n$个扇区的信号来说,反之亦然。

该方案中DOA估计的深度网络架构如图6.12所示。对于具有L_1个编码层和解码层的自编码器,在第L_1-l_1层和第L_1+l_1层具有相同的维度$|c|$,以便$|c_{l1}^p|<|c_{l1-1}^p|$。自编码器的相邻层完全连接,便于进行前馈计算,表示如下:

$$\begin{cases} \text{net}_{l_1}^{(p)} = \boldsymbol{U}_{l_1,l_1-1}^{(p)} c_{l_1-1}^{(p)} + \boldsymbol{b}_{l_1}^{(p)} \\ p = \begin{cases} 1 & (l_1 = 1,2,\cdots,L_1) \\ 1,2,\cdots,P & (l_1 = L_1+1,2,\cdots,2L_1) \end{cases} \\ c_{l_1}^{(p)} = f_{l_1}[\text{net}_{l_1}^{(p)}] \end{cases} \tag{6.80}$$

式中:$\boldsymbol{U}_{l_1,l_1-1}^{(p)}$为对应第$p$个任务的第$l_1-1$层到第$l_1$层的权重矩阵;$\boldsymbol{b}_{l_1}^{(p)}$为第$l_1$层中的加性偏置向量;函数$f_{l_1}[\cdot]$为第$l_1$层中的元素激活函数;$P$为空间子区域数量;$(\cdot)^{(p)}$表示与第$p$个子区域对应的第$p$个自编码器任务相关的变量;$(\cdot)_{l_1}$和$(\cdot)_{l_1-1}$对应层索引;$c_{l_1}^{(p)}$表示第$p$个自编码器的第$l_1$个输出,并且$\boldsymbol{c}_0=\boldsymbol{r}$设置为自编码器的输入[33]。

自编码器的P个子区域可以根据所需的系统分辨率进行调整。线性阵列的方位视野或由$P+1$个方向构成的整个区域($-90°<\theta_P<90°$)可以分解为P个等间隔的子区域。自编码器的设计使得如果有来自该扇区的信号,则I/O函数$\boldsymbol{F}^{(p)}(\boldsymbol{r})=\boldsymbol{r}$,否则为0。自编码器将来自不同扇区的多个信号分离到不同的解码器输出bin中,因此,它具有由$\boldsymbol{F}^{(p)}(\boldsymbol{r}_1+\boldsymbol{r}_2)=\boldsymbol{F}^{(p)}(\boldsymbol{r}_1)+\boldsymbol{F}^{(p)}(\boldsymbol{r}_2)$满足的可

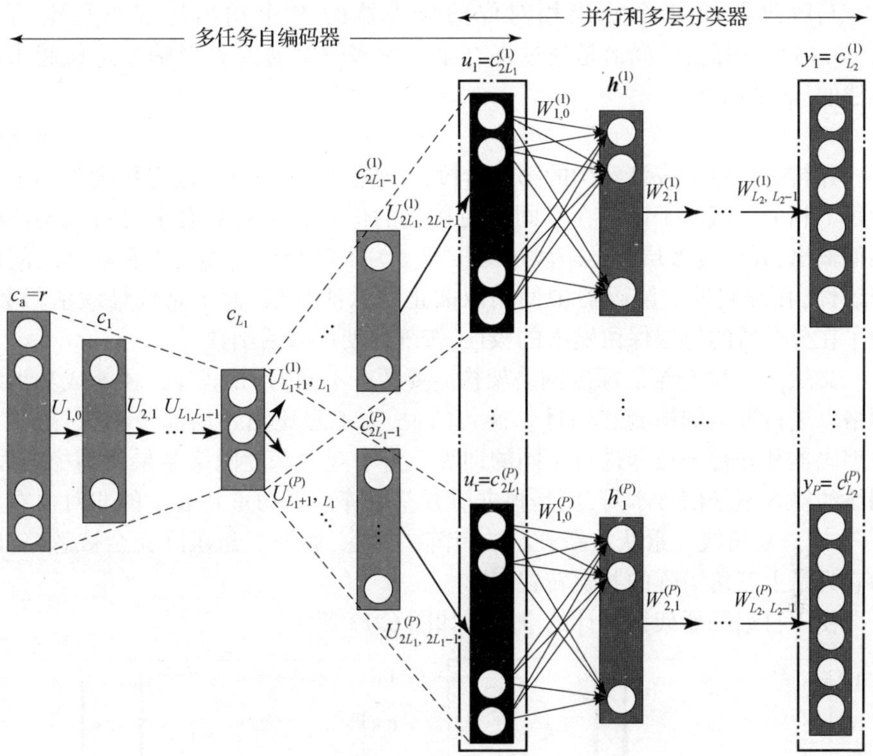

图 6.12　文献[33]中介绍的用于 DOA 估计的深度网络架构

加性。为了保持可加性，对自编码器网络的每个单元使用线性激活函数。因此，执行编码和解码过程的自编码器函数可以分别简化为[33]

$$\begin{cases} c_1 = U_{1,0} r + b_1 \\ u_p = U_{2,1}^{(p)} c_1 + b_2^{(p)} \quad (p = 1,2,\cdots,P) \end{cases} \tag{6.81}$$

这种深度学习技术中的 DOA 估计是使用一对多分类器网络进行的。P 个分类器对应于 P 个解码器输出，并由 P 个子空间区域根据所需分辨率进行定义。该分类器是独立的并且不相互连接，每个节点对应于阵列视野中的特定方向。每个分类器的输出都基于区域或其邻域中存在的信号分配的概率。分类器执行前馈计算，表达如下：

$$\begin{cases} \mathrm{net}_{l_2}^{(p)} = \boldsymbol{W}_{l_2,l_2-1}^{(p)} \boldsymbol{h}_{l_2-1}^{(p)} + q_{l_2}^{(p)} \\ \boldsymbol{h}_{l_2}^{(p)} = g_{l_2}[\mathrm{net}_{l_2}^{(p)}] \quad (p = 1,2,\cdots,P;\ l_2 = 1,2,\cdots,L_2) \end{cases} \tag{6.82}$$

式中：$\boldsymbol{h}_{l_2-1}^{(p)}$ 为第 p 个分类器的第 l_2 层的输出向量，$h_0^{(p)} = u_p$ 和 $\boldsymbol{h}_{l_2}^{(p)} = y_p$；$g_{l_2}[\cdot]$ 为元素激活函数；$\boldsymbol{W}_{l_2,l_2-1}^{(p)}$ 为每个全连接前馈层的权重矩阵；$q_{l_2}^{(p)}$ 为加性偏置项[33]。

与解码器的 P 个输出相对应的分类器的 P 个输出构成可见空间谱(图6.13)。因此,空间谱是通过将 P 个一对多分类器的 P 个输出连接起来而构建的,表示如下:

$$\boldsymbol{y}=[y_1^{\mathrm{T}},y_2^{\mathrm{T}},\cdots,y_p^{\mathrm{T}}]^{\mathrm{T}} \tag{6.83}$$

并行分类器构成该架构的第二阶段,并通过将解码器的输出作为输入来估计每个相关区域的子谱。在空间上更接近的信号分量将具有来自自编码器的相似输出,并通过多层分类阶段进行压缩。为了解释分类器输入和输出之间的非线性,在编码器—解码器中使用双曲正切激活函数,而不是线性激活函数。为了在分类器的每层保留输入的极性,按阵元使用激活函数[33]。

文献[33]中介绍的深度网络架构需要两个不同的训练阶段,才能成功训练网络以进行准确的检测和估计。换句话说,为了避免陷入局部极小值,需要对自编码器和并行分类器进行不同的训练。为了减少深度网络结果的不稳定性,网络的输入不是信号本身,而是根据协方差矩阵计算的重新表示的非对角右上矩阵[32]。对角线元素从重新表示的矩阵中删除,而下三角矩阵完全被忽略,因为它只是上三角矩阵的共轭转置[33]。

使用自编码器架构估计的空间谱如图6.13所示。

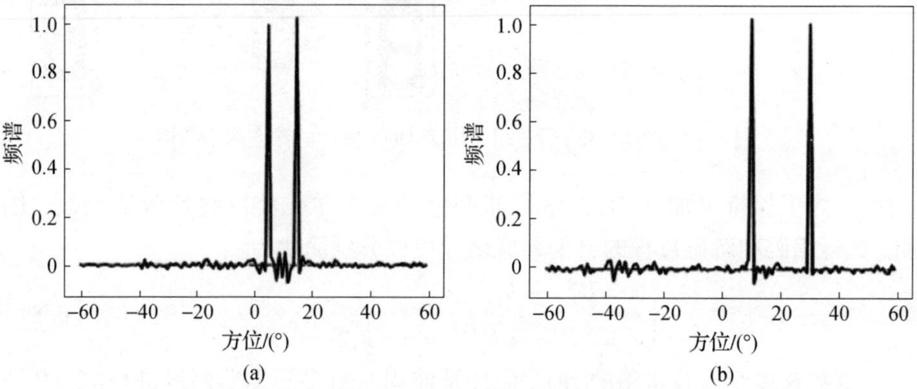

图6.13　使用自编码器架构估计的空间谱

(a)对于从5°和15°方向到达的两个信号;(b)对于从10°和30°方向到达的两个信号[33]。

6.5.5　使用随机阵列进行DOA估计的深度学习方法

在源位置估计方面的许多研究都假设存在一个理想的阵列,即阵列中的阵元均匀分布,相邻阵元间隔相当于载波的一半波长。传统的阵列设计和随后的信号处理严重依赖阵列对称性,而非均匀阵列消除了这种设计限制,提高了分辨率,降低了旁瓣电平[34]。

消除任何设计约束意味着传感器可以沿着孔径放置在任何位置,从而提供可以有多种应用的自由度。因此,随机阵列中的DOA估计近年来得到越来越多的关注[5,34-35]。阵列插值是一种用于处理非均匀阵列并通过插值和合成均匀阵列来估计源位置的技术。Bronez 提出了扇区插值法,该方法将阵列视野划分为多个扇区,并在扇区上匹配阵列的响应,同时最小化扇区外响应[36]。Freidlander 提出了非均匀线性阵列的 root - MuSiC 算法。该技术引入了扇区插值的近似[35]。文献[37]中介绍了 LS 方法的正则化版本。文献[38]中介绍了一种将接收到的非均匀采样信号向量直接插值到其相应的均匀采样信号向量的方法,作为扇区导向向量插值方法的替代方法。这项研究探讨了建立一个独立框架的可能性,以便从传感器位置未知的随机采样信号中确定输入信号的源位置。该框架采用两阶段架构,由 MLP 模型和 LSTM 网络组成,前者从随机采样信号中插值和合成均匀阵列,后者从采样信号中学习方向向量。

信号由沿轴的 L 个空间分布的天线单元阵列生成,由 m 个信号入射到该阵列,$-60° \leqslant \theta_m \leqslant 60°$。阵列的第一个阵元作为系统的原点,最后一个阵元固定在与原点的距离 $L \times \tilde{d}_i$ 处,其中 $\tilde{d}_i$ 是虚拟均匀阵列的阵元间距。接收信号的复包络模型 $\boldsymbol{x}(t) \in \mathbb{C}^{L \times N}$,表示如下:

$$\boldsymbol{x}(t) = \boldsymbol{A}\boldsymbol{s}(t) + \boldsymbol{n}(t) \tag{6.84}$$

式中:$\boldsymbol{s}(t) \in \mathbb{C}^{m \times N}$ 包含零均值独立随机信号 $s_m(t)$;$\boldsymbol{n}(t) \in \mathbb{C}^{L \times N}$ 为 AWGN 向量,N 为采样点数;$\boldsymbol{A}(\theta) = [\boldsymbol{a}(\theta_1), \boldsymbol{a}(\theta_2), \cdots, \boldsymbol{a}(\theta_m)] \in \mathbb{C}^{L \times m}$ 为阵列流形矩阵,它包含以下形式的导向向量:

$$\boldsymbol{a}(\theta_m) = [1, e^{j2\pi\frac{d_1}{\lambda}\sin\theta_m}, \cdots, e^{j2\pi\frac{d_{L-1}}{\lambda}\sin\theta_m}]^{T} \tag{6.85}$$

式中:λ 为信号波长;d_i 为阵列相邻阵元之间的距离;$L \geqslant 1$。

因此,信号是通过在固定孔径上使用随机空间采样模拟生成的。传感器的非均匀位置对于学习变换的网络框架来说是完全未知的,取而代之的是,使用具有相同数量天线阵元的理想均匀阵列接收的均匀采样等效来训练机器。

两阶段网络分别进行训练和测试,然后组合在一起形成估计 DOA 所需的集合。第一个网络或第一阶段由具有多个隐含层的 MLP 模型、输入层和输出层组成;图 6.14 给出了第一阶段中使用的 MLP 架构的简化版。ReLU 用作输入层和隐含层的激活函数,而输出层使用线性激活函数建模。隐含层保持 20% 的丢弃法比率,以提供良好的泛化能力。该模型的输入是随机采样的数据,它输出去噪后的均匀采样的时空信号。为了优化该网络的输出,使用了 Adam 优化器[39]与 MAE 损失函数,并选择了 3^{-3} 的学习率和 10^{-6} 的衰减系数以促进收敛。

第二阶段是堆叠的 LSTM 网络,之后是 MLP 块和输出层,如图 6.15 所示。已知循环网络使用其反馈连接以激活函数的形式存储最近输入事件的表示。LSTM 是一种特殊的循环网络,它向网络添加状态或记忆,使其能够了解数据的有序性[40]。LSTM 架构的输入是从给定采样信号帧的自相关中提取的特征,它输出入射源的 DOA 估计值。

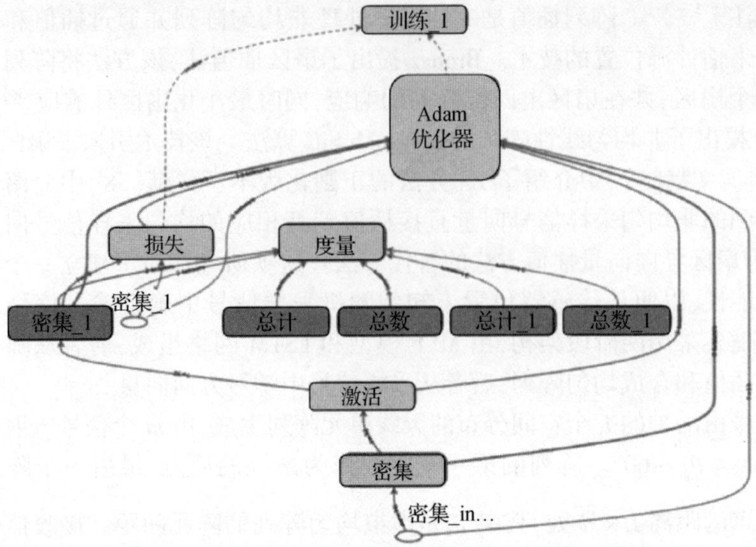

图 6.14　第一阶段深度网络架构的简化表示

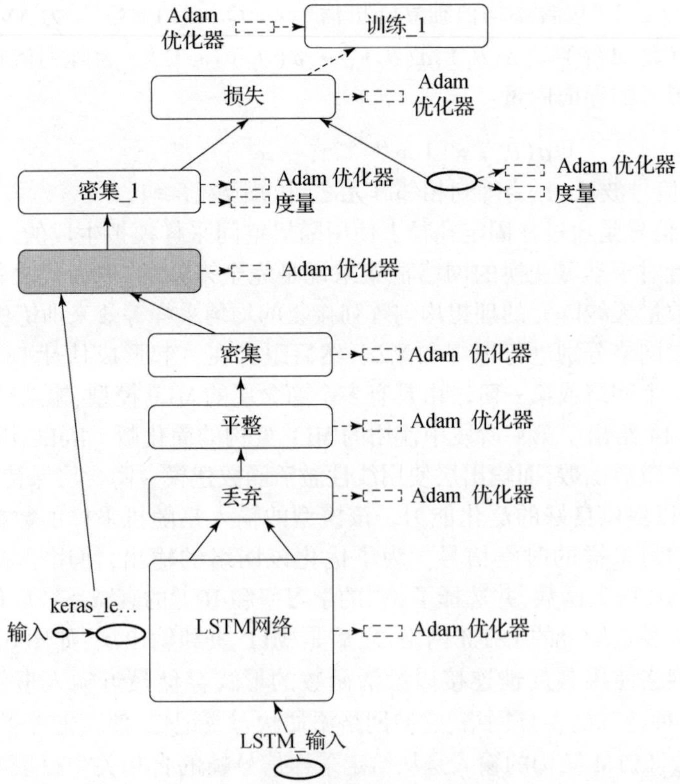

图 6.15　第二阶段的深度网络架构

LSTM 层和 LSTM 层之后的密集网络具有 tanh 激活,并对密集网络应用 20% 的丢弃比率,以正则化和防止过拟合。输出层等于入射信号的数量,具有线性激活。使用 TensorFlow[41] 对深度神经网络架构进行建模。

例 6.4　使用从式(6.16)中获得的训练数据,分别对第一阶段和第二阶段进行训练。选择一个由 20 个阵元组成的阵列来生成数据,并且 SNR 固定在 20dB。由于深度学习算法的性质,需要事先确定阵元的数量,并进行相应的训练。从自相关矩阵中提取的复值特征被分解为实部和虚部。使用两个入射信号生成了一个包含 11000 帧的数据集,信号的入射角 θ_m 为 $-60°\sim60°$。首先,将随机采样的数据作为第一阶段的输入,这是一个由 MLP 模型组成的网络。

该模型使用由 10 个天线阵元组成的虚拟均匀阵列的输出进行训练,该阵列与非均匀阵列相同,但生成数据时没有添加噪声。因此,这一阶段的输出不仅被插值,而且被去噪,从而提高了下一层的效率。单信号场景和双信号场景下使用插值信号估计的 DOA 的 MAE 训练和验证损失如图 6.16 所示。由于误差稳定收敛并且验证误差稳定在 0.25°以下,因此结果验证了该方法的有效性。

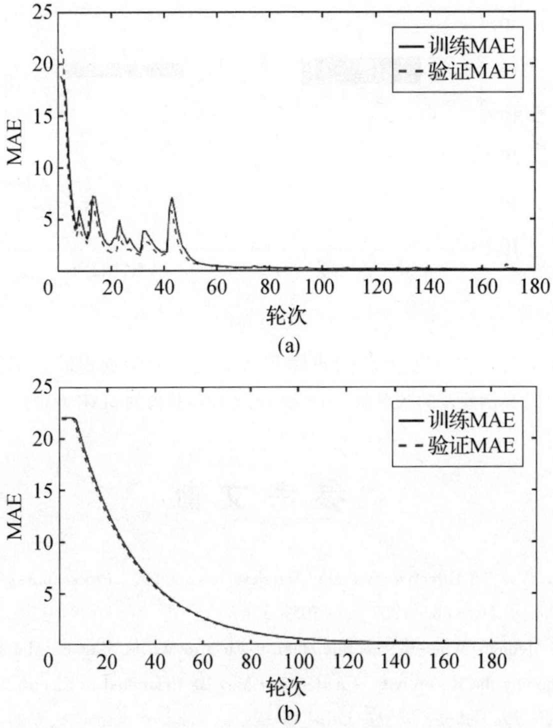

图 6.16　使用 LSTM 网络对(a)采样波形中存在一个源;(b)采样波形中存在两个源的插值信号进行 DOA 估计的 MAE 训练和验证误差。

从测试实验中获得的残差如图 6.17(a)所示,获得的 MAE 盒形图如图 6.17(b)所示。训练和验证误差表明网络训练良好,具有泛化能力,但这不是评估网络的合适指标。为了测试网络,使用机器之前未知的 10000 帧来测试网络性能。经过训练的网络平均准确度为 0.22°,验证了该架构的有效性。实验结果显示了良好的应用前景,并再次印证了人工智能方法可以开发用于 DOA 估计的端到端架构。

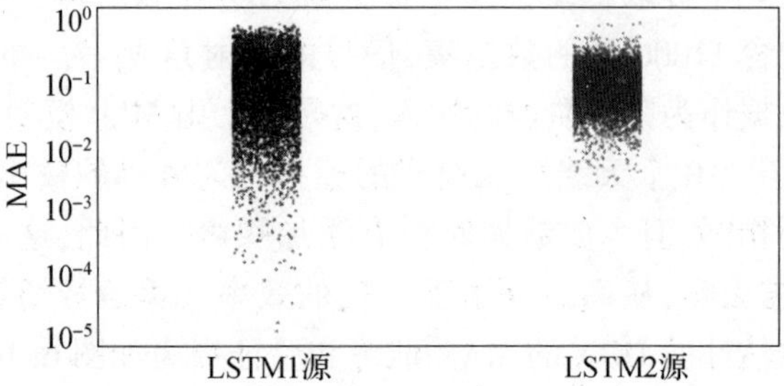

(a)

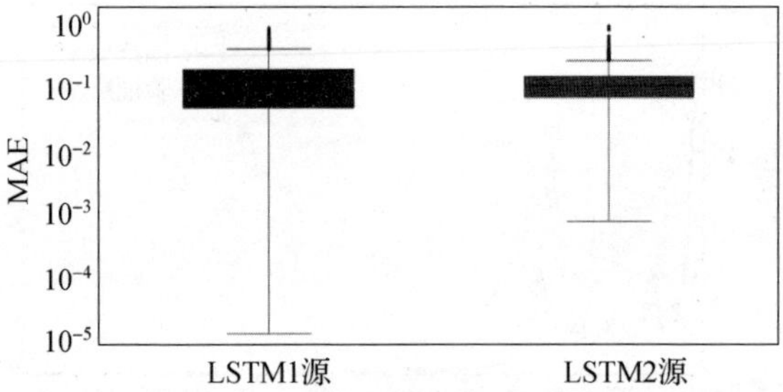

(b)

图 6.17　显示残差的散点图和从测试实验中获得的盒形图

(a)显示残差的散点图;(b)从测试实验中获得的 MAE 盒形图。

参考文献

[1] Bellini, E., and A. Tosi, "A Directive System of Wireless Telegraphy," *Proceedings of the Physical Society of London*, Vol. 21, No. 1, December 1907, pp. 305-328.

[2] Marconi, G., "On Methods Whereby the Radiation of Electric Waves May Be Mainly Confined to Certain Directions, and Whereby the Receptivity of a Receiver May Be Restricted to Electric Waves Emanating from Certain Directions," *Proceedings of the Royal Society of London*, Series A, Vol. 77, No. 518, 1906, pp. 413-421.

[3] Van Trees, H. L., *Optimum Array Processing: Part IV of Detection, Estimation, and Modulation Theory. Detection, Estimation, and Modulation Theory*, New York: Wiley, 2004.

[4] Capon, J., R. J. Greenfield, and R. J. Kolker, "Multidimensional Maximum Likelihood Processing of a Large Aperture Seismic Array," *Proceedings of the IEEE*, Vol. 55, No. 2, February 1967, pp. 192 – 211.

[5] Tuncer, T. E., and B. Friedlander, *Classical and Modern Direction – of – Arrival Estimation*, Orlando, FL: Academic Press, 2009.

[6] Schmidt, R., "Multiple Emitter Location and Signal Parameter Estimation," *IEEE Transactions on Antennas and Propagation*, Vol. 34, No. 3, March 1986, pp. 276 – 280.

[7] Haykin, S., *Adaptive Filter Theory*, 3rd ed., Upper Saddle River, NJ: Prentice – Hall, 1996.

[8] Poor, H. V., *An Introduction to Signal Detection and Estimation*, 2nd ed., New York: Springer – Verlag, 1994.

[9] Christodoulou, C., and M. Georgiopoulos, *Applications of Neural Networks in Electromagnetics*, Norwood, MA: Artech House, 2001.

[10] Martínez – Ramón, M., and C. G. Christodoulou, "Support Vector Machines for Antenna Array Processing and Electromagnetics," *Synthesis Lectures on Computational Electromagnetics*, San Rafael, CA: Morgan & Claypool Publishers, 2006.

[11] Gaudes, C. C., et al., "Robust Array Beamforming with Sidelobe Control Using Support Vector Machines," *IEEE Transactions on Signal Processing*, Vol. 55, No. 2, February 2007, pp. 574 – 584.

[12] Balanis, C. A., *Antenna Theory: Analysis and Design*, New York: Wiley – Interscience, 2005.

[13] Schmidt, R., "Multiple Emitter Location and Signal Parameter Estimation," *IEEE Transactions on Antennas and Propagation*, Vol. 34, No. 3, 1986, pp. 276 – 280.

[14] Capon, J., "High – Resolution Frequency – Wavenumber Spectrum Analysis," *Proceedings of the IEEE*, Vol. 57, No. 8, 1969, pp. 1408 – 1418.

[15] Viberg, M., and B. Ottersten, "Sensor Array Processing Based on Subspace Fitting," *IEEE Transactions on Signal Processing*, Vol. 39, No. 5, 1991, pp. 1110 – 1121.

[16] Weber, R. J., and Y. Huang. "Analysis for Capon and Music DOA Estimation Algorithms," *2009 IEEE Antennas and Propagation Society International Symposium*, 2009, pp. 1 – 4.

[17] Benesty, J., J. Chen, and Y. Huang, "A Generalized MVDR Spectrum," *IEEE Signal Processing Letters*, Vol. 12, No. 12, 2005, pp. 827 – 830.

[18] Van Trees, H. L., *Optimum Array Processing: Part IV of Detection, Estimation, and Modulation Theory. Detection, Estimation, and Modulation Theory*, New York: Wiley, 2004.

[19] El Gonnouni, A., et al., "A Support Vector Machine Music Algorithm," *IEEE Transactions on Antennas and Propagation*, Vol. 60, No. 10, October 2012, pp. 4901 – 4910.

[20] Barabell, A., "Improving the Resolution Performance of Eigenstructure – Based Direction – Finding Algorithms," *IEEE International Conference on Acoustics, Speech, and Signal Processing (ICASSP '83)*, Vol. 8, 1983, pp. 336 – 339.

[21] Roy, R., and T. Kailath, "ESPRIT – Estimation of Signal Parameters Via Rotational Invariance Techniques," *IEEE Transactions on Acoustics, Speech, and Signal Processing*, Vol. 37, No. 7, 1989, pp. 984 – 995.

[22] Foutz, J., A. Spanias, and M. K. Banavar, "Narrowband Direction of Arrival Estimation for Antenna Arrays," *Synthesis Lectures on Antennas*, Vol. 3, No. 1, 2008, pp. 1 – 76.

[23] Rappaport, T. S., et al., "Overview of Millimeter Wave Communications for Fifth – Generation (5G) Wireless Networks—With a Focus on Propagation Models," *IEEE Transactions on Antennas and Propagation*, Vol.

65, No. 12, December 2017, pp. 6213 – 6230.

[24] Tibshirani, R., "Regression Shrinkage and Selection Via the Lasso," *Journal of the Royal Statistical Society: Series B (Methodological)*, Vol. 58, No. 1, 1996, pp. 267 – 288.

[25] Candes, E. J., M. B. Wakin, and S. P. Boyd, "Enhancing Sparsity by Reweighted l_1 Minimization," *Journal of Fourier Analysis and Applications*, Vol. 14, No. 5 – 6, 2008, pp. 877 – 905.

[26] Tibshirani, R., et al., "Sparsity and Smoothness Via the Fused Lasso," *Journal of the Royal Statistical Society: Series B (Statistical Methodology)*, Vol. 67, No. 1, 2005, pp. 91 – 108.

[27] Rojo – Álvarez, J. L., et al., "Support Vector Method for Robust ARMA System Identification," *IEEE Transactions on Signal Processing*, Vol. 52, No. 1, January 2004, pp. 155 – 164.

[28] Huber, P. J., "The 1972 Wald Lecture Robust Statistics: A Review," *Annals of Statistics*, Vol. 43, No. 4, 1972, pp. 1041 – 1067.

[29] Müller, K. – R., et al., "Predicting Time Series with Support Vector Machines," in B. Schölkopf, C. J. C. Burges, and A. J. Smola, (eds.), *Advances in Kernel Methods: Support Vector Learning*, Cambridge, MA: MIT Press, 1999, pp. 243 – 254.

[30] Kwok, J. T., and I. W. Tsang, "Linear Dependency Between ε and the Input Noise in ε – Support Vector Regression," *IEEE Transactions in Neural Networks*, Vol. 14, No. 3, May 2003, pp. 544 – 553.

[31] Cherkassky, V., and Y. Ma, "Practical Selection of SVM Parameters and Noise Estimation for SVM Regression," *Neural Networks*, Vol. 17, No. 1, January 2004, pp. 113 – 126.

[32] El Zooghby, A. H., C. G. Christodoulou, and M. Georgiopoulos, "Performance of Radial – Basis Function Networks for Direction of Arrival Estimation with Antenna Arrays," *IEEE Transactions on Antennas and Propagation*, Vol. 45, No. 11, November 1997, pp. 1611 – 1617.

[33] Liu, Z., C. Zhang, and P. S. Yu, "Direction – of – Arrival Estimation Based on Deep Neural Networks with Robustness to Array Imperfections," *IEEE Transactions on Antennas and Propagation*, Vol. 66, No. 12, December 2018, pp. 7315 – 7327.

[34] Oliveri, G., and A. Massa, "Bayesian Compressive Sampling for Pattern Synthesis with Maximally Sparse Non – Uniform Linear Arrays," *IEEE Transactions on Antennas and Propagation*, Vol. 59, No. 2, February 2011, pp. 467 – 481.

[35] Friedlander, B., "The Root – Music Algorithm for Direction Finding with Interpolated Arrays," *Sig. Proc.*, Vol. 30, No. 1, 1993, pp. 15 – 29.

[36] Bronez, T. P., "Sector Interpolation of Non – Uniform Arrays for Efficient High Resolution Bearing Estimation," *Intl. Conf. on Acoustics, Speech, and Signal Proc. (ICASSP – 88)*, Vol. 5, April 1988, pp. 2885 – 2888.

[37] Tuncer, T. E., T. K. Yasar, and B. Friedlander, "Direction of Arrival Estimation for Nonuniform Linear Arrays by Using Array Interpolation," *Radio Science*, Vol. 42, No. 4, 2007.

[38] Gupta, A., et al., "Gaussian Processes for Direction – of – Arrival Estimation with Random Arrays," *IEEE Antennas and Wireless Propagation Letters*, Vol. 18, No. 11, November 2019, pp. 2297 – 2300.

[39] Kingma, D. P., and J. Ba, *Adam: A Method for Stochastic Optimization*, 2017.

[40] Hochreiter, S., and J. Schmidhuber, "Long Short – Term Memory," *Neural Computation*, Vol. 9, No. 8, 1997, pp. 1735 – 1780.

[41] Abadi, M., et al., "TensorFlow: Large – Scale Machine Learning on Heterogeneous Systems," 2015.

第7章 波束成形

7.1 引　言

第6章深入研究了传统方法和机器学习方法，以利用天线阵列估计入射信号的空间谱。这些技术广泛应用于雷达、声呐和生物医学等各种领域。从通信系统的入射信号估计DOA的主要目的是使用源位置的信息来引导辐射，或辐射时空场的最大功率朝向主信号的方向，从而提高信道的效率。

无线波束成形是一种利用传感器组合并有效组合其输出来提高通信信道频谱效率的技术。因此，波束成形提高了通信信道的效率并最大化给定场景的吞吐量，由此构成了空分多址（space - division multiple access，SDMA）的框架。它允许使用空间复用，并在多用户场景中为每个用户提供多样性。它还支持多个用户在同一时间通过同一频段进行无缝同步发射/接收。波束成形需要天线阵列或多天线系统，其输入和输出最大限度地结合起来，以便为给定信道提供更好的频谱效率。因此，它也被称为多输入多输出（multi - input multi - output，MIMO）系统，其中在能够波束成形的信道的上行链路和下行链路处存在多个天线。MIMO已成为通信标准IEEE 802.11n（Wi - Fi）、IEEE 802.11ac（Wi - Fi）、HSPA +（3G）、WiMAX、长期演进（4G LTE）和5G的组成部分。术语波束成形和预编码在文献中可以互换使用，最初数字域中的波束成形称为预编码。此后该定义不断发展，现在可以将预编码视为在多个信道中同时执行波束成形，覆盖多个用户。MIMO通信系统非常复杂，有多种范式。在本章中，只介绍这些系统的波束成形和优化部分。有关MIMO通信的更多详细信息，请参阅文献[1-2]。

无线波束成形可用于发射和接收，只要知道各自的位置，这两个系统就都是MIMO。根据系统要求和复杂度，可以在模拟域或数字域中实现无线波束成形或预编码。近年来，随着毫米波通信系统的出现，人们正在研究在模拟域和数字域中利用波束成形的混合系统。

7.2 波束成形的基本原理

天线阵列或将多个天线一起使用以提高信道效率的技术起源于 1905 年，当时诺贝尔奖得主卡尔·费迪南德·布劳恩(Karl Ferdinand Braun)使用 3 个单极天线来增强无线电波的传输。这符合首次完全在模拟域尝试波束成形的条件。自那时起，波束成形技术不断发展，并且已经出现各种理论，以使用模拟、数字和混合技术在上行链路和下行链路上执行波束成形。本节将介绍波束成形的基本概念和理论。

7.2.1 模拟波束成形

模拟波束成形器，通常称为相控阵，已广泛用于雷达和其他领域。它使用模拟预处理网络(analog preprocessing network，APN)实现，以线性方式组合这些天线的输出[3-4]。在射频域中调整与相位和振幅所需失真相对应的权重；换句话说，所需的相位和振幅变化应用于载波波长，有时对应于中频(intermediate frequency，IF)的中间波长。模拟波束成形通常使用与天线阵列的馈电网络集成的移相器来实现。由于这些设备的量化特性，一个 4bit 分辨率的移相器可以提供 16 个不同的相位值。因此，模拟波束成形通常在波束成形能力方面受到限制，因为它具有基于系统配置的一组量化波束样式，可以提供关于这些预定波束样式的波束成形。因此，这种波束成形器的分辨率受到移相器的限制。

本章不对模拟波束成形技术进行深入研究。模拟波束成形将包含在混合波束成形中，其中等效相移系数从码本中查找[5]。使用模拟处理单元的波束成形网络如图 7.1 所示。

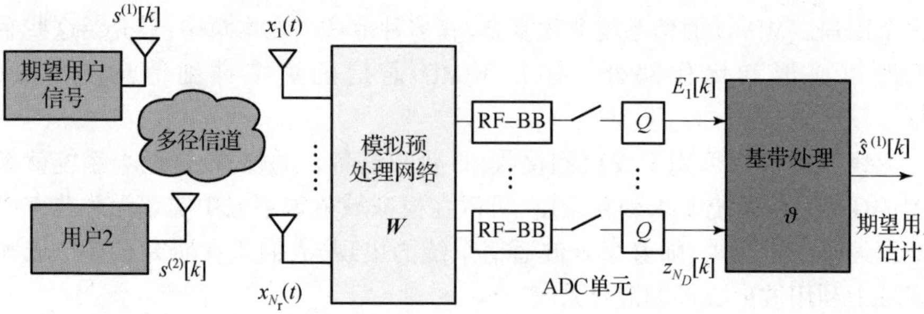

图 7.1 使用模拟处理单元的波束成形网络[4]

7.2.2　数字波束成形/预编码

数字波束成形,也称基带波束成形或预编码,本质上是根据其是处于接收模式还是发射模式来处理发射前后的基带权重。与模拟波束成形相比,数字波束成形具有一些优势,因为可以使用同一组传感器阵元形成多个信道的多个波束,并且在某种意义上,它可以为所有用户提供多用户场景中的最佳吞吐量。数字波束成形要求阵列中的每个天线都有独立且同步的收发器。本章将深入介绍数字波束成形,此后除非另外指出,否则波束成形将指数字波束成形。图 7.2 为扩展到毫米波的 64 信道数字波束成形器收发器。

下行链路中的发射波束成形和上行链路中的接收波束成形是两个不同的问题,可以用不同的公式表示。本节将尝试研究这两种类型,以及它们之间的区别和联系。本节介绍的问题将使用多种传统方法和机器学习方法来求解。

7.2.2.1　接收波束成形

上行链路中的接收波束成形通过阵列线性地组合空间采样信号,使在观察方向或主信号方向上的接收功率最大化,并且通过在干扰方向上引入零位来抑制干扰信号。在很长一段时间内,由于性能增强,波束成形主要用于接收模式。接收波束成形在改进的自适应方向图零点、密集多波束、传感器模式校正、旁瓣抑制、增强分辨率等方面具有显著优势[6]。式(6.16)中定义的阵列输出 $\boldsymbol{x}(t)$ 可使用权重 $\boldsymbol{w}$ 进行加权,以最大限度地组合所有阵元的输出。

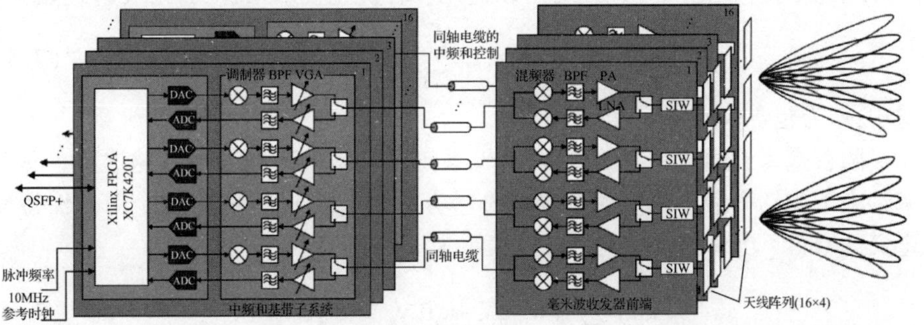

图 7.2　扩展到毫米波的 64 信道数字波束成形器收发器(《用于 5G 毫米波通信的基于数字波束成形的大规模 MIMO 收发器》,载于《IEEE 微波理论与技术学报》)

$$y(t) = \sum_{l=1}^{L} w_l^* x_l(t) = \boldsymbol{w}^{\mathrm{H}}\boldsymbol{x}(t) \tag{7.1}$$

离散化阵列输出 $\boldsymbol{y}[n]$ 的 N 个采样的波束成形器输出功率表示如下:

$$p = \frac{1}{N}\sum_{n=1}^{N} |\boldsymbol{y}[n]|^2 = \frac{1}{N}\sum_{n=1}^{N} \boldsymbol{w}^{\mathrm{H}}\boldsymbol{x}[n]\boldsymbol{x}^{\mathrm{H}}[n]\boldsymbol{w} = \boldsymbol{w}^{\mathrm{H}}\boldsymbol{R}\boldsymbol{w} \tag{7.2}$$

本章将介绍使用多种机器学习和传统技术来计算权向量 $\boldsymbol{w}$ 并执行波束成形的方法。

7.2.2.2 发射波束成形

在过去10年里，下行链路的发射波束成形得到了越来越多的关注，被认为是毫米波通信信道的关键。发射波束成形问题可以有3种不同的表述方式[7]。可以将其视为总功率约束下的信干噪比（signal - to - interference - plus - noise，SINR）平衡问题[8-9]。可以将其表述为服务质量（quality of service，QoS）约束下的功率最小化问题[10]，也可以表述为总功率约束下的总速率最大化问题[11]。

在基站使用 L 个阵元的阵列进行传输的下行链路传输场景中，用户 k 处的接收信号表示如下：

$$y_k[n] = \boldsymbol{h}_k^{\mathrm{H}} \sum_{k'=1}^{K} \boldsymbol{w}_{k'} \boldsymbol{x}_{k'}[n] \tag{7.3}$$

式中：$\boldsymbol{h}_k^{\mathrm{H}}$ 为发射机和用户之间的信道；$\boldsymbol{w}_k$ 为应用于用户 k 的权向量。用户 k 处的接收SINR表示如下：

$$\gamma_k = \frac{|\boldsymbol{h}_k^{\mathrm{H}} \boldsymbol{w}_k|^2}{\sum\limits_{k'=1,k'\neq k}^{K} |\boldsymbol{h}_k^{\mathrm{H}} \boldsymbol{w}_{k'}|^2 + \sigma^2} \tag{7.4}$$

式中：σ^2 为接收到的噪声功率。

传输中的波束成形对式（7.4）所示总功率约束下的SINR优化进行处理。SINR平衡问题如式（7.5）所示，可以使用多种优化技术来解决[8]，表达式如下：

$$\max_{\boldsymbol{W}} \min_{1\leqslant k\leqslant K} \frac{\gamma_k^l}{\rho_k}, \ \text{s.t.} \sum_{k=1}^{K} \|\boldsymbol{w}_k\|^2 \leqslant P_{\max} \tag{7.5}$$

式中：$\boldsymbol{w}$ 为包含权向量 $\boldsymbol{w}_k$ 的矩阵。

随着毫米波通信系统的兴起，传输系统的功率效率变得越来越重要。总功率约束下的功率最小化使基站传输的总功率之和最小，同时为每个用户保持预定义的QoS。功率最小化问题可以表示为

$$\min_{\boldsymbol{W}} \sum_{k=1}^{K} \|\boldsymbol{w}_k\|^2, \ \text{s.t.}\ \gamma_k \geqslant \Gamma_k, \forall k \tag{7.6}$$

式中：$\Gamma = [\Gamma_1, \Gamma_2, \cdots, \Gamma_k]$ 为定义相应用户所需SINR阈值的SINR约束向量。

最后，加权和速率最大化问题优化了受约束的加权SINR，使任何情况下的总辐射功率都小于 $P_{\max}$ 预定义的阈值，即

$$\max_{\boldsymbol{W}} \sum_{k=1}^{K} \alpha_k \log_2(1+\gamma_k), \ \text{s.t.} \sum_{k=1}^{K} \|\boldsymbol{w}_k\|^2 \leqslant P_{\max} \tag{7.7}$$

7.2.3 混合波束成形

对频谱不断增长的需求已将通信频段推向了毫米波领域。随着频率的升高,传播这种波长所需的天线变得越来越小。因此可以自由地制作带有大量阵元的阵列。用于如此庞大阵列的每个信道的收发器变得异常昂贵且越来越复杂。为了解决这个问题,设计人员提出了混合波束成形方法。这是一个相对较新的概念,它将模拟域和数字域中的波束成形结合起来,以提高自由度,同时优化系统成本和复杂度。混合波束成形技术具有高的成本效益和能量效率,符合5G 无线网络的能量效率要求[12]。混合波束成形硬件的图形化示意如图 7.3 所示。

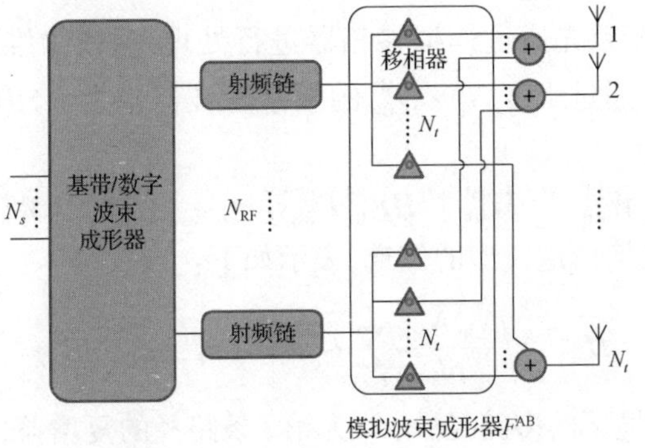

(a)

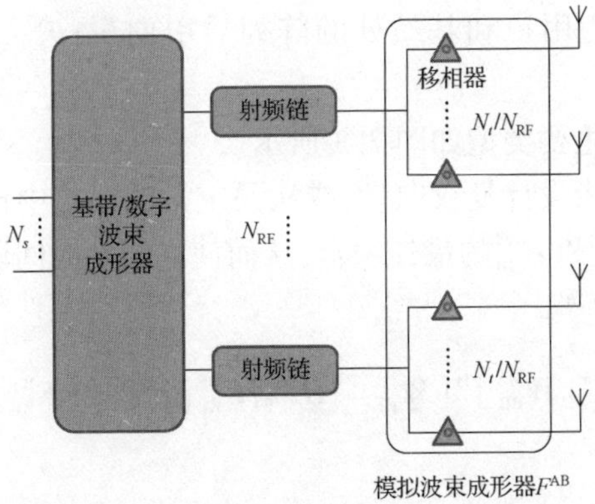

(b)

图 7.3 混合波束成形的主要类型

(a)全连接混合波束成形;(b)子连接混合波束成形[12]。

考虑由基站(base station,BS)和移动用户(mobile user,MU)通过 N_s 个数据流相互通信组成的简单无线环境。BS 具有 N_{BS}个天线,带有 N_{RF}^{BS}个混合信号射频块,并且假设 MU 具有 N_{MU}个天线和 N_{RF}^{MU}个块。BS 应用于定义为 $\boldsymbol{F}_{RF}^{BS}$(维度为

$N_{RF}^{BS} \times N_s$)的基带波束成形矩阵,并通过定义为 $\boldsymbol{F}_{BB}^{BS}$(维度为 $N_{BS} \times N_{RF}^{BS}$)的矩阵中的离散移相器应用于射频预编码器。因此,发射信号 $\boldsymbol{d}[n]$ 可以建模为

$$\boldsymbol{d}[n] = \boldsymbol{F}_{RF}^{BS}\boldsymbol{F}_{BB}^{BS}\boldsymbol{s}[n] \tag{7.8}$$

式中:$\boldsymbol{d}[n]$ 为满足条件 $E[\boldsymbol{d}[n]\boldsymbol{d}*[n]] = P_T\boldsymbol{I}$ 的发射符号的 $N_s \times 1$ 维向量,P_T 为总发射功率。

对基带权向量进行归一化,可以满足平均总发射功率,使得 $\|\boldsymbol{F}_{BB}^{BS}\boldsymbol{F}_{RF}^{BS}\|_F^2 = N_s$。MU 从 BS 接收到的信号表示:

$$\boldsymbol{x}[n] = \boldsymbol{H}\boldsymbol{F}_{RF}^{BS}\boldsymbol{F}_{BB}^{BS}\boldsymbol{s}[n] + \boldsymbol{n}[n] \tag{7.9}$$

式中:$\boldsymbol{H}$ 为包含 BS 和 MU 之间信道的 $N_{BS} \times N_{MU}$ 维矩阵,并且 $\boldsymbol{n} \sim \mathcal{N}(0, \sigma^2\boldsymbol{I})$ 是在天线处生成的 AWGN 向量。

接收到的信号首先通过模拟移相器进行处理,建模为维度 $N_{MU} \times N_{RF}^{MU}$ 的矩阵 $\boldsymbol{W}_{RF}^{MU}$;然后信号通过维度 $N_s \times N_{BB}^{MU}$ 的数字滤波器 $\boldsymbol{W}_{BB}^{MU}$。MU 处经过后处理的接收信号表示如下:

$$\boldsymbol{y}[n] = [\boldsymbol{W}_{BB}^{MU}]^H[\boldsymbol{W}_{RF}^{MU}]^H\boldsymbol{H}\boldsymbol{F}_{RF}^{BS}\boldsymbol{F}_{BB}^{BS}\boldsymbol{s}[n] + [\boldsymbol{W}_{BB}^{MU}]^H[\boldsymbol{W}_{RF}^{MU}]^H\boldsymbol{n}[n] \tag{7.10}$$

式中:$\boldsymbol{H}$ 为基于几何信道模型的信道,表示如下:

$$\boldsymbol{H} = \sqrt{\frac{N_{BS}N_{MU}}{\rho L}}\sum_{\ell=1}^{L} G_l\boldsymbol{a}\mathrm{MU}(\theta_\ell^{MU})\boldsymbol{a}_{BS}^*(\theta_\ell^{BS}) \tag{7.11}$$

式中:L 为射频环境下的多路径数;G_l 为第 l 条路径的复增益,并且 $E[|G_l|^2] = 1$;ρ 为发射机和接收机之间的平均路径损耗,由 Friss 传输方程[3,13-14]定义;$\boldsymbol{a}\mathrm{MU}(\theta_\ell^{MU})$、$\boldsymbol{a}_{BS}^*(\theta_\ell^{BS})$ 为用户和基站处的阵列导引向量;θ_ℓ^{MU}、θ_ℓ^{BS} 为第 l 个信号的 AOA。

混合波束成形的主要类型如图 7.3 所示。

混合波束成形是指设计复权向量,或从预定义的码本中选择波束成形权重 $[\boldsymbol{W}_{BB}^{MU}]^H$、$[\boldsymbol{W}_{RF}^{MU}]^H$、$\boldsymbol{F}_{RF}^{BS}$ 和 $\boldsymbol{F}_{BB}^{BS}$ 的最佳组合,从而使在给定时间段内现有信道上获得的速率 R 最大化[15-16]:

$$R = \log_2\left|I_{N_s} + \frac{P}{N_s}\boldsymbol{R}_n^{-1}[\boldsymbol{W}_{BB}^{MU}]^H[\boldsymbol{W}_{RF}^{MU}]^H\boldsymbol{H}\boldsymbol{F}_{RF}^{BS}\boldsymbol{F}_{BB}^{BS}[\boldsymbol{F}_{BB}^{BS}]^H[\boldsymbol{F}_{RF}^{BS}]^H\boldsymbol{H}^H\boldsymbol{W}_{RF}^{MU}\boldsymbol{W}_{BB}^{MU}\right| \tag{7.12}$$

式中:I_{N_s} 为干扰功率;P 为发射信号功率;N_s 为噪声功率;$\boldsymbol{R}_n$ 为噪声协方差。

7.3 常规波束成形

最初,波束成形主要用于接收。因此,许多研究都是围绕上行链路中的接收波束成形展开的。在本节中,将介绍常规波束成形器。根据波束成形最优化

准则,这类波束成形器可分为两类。当最优化的参考是期望的 DOA 时,它称为空间参考波束成形器;如果参考是一组训练符号,则它称为时间参考波束成形器。

复杂的阵列处理方法呈现为最小方差无失真响应(MVDR)和最小功率无失真响应(MPDR)的形式。MVDR 和 MPDR 是同一算法的微小变化,需要对协方差矩阵求逆[17-18]。另一类波束成形算法是线性约束最小方差(linear constrained minimum variance,LCMV)和线性约束最小功率(linear constrained minimum power,LCMP)算法[19-21]。这类算法以 SNR 的最大化为目标,但会在干扰方向上产生零点[17,22-23]。

7.3.1 具有空间参考的波束成形

7.3.1.1 延时叠加波束成形器

延时叠加(delay - and sum,DAS)波束成形器是基于傅里叶变换的频谱分析的扩展。它本质上是一个空间带通滤波器,旨在最大化输入信号或一组特定空间参考信号的波束成形输出。在整个波束成形文献中,它也称 Bartlett 波束成形器或常规波束成形器[17,24]。给定时刻 t 的输入信号 $\boldsymbol{x}[n]\in\mathbb{C}^{L\times T}$ 如下:

$$\boldsymbol{x}[n]=\boldsymbol{A}\boldsymbol{s}[n]+\boldsymbol{n}[n] \tag{7.13}$$

式中:$\boldsymbol{A}(\boldsymbol{\theta})=[\boldsymbol{a}(\theta_1),\boldsymbol{a}(\theta_2),\cdots,\boldsymbol{a}(\theta_M)]\in\mathbb{C}^{L\times M}$ 为阵列流形矩阵;$\boldsymbol{s}[n]\in\mathbb{C}^{M\times T}$ 包含零均值独立随机信号 $s_m[n]$;T 为采样点数;$\boldsymbol{n}[n]\in\mathbb{C}^{L}$ 为 AWGN 向量,$n=1,2,\cdots,T$ 为采样点序号。

假设一个以 θ_m 角入射的输入信号,滤波器使相对于 θ_m 的期望输出功率最大化。最大输出功率 $E|y[n]|^2$ 如下:

$$\max_{\boldsymbol{w}}E\ |y[n]|^2=\max_{\boldsymbol{w}}E\{\boldsymbol{w}^{\mathrm{H}}\boldsymbol{x}[n]\boldsymbol{x}[n]^{\mathrm{H}}\boldsymbol{w}\}\ =\max_{\boldsymbol{w}}\boldsymbol{w}^{\mathrm{H}}\boldsymbol{E}\{\boldsymbol{x}[n]\boldsymbol{x}[n]^{\mathrm{H}}\}\boldsymbol{w} \tag{7.14}$$

需要将约束 $\|\boldsymbol{w}\|^2=1$ 添加到此最优化中,以便解不会发散。根据式(7.13)和已知的 AOA 角 θ_m,最优化问题简化为

$$\max_{\boldsymbol{w}}\boldsymbol{E}|y[n]|^2=\boldsymbol{E}\{|s[n]|^2|\boldsymbol{w}^{\mathrm{H}}\boldsymbol{a}(\theta_m)|^2+\sigma_n^2|\boldsymbol{w}|^2\}\quad \text{s.t.}\ |\boldsymbol{w}|=1 \tag{7.15}$$

求解 $\boldsymbol{w}$,以得到权重,从而有效地最大化位于 θ_m 的输入信号方向上的阵列响应,有

$$\boldsymbol{w}_{\text{Barlett}}=\frac{\boldsymbol{a}(\theta_m)}{\sqrt{\boldsymbol{a}^{\mathrm{H}}(\theta_m)\boldsymbol{a}(\theta_m)}}=\boldsymbol{a}(\theta_m) \tag{7.16}$$

式(7.16)中导出的复权重是权重的线性组合,可以有效地组合阵列中传感器接收的信号,以最大限度地提高感兴趣信号方向的空间谱。权重考虑了传感

器因其空间位置而接收到的延迟，并将其相加以最大化输出功率，因此得名为DAS。Bartlett 频谱可以推导为

$$\mathrm{PSD}_{\mathrm{Barlett}} = |s[n]|^2 + \sigma_n^2 \tag{7.17}$$

DAS 波束成形器对两个入射信号的频谱响应如图 7.4 所示。可以清楚地看到，这种方法分辨率很低。

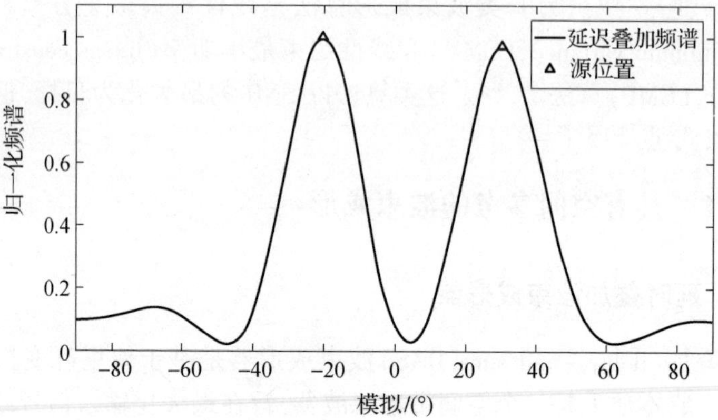

图 7.4　DAS 波束成形器对两个 DOA 分别为 20°和 30°且 SNR 为 10dB 的入射信号的频谱响应

7.3.1.2　MVDR 波束成形器和 MPDR 波束成形器

可以构建用于 M 个入射源的最佳波束成形器以实现无失真响应。在对具有频率的单位振幅指数信号的单位响应约束下，这种波束成形器将得到最小可能方差[17,25]。我们希望使用权向量 $\boldsymbol{W}$ 处理输入信号 $x(t)$，使噪声方差最小化，以便作为信号估计的一部分，同时保持对相关的一个信号方向或多个信号方向的归一化响应。

假设 θ_m 是已知的，MVDR 的目的是最小化噪声 $\boldsymbol{n}$ 和干扰 $x_I(t)$ 的平均输出，表示如下：

$$E[\boldsymbol{x}_I(t)\boldsymbol{n}(t)] = \boldsymbol{w}^{\mathrm{H}}\boldsymbol{R}_{I+N}\boldsymbol{w} \tag{7.18}$$

式中：$\boldsymbol{R}_{I+N}$为噪声和干扰信号的自相关矩阵。

无失真响应本质上意味着期望信号的振幅必须对使方差最小化的 $\boldsymbol{w}$ 值保持不变，表示如下：

$$\boldsymbol{w}^{\mathrm{H}}\boldsymbol{a}(\theta_m) = 1 \tag{7.19}$$

因此，得到了一个最小化问题，其本质上是一个受式(7.19)约束影响的最优化问题。使用拉格朗日最优化可以得到以下泛函：

$$\mathbb{L} = \boldsymbol{w}^{\mathrm{H}}\boldsymbol{R}_{I+N}\boldsymbol{w} + \lambda[\boldsymbol{w}^{\mathrm{H}}\boldsymbol{a}(\theta_n) - 1] + \lambda^*[\boldsymbol{a}^{\mathrm{H}}(\theta_n)\boldsymbol{w} - 1] \tag{7.20}$$

式中：λ 为拉格朗日乘子。

关于 $\boldsymbol{w}$ 的微分和化简会得出

$$\boldsymbol{w} = -\lambda \boldsymbol{a}^{\mathrm{H}}(\theta_m)\boldsymbol{R}_{I+N}^{-1} \tag{7.21}$$

λ 由式(7.19)中的约束给出，即

$$\lambda = -\boldsymbol{a}^{\mathrm{H}}(\theta_m)\boldsymbol{R}_{I+N}^{-1}\boldsymbol{a}(\theta_m) \tag{7.22}$$

将 λ 代入式(7.21)中得到 MVDR，表示如下：

$$\boldsymbol{w}_{\mathrm{MVDR}} = \frac{\boldsymbol{a}^{\mathrm{H}}(\theta_n)\boldsymbol{R}_{I+N}^{-1}}{\boldsymbol{a}^{\mathrm{H}}(\theta_n)\boldsymbol{R}_{I+N}^{-1}\boldsymbol{a}(\theta_n)} \tag{7.23}$$

因此，式(7.23)中导出的权向量在已知噪声和干扰自相关矩阵存在的情况下形成最佳波束成形器，并且称为 MVDR 权重。注意，当输入信号的 DOA 和 $\boldsymbol{R}_{I+N}$ 已知时，MVDR 波束成形器相当于最大似然估计器[17]。

MVDR 的一个稍微不同且更实用的改变是 MPDR。该模型的固有假设是，输入信号的整个频谱矩阵可用于权重计算。噪声谱矩阵由观测信号谱矩阵代替，表示如下：

$$\boldsymbol{w}_{\mathrm{MPDR}} = \frac{\boldsymbol{a}^{\mathrm{H}}(\theta)\boldsymbol{R}^{-1}}{\boldsymbol{a}^{\mathrm{H}}(\theta)\boldsymbol{R}^{-1}\boldsymbol{a}(\theta)} \tag{7.24}$$

很容易理解为什么这个公式称为 MPDR，其使用观测到的空间信号矩阵代替噪声谱矩阵。MPDR 波束成形器对两个输入信号的频谱响应如图 7.5 所示。通过比较 DAS 和 MPDR 的频谱响应，可以明显看出 MPDR 波束成形器在分辨率方面的改进。

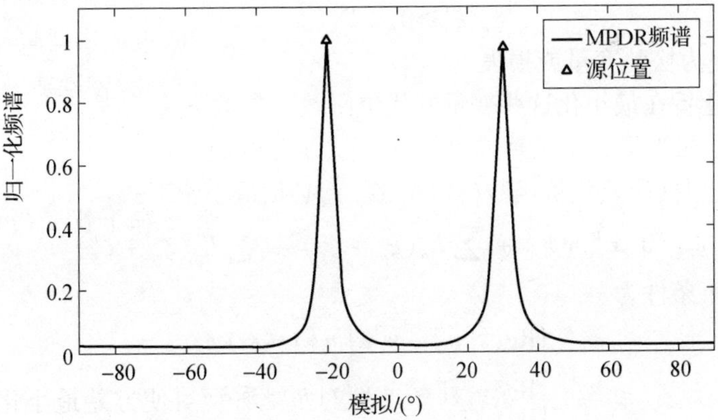

图 7.5　MPDR 波束成形器对两个 DOA 分别为 −20°和 30°且 SNR 为 10dB 的入射信号的频谱响应

7.3.2　具有时间参考的波束成形

假设没有关于所需 DOA 的先验信息，但是有一系列数据可用于训练。波

束成形器的离散化输出表示如下：

$$\boldsymbol{y}[n]=\boldsymbol{w}^{\mathrm{H}}\boldsymbol{x}[n]+\varepsilon[n] \tag{7.25}$$

式中：$\varepsilon[n]$为波束成形器估计误差。

假设有一个已知的数据训练序列，可以使用使实际训练序列和估计训练序列之间的差异最小化的任何方法来优化权重。这种波束成形器称为时间波束成形器或具有时间参考的波束成形器。如果使用 MMSE 准则对权向量进行最优化，使得 $\boldsymbol{w}_{\mathrm{MMSE}}=\underset{\boldsymbol{w}}{\operatorname{argmin}}E(\|\varepsilon\|^2[n])$，则解就是

$$\boldsymbol{w}_{\mathrm{MMSE}}=\boldsymbol{R}^{-1}\boldsymbol{p} \tag{7.26}$$

式中：$\boldsymbol{p}$ 为信号 $\boldsymbol{x}[n]$与其对应的训练符号 $\boldsymbol{s}[n]$之间的互相关向量。

7.4 支持向量机波束成形器

波束成形器的输出可以建模为空间滤波器，以获得使 SINR 最大化和 BER 最小化的期望输出。滤波器输出 $\boldsymbol{y}[n]$可以建模为

$$\boldsymbol{y}[n]=\boldsymbol{w}^{\mathrm{T}}\boldsymbol{x}[n]=\boldsymbol{s}[n]+\varepsilon[n] \tag{7.27}$$

为了获得高效的波束成形器，需要优化式(7.27)中的权向量，以使估计误差 $\varepsilon[n]$最小化。文献[25]中的解没有将误差最小化，而是利用支持向量机方法将 $\boldsymbol{w}$ 的范数最小化。范数最小化是在以下约束条件下进行的：

$$\begin{cases}\boldsymbol{s}[n]-\boldsymbol{w}^{\mathrm{T}}\boldsymbol{x}[n]\leqslant\varepsilon+\xi_n\\-\boldsymbol{s}[n]+\boldsymbol{w}^{\mathrm{T}}\boldsymbol{x}[n]\leqslant\varepsilon+\xi_n'\\\xi_n,\xi_n'\geqslant 0\end{cases} \tag{7.28}$$

式中：ξ_n、ξ_n'为松弛变量或损失。

最优化旨在最小化这些变量的代价函数。参数 ε 允许误差小于 ε 的 ξ_n 或 ξ_n'为零。这相当于 ε 不敏感或 Vapnik 损失函数的最小化。

因此，根据误差代价函数（式(6.62)），必须最小化下式：

$$0.5\|\boldsymbol{w}\|^2+\sum L_R(\xi_n+\xi_n')+\sum L_R(\zeta_n+\zeta_n') \tag{7.29}$$

其约束条件为

$$\begin{cases}\mathrm{Re}(\boldsymbol{s}[n]-\boldsymbol{w}^{\mathrm{T}}\boldsymbol{x}[n])\leqslant\varepsilon+\xi_n\\\mathrm{Re}(-\boldsymbol{s}[n]+\boldsymbol{w}^{\mathrm{T}}\boldsymbol{x}[n])\leqslant\varepsilon+\xi_n'\\\mathrm{Im}(\boldsymbol{s}[n]-\boldsymbol{w}^{\mathrm{T}}\boldsymbol{x}[n])\leqslant\varepsilon+\zeta_n\\\mathrm{Im}(-\boldsymbol{s}[n]+\boldsymbol{w}^{\mathrm{T}}\boldsymbol{x}[n])\leqslant\varepsilon+\zeta_n'\\\xi_n,\xi_n',\zeta_n,\zeta_n'\geqslant 0\end{cases} \tag{7.30}$$

式中：$\xi[n]$和 $\xi'[n]$分别为输出实部的正误差和负误差；$\zeta[n]$、$\zeta'[n]$为虚部的误差。

注意,误差要么为负,要么为正,因此,只有一个损失取非零值,即 $\xi[n]$ 或 $\xi'[n]$($\zeta[n]$ 或 $\zeta'[n]$)为0。该约束可以写成 $\xi[n]\cdot\xi'[n]=0$($\zeta[n]\cdot\zeta'[n]=0$)。最后,与其他 SVM 公式一样,参数 C 可以看作经验风险和结构风险之间的权衡因素。

可以将受式(7.30)中约束影响的原始函数式(7.29)的最小化转换为对偶函数或拉格朗日函数的最优化。首先,通过拉格朗日乘子将约束条件引入原始函数,得到以下原始对偶函数:

$$\begin{aligned}
L_{pd} = {} & 0.5\|\boldsymbol{w}\|^2 + C\sum_{n\in I_1}^{N}(\xi_n+\xi'_n) + C\sum_{n\in I_1}^{N}(\zeta_n+\zeta'_n) \\
& \frac{1}{2\gamma}\sum_{n\in I_2}^{N}(\xi_n^2+\xi_n'^2) + \frac{1}{2\gamma}\sum_{n\in I_2}^{N}(\zeta_n^2+\zeta_n'^2) \\
& -\sum_{n=n_0}^{N}(\lambda_n\xi_n+\lambda'_n\xi'_n) - \sum_{n=k_0}^{N}(\eta_n\zeta_n+\eta'_n\zeta'_n) \\
& \sum_{n=n_0}^{N}\alpha_n[\mathrm{Re}(s[n]-\boldsymbol{w}^{\mathrm{T}}\boldsymbol{x}[n])]-\varepsilon \\
& -\xi_n\sum_{n=n_0}^{N}\alpha'_n[\mathrm{Re}(-s[n]+\boldsymbol{w}^{\mathrm{T}}\boldsymbol{x}[n])]-\varepsilon \\
& -\xi'_n\sum_{n=n_0}^{N}\beta_n[\mathrm{Im}(s[n]-\boldsymbol{w}^{\mathrm{T}}\boldsymbol{x}[n])]-\mathrm{j}\varepsilon \\
& -\mathrm{j}\zeta_n\sum_{n=n_0}^{N}\beta'_n[\mathrm{Im}(-s[n]+\boldsymbol{w}^{\mathrm{T}}\boldsymbol{x}[n])]-\mathrm{j}\varepsilon-\mathrm{j}\zeta'_n]
\end{aligned} \tag{7.31}$$

将对偶变量或拉格朗日乘子约束为 $\alpha_n\geqslant,\beta_n\geqslant,\lambda_n\geqslant,\eta_n\geqslant,\alpha'_n\geqslant,\beta'_n\geqslant,\lambda'_n\geqslant,\eta'_n\geqslant 0$ 和 $\xi_n\geqslant,\zeta_n\geqslant,\xi'_n\geqslant,\zeta'_n\geqslant 0$。请注意,代价函数有两个能动分块:一个二次段和一个线性段。

还必须满足以下约束条件:

$$\begin{cases}\alpha_n\alpha'_n=0\\ \beta_n\beta'_n=0\end{cases} \tag{7.32}$$

此外,KKT 条件[26]执行 $\lambda_n\xi_n=0,\lambda'_n\xi'_n=0$ 和 $\eta_n\zeta_n=0,\eta'_n\zeta'_n=0$。式(7.31)所示函数对于原始变量必须最小化,对于对偶变量必须最大化。通过最小化关于 w_i 的 L_{pd},得到了权重的最优解:

$$\boldsymbol{w} = \sum_{n=0}^{N}\psi_n\boldsymbol{x}^*[n] \tag{7.33}$$

式中:$\psi_n=\alpha_n-\alpha'_n+\mathrm{j}(\beta_n-\beta'_n)$。

这个结果与实值 SVM 问题的结果类似,只是现在已经考虑了实部和虚部的拉格朗日乘子 α_n 和 β_n。针对 ξ_n 和 ζ_n 优化 L_{pd},并应用 KKT 条件,得出残差和拉格朗日乘子之间的解析关系表示如下：

$$\alpha-\alpha'=\begin{cases}-C & (\mathrm{Re}(e)\leqslant -e_C)\\ \dfrac{1}{\gamma}[\mathrm{Re}(e)+\varepsilon] & (-e_C\leqslant \mathrm{Re}(e)\leqslant -\varepsilon)\\ 0 & (-\varepsilon\leqslant \mathrm{Re}(e)\leqslant \varepsilon)\\ \dfrac{1}{\gamma}[\mathrm{Re}(e)-\varepsilon] & (\varepsilon\leqslant \mathrm{Re}(e)\leqslant e_C)\\ C & (e_C\leqslant \mathrm{Re}(e))\end{cases}$$

$$\beta-\beta'=\begin{cases}-C & (\mathrm{Im}(e)\leqslant -e_C)\\ \dfrac{1}{\gamma}[\mathrm{Im}(e)+\varepsilon] & (-e_C\leqslant \mathrm{Im}(e)\leqslant -\varepsilon)\\ 0 & (-\varepsilon\leqslant \mathrm{Im}(e)\leqslant \varepsilon)\\ \dfrac{1}{\gamma}[\mathrm{Im}(e)-\varepsilon] & (\varepsilon\leqslant \mathrm{Im}(e)\leqslant e_C)\\ C & (e_C\leqslant \mathrm{Im}(e))\end{cases} \tag{7.34}$$

使用式(7.33)，复系数的范数可以写为

$$\|\boldsymbol{w}\|^2=\sum_{i=0}^{N}\sum_{j=n_0}^{N}\psi_j\psi_i^*\boldsymbol{x}[j]\boldsymbol{x}^*[i] \tag{7.35}$$

再次利用矩阵符号并将所有偏相关存储在式(7.35)中，可以写为

$$\boldsymbol{R}(j,i)=\boldsymbol{x}[j]\boldsymbol{x}^*[i] \tag{7.36}$$

这样，系数的范数可以写为

$$\|\boldsymbol{w}\|^2=\boldsymbol{\psi}^{\mathrm{H}}\boldsymbol{R}\boldsymbol{\psi} \tag{7.37}$$

式中：$\boldsymbol{R}$ 为元素为 $\boldsymbol{R}(j,i)$ 的矩阵；$\boldsymbol{\psi}=[\psi_{n_0},\psi_{n_1},\cdots,\psi_N]^{\mathrm{T}}$。

将式(7.33)代入式(7.31)，要最大化的对偶函数如下：

$$\begin{aligned}L_d=&0.5\boldsymbol{\psi}^{\mathrm{H}}\boldsymbol{R}\boldsymbol{\psi}-\mathrm{Re}[\boldsymbol{\psi}^{\mathrm{H}}\boldsymbol{R}(\alpha-\alpha')]+\mathrm{Im}[\boldsymbol{\psi}^{\mathrm{H}}\boldsymbol{R}(\beta-\beta')]\\&+\mathrm{Re}[(\alpha-\alpha')^{\mathrm{T}}\boldsymbol{s}]-\mathrm{Im}[(\beta-\beta')^{\mathrm{T}}\boldsymbol{s}]-(\alpha+\alpha')\mathbf{1}\varepsilon\\&-(\beta+\beta')\mathbf{1}\varepsilon+L_C\end{aligned} \tag{7.38}$$

式中：L_C 为 ψ 的函数；$\boldsymbol{s}=[s[1],s[2],\cdots,s[N]]^{\mathrm{T}}$。

区间 I_1 和 I_2 必须分开处理。

(1)将区间 I_1 用于式(7.34)，得到 $\alpha_m^{(')}=\beta_m^{(')}=C$，那么 I_1 泛函的最后一项变为

$$L_C(I_1)=C\boldsymbol{I} \tag{7.39}$$

式中：$\boldsymbol{I}$ 为单位矩阵。

(2)将区间 I_2 用于式(7.34)，那么 $\alpha_m^{(')}=\dfrac{1}{\gamma}\xi_m^{(')}$ 和 $\beta_m^{(')}=\dfrac{1}{\gamma}\zeta_m^{(')}$。该区间的

最后一项变为

$$L_C(I_2)=\frac{\gamma}{2}\psi_2^{\mathrm{H}}\boldsymbol{I}\psi_2 \tag{7.40}$$

式中：ψ_2 为区间 I_2 的元素。

这两项可以组合在一起：

$$L_C=\frac{\gamma}{2}\psi^{\mathrm{H}}\boldsymbol{I}\psi+\left(1-\frac{\gamma}{2}\right)CD_{I_2} \tag{7.41}$$

式中：D_{I_2} 为一个对角矩阵，其中 I_1 对应的项设置为 1，其余的项设置为 0。由于 L_C 的最后一项只是一个常数，可以将其从最优化中删除。

通过重组项并考虑到 $\psi^{\mathrm{H}}\boldsymbol{R}\psi=\psi^{\mathrm{H}}\mathrm{Re}(\boldsymbol{R})\psi$，式(7.38)可以写成更紧凑的形式：

$$L_d=-\frac{1}{2}\psi^{\mathrm{H}}\mathrm{Re}\left(\boldsymbol{R}+\frac{\gamma}{2}\boldsymbol{I}\right)\psi+\mathrm{Re}[\psi^{\mathrm{H}}\boldsymbol{s}]-(\alpha+\alpha'+\beta+\beta')\mathbf{1}\varepsilon \tag{7.42}$$

例 7.1　通信场景中的 SVM 公式，其中配备 6 个天线的基站接收两个输入信号，其来自 -0.1π 和 0.25π 之间的方位角，振幅为 1 和 0.3。3 个干扰信号分别来自 -0.05π、0.1π 和 0.3π，振幅为 1。为了训练波束成形器，首先发送 50 个已知符号的猝发信号；然后用 10000 个未知符号的猝发信号来测量平均误码率(BER)。SNR 从 0 到 −15dB，LS 算法和 SVM 算法的 BER 在 100 次独立实验后进行评估。LS 公式和线性 SVM 之间的 BER 比较如图 7.6 所示。

例 7.2　在这种情况下，相关的期望信号位于 -0.1π 和 0.25π 方位角，振幅为 1 和 0.3，干扰信号位于 -0.02π、0.2π 和 0.3π，振幅为 1。100 次实验和 10000 次快拍的平均误码率，如图 7.7 所示。例 7.2 中的干扰信号更接近期望信号，从而使 LS 算法产生偏差。SVM 具有更好的性能是由于它对干扰信号产生的非高斯异常值的鲁棒性。

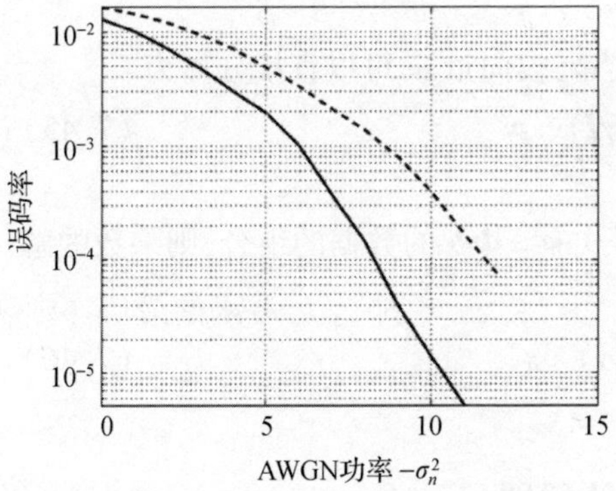

图 7.6　例 7.1 中 LS 公式和线性 SVM 之间的 BER 比较

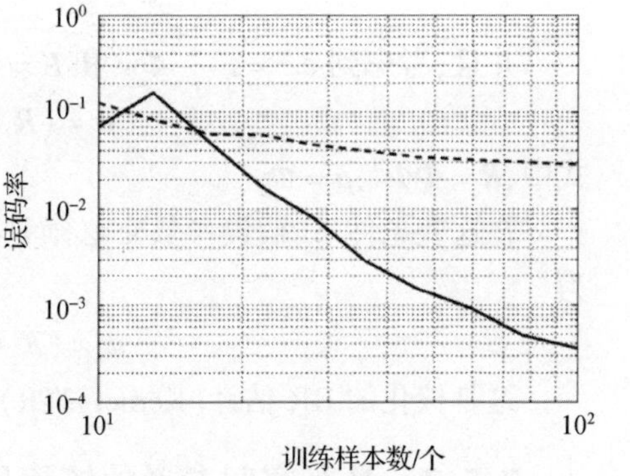

图 7.7　例 7.2 中 LS 公式和线性 SVM 之间的 BER 比较

7.5 具有核的波束成形

本节将介绍使用核的非线性 SVM 的波束成形，特别是平方指数核。

7.5.1 具有时间参考的核阵列处理器

假设没有关于所需 DOA 的先验信息，但是有一系列数据可用于训练目的。那么，在给定训练数据的情况下，非线性波束成形器的输出为

$$\boldsymbol{y}[n]=\boldsymbol{w}^{\mathrm{H}}\boldsymbol{\varphi}(\boldsymbol{x}[n])+b=\boldsymbol{s}[n]+\varepsilon[n] \tag{7.43}$$

可以应用复 SVM 并通过求解对偶泛函获得形式化的波束成形器的解（见第 1 章），其中矩阵 $\boldsymbol{K}$ 的元素是核点积 $\boldsymbol{K}_{ik}=K(\boldsymbol{x}_i,\boldsymbol{x}_k)$[28]。这是最简单的解，并且由于存在训练序列，它构成了一个带有时间参考的 SVM 阵列处理器（SVM – TR）。

在这种情况下，以下性质成立。

定理 7.1 当 $C\to\infty$ 和 $\varepsilon=0$ 时，SVM – TR 处理器接近维纳（时间参考）处理器。

证明： 如果我们选择 $\varepsilon=0$ 和 $C\to\infty$（见第 1 章），拉格朗日乘子等于估计误差，即 $\psi_i=\dfrac{e^*[i]}{\gamma}$。在这些条件下，对偶函数可以重写为

$$L_d=-\frac{1}{\gamma^2}\boldsymbol{e}^{\mathrm{T}}(\boldsymbol{K}+\gamma\boldsymbol{I})\boldsymbol{e}^*+\frac{1}{\gamma}\mathrm{Re}(\boldsymbol{e}^{\mathrm{T}}\boldsymbol{s}^*)$$

式中：$\boldsymbol{e}$ 为包含误差 $e[i]$ 的列向量。

如果此函数相对于误差最小化，则以下表达式成立：

$$-\frac{1}{\gamma^2}\boldsymbol{e}^{\mathrm{T}}(\boldsymbol{K}+\gamma\boldsymbol{I})\boldsymbol{e}^*+\frac{1}{\gamma}\boldsymbol{s}^*=0 \tag{7.44}$$

并且，考虑到 $\boldsymbol{e}^*=\boldsymbol{s}^*-\boldsymbol{\Phi w}$ 和 $\boldsymbol{K}=\boldsymbol{\Phi}^{\mathrm{H}}\boldsymbol{\Phi}$，权向量 $\boldsymbol{w}$ 可以直接分离为

$$\boldsymbol{w}=(\boldsymbol{R}+\gamma\boldsymbol{I})^{-1}\boldsymbol{p} \tag{7.45}$$

式中，$\boldsymbol{R}=\boldsymbol{\Phi\Phi}^{\mathrm{H}}$；$\boldsymbol{p}=\boldsymbol{\Phi s}^*$。

在这些条件下，假设参数 $\boldsymbol{w}$ 必须是形式 $\boldsymbol{w}=\boldsymbol{\Phi\psi}$ 的数据的组合，则乘数的解为

$$\boldsymbol{\psi}=(\boldsymbol{K}+\gamma\boldsymbol{I})^{-1}\boldsymbol{s}^* \tag{7.46}$$

这是核化的 RR 估计（Kernel – TR）。

7.5.2 具有空间参考的核阵列处理器

具有空间参考的核阵列处理器必须具有与式（7.23）中 MVDR 类似的输出

功率最小化。文献[29]中介绍了一种简单的解,将功率最小化纳入线性支持向量波束成形器。这里,基于相同的思想提出了一种不同的方法,采用直接复数表示法和非线性解(SVM - SR)。

现在假设接收机已知 DOA,而不是训练序列,则可以写出以下原始泛函:

$$L_p = 0.5\boldsymbol{w}^{\mathrm{H}}\boldsymbol{R}\boldsymbol{w} + C\sum_i \ell_R(\xi_i + \xi_i') + C\sum_i \ell_R(\zeta_i + \zeta_i') \tag{7.47}$$

其中,自相关矩阵具有以下表达式:

$$\boldsymbol{R} = \frac{1}{N}\boldsymbol{\Phi}\boldsymbol{\Phi}^{\mathrm{H}} \tag{7.48}$$

这里应用了标准 MVDM 约束的核化版本,但需修改它以适用于 SVM 公式。假设正交调幅(quadrature amplitude modulation, QAM),并且假设 $r_k(1 \leqslant k \leqslant M)$ 是所有可能的传输符号;那么,约束集为

$$\begin{cases} \mathrm{Re}(r_k - \boldsymbol{w}^{\mathrm{H}}\boldsymbol{\varphi}(r_k\boldsymbol{a}_d) - b) \leqslant \varepsilon + \xi_k \\ -\mathrm{Re}(r_k - \boldsymbol{w}^{\mathrm{H}}\boldsymbol{\varphi}(r_k\boldsymbol{a}_d) - b) \leqslant \varepsilon + \xi_k' \\ \mathrm{Im}(r_k - \boldsymbol{w}^{\mathrm{H}}\boldsymbol{\varphi}(r_k\boldsymbol{a}_d) - b) \leqslant \varepsilon + \zeta_k \\ -\mathrm{Im}(r_k - \boldsymbol{w}^{\mathrm{H}}\boldsymbol{\varphi}(r_k\boldsymbol{a}_d) - b) \leqslant \varepsilon + \zeta_k' \end{cases} \tag{7.49}$$

这些约束与线性 MVDR 约束的区别在于,在线性情况下,使用常数 r 作为输入所需的输出 $\boldsymbol{a}_d$。如果输入乘复常数,那么输出将被等比缩放。这里不是这样的,因为处理的是非线性变换。因此,必须在约束中指定所有可能的复期望输出 r_i。

将拉格朗日分析应用于原始泛函式(7.47),得到结果:

$$\boldsymbol{w} = \boldsymbol{R}^{-1}\boldsymbol{\Phi}_d\boldsymbol{\psi} \tag{7.50}$$

式中:$\boldsymbol{\Phi}_d = [\boldsymbol{\varphi}(r_1\boldsymbol{a}_d), \boldsymbol{\varphi}(r_2\boldsymbol{a}_d), \cdots, \boldsymbol{\varphi}(r_M\boldsymbol{a}_d)]^{\mathrm{T}}$。

将式(7.50)应用于原始泛函式(7.47),可得以下对偶泛函:

$$L_d = -0.5\boldsymbol{\psi}^{\mathrm{H}}[\boldsymbol{\Phi}_d^{\mathrm{H}}\boldsymbol{R}^{-1}\boldsymbol{\Phi}_d + \gamma\boldsymbol{I}]\boldsymbol{\psi} + \mathrm{Re}(\boldsymbol{\psi}^{\mathrm{T}}\boldsymbol{r}^*) - \varepsilon\boldsymbol{1}(\boldsymbol{\alpha} + \boldsymbol{\beta} + \boldsymbol{\alpha}' + \boldsymbol{\beta}') \tag{7.51}$$

正则项自然出现在 ε - Huber 代价函数的应用中。

7.5.2.1　特征空间中的特征分析

该方法是不可解的,因为无法访问特征空间中的数据,而只能访问原始的格拉姆矩阵 $\boldsymbol{K}$。然而,仍然可以应用核主成分分析(KPCA)技术间接解决该问题[30]。将特征空间中的自相关矩阵定义为式(7.48)。将自相关矩阵的逆表示为 $\boldsymbol{R}^{-1} = \boldsymbol{U}\boldsymbol{D}^{-1}\boldsymbol{U}^{\mathrm{H}}$,可以把对偶重写为

$$L_d = -0.5\boldsymbol{\psi}^{\mathrm{H}}[\boldsymbol{\Phi}_d^{\mathrm{H}}\boldsymbol{U}\boldsymbol{D}^{-1}\boldsymbol{U}^{\mathrm{H}}\boldsymbol{\Phi}_d + \gamma\boldsymbol{I}]\boldsymbol{\psi} + \mathrm{Re}(\boldsymbol{\psi}^{\mathrm{T}}\boldsymbol{r}^*) - \varepsilon\boldsymbol{1}(\boldsymbol{\alpha} + \boldsymbol{\beta} + \boldsymbol{\alpha}' + \boldsymbol{\beta}') \tag{7.52}$$

对偶的最优化提供了拉格朗日乘子 $\boldsymbol{\psi}$,从中可以计算式(7.50)中引入的最

优权向量。$\boldsymbol{R}$ 的特征值 $\boldsymbol{D}$ 和特征向量 $\boldsymbol{U}$ 满足

$$\boldsymbol{DU}=\boldsymbol{RU} \tag{7.53}$$

特征向量可以表示为数据集的线性组合，表示如下：

$$\boldsymbol{U}=\boldsymbol{\Phi V} \tag{7.54}$$

将式(7.54)代入式(7.53)并预乘 $\boldsymbol{\Phi}^{\mathrm{H}}$，得到

$$\boldsymbol{D\Phi}^{\mathrm{H}}\boldsymbol{\Phi V}=\boldsymbol{\Phi}^{\mathrm{H}}\frac{1}{N}\boldsymbol{\Phi\Phi}^{\mathrm{H}}\boldsymbol{\Phi V} \tag{7.55}$$

使用格拉姆矩阵的定义并化简，得到

$$N\boldsymbol{DV}=\boldsymbol{KV} \tag{7.56}$$

此方程的第一个含义是，如果 $\boldsymbol{\lambda}$ 是 $\boldsymbol{R}$ 的特征值，则 $N\lambda$ 是 $\boldsymbol{K}$ 的特征值，系数的矩阵 $\boldsymbol{V}$ 是 $\boldsymbol{K}$ 的相应特征向量。因此有

$$\boldsymbol{K}=N\boldsymbol{VDV}^{\mathrm{H}} \tag{7.57}$$

$\boldsymbol{R}$ 的特征向量必须归一化，这一事实得出归一化条件 $\mathbf{1}=\lambda_i\boldsymbol{v}_i^{\mathrm{T}}\boldsymbol{v}_i$。此外，为了计算 $\boldsymbol{R}$ 的特征向量，假设数据以原点为中心，这通常是不正确的。因此，简单起见，假设数据居中，并且在分析结束时，将按照文献[30]中那样满足该条件。

将式(7.54)代入式(7.52)，可以得到

$$L_d=0.5\boldsymbol{\psi}^{\mathrm{H}}[\boldsymbol{\Phi}_d^{\mathrm{H}}\boldsymbol{\Phi VD}^{-1}\boldsymbol{V}^{\mathrm{H}}\boldsymbol{\Phi}^{\mathrm{H}}\boldsymbol{\Phi}_d+\gamma\boldsymbol{I}]\boldsymbol{\psi}-\mathrm{Re}(\boldsymbol{\psi}^{\mathrm{T}}\boldsymbol{r}^*)+\varepsilon\mathbf{1}(\boldsymbol{\alpha}+\boldsymbol{\beta}+\boldsymbol{\alpha}'+\boldsymbol{\beta}') \tag{7.58}$$

使用式(7.57)，可以得到

$$L_d=0.5\boldsymbol{\psi}^{\mathrm{H}}[N\boldsymbol{K}_d^{\mathrm{H}}\boldsymbol{K}^{-1}\boldsymbol{K}_r+\gamma\boldsymbol{I}]\boldsymbol{\psi}-\mathrm{Re}(\boldsymbol{\psi}^{\mathrm{T}}\boldsymbol{r}^*)+\varepsilon\mathbf{1}(\boldsymbol{\alpha}+\boldsymbol{\beta}+\boldsymbol{\alpha}'+\boldsymbol{\beta}') \tag{7.59}$$

式(7.59)现在包含两个可以计算的矩阵：第一个是核产品的格拉姆矩阵，其元素由 Mercer 核定义；第二个是矩阵 $\boldsymbol{K}_d=\boldsymbol{\Phi}^{\mathrm{H}}\boldsymbol{\Phi}_d$，其元素为 $K(\boldsymbol{x}[n],r_i\boldsymbol{a}_d)$。这种对偶泛函可以使用二次规划程序进行优化[31]。

将式(7.54)代入式(7.50)，得到权重表达式，作为对偶参数的函数，即

$$\begin{aligned}\boldsymbol{w}&=\boldsymbol{R}^{-1}\boldsymbol{\Phi}_d\boldsymbol{\psi}=\boldsymbol{\Phi VD}^{-1}\boldsymbol{V}^{\mathrm{H}}\boldsymbol{\Phi}^{\mathrm{H}}\boldsymbol{\Phi}_d\boldsymbol{\psi}\\&=N\boldsymbol{\Phi K}^{-1}\boldsymbol{K}_d\boldsymbol{\psi}\end{aligned} \tag{7.60}$$

那么，快照 $\boldsymbol{x}[n]$ 的 SVM 输出可以表示为

$$\begin{aligned}\boldsymbol{d}[n]&=\boldsymbol{w}^{\mathrm{H}}\varphi(\boldsymbol{x}[n])+b\\&=N\boldsymbol{\psi}^{\mathrm{H}}\boldsymbol{K}_d\boldsymbol{K}^{-1}\boldsymbol{\Phi}^{\mathrm{H}}\varphi(\boldsymbol{x}[n])+b\\&=N\boldsymbol{\psi}^{\mathrm{H}}\boldsymbol{K}_d\boldsymbol{K}^{-1}\boldsymbol{k}[n]+b\end{aligned} \tag{7.61}$$

式中：$\boldsymbol{k}[n]=[K(\boldsymbol{x}[1],\boldsymbol{x}[n]),\cdots,K(\boldsymbol{x}[N],\boldsymbol{x}[n])]^{\mathrm{T}}$ 是向量 $\boldsymbol{\varphi}(\boldsymbol{x}[n])$ 与所有训练向量 $\boldsymbol{\varphi}(\boldsymbol{x}[i])(1\leqslant i\leqslant N)$ 的点积向量。

7.5.2.2 将数据集中在希尔伯特空间中

为了能够得到自相关矩阵，7.5.2.1 节介绍的方法假设数据在特征空间中

以原点为中心,这可以通过将所有样本转换而实现,表示如下:

$$\tilde{\boldsymbol{\varphi}}(\boldsymbol{x}[i]) = \boldsymbol{\varphi}(\boldsymbol{x}[i]) - \frac{1}{N}\sum_{k}\boldsymbol{\varphi}(\boldsymbol{x}[k]) \tag{7.62}$$

计算其格拉姆矩阵,可得

$$\tilde{\boldsymbol{K}} = \boldsymbol{K} - \boldsymbol{BK} - \boldsymbol{KB} + \boldsymbol{BKB} \tag{7.63}$$

式中:$\boldsymbol{B}$ 为一个 $N \times N$ 矩阵,其元素等于 $1/N$。

这里,还需要一个表达式,以便对新数据应用相同的转换。对于到达接收机的每个新快拍,必须计算所有支持向量的点积,以获得输出式(7.61)。N 个中心训练向量的矩阵 $\boldsymbol{\Phi}$ 与特征空间中新的中心化的快照 $\boldsymbol{x}[m]$ 的点积向量可以表示为[30]

$$\tilde{\boldsymbol{k}}[n] = \boldsymbol{k}[n] - \boldsymbol{bK} - \boldsymbol{k}[n]\boldsymbol{B} + \boldsymbol{bKB} \tag{7.64}$$

式中:$\boldsymbol{b}$ 为一个行向量,其元素等于 $1/N$。

7.5.2.3 非线性 MVDR 的近似

本节介绍的 SVM - SR 算法结合了 SVM 的泛化特性和 MVDR 的抗干扰能力。该算法的主要缺点是计算量大。除了许多矩阵运算,还需要一个二次最优化过程来优化对偶泛函式(7.52)。然而,可以使用替代解以避免二次最优化。

上述内容可以重新表述如下。

定理 7.2 当 $C \to \infty$ 和 $\varepsilon = 0$ 时,SVM - SR 在希尔伯特空间中逼近 MVDR。

证明:如果选择 $\varepsilon = 0$ 和 $C \to \infty$,那么拉格朗日乘子等于估计误差,即 $\psi_i = \dfrac{e^*[i]}{\gamma}$。在这些条件下,可以将式(7.51)中的对偶重写为

$$L = \frac{1}{2\gamma^2}\boldsymbol{e}^{\mathrm{H}}[\boldsymbol{\Phi}_d^{\mathrm{H}}\boldsymbol{R}^{-1}\boldsymbol{\Phi}_d + \gamma\boldsymbol{I}]\boldsymbol{e} - \frac{1}{\gamma}\mathrm{Re}(\boldsymbol{e}^{\mathrm{H}}\boldsymbol{r}) \tag{7.65}$$

通过计算其导数并将其置零来解决关于误差的泛函最优化问题,从而得出以下结果:

$$0 = \frac{1}{\gamma^2}\boldsymbol{\Phi}_d^{\mathrm{H}}\boldsymbol{R}^{-1}\boldsymbol{\Phi}_d\boldsymbol{e} - \frac{1}{\gamma}\boldsymbol{r} + \frac{1}{\gamma}\boldsymbol{e} \tag{7.66}$$

考虑到 $\boldsymbol{e} = \boldsymbol{r} - \boldsymbol{w}^{\mathrm{H}}\boldsymbol{\Phi}_d$ 并分离权向量,得到以下结果:

$$\boldsymbol{w} = \boldsymbol{R}^{-1}\boldsymbol{\Phi}_d(\boldsymbol{\Phi}_d^{\mathrm{H}}\boldsymbol{R}^{-1}\boldsymbol{\Phi}_d + \gamma\boldsymbol{I})^{-1}\boldsymbol{r} \tag{7.67}$$

除了数值正则项(Kernel - SR 处理器),它还是 MVDR 的核扩展。

联立式(7.50)和式(7.67),可得以下近似值:

$$\boldsymbol{w} = \boldsymbol{R}^{-1}\boldsymbol{\Phi}_d\boldsymbol{\psi} \approx \boldsymbol{R}^{-1}\boldsymbol{\Phi}_d(\boldsymbol{\Phi}_d^{\mathrm{H}}\boldsymbol{R}^{-1}\boldsymbol{\Phi}_d + \gamma\boldsymbol{I})^{-1}\boldsymbol{r} \tag{7.68}$$

根据式(7.68),可以推导出:

$$\boldsymbol{\psi} \approx (\boldsymbol{\Phi}_d^{\mathrm{H}} \boldsymbol{R}^{-1} \boldsymbol{\Phi}_d + \gamma \boldsymbol{I})^{-1} \boldsymbol{r} \tag{7.69}$$

这是 $\varepsilon=0$、$C\to\infty$ 和 $\gamma\to\infty$ 的最优化的近似解。

将 ε 设置为 0 的理由是，对于被高斯噪声污染的数据，ε 的最优值与噪声标准偏差成比例[32-33]。因此，在许多情况下，该噪声偏差小到可以忽略 ε。此外，如果噪声是高斯噪声，则使 C 足够大以将代价函数仅视为二次是合理的，因为从最大似然的角度来看，它将是最佳代价函数。

例 7.3 在 7 个阵元的线性阵列中，期望信号的 DOA 为 0°，在 -10°处存在干扰。SVM 空间和时间参考算法用于对信号进行滤波，所应用的权重导致的波束图形如图 7.8 所示。这证明了非线性方法在降低旁瓣振幅方面的效果。

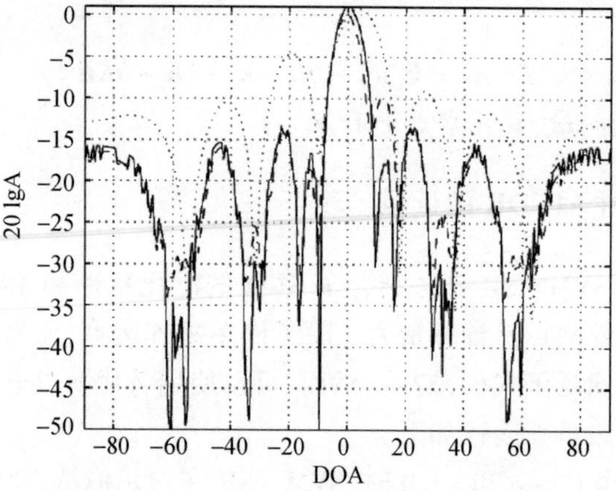

(a)

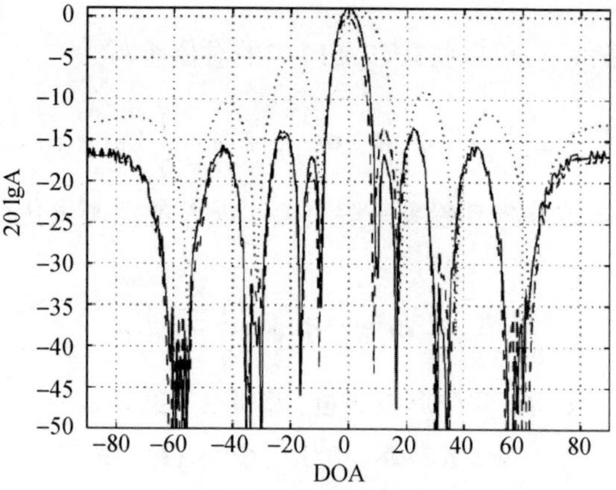

(b)

图 7.8 利用具有空间和时间参考的 SVM 和具有空间和时间参考的核方法，来自 0°的主信号和来自 -10°的干扰信号的波束图形

(a)具有空间和时间参考的 SVM；(b)具有空间和时间参考的核方法。

7.6 RBF 神经网络波束成形器

波束成形器本质上是一个空间滤波器,它根据输入信号的时空特征计算权重。波束成形器的最优权重可以看作自相关矩阵和约束矩阵的非线性函数,因此可以用神经网络进行逼近。RBF 神经网络框架可以随时用于学习和逼近复权向量 $\boldsymbol{w}$,从而得到所需的功率方向图[34]。波束成形器可以训练成在观测信号的自相关矩阵和相应的权向量之间执行输入—输出映射。这样的网络将输入数据 $\boldsymbol{R}$ 转换为更高维的空间,该空间定义了隐含层中的节点数。因此,网络的输入是时空信号 $\boldsymbol{x}[n]$ 的自相关 $\boldsymbol{R}$。矩阵 $\boldsymbol{R}$ 被展平,向量被用作网络的输入。网络的输出是维度为 $2L$ 的权向量 $\boldsymbol{w}$,其中 L 是阵列中传感器的数量。维数的增加是为了适应复权向量,而使用 RBF 神经网络的学习是在实数域中完成的。权向量位于具有各种局部极小值的 $2L$ 维平面中,因此是一个难以逼近的函数,尤其是当阵列中的阵元数量增加时。RBF 神经网络隐含层中的每个节点都是一个高斯函数,用于模拟分布的实际值和平均值之间的距离。在 RBF 神经网络的情况下,隐含的意思是,基于输入信号的空间相关性来学习权重分布。高斯函数的平均值需要预先计算并传递,以初始化隐含层,然后通过一个网络自组织过程确定分布的方差。

例 7.4 用 2 个输入的期望信号和 2 个与期望信号相差 10°的干扰信号模拟 10 个天线阵元的线性阵列,将文献[34]中介绍的神经网络架构与维纳解进行比较,获得的波束图形如图 7.9 所示。

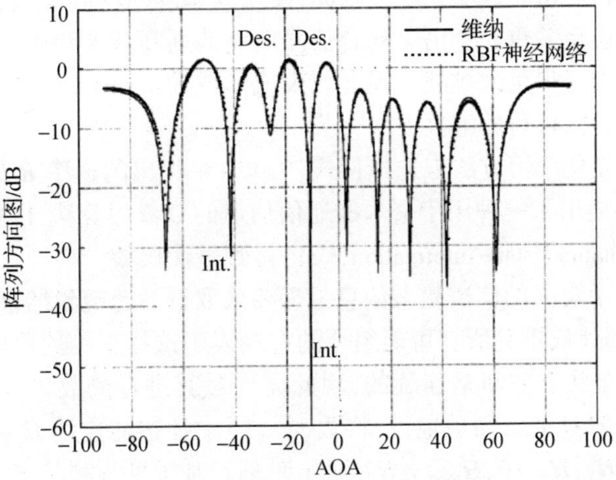

图 7.9 利用 RBF 神经网络和维纳解[34],相差 10°的 2 个信号和 2 个干扰信号的波束图形

例 7.5 实现一个 8×8 阵列,可以覆盖 5 个不同的用户,并抑制来自相关源的 10°处的 5 个干扰信号,结果如图 7.10 所示,将从隐含层中有 150 个节点的 RBF 神经网络中获得的自适应方向图与最佳维纳解进行比较。

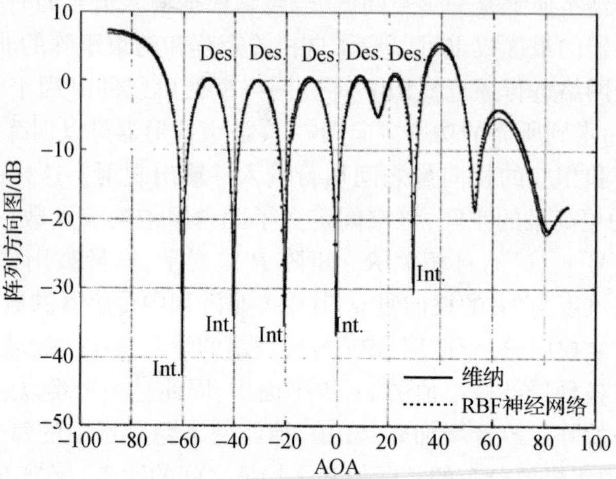

图 7.10 利用 RBF 神经网络和维纳解[34],相差 10°的 5 个信号和 5 个干扰信号的波束图形

7.7 使用 Q 学习的混合波束成形

随着 5G 无线技术的引入,下一代通信系统有望实现极高的数据传输速率。在毫米波通信信道中实现足够的工作链路余量是一个瓶颈,可以通过大型天线阵列(也称大规模 MIMO)来克服。因此,使用大型阵列的波束成形对工作链路建造的预算来说至关重要。由于混合信号电路的高复杂度和成本,基带波束成形或预编码成为一项重大挑战。混合波束成形或模拟(RF)和预编码的混合可以为这个问题提供可行的解决方案[12,15]。

可以采用强化学习方法来选择使式(7.12)中得出的速率 R 最大化的权向量。文献[16]提出了一种用于毫米波通信信道的 Q 学习算法,以根据给定的信道状态信息(channel state information,CSI)得到最优权数。

式(7.11)中定义的信道状态信息是需要采取行动的观测结果,其形式为从包含 BS 和 MU 处权重的所有可能组合的查找表中选择正确的预编码器或波束成形权值。由于状态空间是连续的,因此需要对其进行离散化,以便能够构造一个存储 Q 值的 Q 表。简单地说,将式(7.11)中描述的连续 $\boldsymbol{H}$ 离散化以创建状态空间,即$[\boldsymbol{H}_1,\boldsymbol{H}_2,\cdots,\boldsymbol{H}_{\mathrm{NS}}]\in\boldsymbol{S}$。对于时刻 t,基于可观测状态 $\boldsymbol{H}_s(t)\in\boldsymbol{S}$,智能体可以采取任何动作 $a(t)\in A$,其中 A 本质上是一个码本,包含模拟权重的所有可能组合,并且 $a(t)=[\boldsymbol{F}_{\mathrm{RF}}^{\mathrm{BS}}(t),\boldsymbol{W}_{\mathrm{RF}}^{\mathrm{MU}}(t)]$。因此,基于给定状态,允许智能体

a 在发射机和接收机处选择任何给定的射频权值状态对,以最大化奖励 $R(t)$,在这种情况下,其是在式(7.12)导出的信道上实现的速率。

文献[16]中介绍的策略采用概率方法从码本中选择权对。换句话说,对于任何给定的状态空间,$\boldsymbol{F}_{\mathrm{RF}}^{\mathrm{BS}}$ 和 $\boldsymbol{W}_{\mathrm{RF}}^{\mathrm{MU}}$ 的每个可能组合都具有被选择并应用于发射和接收信号的非零概率。具有最高 Q 值的对将有更高的概率被选为可观测状态的动作。因此,在给定观测状态 $\boldsymbol{H}$ 的情况下,选择动作 a_i 的概率定义为

$$P(a_i \mid \boldsymbol{H}) = \frac{\varepsilon^{Q(\boldsymbol{H},a_i)}}{\sum_j \varepsilon^{Q(\boldsymbol{H},a_j)}} \tag{7.70}$$

式中:ε 为一个非零常数,它表示选择具有最高 Q 值的动作和从码本中选择未探索波束成形向量组合来进行随机动作的权衡。选择射频权重后,基带权重计算如下:

$$\boldsymbol{F}_{\mathrm{BB}} = (\boldsymbol{F}_{\mathrm{RF}}^{\mathrm{H}}\boldsymbol{F}_{\mathrm{RF}})^{-1}\boldsymbol{F}_{\mathrm{RF}}^{\mathrm{H}}\boldsymbol{F}_{\mathrm{opt}} \tag{7.71}$$

$$\boldsymbol{W}_{\mathrm{BB}} = (\boldsymbol{W}_{\mathrm{RF}}^{\mathrm{H}}\boldsymbol{W}_{\mathrm{RF}})^{-1}\boldsymbol{W}_{\mathrm{RF}}^{\mathrm{H}}\boldsymbol{W}_{\mathrm{opt}} \tag{7.72}$$

式中:$\boldsymbol{F}_{\mathrm{opt}}$、$\boldsymbol{W}_{\mathrm{opt}}$ 分别为由 Q 学习算法选择的 BS 和 MU 的最佳射频权重。

计算出基带权重后,使用式(7.73)和式(7.74)对它们进行归一化可得

$$\boldsymbol{F}_{\mathrm{BB}} \leftarrow \sqrt{N_s}\frac{\boldsymbol{F}_{\mathrm{BB}}}{\|\boldsymbol{F}_{\mathrm{RF}}\boldsymbol{F}_{\mathrm{BB}}\|_F} \tag{7.73}$$

$$\boldsymbol{W}_{\mathrm{BB}} \leftarrow \sqrt{N_s}\frac{\boldsymbol{W}_{\mathrm{BB}}}{\|\boldsymbol{W}_{\mathrm{RF}}\boldsymbol{W}_{\mathrm{BB}}\|_F} \tag{7.74}$$

该算法分两个阶段实现:第一阶段是训练阶段,在此期间,用随机 Q 值初始化 Q 表,以进行观测和采取行动。每次迭代都会更新 Q 表,并生成具有最优值的 Q 表以供应用。算法 7.1 对训练算法进行了描述。

算法 7.1　使用 Q 学习的混合波束成形:训练阶段

输入:$\boldsymbol{A}$、$\boldsymbol{H}$、T、N_s、P_T、ε
设置时间 $t=0$
for $\boldsymbol{S}$ 和 $\boldsymbol{A}$ 中的每个状态 - 动作对 do
初始化 $Q(\boldsymbol{H},a)$
end
for $t=0:T$　do
根据式(7.70)定义的概率选择动作 $a=[\boldsymbol{F}_{\mathrm{RF}}^{\mathrm{BS}},\boldsymbol{W}_{\mathrm{RF}}^{\mathrm{MU}}]\in\boldsymbol{A}$
$\boldsymbol{H}=\boldsymbol{U\Sigma V}^{\mathrm{H}}$,$\boldsymbol{U}=[\boldsymbol{U}_1\boldsymbol{U}_2]$,$\boldsymbol{V}=[\boldsymbol{V}_1\boldsymbol{V}_2]$
$\boldsymbol{F}_{\mathrm{opt}}=\boldsymbol{V}_1$ 和 $\boldsymbol{W}_{\mathrm{opt}}=\boldsymbol{U}_1$
使用式(7.71)计算 $\boldsymbol{F}_{\mathrm{BB}}$

续表

使用式(7.73)归一化 $\boldsymbol{F}_{BB}$
使用式(7.72)计算 $\boldsymbol{W}_{BB}$
使用式(7.74)归一化 $\boldsymbol{W}_{BB}$
使用式(7.12)计算奖励 R
根据所采取的行动观察新的状态 $\boldsymbol{H}'$
更新 Q 表
设置 $t=t+1$
将当前状态 $\boldsymbol{H}'$设置为 $t+1$ 的状态
end
返回 $Q(s,a)$

在算法得到训练并且给定状态 $\boldsymbol{H}\in S$ 的最优 Q 值已经被确定和存储的情况下,具有存储的 Q 表的 Q 学习算法可用于从码本中选择射频预编码器时做出最佳决策。Q 学习算法以连续状态空间 $\tilde{\boldsymbol{H}}$ 为目标,并通过搜索离散化状态 $\boldsymbol{H}\in \boldsymbol{S}$ 即最小化二者之间的欧几里得距离,以最接近连续状态空间 $\tilde{\boldsymbol{H}}$。算法 7.2 给出了第二阶段运算阶段的算法步骤。

算法 7.2　使用 Q 学习的混合波束成形:运算阶段
输入:$\boldsymbol{S}$、$\boldsymbol{A}$、$\boldsymbol{H}$、T、N_s、P_T、ε
根据式(7.70)中定义的概率选择动作 $a=[\boldsymbol{F}_{RF}^{BS},\boldsymbol{W}_{RF}^{MU}]\in\boldsymbol{A}$
$\boldsymbol{H}=\boldsymbol{U\Sigma V}^{H}$,$\boldsymbol{U}=[\boldsymbol{U}_1\boldsymbol{U}_2]$,$\boldsymbol{V}=[\boldsymbol{V}_1\boldsymbol{V}_2]$
$\boldsymbol{F}_{opt}=\boldsymbol{V}_1$ 和 $\boldsymbol{W}_{opt}=\boldsymbol{U}_1$
使用式(7.71)计算 $\boldsymbol{F}_{BB}$
使用式(7.73)归一化 $\boldsymbol{F}_{BB}$
使用式(7.72)计算 $\boldsymbol{W}_{BB}$
使用式(7.74)归一化 $\boldsymbol{W}_{BB}$
使用式(7.12)计算奖励 R
根据所采取的行动观察新的状态 $\boldsymbol{H}'$
更新 Q 表
设置 $t=t+1$
将当前状态 $\boldsymbol{H}'$设置为 $t+1$ 的状态

例 7.6　式(7.11)中定义的信道是用 64 个发射天线和 32 个接收天线的阵列模拟的,在链路的两侧配备了 2 个射频链。射频移相器具有 8 个不同信道的量化

相位。动作空间 $\boldsymbol{A}$ 的大小为 4096。式(7.11)中给出的信道模型用于模拟。接收和发射的 DOA 和偏离方向是从均匀分布 $\theta_{T,R} \in [0,2\pi]$ 中随机选择的。该算法使用样本量为 50、100、300 的已知完善信道状态信息进行模拟。将样本量 50、100 和 300 的 Q 学习算法获得的频谱效率[单位:b/(s · Hz)]与穷举搜索方法进行比较,文献[15]中介绍的混合预编码和波束成形技术对比如图 7.11 所示。

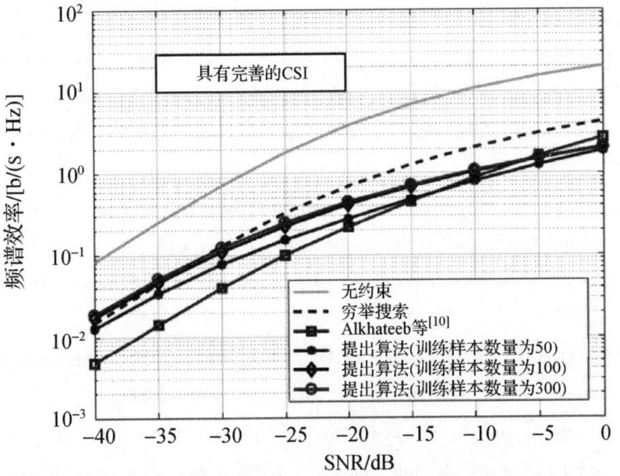

图 7.11　与例 7.6 中问题的穷举搜索和无约束预编码相比,提出算法在不同训练样本数量下的频谱效率[16]

例 7.7　在与例 7.6 中相同的信道场景但样本量为 50、100 和 300 的不完善信道状态的 Q 学习算法中,将从样本量为 50、100 和 300 的 Q 学习算法获得的频谱效率(单位:b/(s · Hz))与穷举搜索法、文献[15]中介绍的混合预编码和波束成形技术对比如图 7.12 所示。

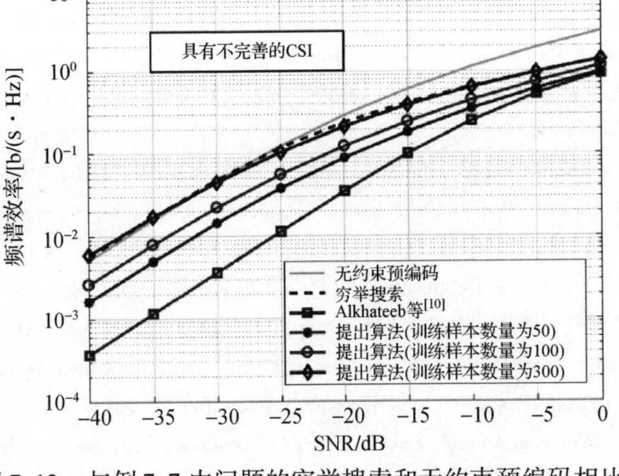

图 7.12　与例 7.7 中问题的穷举搜索和无约束预编码相比,提出算法在不同训练样本数量下的频谱效率[16]

参考文献

[1] Larsson, E. G., et al., "Massive MIMO for Next Generation Wireless Systems," *IEEE Communications Magazine*, *Vol.* 52, No. 2, 2014, pp. 186 – 195.

[2] Goldsmith, A., et al., "Capacity Limits of MIMO Channels," *IEEE Journal on Selected Areas in Communications*, Vol. 21, No. 5, 2003, pp. 684 – 702.

[3] Balanis, C. A., *Antenna Theory: Analysis and Design*, New York: Wiley – Interscience, 2005.

[4] Venkateswaran, V., and A. van der Veen, "Analog Beamforming in MIMO Communications with Phase Shift Networks and Online Channel Estimation," *IEEE Transactions on Signal Processing*, Vol. 58, No. 8, 2010, pp. 4131 – 4143.

[5] Song, J., J. Choi, and D. J. Love, "Codebook Design for Hybrid Beamforming in Millimeter Wave Systems," 2015 *IEEE International Conference on Communications (ICC)*, 2015, pp. 1298 – 1303.

[6] Steyskal, H., "Digital Beamforming Antennas: An Introduction," *Microwave Journal*, Vol. 30, No. 1, December 1986, p. 107.

[7] Xia, W., et al., "A Deep Learning Framework for Optimization of MISO Downlink Beamforming," *IEEE Transactions on Communications*, Vol. 68, No. 3, 2020, pp. 1866 – 1880.

[8] Björnson, E., M. Bengtsson, and B. Ottersten, "Optimal Multiuser Transmit Beamforming: A Difficult Problem with a Simple Solution Structure [Lecture Notes]," *IEEE Signal Processing Magazine*, Vol. 31, No. 4, 2014, pp. 142 – 148.

[9] Gerlach, D., and A. Paulraj, "Base Station Transmitting Antenna Arrays for Multipath Environments," *Signal Processing*, Vol. 54, No. 1, 1996, pp. 59 – 73.

[10] Shi, Q., et al., "SINR Constrained Beamforming for a MIMO Multi – User Downlink System: Algorithms and Convergence Analysis," *IEEE Transactions on Signal Processing*, Vol. 64, No. 11, 2016, pp. 2920 – 2933.

[11] Shi, Q., et al., "An Iteratively Weighted MMSE Approach to Distributed Sum – Utility Maximization for a MIMO Interfering Broadcast Channel," *IEEE Transactions on Signal Processing*, Vol. 59, No. 9, 2011, pp. 4331 – 4340.

[12] Ahmed, I., et al., "A Survey on Hybrid Beamforming Techniques in 5G: Architecture and System Model Perspectives," *IEEE Communications Surveys Tutorials*, Vol. 20, No. 4, 2018, pp. 3060 – 3097.

[13] Friis, H. T., "A Note on a Simple Transmission Formula," *Proceedings of the IRE*, Vol. 34, No. 5, 1946, pp. 254 – 256.

[14] Pozar, D. M., "A Relation Between the Active Input Impedance and the Active Element Pattern of a Phased Array," *IEEE Transactions on Antennas and Propagation*, Vol. 51, No. 9, September 2003, pp. 2486 – 2489.

[15] Alkhateeb, A., et al., "Channel Estimation and Hybrid Precoding for Millimeter Wave Cellular Systems," *IEEE Journal of Selected Topics in Signal Processing*, Vol. 8, No. 5, 2014, pp. 831 – 846.

[16] Peken, T., R. Tandon, and T. Bose, "Reinforcement Learning for Hybrid Beamforming in Millimeter Wave Systems," *International Telemetering Conference Proceedings*, October 2019.

[17] Van Trees, H. L., *Optimum Array Processing: Part IV of Detection, Estimation, and Modulation Theory. Detection, Estimation, and Modulation Theory*, New York: Wiley, 2004.

[18] Capon, J., "High – Resolution Frequency – Wavenumber Spectrum Analysis," *Proceedings of the IEEE*,

Vol. 57, No. 8, August 1969, pp. 1408 - 1418.

[19] Cox, H., "Resolving Power and Sensitivity to Mismatch of Optimum Array Processors," *The Journal of the Acoustical Society of America*, Vol. 54, No. 3, 1973, pp. 771 - 785.

[20] Applebaum, S. P., and D. J. Chapman, "Adaptive Arrays with Main Beam Constraints," *IEEE Transactions on Antennas and Propagation*, Vol. 24, September 1976, pp. 650 - 662.

[21] Vural, A., "A Comparative Performance Study of Adaptive Array Processors," *IEEE International Conference on Acoustics, Speech, and Signal Processing (ICASSP '77)*, Vol. 2, May 1977, pp. 695 - 700.

[22] Er, M., and A. Cantoni, "Derivative Constraints for Broad - Band Element Space Antenna Array Processors," *IEEE Transactions on Acoustics, Speech, and Signal Processing*, Vol. 31, No. 6, December 1983, pp. 1378 - 1393.

[23] Steele, A. K., "Comparison of Directional and Derivative Constraints for Beamformers Subject to Multiple Linear Constraints," *IEE Proceedings H (Microwaves, Optics and Antennas)*, Vol. 130, No. 4, February 1983, pp. 41 - 45.

[24] Capon, J., R. J. Greenfield, and R. J. Kolker, "Multidimensional Maximum Likelihood Processing of a Large Aperture Seismic Array," *Proceedings of the IEEE*, Vol. 55, No. 2, February 1967, pp. 192 - 211.

[25] Martínez - Ramón, M., N. Xu, and C. Christodoulou, "Beamforming Using Support Vector Machines," *IEEE Antennas and Wireless Propagation Letters*, Vol. 4, 2005, pp. 439 - 442.

[26] Vapnik, V., *Statistical Learning Theory, Adaptive and Learning Systems for Signal Processing, Communications, and Control*, New York: John Wiley & Sons, 1998.

[27] Martínez - Ramón, M., N. Xu, and C. Christodoulou, "Beamforming Using Support Vector Machines," *IEEE Antennas and Wireless Propagation Letters*, Vol. 4, 2005, pp. 439 - 442.

[28] Martínez - Ramón, M., and C. G. Christodoulou. "Support Vector Machines for Antenna Array Processing and Electromagnetics," *Synthesis Lectures on Computational Electromagnetics*, San Rafael, CA: Morgan & Claypool Publishers, 2006.

[29] Gaudes, C. C., J. Via, and I. Santamaría, "Robust Array Beamforming with Sidelobe Control Using Support Vector Machines," *IEEE 5th Workshop on Signal Processing Advances in Wireless Communications*, July 2004, pp. 258 - 262.

[30] Schölkopf, B., A. Smola, and K. - R. Müller. *Nonlinear Component Analysis as a Kernel Eigenvalue Problem*, Technical Report 44, Max Planck Institut für biologische Kybernetik, Tübingen, Germany, December 1996.

[31] Platt, J. C., "Fast Training of Support Vector Machines Using Sequential Minimal Optimization," in B. Schölkopf, C. J. C. Burges, and A. J. Smola, (eds.), *Advances in Kernel Methods: Support Vector Learning*, Cambridge, MA: MIT Press, 1999, pp. 185 - 208.

[32] Kwok, J. T., and I. W. Tsang, "Linear Dependency Between ε and the Input Noise in ε - Support Vector Regression," *IEEE Transactions in Neural Networks*, Vol. 14, No. 3, May 2003, pp. 544 - 553.

[33] Cherkassky, V., and Y. Ma, "Practical Selection of SVM Parameters and Noise Estimation for SVM Regression," *Neural Networks*, Vol. 17, No. 1, January 2004, pp. 113 - 126.

[34] Zooghby, A. H. E., C. G. Christodoulou, and M. Georgiopoulos, "Neural Network - Based Adaptive Beamforming for One - and Two - Dimensional Antenna Arrays," *IEEE Transactions on Antennas and Propagation*, Vol. 46, No. 12, 1998, pp. 1891 - 1893.

第8章 计算电磁学

8.1 引 言

计算电磁学(computational electromagnetics,CEM)研究电场和磁场及其与物质相互作用的基本原理。历史上,电磁元件的设计,如天线、波导和模拟波传播、前向散射和逆散射问题都是使用解析方法通过求解麦克斯韦方程组来计算的,麦克斯韦方程组揭示波与边界条件的相互作用。随着该领域多年来的发展,需要建模问题的复杂度呈指数级增长,现代计算机和计算方法的计算性能也随之提高,从而产生了一个新的研究领域,称为计算电磁学。在传统的计算方法中,有限元法(finite element method,FEM)、有限差分法和矩量法(method of moments,MOM)是最常用的方法,它们广泛用于计算前向散射和逆散射等问题[1-3]。这些方法通过求解微分/积分麦克斯韦方程组,并使用包含矩阵求逆的离散化网格系统来解决相关问题。由于计算的密集性,这些方法具有很高的计算复杂度,并且经常遇到各种计算问题[4]。因此,使用传统方法实时解决电磁散射问题是不可能的。机器学习和人工智能方法在该领域被广泛研究,以便使用高度复杂且经过广泛训练的神经网络架构实时解决问题。

CNN 成功地模拟了计算成本昂贵的求解器,以逼近计算流体动力学中的实时速度,并模拟了障碍物存在时的液体行为[5-6]。CNN 和 PCA 的结合成功地解决了大规模泊松系统的问题[7-8]。文献[9]中提出了一种深度学习方法来估计应力分布,与有限元分析的结果一致。文献[10]中实现了用 CNN 架构来估计有限元分析的磁场分布,与有限元分析的结果相一致。

8.2 时域有限差分

时域有限差分(finite difference time - domain,FDTD)是一种全波求解技术,可得到微分麦克斯韦方程组的近似解。在计算电动力学的全波求解技术中,它是最简单且最强大的方法之一。FDTD 可以求解与时间相关的麦克斯韦方程组,因此可以描述宽频率范围内的瞬态波行为。FDTD 方法由 Kane Yee 于 1966

年首次提出，采用了二阶中心差分。电磁场矢量用 Yee 网格离散化，法拉第定律和安培定律在空间和时间上都适用。场矢量的振幅在离散的时间步更新，因此 FDTD 方法的输出是一系列随时间变化的量值。在空间中的任何一点，电场的量值都与前一步的电场和磁场的旋度有关。

自由空间中无源麦克斯韦旋度方程为

$$\frac{\partial \boldsymbol{E}}{\partial t}=\frac{1}{\varepsilon}\nabla\times\boldsymbol{H} \tag{8.1}$$

$$\frac{\partial \boldsymbol{H}}{\partial t}=-\frac{1}{\mu}\nabla\times\boldsymbol{E} \tag{8.2}$$

式中，$\boldsymbol{E}$ 为电场矢量；$\boldsymbol{H}$ 为磁场矢量；ε 为介电常数；μ 为自由空间中的磁导率。

式(8.1)源自法拉第感应定律，式(8.2)源自安培环路定律。在三维笛卡儿坐标系中展开向量旋度方程式(8.1)，可以得到

$$\begin{cases}\dfrac{\partial \boldsymbol{E}_x}{\partial t}=\dfrac{1}{\varepsilon}\left(\dfrac{\partial \boldsymbol{H}_z}{\partial y}-\dfrac{\partial \boldsymbol{H}_y}{\partial z}\right)\\[2ex]\dfrac{\partial \boldsymbol{E}_y}{\partial t}=\dfrac{1}{\varepsilon}\left(\dfrac{\partial \boldsymbol{H}_x}{\partial z}-\dfrac{\partial \boldsymbol{H}_z}{\partial x}\right)\\[2ex]\dfrac{\partial \boldsymbol{E}_z}{\partial t}=\dfrac{1}{\varepsilon}\left(\dfrac{\partial \boldsymbol{H}_y}{\partial x}-\dfrac{\partial \boldsymbol{H}_x}{\partial y}\right)\end{cases} \tag{8.3}$$

同样，扩展旋度方程式(8.2)，可以得到

$$\begin{cases}\dfrac{\partial \boldsymbol{H}_x}{\partial t}=\dfrac{1}{\mu}\left(\dfrac{\partial \boldsymbol{E}_y}{\partial z}-\dfrac{\partial \boldsymbol{E}_z}{\partial y}\right)\\[2ex]\dfrac{\partial \boldsymbol{H}_y}{\partial t}=\dfrac{1}{\mu}\left(\dfrac{\partial \boldsymbol{E}_z}{\partial x}-\dfrac{\partial \boldsymbol{E}_x}{\partial z}\right)\\[2ex]\dfrac{\partial \boldsymbol{H}_z}{\partial t}=\dfrac{1}{\mu}\left(\dfrac{\partial \boldsymbol{E}_x}{\partial y}-\dfrac{\partial \boldsymbol{E}_y}{\partial x}\right)\end{cases} \tag{8.4}$$

FDTD 求解上述离散化时空网格的微分方程，给出了场在时间和空间中受到激励、传播介质和散射体影响的演化结果。

FDTD 使用 Yee 网格进行时空计算并按时间步进行更新。理论上，可以通过循环神经网络等深度学习结构进行模拟，这些结构可以学习和处理序列数据，如随机介质中波传播的时间演化性质。循环神经网络是一种特殊类型的网络架构，它允许将特定时间的输出用作下一个时间步的额外输入，从而使其具有学习序列信息的特性，其中特定时间 t 的输出取决于时间 $t-1$ 的状态值，以此类推。这种网络架构由 Noakoasteen 等提出，用于预测瞬态电动力学中场值的时间演化。图 8.1 中的编码器—循环—解码器结构是使用 FDTD 模拟的平面波激励下理想导体散射体的散射数据进行训练的，并用于预测未来时间步的场分布。

在预测电磁性质的网络中，训练阶段必须包含尽可能多的波行为信息。在

文献[11]中,电磁行为的物理现象分为 3 个不同的阶段。第一阶段,通过改变点源的入射角度或位置,将波传播行为纳入训练数据。第二阶段,模拟中包括不同大小的圆形和正方形散射体,以了解波的反射、衍射和爬行波现象。第三阶段,物体被随机放置在传播空间中。基于线性叠加和时空因果关系的原理,该网络能够将学习到的散射效应局部叠加,并模拟时空电磁行为。

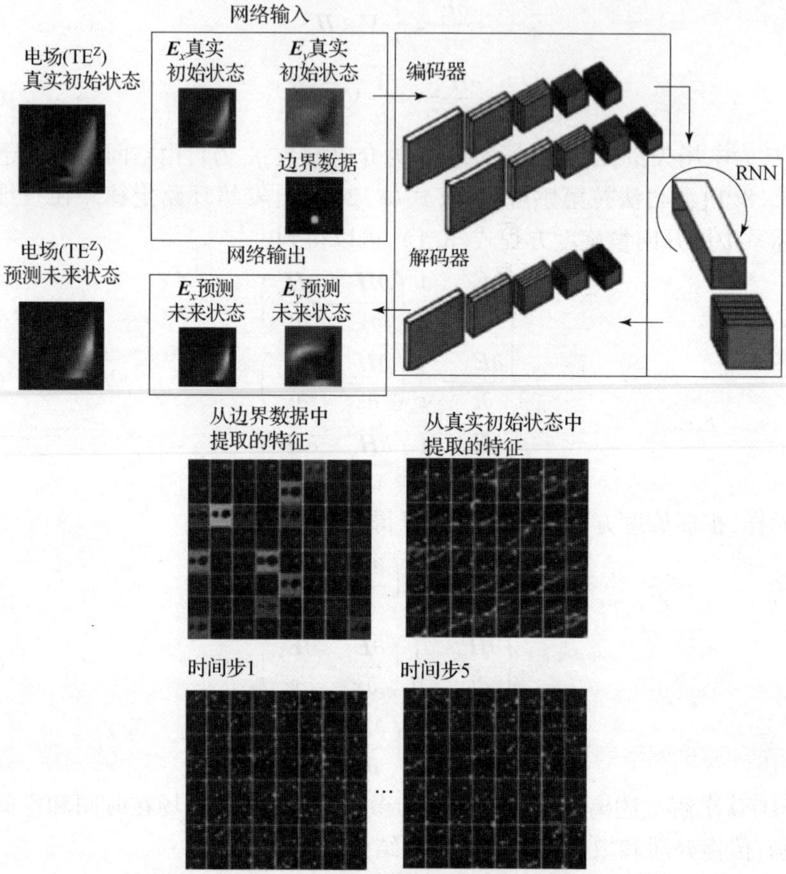

图 8.1 文献[11]中介绍的深度学习架构示意图

预测波传播的网络架构包括卷积编码器、卷积 LSTM 和卷积解码器。使用 FDTD 模拟生成训练数据,并使用从 FDTD 模拟获得的波传播视频中解构的一系列图像将其馈送至网络架构。卷积层逐帧处理波的时间演化,并在空间域对其进行压缩。编码器从第一帧提取的特征被馈送到循环神经网络,循环神经网络的隐藏状态被递归地更新特定数量的时间步,以产生时间场演化的表示堆栈。更新堆栈被馈送到解码器,以构建瞬态电磁场未来帧的完备表示。

为了确保预测精度,编解码器结构是使用残差块实现的。在文献[11]中,残差块是利用视觉几何组(visual geometry group,VGG)来构建的,用于大规模视觉识别。为了解决梯度消失/爆炸问题，引入了批归一化，并实现了快捷连接而不是未引用映射，以便于学习残差。卷积 LSTM 层是一种从介质中波传播的序列图像提取波的时空演化的块。Noakoasteen 等建议修改卷积 LSTM 层，以促进学习并提高预测精度。从几何结构中提取的特征映射应在每次更新之前拆分为 $B = B_{\mathrm{mul}} \cup B_{\mathrm{add}}$ 并与隐藏状态合并。文献[11]介绍的用于预测场传播的时空学习改进卷积 LSTM 网络如图 8.2 所示。

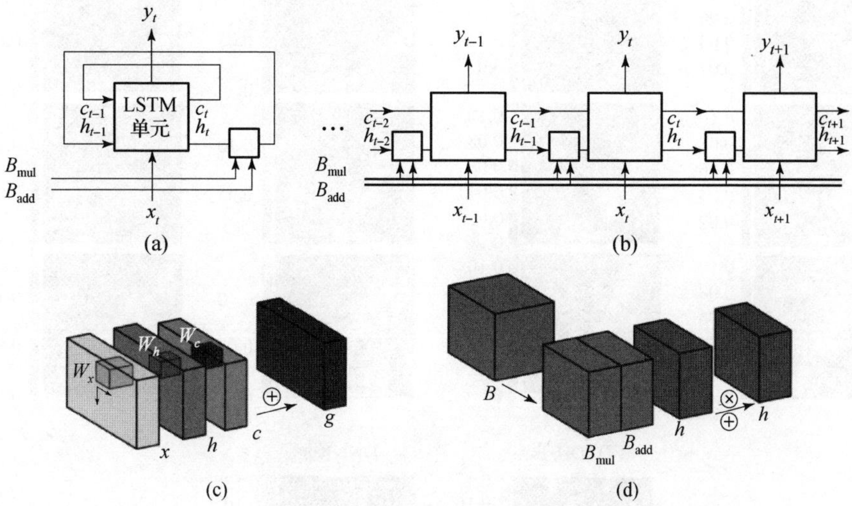

图 8.2　用于预测场传播的时空学习改进卷积 LSTM 网络

(a)改进的卷积 LSTM 单元；(b)特定数量时间步下改进卷积 LSTM 单元的展开；

(c)卷积 LSTM 单元的门结构(遗忘门、输入门和输出门)；

(d)每次更新时对象和场信息的背景—前景混合[11]。

训练和测试网络的数据集由 TE^z 场结构的二维 FDTD 求解器生成。每种数据集类型包含 100 个仿真过程，其中高斯脉冲的最高频率分量为 2GHz。在每个仿真过程中，所有 3 个场分量($\boldsymbol{E}_x, \boldsymbol{E}_y, \boldsymbol{H}_z$)都在 128 × 128 个单元的区域内记录 400 个时间步，最后，从一开始就要剪切激励尚未完全进入计算域的所有帧，以确保每帧都包含机器学习的相关信息。为了进行有效的训练，通过根据波阻抗放大磁场来缩放数据集，以匹配电场矢量的尺度。为了在 3 个不同的信道上保持统一的尺度，在 3 个信道($\boldsymbol{E}_x, \boldsymbol{E}_y, \boldsymbol{H}_z$)上实行恒定的比例因子。通过求电场和放大磁场的最大值，可以得到恒定的比例因子。在生成这些数据集时，随机选择频率、传播角度和激发位置，以生成各种独特的场分布结构，从而提高网络的泛化能力。

例 8.1　使用总场/散射场(total - field/scattered - field，TF/SF)激励，在相关区域内扫描 20°和 70°之间的平面波阵面，并观察来自理想导体(perfect electric conductor，PEC)物体的散射波。编解码器使用 75 次 FDTD 仿真进行训练，每个仿真中有 250 帧,大小为 128×128 个单元。训练后的模型使用 25 个仿真进行测试。所得结果与 3 个特定时间步和 3 个对象的 3 个不同散射问题的 FDTD 仿真结果进行了比较,如图 8.3 所示。预测的场行为展示了神经网络架构的强大。随着散射体存在时场的演变,预测结果与 FDTD 仿真结果逐帧吻合。

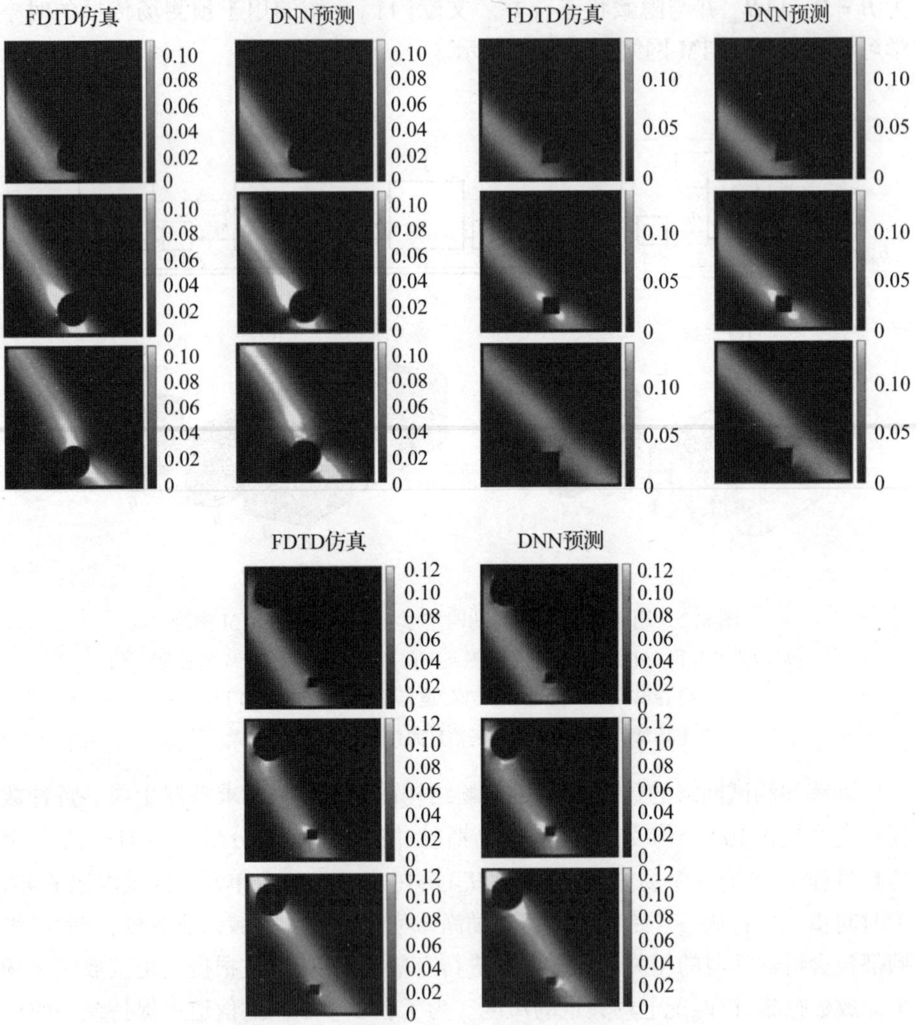

图 8.3 网络预测的平均功率密度,与例 8.1 中的 FDTD 仿真结果进行比较[11]

例 8.2 将激励源放置于随机位置,球面波前在相关区域传播,并通过 PEC 物体散射。所用的散射体是圆形和方形的随机混合,其尺寸在 $0.4\lambda_{min}$ 和 $0.6\lambda_{min}$ 之间随机选择,其中 λ 是激励波的波长。使用 75 次 FDTD 仿真(每个模拟 210 帧)进行训练,并使用 25 次仿真进行预测,以验证模型。将 3 个问题和 3 个时间步的预测场分布与图 8.4 中的 FDTD 仿真结果进行比较。

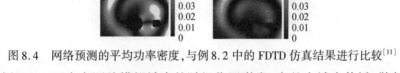

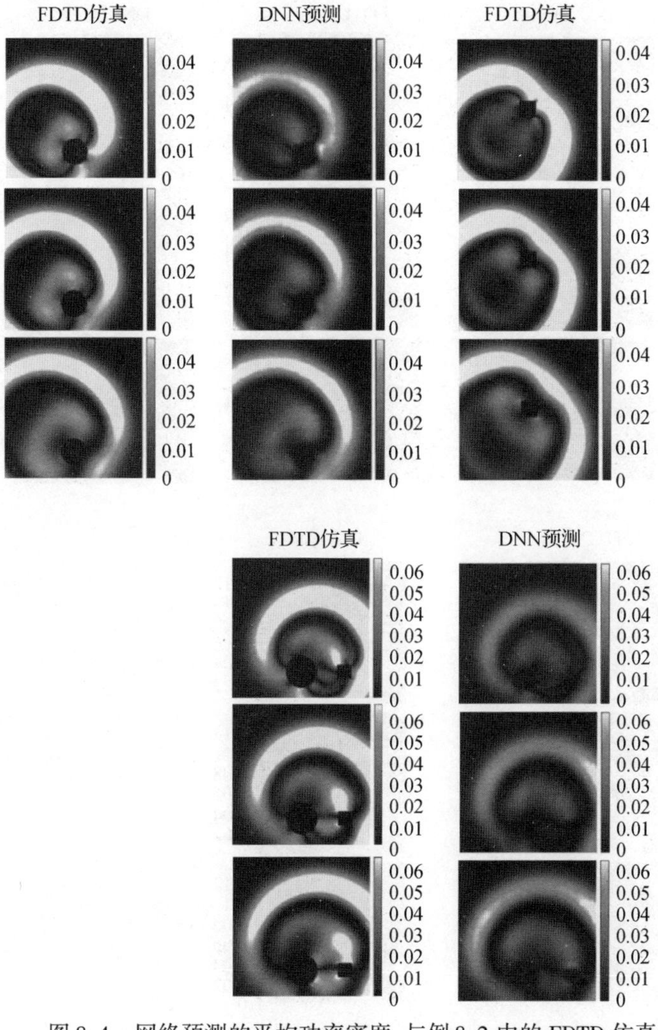

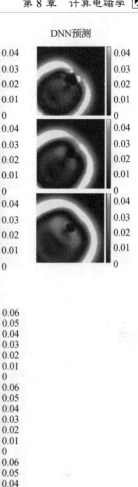

图 8.4　网络预测的平均功率密度,与例 8.2 中的 FDTD 仿真结果进行比较[11]

例 8.3　两个点源从模拟域中的随机位置激发,在整个域中传播,散射体从位于域左下角的固定大小的圆形 PEC 对象激发。训练数据由 75 次仿真组成,每个仿真总共 210 帧,并在 25 次仿真中进行了测试。3 个不同问题的 3 个时间步的预测场分布如图 8.5 所示。

时域麦克斯韦方程组可以使用直线法转换为以下初值问题(initial value problem,IVP):

$$y' = \boldsymbol{A}\boldsymbol{y},\ y(t) = y_t$$

稀疏矩阵 $\boldsymbol{A}$ 是基于所选数值格式的空间离散化,未知向量 $\boldsymbol{y}$ 是电场和磁场的叠加。$[E_x, E_y, H_z, H_zx, H_z\boldsymbol{y}]$贯穿整个计算域。8.2.1 节的解可用矩阵指数形式表示为

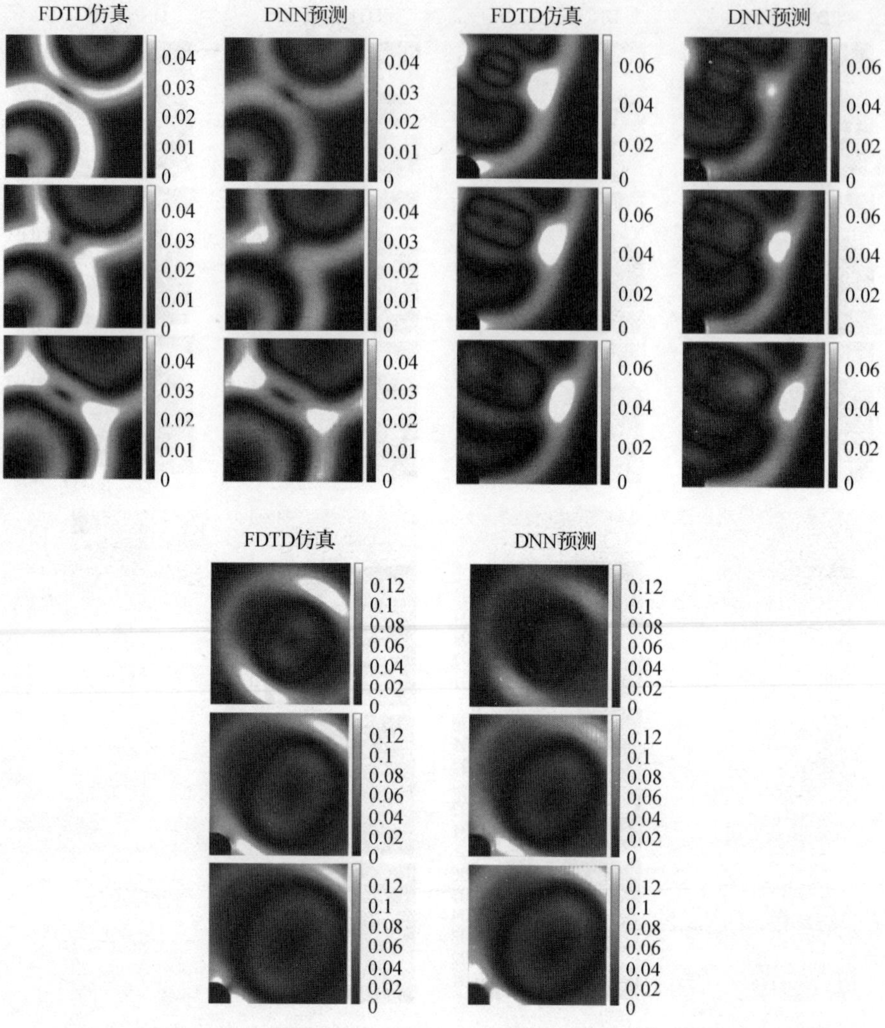

图 8.5　网络预测的平均功率密度,与例 8.3 中的 FDTD 仿真结果进行比较[11]

$$\begin{cases} y_{t+1} = \boldsymbol{e}^{\boldsymbol{A}t} y_t \\ e^{At} \equiv \boldsymbol{I} + \boldsymbol{A}t + \dfrac{1}{2!}A^2 t^2 + \cdots + \dfrac{1}{n!}A^n t^n + \cdots \end{cases} \tag{8.5}$$

式(8.5)中矩阵指数算子 $\boldsymbol{e}^{\boldsymbol{A}t}$ 的直接计算非常复杂。于是人们提出了数值积分方法,如 Runge - Kutta 4(RK4)和 Leap - Frog,用于计算指数项的有效近似。随着计算域的增大,计算复杂度呈指数级增长。文献[11]提出了一种基于深度学习方法的解决方案。将整个计算域分解为多个局部问题,通过预处理技术保持麦克斯韦方程组的相同结构。预处理算法引入分块对角矩阵 $\boldsymbol{B}$ 作为 $\boldsymbol{A}$ 的近似,余数 $\boldsymbol{E} = \boldsymbol{A} - \boldsymbol{B}$。在矩阵 $\boldsymbol{B} = \text{diag}(\boldsymbol{B}_1, \boldsymbol{B}_2, \cdots, \boldsymbol{B}_n)$ 中,每个块 $\boldsymbol{B}_i$ 表示来自相

应子域的空间离散化矩阵。当矩阵为块对角矩阵时,矩阵指数计算公式如下:

$$e^{B} = \mathrm{diag}(e^{B_1}, e^{B_2}, \cdots, e^{B_n})$$

变量 $\boldsymbol{E}$ 说明了子域之间的耦合效应。这部分通常是高度稀疏的,因此矩阵向量乘法是首选。

例 8.4 使用单点源激励球面波阵面,该球面波阵面从大小为 $0.5\lambda_{\min}$ 的单个圆形 PEC 物体散射,并最终消散在完全匹配层(perfectly matched layers, PML)。点源和 PEC 反射体的相对位置随机设置,以便在数据中产生随机性。训练数据由 67 个仿真组成,每个仿真总共 70 帧,并在 23 次仿真中进行测试。从深度神经网络、Expo RK4 和独立 FDTD 获得的时间前向步长的网络预测的平均功率密度如图 8.6 所示。

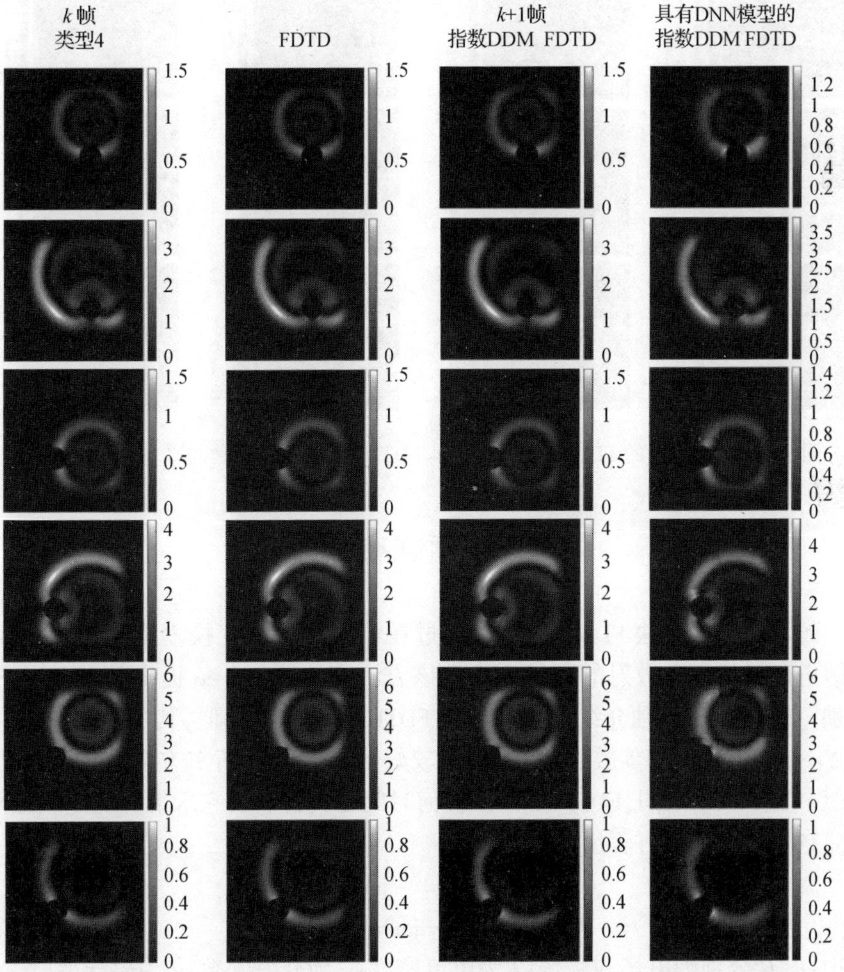

图 8.6 与例 8.4 的 FDTD 和 Expo RK4 FDTD 结果相比,网络预测的平均功率密度[11]

例 8.5 将大小为 512×512 的两个时间步仿真划分为大小为 128×128 的 16 个子域,机器将 128×128 图像作为整个问题的子域进行学习,其中图像大小为 512 像素×512 像素。单个固定点源用于激励球面波阵面,该球面波阵面从位于相关区域中间的大小为 0.5λ_{min} 的单个圆形 PEC 散射体。使用 67 次仿真训练网络,每次仿真中有 70 帧用于训练机器,14 次仿真用于测试。从 DNN、Expo RK4 和独立 FDTD 获得的时间前向步长的网络预测的平均功率密度如图 8.7 所示。

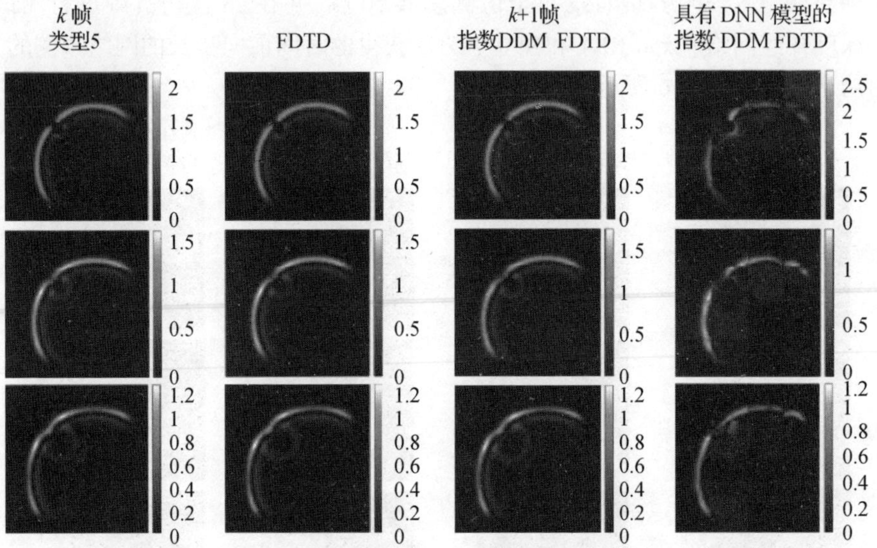

图 8.7 与例 8.5 的 FDTD 和 Expo RK4 FDTD 相比,网络预测的平均功率密度[11]

8.3 频域有限差分

频域有限差分法 FDFD 是一种通过在恒定频率下变换麦克斯韦方程组来求解电磁场传播和散射的频域方法。该方法直接源于 Yee 提出的 FDTD,并在文献[12-13]中单独介绍。该方法与 FDTD 方法非常相似,其中空间单元离散为 Yee 网格,以确保零散度条件,从而较好地得到麦克斯韦方程组旋度方程的近似。与 FDTD 不同,FDFD 不需要任何时间更新,相反,它求解稀疏空间矩阵。

频域麦克斯韦方程组如下:

$$\nabla \times E = -\mathrm{j}\omega\mu H \tag{8.6}$$

$$\nabla \times H = \mathrm{j}\omega\varepsilon E + J \tag{8.7}$$

式中:E、H 分别为电场和磁场;J 为电流密度;ε 为介电常数;μ 为磁导率。

一阶频域麦克斯韦方程可以转化为 6 个标量方程,表示如下:

$$
\begin{cases}
\dfrac{E_z^{i,j+1,k}-E_z^{i,j,k}}{\Delta_y^j}-\dfrac{E_y^{i,j,k+1}-E_y^{i,j,k}}{\Delta_z^k}=-\mathrm{i}\omega\mu_x^{i,j,k}H_x^{i,j,k}\\
\dfrac{E_x^{i,j,k+1}-E_x^{i,j,k}}{\Delta_z^k}-\dfrac{E_z^{i+1,j,k}-E_z^{i,j,k}}{\Delta_x^i}=-\mathrm{i}\omega\mu_y^{i,j,k}H_y^{i,j,k}\\
\dfrac{E_y^{i+1,j,k}-E_y^{i,j,k}}{\Delta_x^j}-\dfrac{E_x^{i,j+1,k}-E_x^{i,j,k}}{\Delta_y^k}=-\mathrm{i}\omega\mu_z^{i,j,k}H_z^{i,j,k}\\
\dfrac{H_z^{i,j,k}-H_z^{i,j-1,k}}{\tilde{\Delta}_y^j}-\dfrac{H_y^{i,j,k}-H_y^{i,j,k-1}}{\tilde{\Delta}_z^k}=\mathrm{i}\omega\varepsilon_x^{i,j,k}E_x^{i,j,k}+J_x^{i,j,k}\\
\dfrac{H_x^{i,j,k}-H_x^{i,j,k-1}}{\tilde{\Delta}_z^k}-\dfrac{H_z^{i,j,k}-H_z^{i-1,j,k}}{\tilde{\Delta}_x^i}=\mathrm{i}\omega\varepsilon_y^{i,j,k}E_y^{i,j,k}+J_y^{i,j,k}\\
\dfrac{H_y^{i,j,k}-H_y^{i-1,j,k}}{\tilde{\Delta}_x^i}-\dfrac{H_x^{i,j,k}-H_x^{i,j-1,k}}{\tilde{\Delta}_y^j}=\mathrm{i}\omega\varepsilon_z^{i,j,k}E_z^{i,j,k}+J_z^{i,j,k}
\end{cases}
\tag{8.8}
$$

使用线性方程组求解网格中所有点的微分方程。

FDFD 方法原则上近似于空间域中场的演化。CNN 架构已经被证明在空间方面是一个强大的学习机,并彻底改变了图像处理。Qi 等提出了一个具有残差连接的完全卷积 U－NET,以从 FDFD 计算中学习并预测文献[8]中场的空间演化。残差 U－NET 架构形成编解码器结构,跳跃连接允许网络传输必要的全局信息,称为 EM－net。EM－net 能够模拟 FDFD 进行基于像素的端到端训练和预测。

预测来自源的电磁场的空间演化并估计任意形状物体在其路径上的散射是一个极其复杂的问题,普通 CNN 在这些情况下表现不佳。U－NET 最初是为生物医学应用中的图像分割而提出的,它能够在输入和输出数据具有高度空间相关性的条件下进行稳定的图像预测。其目的是了解场激励如何促进特定模式的传播,以及特定形状物体在其路径中产生的散射的性质。这个问题类似于前向散射计算的 FDFD 模拟。文献[8]中提出的 EM－net 架构如图 8.8 所示。它是一种编解码器结构,包含 6 个编码器单元和 6 个解码器单元,两者之间有一个全连接单元。每个编码器单元配备两个残差块,每个解码器单元有一个残差块,每个残差块有 4 层,使得每个编码器单元中共有 8 层,每个解码器单元中有 4 层。

全连接单元有一个有 4 层的残差块,使该架构中的总层数超过 70 层。该网络中的每个卷积层有 8 个滤波器,采用 3×3 的核大小进行卷积。使用 CReLU 或级联线性整流函数作为激活函数,提供非线性,门控架构提取线性特征和非线性特征。残差块有助于将原始特征与其输出的提取特征相结合。残差层中的卷积块被解码器层中的转置卷积替换,以避免梯度爆炸或消失并促进反向传播。均方误差(MSE)用作调整权重的损失函数。编码器架构将散射体映射为具有几何特征的高维空间表示,而解码器使用学习到的特征恢复原始图像[8]。由于在编码过程中进行了压缩,全局信息由于维度的减少而丢失。这就是编码器和解码器之间的跳跃连接发挥重要作用的地方。它们从编码器中检索原始信息并将其传递到相应的解码器单元,如图 8.8 中连接编码器和解码器的平行线所示。残差块有助于收敛,跳跃连接有助于减少错误。文献[8]中提出的架构是用于重建图像的最先进的学习结构,在这种情况下用于预测前向散射。然而,这些架构经过调整可以很好地处理特定的学习任务。因此,对该网络进行任何外推以执行其他学习任务都需要针对相关应用进行广泛的超参数优化。

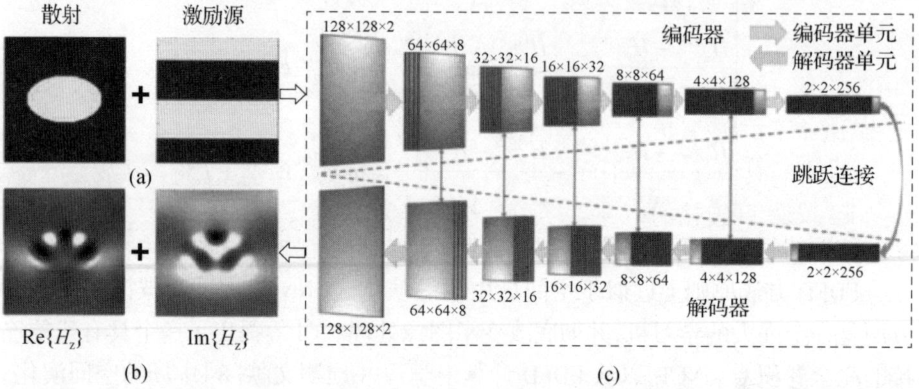

图 8.8　EM - net 架构[8]

例 8.6　该网络的输入是 128 × 128 像素的图像,其中包含在任意方向传播的衰减波,波长为 80nm,激励场强为 200V/m。传播波遇到半径为 13 ~ 28nm 的圆形物体、半长轴为 19 ~ 26nm 以及偏心率为 0.65 ~ 0.95 的椭圆,以及弦长在 32 ~ 64nm 的三角形和五边形。任意两种规则形状的组合都会产生一个任意形状的物体,如图 8.9 所示。散射体随机分布在该区域。电磁波在真空中传播,随机选择散射体,介电常数为 2 ~ 10。

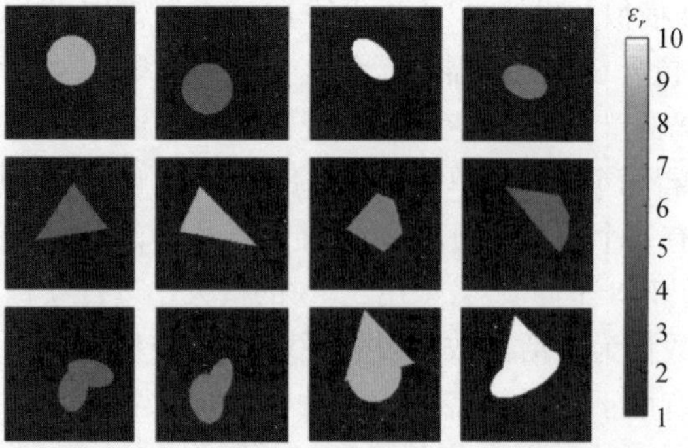

图 8.9　训练和测试数据中的散射体形状[8]

该网络为包含散射体和传播波的每个样本提供两幅图像,输出为包含散射场信息的单幅图像。物体图像中每个像素的值是该位置处材质的相对介电常数。对于源图像,值“1”和“0”表示特定位置处辐照平面波的相位,分别在区间[0,π]和[-π,0]。

该网络在32400个图像上进行了训练,并在3600个FDFD模拟生成的图像上进行了测试。为了评估该网络的性能,平均相对误差如下:

$$\varepsilon_r = \frac{1}{N^2}\frac{\sum_i^N \sum_j^N |H_{\text{network}}(i,j) - H_{\text{FDFD}}(i,j)|}{\sum_i^N \sum_j^N |H_{\text{FDFD}}(i,j)|} \times 100\% \tag{8.9}$$

式中:H_{network} 和 H_{FDFD} 分别为从EM-net和FDFD模拟中获得的复值磁场;N 为正方形图像每侧的像素数。

文献[8]计算了5种不同CNN结构的训练误差,即EM-net、带残差块的U-NET、带跳跃连接的U-NET和独立的U-NET,如图8.10所示。EM-net明显优于其他CNN架构,因此是此类学习任务的最佳架构。此例中给出的实验结果毫无疑问地证明,深度学习架构可以用来学习由源激发的传播场的物理特性,并且可以获得更好的泛化能力来估计任意形状物体的散射。然而,网络只能在经过训练的场景中表现良好,如果介电常数或任何其他物理属性发生变化,网络将无法以令人满意的准确度进行估计。网络估计的范围受到神经网络中训练数据范围的限制。与FDFD等传统方法相比,训练后的深度神经网络结构在计算复杂度和时间方面更高效。训练后的网络计算一个样本平均需要20ms,比传统的FDFD方法快2000倍。

EM-net的数值计算示例如图8.11所示。

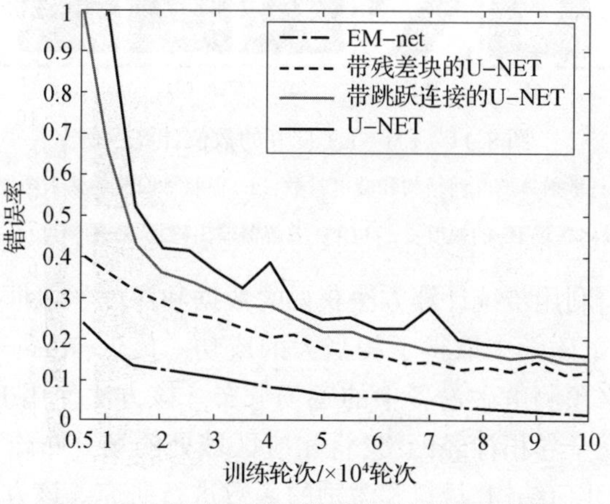

图8.10 文献[8]中不同架构的训练错误率

8.4 有限元法

有限元法(finite element method,FEM)是求解边值问题偏差分方程的最常用数值方法之一。该方法最初由 Courant 于 1943 年提出以便进行结构分析[14],1968 年被引入用于解决电磁场边值问题[15]。FEM 的基本思想是将较大的问题分解为较小的子区域,并求解子区域从而获得整个域的解。

计算电磁学问题涉及求解偏差分方程或积分方程。FEM 求解偏差分方程组,与前面章节介绍的有限差分法非常相似。此外,FEM 还考虑了求解区域的非均匀性[15]。FEM 通过将整个计算域离散为若干单元的子域,并推导出每个单元解的方程,从根本上解决了边值电磁电荷分布问题。一旦获得每个单元的解,就可得到整个计算域的方程组,继而对整个计算域进行求解。

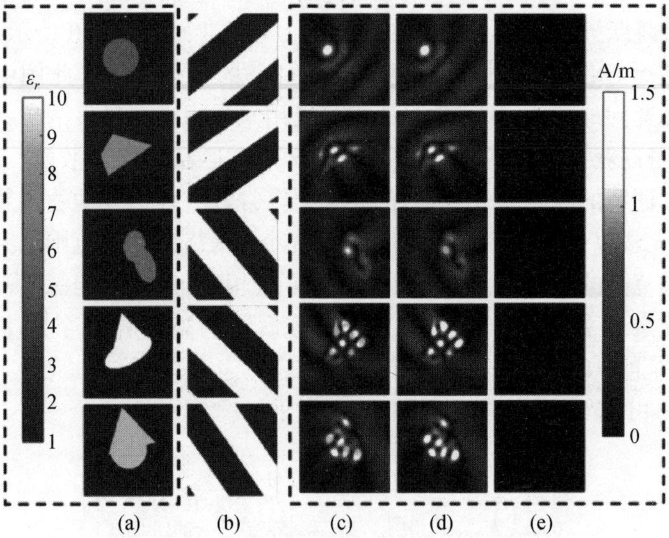

图 8.11 EM - net 良好的数值计算示例

(a)散射体的几何结构和介电常数;(b)辐照平面波的输入图像;

(c)神经网络输出磁场 Hz 的幅度;(d)FDFD 求解器输出磁场 Hz 的幅度;(e)误差分布[8]。

如前面所述,利用传统计算方法获得的数据和深度学习框架求解场分布的位图方法在计算电磁学中取得了相当大的成功。最近,Khan 等提出了一种深度学习方法,用来预测电磁设备中的磁场分布。该方法使用 FEM 生成训练数据,并成功训练完全卷积神经网络,将相应区域处的场分布作为输入像素中每个节点处设备的几何结构、材料和激励的函数进行研究。该方法类似于基于内嵌物理知识神经网络,其目的是通过一组以像素为单位传递信息的图像来了解设备的物理特性和场分布。

由于问题的固有性质，采用了编解码器结构来学习场分布。如前面所述，在目标是通过学习和合并来自另一组图像的信息来重建一组图像的问题中，编码器—解码器结构的性能非常强大。编码器从输入像素中提取给定问题的空间相关特征，解码器将编码器学习到的判决特征投影到原始输入空间，以预测场的解[16]。

文献[16]中提出的深度网络结构共有 32 层，如图 8.12(b)所示。有 16 个可训练的卷积层，使用 8 个池化层/上采样层和 8 个 dropout 层来提取特征，以防止过拟合。该结构中的每个块由两组 3×3 卷积层组成，步长为 2，线性整流函数用作激活函数。在每个块中使用批归一化层来标准化层的输入，从而稳定学习过程并减少准确训练机器所需的 epoch 数量。编码器的每个块后面跟着一个 2×2 最大池化层，解码器的每个块后面跟着一个 2×2 上采样层。除编码器和解码器的最后一个块外，所有卷积块都使用 2 的步长，以适应每个卷积层的步长为 1 的场分布维度[16]。

该结构在 CNN 层中采用膨胀滤波器实现更高的精度，因为空间中某点的场分布可能会受到距离它较远的区域的影响。众所周知，系统膨胀可以支持感受野的指数扩张，同时分辨率会降低，因此在学习场分布问题上是有效的。

上述网络用于解决三个不同的电磁问题：在气箱、变压器和内置式永磁（interior permanent magnet，IPM）电机中传导铜线圈而产生的磁场预测。每个问题都使用二维静磁求解器中的 MagNet 软件包进行参数化和仿真，以创建训练数据[16]。在高度为 160mm、宽度为 160mm 的气箱内模拟铜线圈，线圈半径在 3～15mm，同时改变其中心位置，如图 8.12 所示。线圈电流为 5～15A。变压器由两个线圈模拟，其中一个被激励，另一个作为无源线圈。变压器铁芯用 M19 硅钢材料模拟，线圈材料为铜。左侧线圈电流固定在 1A，匝数为 90，右侧线圈无电流，变压器深度固定为 2.5mm。用于生成数据的 IPM 电机有 4 个极、24 个槽，定子绕组有 8 匝，励磁电流均方根误差为 25～35A。

该网络使用 30000 个样本进行训练，另外 10000 个样本用于验证，5000 次仿真用于在文献[16]中不可见数据上测试该网络。必须进行端到端的超参数优化以在网络中实现极高的精度，就像具有数百万个参数需要优化的大型网络一样。

磁场分布预测的问题，通过添加膨胀滤波器得到了显著的改进。图 8.13 给出了针对所提出的 3 个问题：膨胀系数为 2、无膨胀系数、膨胀系数为 1，层大小分别为 32 和 64 的膨胀系数滤波器的比较。在文献[16]中，核大小为 5、卷积层中的核/滤波器数量 $K=64$ 和跳跃连接、编码器网络中的膨胀系数为 2 的网络性能优于文献[16]中的所有网络结构。验证过程中预测的归一化均方根误

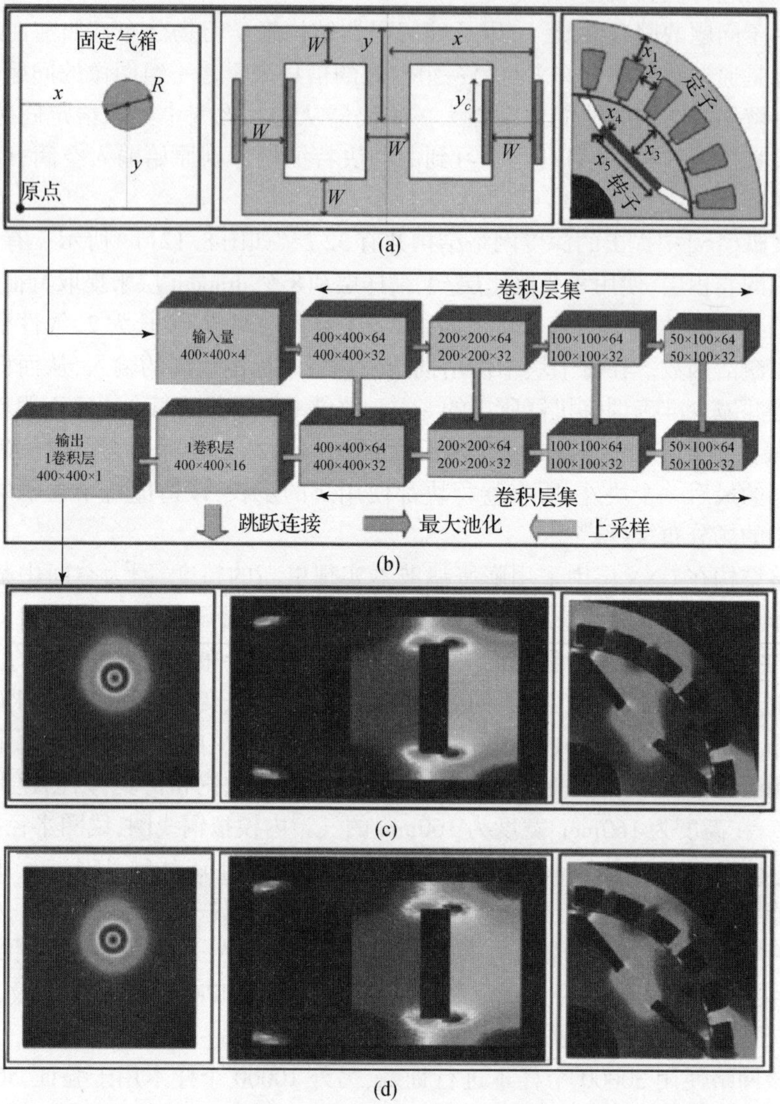

图 8.12 (a)问题定义;(b)深度网络结构;(c)场预测;(d)FEM 结果[16]

差表明,与具有非膨胀核的相同网络结构相比,能够膨胀的网络有明显的改进。对于从测试数据中随机选取的 100 个样本,气箱中的铜线圈问题的平均百分比误差为 0.89%,变压器问题的平均百分比误差为 0.79%,IPM 电机问题的平均百分比误差为 1.01%。将预测的场与 FEM 生成的场进行比较,结果如图 8.12 所示。

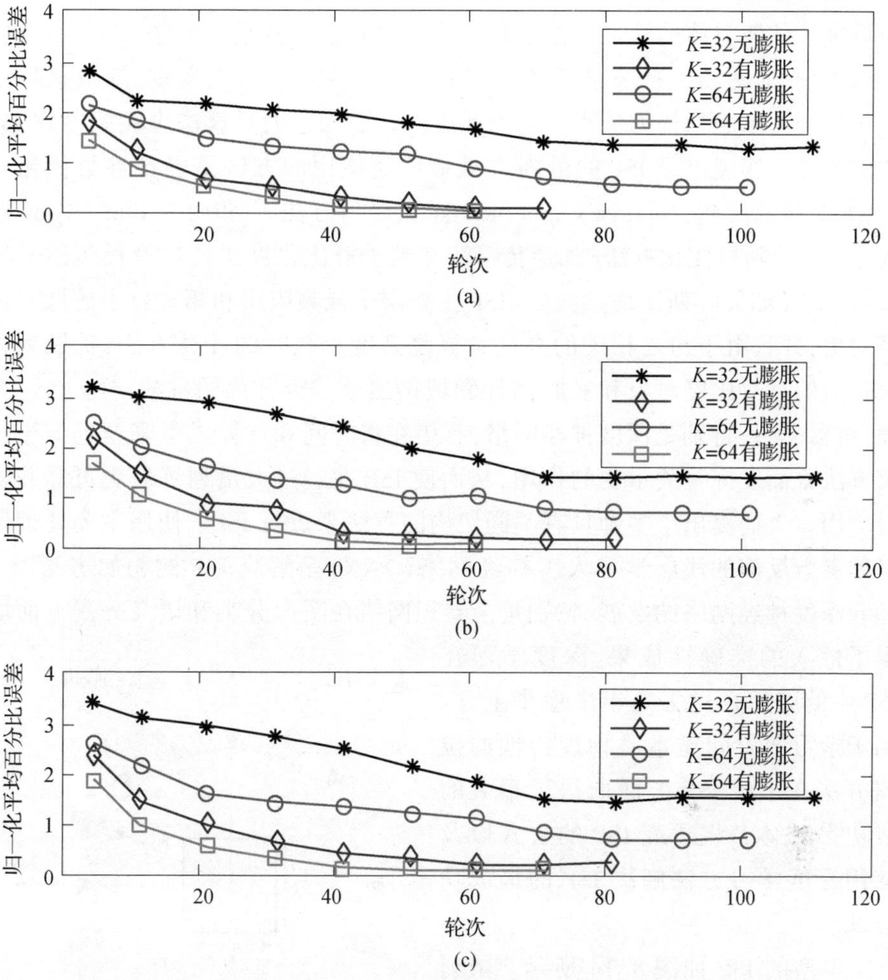

图 8.13　具有归一化预测误差的训练曲线

(a)线圈问题;(b)变压器问题;(c)IPM 电机问题(根据验证数据集计算)[16]。

8.5　逆散射

逆散射问题(inverse scattering problems,ISP)是根据物体与入射电磁场的相互作用,对物体特性进行成像和其他定量评估的问题。可以利用电磁逆散射以一定的精度来求解几何结构、空间位置等物体属性以及电导率和介电常数等电气属性。逆散射的名称来源于所需电磁计算的性质,即不计算存在散射体或其他情况下场分布的正向传播,而是测量散射场,并根据入射场和散射场来评估散射体的特性。由于目标物体的非侵入性重构方法,ISP 在军事、地球物理、遥感和生物医学等领域有着广泛的应用。人们发现,逆散射技术优于传统的断层扫描方法[17-19],因此提出并引入了大量算法来克服电磁 ISP 中的难题。实现电磁 ISP 的最强大且最广泛使用的方法是确定性最优化方法,如对比源反演(contrast source inversion, CSI)方法[20]和畸变 Born/Rytov 迭代方法[21]、随机优化方法(如遗传算法和粒子群优化算法),以及稀疏感知逆散射算法(如贝叶斯压缩感知)。ISP 主要限于低频应用和相对较小的低对比度对象,并且由于与之相关的高度计算复杂度和耗时的计算方法,扩展到相对较大的高对比度对象和实时估计领域仍然是一个开放的挑战[19]。在这方面,机器学习,特别是深度神经网络,有望在将时间和计算成本降至远低于传统方法方面发挥至关重要的作用,从而使 ISP 在经过大量训练后更可靠并实时应用。人们提出了多种具有不同架构的算法来进行 ISP。使用主要处理散射体参数反演的浅层学习人工神经网络(ANN)是解决 ISP 的初始方法[22]。随着深度神经网络的发展,特别是全卷积网络在图像分类和语义分割方面取得了惊人的准确性成果,深度学习在 ISP 中的应用在过去几年中稳步上升。用于学习散射问题本质物理特性的位图方法在求解 ISP 方面取得了很大的成功[23]。本节将研究 ISP 的公式以及使用深度学习方法解决 ISP 的最成功尝试。

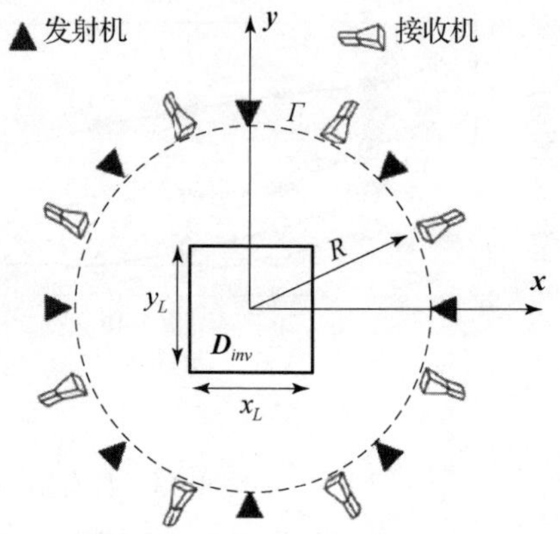

图 8.14 电磁逆散射问题场景的测量配置[19]

典型的 ISP 如图 8.14 所示。散射体位于由发射机和接收机包围的域 D_{inv} 中。发射机是产生特定模式电磁波的源,而接收机接收散射波。对于第 n 次辐照和第 m 个接收机,给定位置 r_m 处的散射电场由以下耦合方程组控制:

$$\begin{cases} \boldsymbol{E}_{sca}^{(n)}(r_m) = k_0^2 \int_{D_{inv}} G(r_m, r')\chi(r')\boldsymbol{E}^{(n)}(r')\,\mathrm{d}r' \\ \boldsymbol{E}^{(n)}(r) - \boldsymbol{E}_{inc}^{(n)}(r) = k_0^2 \int_{D_{inv}} G(r, r')\chi(r')\boldsymbol{E}^{(n)}(r')\,\mathrm{d}r' \end{cases} \tag{8.10}$$

文献[19]提出了一种 DeepNIS 的全卷积级联神经网络结构，使用模块的多个卷积层堆栈来求解 ISP。每个 CNN 模块由几个上采样卷积层组成，在每个上采样卷积中，输入与一组学习滤波器进行卷积，产生一组特征（或核）映射，然后是一个逐点非线性函数，最后是一个池化层。3 个卷积层和 ReLU 被用作激活函数。文献[19]中实现的网络架构如图 8.15 所示。使用 Adam 优化器对网络进行优化，在 101 个 epoch 运行小批量样本数量 32 次，前两个模块的学习率分别为 10^{-4} 和 10^{-5}。复值权重和偏差由零均值、标准偏差为 10^{-3} 的高斯分布的随机权重初始化。使用欧几里得代价函数对网络进行独立训练，最后进行端到端超参数调优以获得良好的准确度指标。

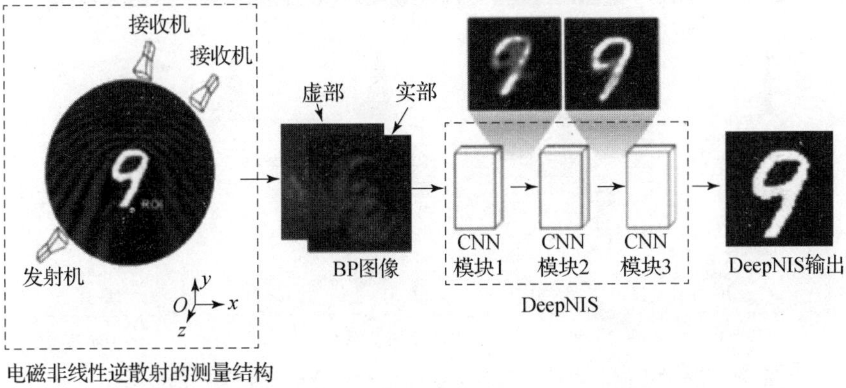

图 8.15　电磁非线性逆散射问题和 DeepNIS 求解器的基本结构。在这里，使用两个接收机接收来自一个发射机的电磁散射数据。DeepNIS 由 3 个 CNN 模块级联而成，其中输入为复值，如实部和虚部所示，来自 BP 算法，输出是 EM 逆散射的超分辨率图像。在这里，无损介电目标的形状为数字“9”，相对介电常数为 3 [19]。

该网络使用 MNIST 数据集进行训练。相关域固定为一个大小为 $5.6\times5.6\lambda_0^2$ 的正方形，$\lambda_0=7.5\text{cm}$。使用 36 个线性偏振发射机辐照均匀分布在一个半径为 $10\lambda_0$ 的圆周围的感兴趣区域。使用位于发射机之间的 36 个接收机测量散射场，以获得感兴趣区域的完整轮廓。进行全波模拟以生成训练数据，数字由相对介电常数为 3 的材料组成，并且在接收信号中添加了 30dB 的噪声。使用全波求解器生成了 10000 个模拟，其中 7000 个模拟用于训练，1000 个模拟用于验证，2000 个模拟用于盲测。

为了对 DeepNIS 结构进行统计评估，使用相似性度量（similarity measure，SSIM）和 MSE 来评估图像质量。结果以 SSIM 的形式绘制在 2000 个测试图像的图像质量统计直方图中，分别对应图 8.16(b-1) ~ (f-1)，其中 y 轴被归一化为 2000 个测试图像的总和。结果证明了 DeepNIS 算法在求解 ISP 问题上的有效性。

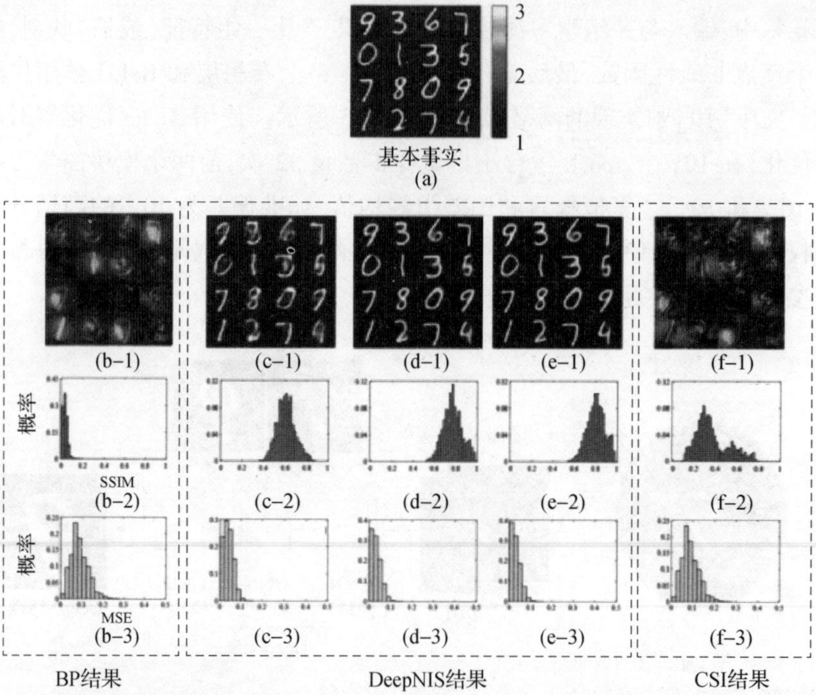

图 8.16　通过不同的电磁逆散射方法重构相对介电常数为 3 的类数字对象

(a)16 个真值;(b-1)BP 结果,用作 DeepNIS 的输入;(c-1)~(e-1)使用不同数量的 CNN 模块,即分别为 1、2 和 3 的 DeepNIS 结果;(f-1)CSI 结果;(b-2)~(f-3)本图第三行和第四行给出的分别用 SSIM 和 MSE 来表示的图像质量统计直方图;统计分析中使用了 2000 个测试样本。出于可视化目的,BP 重建通过自身的最大值进行归一化,因为其值远小于 1[19]。

例 8.7　在法国马赛菲涅尔研究所开展的 FoamDielExt 实验,验证了 DeepNIS 算法的泛化能力。感兴趣区域被均匀地细分为 56 像素 × 56 像素。结果如图 8.17 所示,并与 CSI 进行了比较。

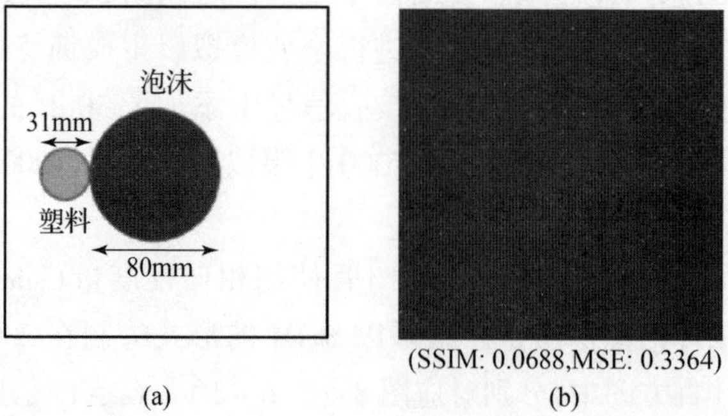

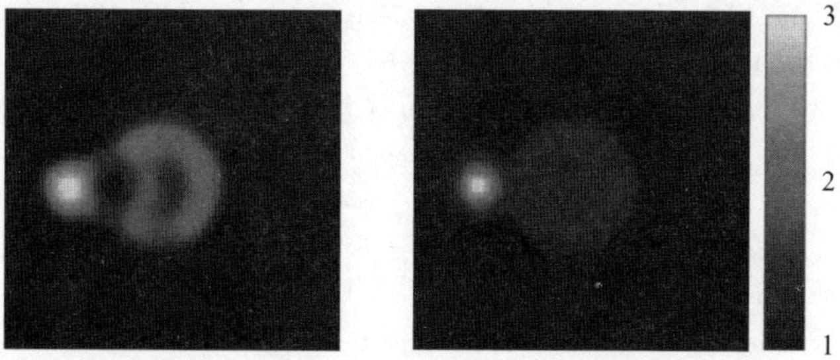

(SSIM:0.8290,MSE: 0.0908)
(c)

(SSIM: 0.8610,MSE: 0.0826)
(d)

图 8.17 通过不同电磁逆散射方法的重建实验
(a)探测对象由圆柱形泡沫和塑料组成;
(b)~(d)为使用 BP、DeepNIS 和 CSI 方法的重建结果。

参考文献

[1] Jin, J., *The Finite Element Method in Electromagnetics*, 3rd ed., New York: Wiley - IEEE Press, 2014.

[2] Taflove, A., and S. C. Hagness, *Computational Electrodynamics: The Finite - Difference Time - Domain Method*, 3rd ed., Norwood, MA: Artech House, 2005.

[3] Harrington, R. F., *Field Computation by Moment Methods*, New York: Wiley - IEEE Press, 1993.

[4] Massa, A., et al., "DNNS as Applied to Electromagnetics, Antennas, and Propagation—A Review," *IEEE Antennas and Wireless Propagation Letters*, Vol. 18, No. 11, 2019, pp. 2225 - 2229.

[5] Guo, X., W. Li, and F. Iorio, "Convolutional Neural Networks for Steady Flow Approximation," *Proceedings of the 22nd ACM SIGKDD International Conference on Knowledge Discovery and Data Mining*, August 2016, pp. 481 - 490.

[6] Tompson, J., et al., "Accelerating Eulerian Fluid Simulation with Convolutional Networks," *CoRR*, abs/1607.03597, 2016.

[7] Xiao, X., et al., "A Novel CNN - Based Poisson Solver for Fluid Simulation," *IEEE Transactions on Visualization and Computer Graphics*, Vol. 26, No. 3, March 1, 2020, pp. 1454 - 1465.

[8] Qi, S., et al., "Two - Dimensional Electromagnetic Solver Based on Deep Learning Technique," *IEEE Journal on Multiscale and Multiphysics Computational Techniques*, Vol. 5, January 2020, pp. 83 - 88.

[9] Liang, L., et al. "A Deep Learning Approach to Estimate Stress Distribution: A Fast and Accurate Surrogate of Finite - Element Analysis," *Journal of The Royal Society Interface*, Vol. 15, January 2018.

[10] Khan, A., V. Ghorbanian, and D. Lowther, "Deep Learning for Magnetic Field Estimation," *IEEE Transactions on Magnetics*, Vol. 55, No. 6, 2019, pp. 1 - 4.

[11] Noakoasteen, O., et al., "Physics - Informed Deep Neural Networks for Transient Electromagnetic Analysis," *IEEE Open Journal of Antennas and Propagation*, Vol. 1, 2020, pp. 404 - 412.

[12] Lui, M. - L., and Z. Chen, "A Direct Computation of Propagation Constant Using Compact 2 - D Full - Wave Eigen - Based Finite - Difference Frequency - Domain Technique," 1999 *International Conference on Computational Electromagnetics and its Applications Proceedings* (*ICCEA* ' 99), (IEEE Cat. No. 99EX374), 1999, pp. 78 - 81.

[13] Margengo, E. A., C. M. Rappaport, and E. L. Miller, "Optimum PML ABC Conductivity Profile in FDFD," *IEEE Transactions on Magnetics*, Vol. 35, No. 3, 1999, pp. 1506 – 1509.

[14] Courant, R., "Variational Methods for the Solution of Problems of Equilibrium and Vibrations," *Bull. Amer. Math. Soc.*, Vol. 49, No. 1, January 1943, pp. 1 – 23.

[15] Sadiku, M. N. O., "A Simple Introduction to Finite Element Analysis of Electromagnetic Problems," *IEEE Transactions on Education*, Vol. 32, No. 2, 1989, pp. 85 – 93.

[16] Khan, A., V. Ghorbanian, and D. Lowther, "Deep Learning for Magnetic Field Estimation," *IEEE Transactions on Magnetics*, Vol. 55, No. 6, 2019, pp. 1 – 4.

[17] Haeberlé, O., et al., "Tomographic Diffractive Microscopy: Basics, Techniques and Perspectives," *Journal of Modern Optics*, Vol. 57, No. 9, 2010, pp. 686 – 699.

[18] Di Donato, L., et al., "Inverse Scattering Via Virtual Experiments and Contrast Source Regularization," *IEEE Transactions on Antennas and Propagation*, Vol. 63, No. 4, 2015, pp. 1669 – 1677.

[19] Li, L., et al., "DeepNIS: Deep Neural Network for Nonlinear Electromagnetic Inverse Scattering," *IEEE Transactions on Antennas and Propagation*, Vol. 67, No. 3, 2019, pp. 1819 – 1825.

[20] Abubakar, A., et al., "A Finite – Difference Contrast Source Inversion Method," *Inverse Problems*, Vol. 24, September 2008, p. 065004.

[21] Chew, W. C., and Y. M. Wang, "Reconstruction of Two – Dimensional Permittivity Distribution Using the Distorted Born Iterative Method," *IEEE Transactions on Medical Imaging*, Vol. 9, No. 2, 1990, pp. 218 – 225.

[22] Shao, W., and Y. Du, "Microwave Imaging by Deep Learning Network: Feasibility and Training Method," *IEEE Transactions on Antennas and Propagation*, Vol. 68, No. 7, 2020, pp. 5626 – 5635.

[23] Massa, A., et al., "DNNS as Applied to Electromagnetics, Antennas, and Propagation— A Review," *IEEE Antennas and Wireless Propagation Letters*, Vol. 18, No. 11, 2019, pp. 2225 – 2229.

第9章 可重构天线和认知无线电

9.1 引言

一个蓬勃发展的机器学习应用领域是可重构天线的软件控制和认知无线电等动态无线电通信。可以使用嵌入在各种类型微处理器中的机器学习算法来实现自主调谐可重构天线和激活或停用适当开关的能力,以满足认知无线电[1-7]中不断变化的通信信道的要求。使用机器学习,认知无线电系统就可以从以前的经验中自学,并在接触到新数据和新情况时对频谱变化做出反应。

本章将介绍和讨论由神经网络控制天线的几个示例,用于预测天线性能并激活可重构天线上的开关。虽然这里强调神经网络是控制现有天线的主要算法,但其他算法也可以实现类似的目标。其主要思想是训练学习机将可重构天线的所有可能配置与其在认知无线电方案中可能出现的工作频率相关联。在需要自动软件控制和智能响应的认知无线电应用中,机器学习在可重构天线上的应用是有价值的[8]。将这种学习算法结合到现场可编程门阵列(field programmable gate array,FPGA)或任何其他微处理器上,可以产生一种自调整、软件激活的天线,并应用于认知无线电以外的许多无线通信领域。

一般来说,机器学习算法可以帮助认知无线电系统对网络中断保持很强的弹性,并通过在其射频环境中自主地发现或避开无线电网络来实现目标,从而适应多种异构网络条件。这种独特的可重构性可以通过开发一个具有智能和实时可重构性的无线电平台来实现。

9.2 认知无线电基本结构

图9.1给出了认知无线电基本结构,该结构能够自管理和自重构,以匹配不同的射频环境,同时不断地从过去的经验中自我学习。换句话说,这种无线电的目的不仅是实现动态频谱分配。该结构的主要组件如下[9-15]:

(1)认知引擎;

(2)软件可控的可重构天线硬件；

(3)认知引擎和可重构硬件之间的机器学习控制接口。

为了在无线电中实现自管理、自重构和自学习能力，实时可重构天线可以由具有嵌入式机器学习算法的微处理器控制。因此，该系统可以在很宽的频带范围内以各种模式运行，由开关或其他通过微处理器激活的重构机制控制。

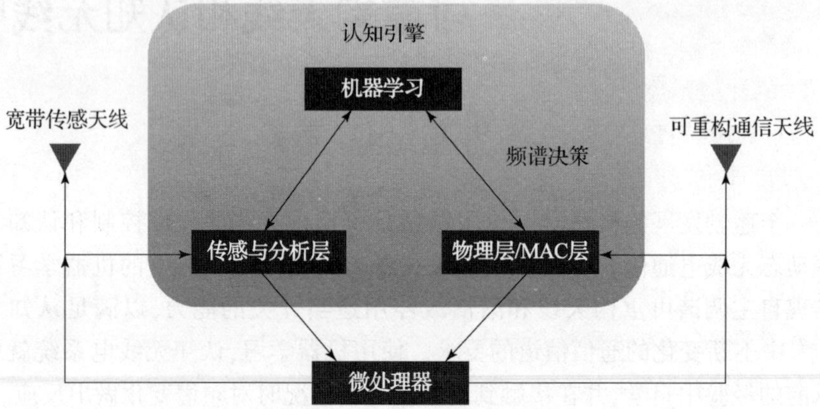

图 9.1　认知无线电基本结构

9.3　可重构天线中的重构机制

天线需要根据射频环境条件或系统要求的变化而改变其工作频率、辐射方向图和极化，以满足认知无线电的实时自重构要求。实现这些天线功能的一种方法是使用电气开关元件，如 RF - MEMS、PIN 二极管、变容二极管和光学或机械开关元件来改变天线表面电流分布[16-20]；另一种方法是恰当地选择制造天线的材料。图 9.2 给出了可用于实现认知无线电可重构天线的各种类型重构机制。

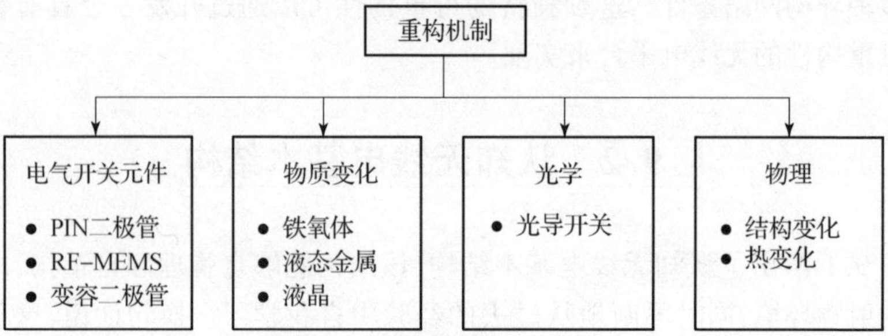

图 9.2　各种类型的重构机制

9.4 示 例

在以下大多数示例中，天线的基本组件及其性能都与神经网络模型相关。

(1)输入层：有 N 个神经元，其中 N 是为所有开关配置重构天线反射系数(S_{11}测量或模拟数据)所需的点数。

(2)隐含层：单个隐含层与 S 型激活函数或其他一些激活函数一起使用。该层中的神经元数量通常由某种最优化来确定，使总误差最小化。

(3)输出层：该层神经元的数量等于开关的数量或天线的适当维数。

对每种不同的可重构天线，建立神经网络模型后，就对该神经网络进行训练、验证和准确性测试。在训练周期中，收集(模拟或测量)的天线数据被随机分为训练数据集、测试数据集和验证数据集。更具体地说，这3组样本用于以下工作。

(1)训练：这些样本在训练期间提交给网络，并根据其误差调整网络。

(2)验证：这些样本用于衡量网络泛化能力，并在神经网络不再提高泛化性能时停止训练。

(3)测试：该集合对训练没有影响，用于在训练期间和训练后提供对神经网络性能的独立度量。

9.4.1 可重构分形天线

第一个示例是图9.3给出的可重构分形天线。这是一种频率可重构天线，其工作依赖编号为1~9和1′~9′的开关的激活，开关可以是PIN二极管或MEMS开关。

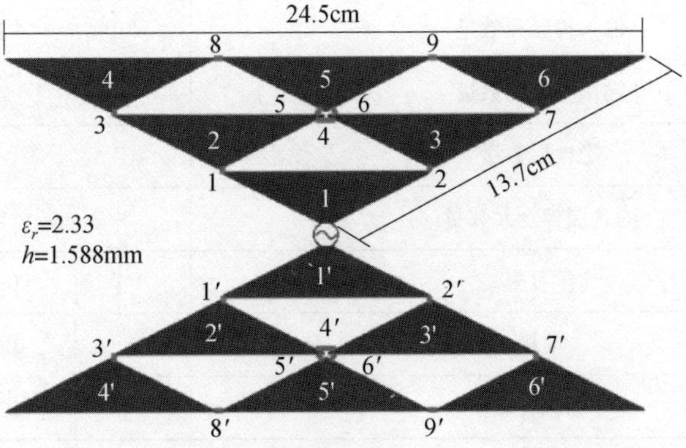

图9.3 可重构分形天线设计及其尺寸、材料特性、开关位置(1~9和1′~9′)和贴片编号(1~6和1′~6′)[21]

这里的问题是如何激活适当的开关组合以产生所需的天线频带。通过开关连接天线的各个部件(三角形),改变了电流路径,从而改变了天线的谐振频带。由于可重构天线的多尺度特性和涉及的开关数量,单一的分析或计算方法无法描述整个结构;因此,这个问题是使用机器学习等数据驱动方法的主要原因。

在文献[22]中,人们采用两种不同的神经网络结构对这种可重构分形天线进行了分析和设计。在分析阶段,利用神经网络将不同的频带与不同的开关组合关联起来。这是使用反向传播训练的MLP模型来实现的。在设计阶段,利用神经网络确定必须激活哪些开关才能使整个天线结构在特定频段谐振。该任务被视为分类问题,由自组织映射(self - organizing map, SOM)神经网络[22]完成。

分形天线是在Duroid基板($\varepsilon_r = 2.2$)上制作的,所有单元彼此分离,仅通过开关连接。在此示例中,针对激活开关的各种组合对测量的S_{11}参数值进行采样。每个接通开关都会产生一个不同的S_{11}图。因此,根据可重构分形天线中打开和关闭的开关,分配1和0的位串来创建输入数据集,相应的采样S_{11}值形成输出数据集。网络经过训练后,就可以预测可重构天线对测试数据的频率响应。图9.4给出了神经网络如何与实际测量的S参数值进行比较。训练后的网络可用于预测认知无线电中所需的各种工作频带。使用神经网络的优点是,它避免了每次开关被激活或停用时天线响应的数值建模所涉及的复杂计算。天线设计中的开关越多,分析就越复杂,计算成本也就越高。训练神经网络的参数值如表9.1所列。

表9.1　训练神经网络的参数值

参数	数值
输入神经元数量	18
输出神经元数量	41
隐含层数量	1
隐含层神经元数量	20
学习率	0.05
动量	0.025
训练容差	0.01

图9.4所示的结果是使用有监督神经网络获得的。在此示例中,无监督学习类型的神经网络(如SOM[23])也用于对输入数据进行聚类,并为给整个天线

提供相似频率响应的开关组合寻找类别。这些都是这种特定天线问题的本质特征，在这种情况下，由于分形天线的多共振能力，这些特征会出现。

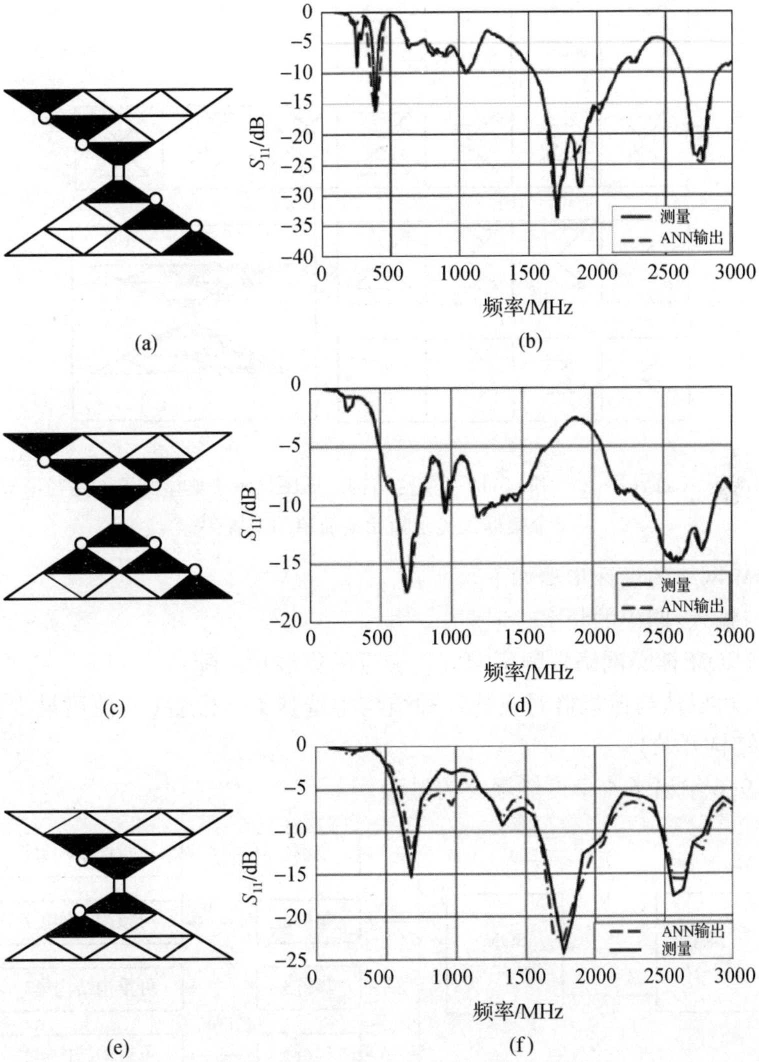

图 9.4　3 个具有不同开关组合的相同天线的神经网络与测量结果比较（接通开关位置用小圆圈标记，相应的激活阵列阵元以黑色显示[3]）

基于 S_{11} 参数的整体形状，SOM 神经网络将响应分为 4 个不同的集群。每个集群包含相似的频率响应和共振，但所有激活开关的实际位置及其数量不同。此外，如图 9.5 所示，每个集群对应一个天线结构及其表面上的电流路径。因此，每个集群都创建了一组典型的可重构结构。给定一个期望的频率分布，可以从这些由 SOM 神经网络确定的典型结构集合中选择相应的近似可重构结构(具有相应的开关数量及其位置)。

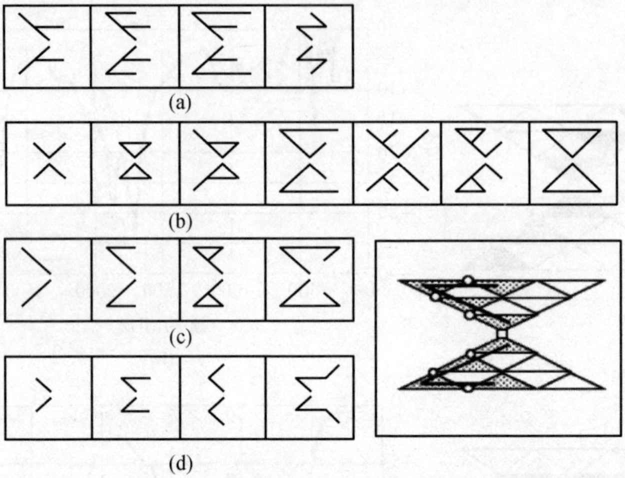

图 9.5 (a)、(b)、(c)和(d)的可重构结构。插图显示了典型配置的路径形成。每个集群仅显示初始最简单的配置[3]。

SOM 网络的设计步骤如下。

(1)输入:期望的频率响应;

(2)SOM 神经网络将频率响应与最近的集群相匹配;

(3)可以从与该集群对应的各种结构中选择天线配置(从使用最少量开关的简单结构开始)。

图 9.6 给出了 4 个可能聚类的过程。

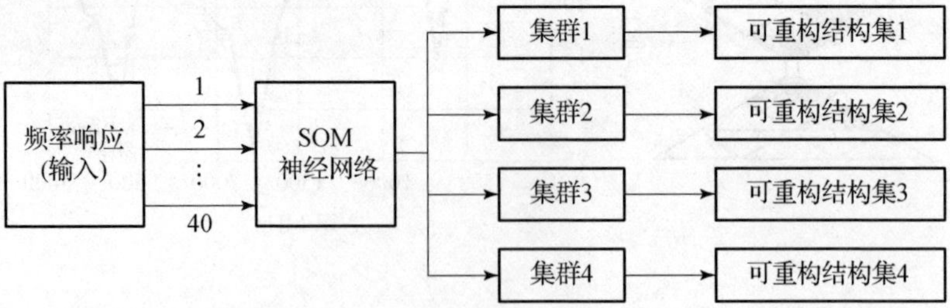

图 9.6 使用神经网络的可重构天线设计过程示意图[3]

9.4.2 方向图可重构微带天线

本节提出了一种基于 MLP 神经网络的 5.2GHz 方向图可重构微带天线的设计方法。方向图可重构微带天线的物理布局和开关位置如图 9.7 所示。天线由 4 个相同的矩形微带辐射器和 4 个二极管组成,放置在每个微带线的中间。微带线通过另一条穿过两组微带线中间的微带线馈电。如图 9.7 所示，中心线连接至 SMA 接口。这 4 个二极管的作用是将辐射方向图的方向改变到不同的象限。

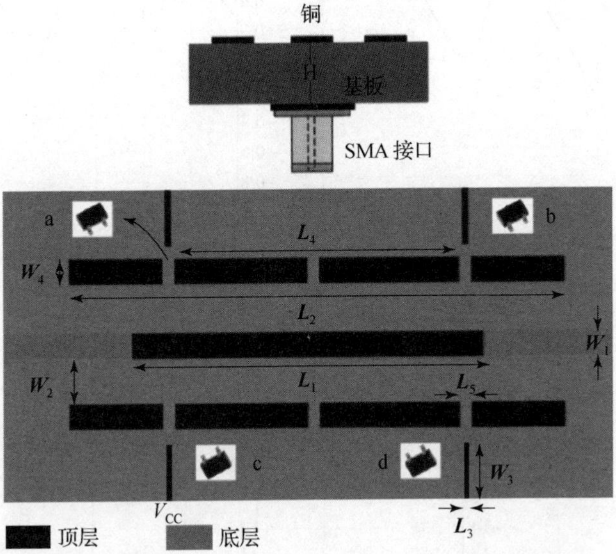

图 9.7　方向图可重构微带天线的物理布局和开关位置[24]

微带线印刷在 FR4 基板上，尺寸为 40mm × 25mm，$\varepsilon_r = 4.6$，$h = 1.58$mm。在此特别的示例中，在训练和测试阶段尝试了几种 MLP 架构。输入训练向量包括参数 L_1、L_2、W_1 和工作频率 f_r。输出是 S 参数的实部和虚部，如图 9.8 所示。

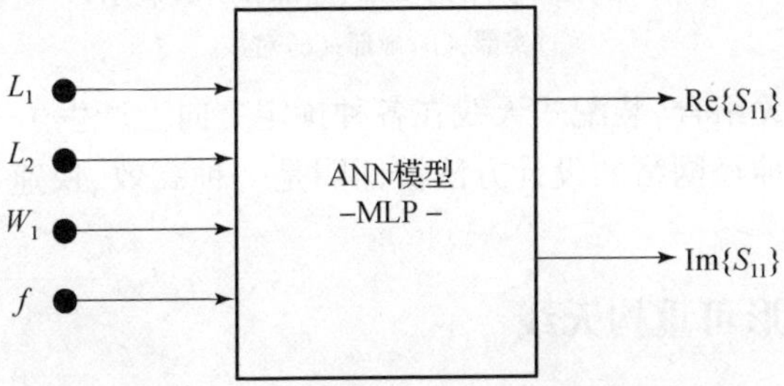

图 9.8　神经网络的输入—输出对[24]

用于训练的数据分布在 3 ~ 7GHz 的频率范围内。CST 用于在该频率范围内生成各种 L_1、L_2、W_1 值的仿真结果[24]。所用的其他设计参数为 $W_4 = W_2 = W_1$、$L_3 = 0.3$mm、$L_4 = 14.5$mm 和 $L_5 = 1$mm。训练神经网络后，就可以确定 5.2GHz（期望的设计频率）下的期望尺寸和 S 参数。可以在 3 ~ 7GHz 范围内的任何频率下设计天线，因为训练是用该范围内的数据完成的。图 9.9 给出了实际天线测试结果与神经网络预测结果的比较。

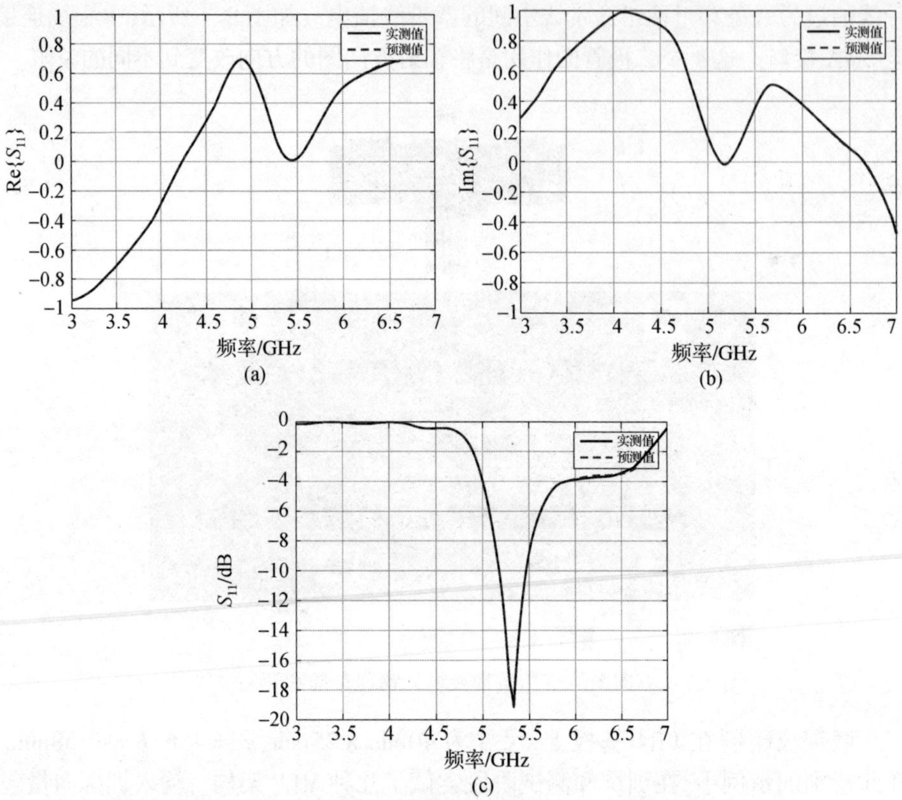

图 9.9　具有 3 个隐含层的神经网络模型，当 $L_1=25$、$L_2=27.5$ 和 $W_1=1.75$mm 时 S_{11} 的实部、虚部和对数表示[24]

(a) 实部；(b) 虚部；(c) 对数。

对于各种开关组合，装配式天线在各种预定方向上产生了 1.58 ~ 2.8dBi 的增益。这种基于神经网络的设计方法被证明是一种高效、快速的可重构天线设计和优化方法。

9.4.3　星形可重构天线

可重构天线的另一个示例——星形配置天线如图 9.10 所示[25]。整个天线结构由 6 个小贴片组成，通过开关连接到中央贴片。天线由同轴探针馈电，在中央贴片的中间有输入阻抗。当开关激活时，星形的中心区域和金属分支之间的连接就建立起来了。这导致贴片上的表面电流分布发生变化，从而产生新的共振和辐射特性。

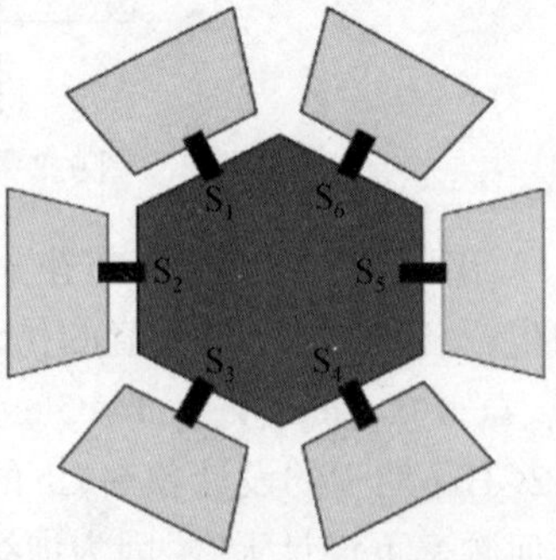

图 9.10　星形配置天线[25]

认知无线电中可重构天线的作用是动态激活天线上的开关或开关组合，以便无线电设备可以在频谱内当前可用的频段中进行通信。这必须迅速实现。可以使用神经网络或其他机器学习算法进行确定，而不是使用电磁模拟。使用神经网络的优势在于它可以根据各种预期场景进行离线训练，网络经过训练后，获得的权重可用于在实际应用中实时做出决策。

为了充分给出不同开关配置的频率响应（S_{11}参数），使用了51个输入神经元。如果需要更高的采样速度，可以使用更多的神经元。由于可重构天线有6个开关，因此输出神经元的数量被设置为6个。

使用神经网络的棘手问题是确定隐含层中的神经元数量。隐含层中神经元的数量被视为一个超参数，它决定了神经网络学习的速度和准确度。一般来说，人们希望开发出隐含层中神经元数量最少的网络（输入层和输出层神经元的数量取决于具体问题并且是固定的），同时避免过拟合和欠拟合。图9.11给出了隐含层中多个神经元的神经网络性能，可以看出具有11个神经元的隐含层结果最好。这种特殊的天线，在隐含层中有11个神经元，神经网络需要18次迭代才能达到所需的精度[26]。

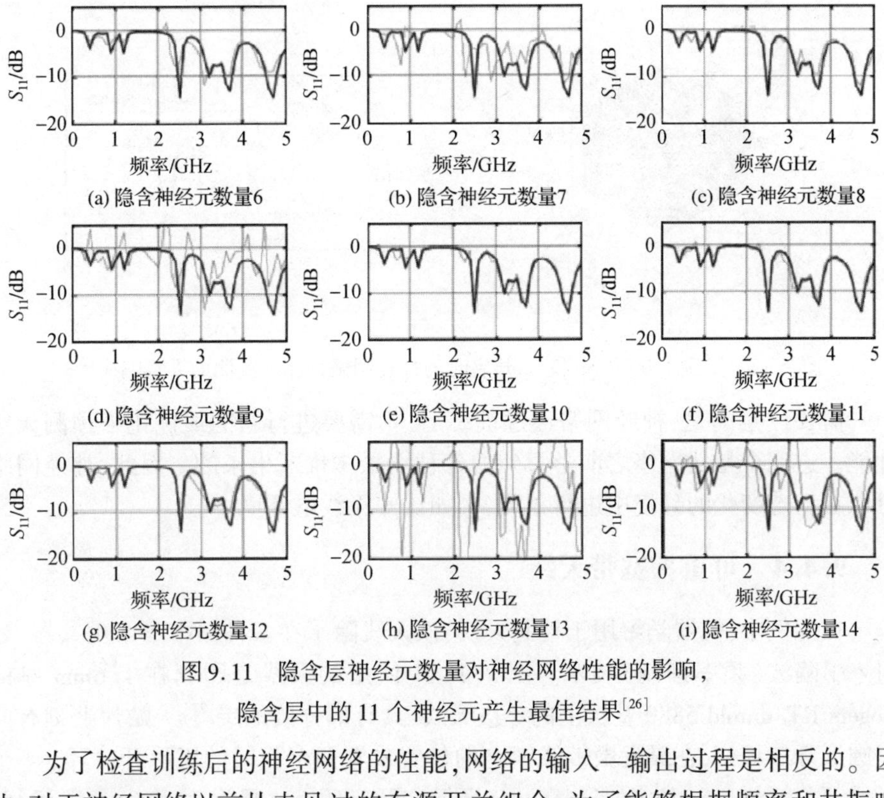

(a) 隐含神经元数量6　(b) 隐含神经元数量7　(c) 隐含神经元数量8

(d) 隐含神经元数量9　(e) 隐含神经元数量10　(f) 隐含神经元数量11

(g) 隐含神经元数量12　(h) 隐含神经元数量13　(i) 隐含神经元数量14

图9.11　隐含层神经元数量对神经网络性能的影响，隐含层中的11个神经元产生最佳结果[26]

为了检查训练后的神经网络的性能，网络的输入—输出过程是相反的。因此，对于神经网络以前从未见过的有源开关组合，为了能够根据频率和共振响应预测它们在可重构天线上的性能,神经网络从已经见过或学习到的示例中进行推断。图 9.12 和图 9.13 分别给出了神经网络输出、预测与不同开关配置下实测的天线响应的比较。预测的神经网络输出为虚线,实测的天线响应为实线。这两幅图都表明,神经网络已成功地学习和预测了它未见过的激活开关的性能。

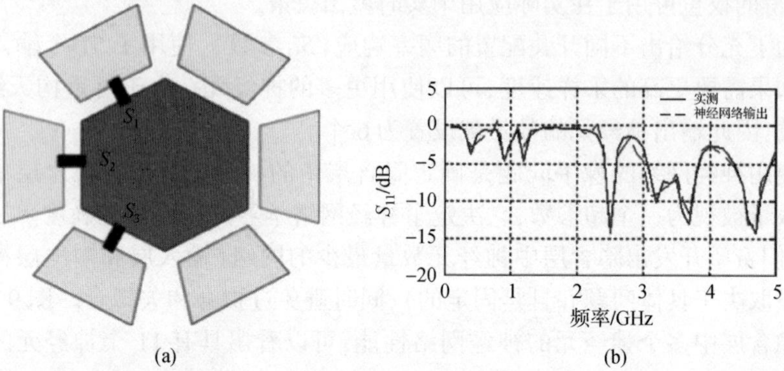

图 9.12　案例 111000 S_1、S_2 和 S_3 开启时的神经网络输出与实测的天线响应[26]

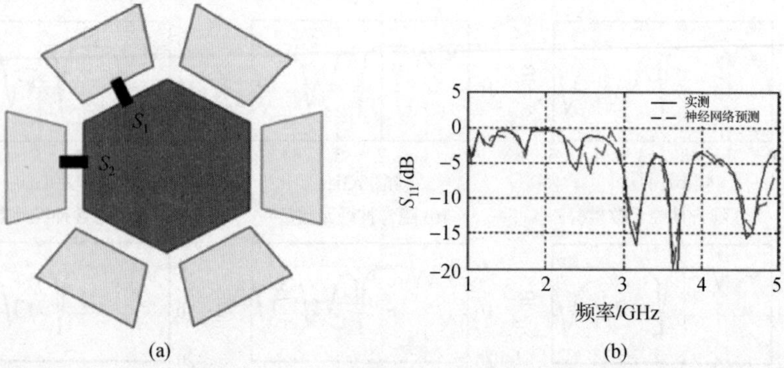

图 9.13　案例 110000 S_1 和 S_2 开启时的神经网络预测与实测的天线响应[26]

需要注意的是,神经网络经过训练后,不需要进行新的最优化来预测天线性能。这完全是从网络之前学习到的各种场景中推断出来的。因此,神经网络可以在动态变化的环境中进行预测,例如认知无线电环境。

9.4.4　可重构宽带天线

在此例中,机器学习用于控制天线,该天线除了在多种频率下产生共振,还引入了陷波(频率抑制)技术。图 9.14 中使用的天线是印制在 1.6mm 厚的 Rogers RT/duroid 5880 基板上的单极天线,具有部分接地层[27]。贴片上刻有两个圆形开口环槽,在靠近微带线馈电的位置放置两个相同的矩形开口环。4 个天线开关 S_1、S_2、S_3 和 S_3' 安装在开口环槽和开口环上。开关 S_3 和 S_3' 并联运行,要么同时打开，要么同时关闭。因此，有8种开关组合/配置可供操作。

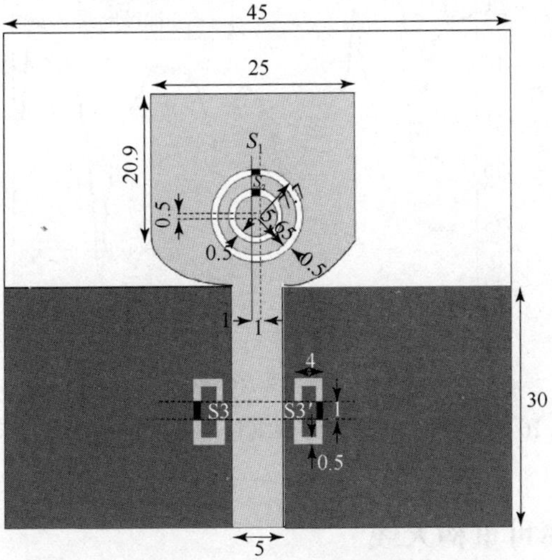

图9.14　天线结构和尺寸

当S_1关闭时，较大的开口环槽就像互补开口环谐振器(complementary split-ring resonator，CSRR)一样，产生一个陷波频段。该开口环槽的尺寸和位置设计用于产生2.4GHz的陷波频率。打开S_1会使该陷波消失。同样，当S_2关闭时，带阻出现在3.5GHz左右。当S_2接通后，带阻就消除了。馈线附近的两个方形开口环设计用于确保当S_3和$S_{3'}$接通时，在5.2~5.8GHz范围内产生陷波。一般来说，通过激活相应开关，可以实现覆盖2~11GHz范围的超宽带响应，从而在认知无线电环境中的所需频率处产生陷波和谐振。

在此例中，神经网络包含201个输入神经元、8个隐含神经元和4个输出神经元。图9.15和图9.16比较了神经网络预测与两种不同开关组合的实测天线响应。

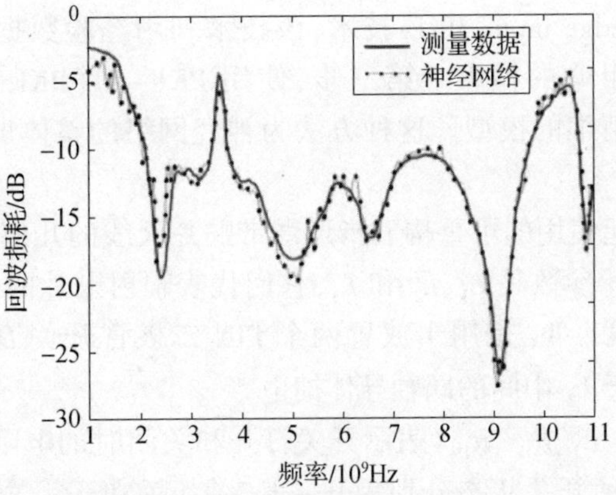

图9.15　案例1000的神经网络预测与实测的天线响应[26]

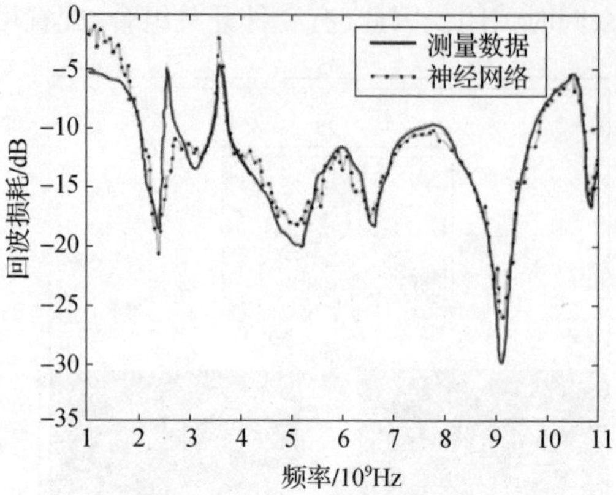

图 9.16　案例 0000 的神经网络预测与实测的天线响应[26]

9.4.5　频率可重构天线

神经网络的准确性完全取决于训练样本的数量及其在问题空间中对样本的选择。同样，测试样本在验证神经网络性能方面也非常关键。在文献[28]中，作者提出了基于知识的神经网络建模方法，其中可以利用经验公式、等效电路模型和半解析方程来降低神经网络模型的复杂度并提高准确性。当研究人员无法访问复杂的软件工具或获得可用的测量数据时，这种方法可能非常有用。这种方法可用于提高神经网络模型的泛化能力，从而在测试过程中产生准确的结果。与传统神经网络相比，基于知识的建模方法需要的训练数据更少[29-32]。

文献[28]中使用三步建模策略生成与神经网络一起使用的所需知识。第一步，利用传统的神经网络获得所需的知识。第二步，使用一种先验知识注入（prior knowledge input，PKI）技术，该技术利用经验数据和有关问题的其他信息[32]，生成粗略的模型。第三步，使用 PKI - D（PKI with difference）技术[33]，以提供更精细的模型。这种方法为神经网络的整体训练提供了逐步的改进措施。

与此策略一起使用的可重构五指形微带贴片天线的几何结构如图 9.17 所示。该天线的设计参数是 L_1、L_2 和 L_3，它们代表辐射贴片的长度，W_1 和 W_2 代表这些贴片的宽度。W_3 是用于放置两个 PIN 二极管开关 D_1 和 D_2 的空间宽度。天线通过位于 L_3 中间的同轴导体馈电[34]。

输入为 L_1、L_2、L_3、R_{D_1}、R_{D_2}（表示开关打开和关闭时的电阻值）和频率 f。输出为 S_{11} 参数。3 种开关状态分别为开—开、关—关和开—关。图 9.18 给出了所用 3 种模型的比较：神经网络、三步法和 CST 仿真。

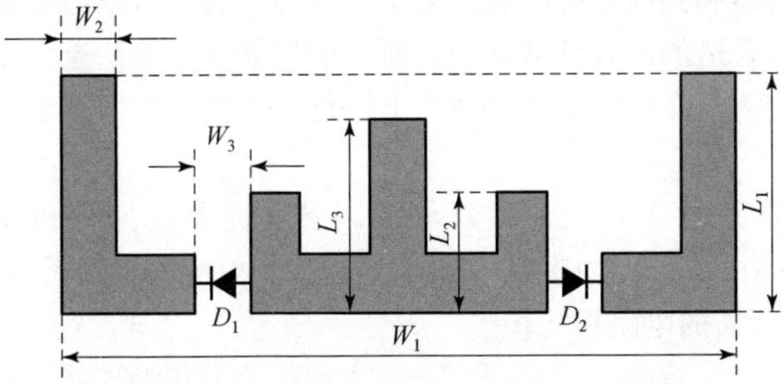

图 9.17　可重构五指形微带贴片天线的几何结构[28]

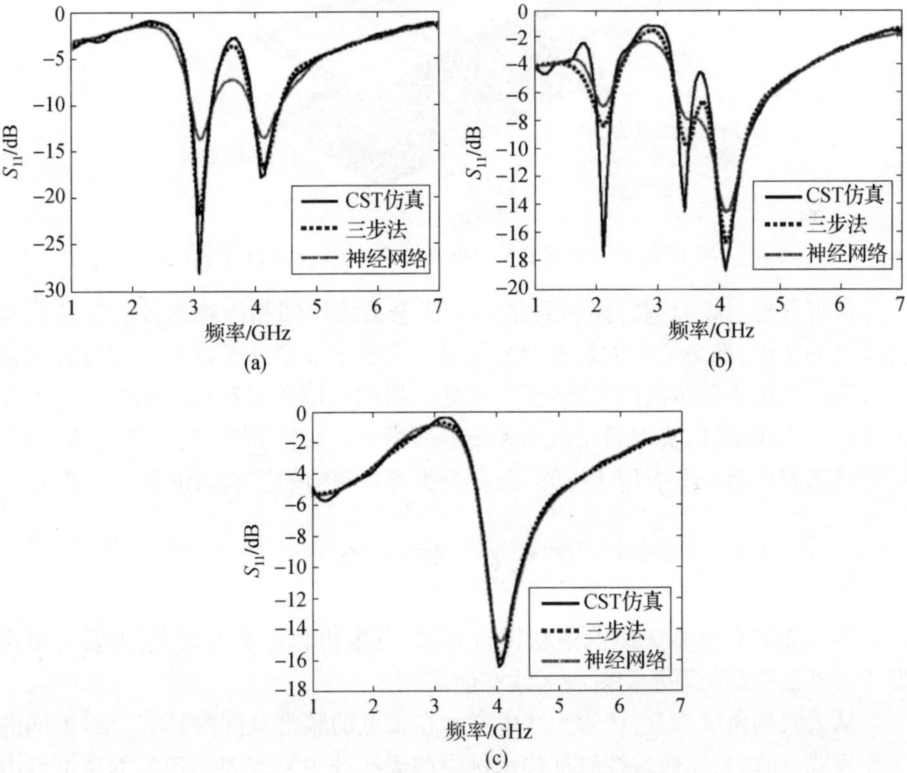

图 9.18　EM_{Fine}、三步法和 ANN 所得的 S_{11} 曲线

(a)开—开;(b)开—关;(c)关—关。EM 为使用 CST 的仿真结果[28]。

9.5　机器学习在硬件上的实现

只要任意一种机器学习算法能够在微处理器上成功实现,并与认知无线电结构中的天线其余部分连接,这种机器学习算法就可以用于控制天线开关、变容二极管、执行器和其他重构机制。由于可以使用的机器学习算法和微处理器非常多,故选择合适的微处理器来嵌入所选的机器学习算法至关重要。在认知无线电中,可能需要在同一个微处理器上运行多个机器学习算法才能产生自主认知无线电。

可以在许多硬件平台上通过软件控制可重构天线,如 FPGA、微控制器、Rasberry PI 或 Arduino 板。图 9.19 给出了连接到可重构天线[35]的 FPGA,以及激活各种开关所需的电路板连接。

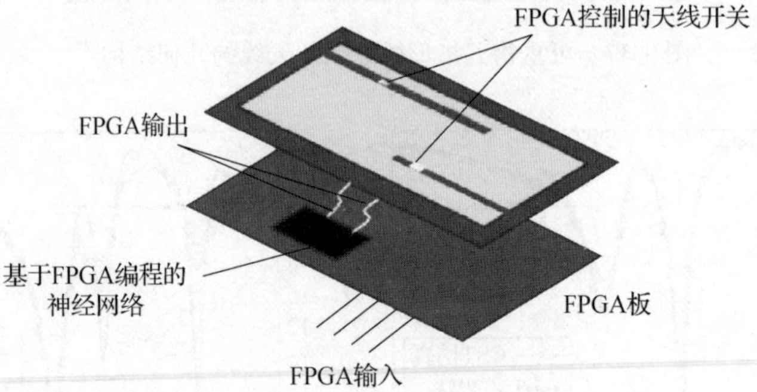

图 9.19 控制 PIN 二极管可重构天线的 FPGA

从可重构射频前端的控制到认知无线电系统认知和传感组件的计算密集型算法的实现,都必须在微处理器上完成。在给定的微处理器中实现哪种机器学习算法取决于要解决的实际问题、微处理器的可用资源和总体功耗。这方面需要进一步探索,以实现通用认知无线电所需的灵活性和性能,降低总体功耗,同时能够有效激活所有用于感知、信号分类和射频前端控制的机器学习算法。

9.6 结 论

为了能够在认知无线电中获得自管理、自重构和自学习能力,需要有由机器学习算法控制的可重构射频天线和前端。

从天线的角度来看,认知无线电必须在很宽的频带范围内具有一组不同的工作模式,而这只能通过控制这些示例中的天线开关来实现。开关本身可以由嵌入微处理器中的机器学习算法自动控制。通过标准接口和开关电路,认知引擎确定如何重构软件可控的射频天线和其他硬件以实现所需的通信模式。

参考文献

[1] Bkassiny, M., Y. Li, and S. K. Jayaweera, "A survey on machine – learning techniques in cognitive radios," *IEEE Communications Surveys & Tutorials*, Vol. 15, No. 3, 2012, pp. 1136 – 1159.

[2] Mitola J., and G. Q. Maguire, "Cognitive radio: making software radios more personal," *IEEE personal communications*, *Vol.* 6, No. 4, 1999, pp. 13 – 18.

[3] Patnaik, A., D. Anagnostou, C. G. Christodoulou, and J. C. Lyke, "Neurocomputational analysis of a multiband reconfigurable planar antenna," *IEEE Transactions on Antennas and Propagation*, Vol. 53, No. 11, 2005, pp. 3453 – 3458.

[4] Costlow, T., "Cognitive radios will adapt to users," *IEEE Intelligent Systems*, Vol. 18, No. 3, 2003, p. 7.

[5] Haykin, S., "Cognitive radio: brain – empowered wireless communications," *IEEE journal on selected areas in communications*, Vol. 23, No. 2, 2005, pp. 201 – 220.

[6] Jayaweera, S., and C. Christodoulou, "Radiobots: Architecture, algorithms and realtime reconfigurable antenna designs for autonomous, self – learning future cognitive radios," *Technical Report Technical Report EECE – TR* – 11 – 0001, The University of New Mexico, 2011.

[7] Xing, Y., and R. Chandramouli, "Human behavior inspired cognitive radio network design," *IEEE Communications Magazine*, Vol. 46, No. 12, 2008, pp. 122 – 127.

[8] Tawk, Y., J. Costantine, and C. Christodoulou, *Antenna Design for Cognitive Radio*, Norwood, MA: Artech House, 2016.

[9] Tawk, Y., and C. G. Christodoulou, "A new reconfigurable antenna design for cognitive radio," *IEEE Antennas and wireless propagation letters*, Vol. 8, 2009, pp. 1378 – 1381.

[10] Christodoulou, C. G., Y. Tawk, and S. K. Jayaweera, "Cognitive radio, reconfigurable antennas, and radiobots," *IEEE International Workshop on Antenna Technology* (*iWAT*), 2012, pp. 16 – 19.

[11] Tawk, Y., J. Costantine, K. Avery, and C. G. Christodoulou, "Implementation of a cognitive radio front – end using rotatable controlled reconfigurable antennas," *IEEE Transactions on Antennas and Propagation*, Vol. 59, No. 5, 2011, pp. 1773 – 1778.

[12] Tawk, Y., et al., "Demonstration of a cognitive radio front end using an optically pumped reconfigurable antenna system (opras)," *IEEE Transactions on Antennas and Propagation*, Vol. 60, No. 2, 2011, pp. 1075 – 1083.

[13] Al – Husseini, M., et al., "A reconfigurable cognitive radio antenna design," *IEEE Antennas and Propagation Society International Symposium*, 2010, pp. 1 – 4.

[14] Tawk, Y., J. Costantine, and C. G. Christodoulou, "A rotatable reconfigurable antenna for cognitive radio applications," *IEEE Radio and Wireless Symposium*, 2011, pp. 158 – 161.

[15] Zamudio, M., at al., "Integrated cognitive radio antenna using reconfigurable band pass filters," *Proceedings of the 5th European Conference on Antennas and Propagation* (*EUCAP*), 2011, pp. 2108 – 2112.

[16] Christodoulou, C. G., et al., "Reconfigurable antennas for wireless and space applications," *Proceedings of the IEEE*, Vol. 100, No. 7, 2012, pp. 2250 – 2261.

[17] Tawk, Y., J. Costantine, and C. G. Christodoulou, "Cognitive – radio and antenna functionalities: A tutorial [wireless corner]," *IEEE Antennas and Propagation Magazine*, Vol. 56, No. 1, 2014, pp. 231 – 243.

[18] Tawk, Y., J. Costantine, and C. G. Christodoulou, "Reconfigurable filtennas and mimo in cognitive radio applications," *IEEE Transactions on Antennas and Propagation*, Vol. 62, No. 3, 2013, pp. 1074 – 1083.

[19] Ramadan, A. H., et al., "Frequency – tunable and pattern diversity antennas for cognitive radio applications," *International Journal of Antennas and Propagation*, 2014.

[20] Kumar, A., A. Patnaik, and C. G. Christodoulou, "Design and testing of a multifrequency antenna with a reconfigurable feed," *IEEE Antennas and wireless propagation letters*, Vol. 13, 2014, pp. 730 – 733.

[21] Anagnostou, D., "Re - configurable Fractal Antennas with RF - MEMS Switches and Neural Networks," PhD thesis, School of Engineering, The University of New Mexico, 2005.

[22] Patnaik, A., et al., "Applications of neural networks in wireless communications," *IEEE Antennas and Propagation Magazine*, Vol. 46, No. 3, 2004, pp. 130 - 137.

[23] Kohonen, T., "The self - organizing map," *Proceedings of the IEEE*, Vol. 78, No. 9, 1990, pp. 1464 - 1480.

[24] Mahouti, P., "Design optimization of a pattern reconfigurable microstrip antenna using differential evolution and 3d em simulation - based neural network model," *International Journal of RF and Microwave Computer - Aided Engineering*, Vol. 29, No. 8, 2019, p. 21796.

[25] Costantine, J., Y. Tawk, C. G. Christodoulou, and S. E. Barbin, "A star shaped reconfigurable patch antenna," *IEEE MTT - S International Microwave Workshop Series on Signal Integrity and High - Speed Interconnects*, 2009, pp. 97 - 100.

[26] Zuraiqi, E. A., "Neural network field programmable gate array (FPGA) controllers for reconfigurable antennas,' PhD thesis, School of Engineering, The University of New Mexico, 2012.

[27] Al - Husseini, M., et al., "A planar ultrawideband antenna with multiple controllable band notches for uwb cognitive radio applications," *Proceedings of the 5th European Conference on Antennas and Propagation (EUCAP)*, 2011, pp. 375 - 377.

[28] Simsek, M., "Efficient neural network modeling of reconfigurable microstrip patch antenna through knowledge - based three - step strategy," *International Journal of Numerical Modelling: Electronic Networks, Devices and Fields*, Vol. 30, No. 3 - 4, 2017, p. 2160.

[29] Simsek M., and N. S. Sengor, "A knowledge - based neuromodeling using space mapping technique: compound space mapping - based neuromodeling," *International Journal of Numerical Modelling: Electronic Networks, Devices and Fields*, Vol. 21, No. 1 - 2, 2008, pp. 133 - 149.

[30] Zhang Q., and K. C. Gupta, *Neural Networks for RF and Microwave Design* (book + Neuromodeler disk), Norwood, MA: Artech House, 2000.

[31] Devabhaktuni, V. K., et al., "Advanced microwave modeling framework exploiting automatic model generation, knowledge neural networks, and space mapping," *IEEE Transactions on Microwave Theory and Techniques*, Vol. 51, No. 7, 2003, pp. 1822 - 1833.

[32] Simsek, M., and N. S. Sengor, "An efficient inverse ann modeling approach using prior knowledge input with difference method," *European Conference on Circuit Theory and Design*, 2009, pp. 323 - 326.

[33] Simsek, M., "Developing 3 - step modeling strategy exploiting knowledge based techniques," *20th European Conference on Circuit Theory and Design (ECCTD)*, 2011, pp. 616 - 619.

[34] Aoad, A., M. Simsek, and Z. Aydin," Design of a reconfigurable 5 - fingers shaped microstrip patch antenna by artificial neural networks," *International Journal of Advanced Research in Computer Science and Software Engineering (IJARCSSE)*, Vol. 4, No. 10, 2014, pp. 61 - 70.

[35] Shelley, S., et al., "Fpga - controlled switch - reconfigured antenna," *IEEE Antennas and Wireless Propagation Letters*, Vol. 9, 2010, pp. 355 - 358.